高等职业教育土建类"十四五"规划"互联网+"创新系列教材

U0642526

# 建筑施工组织

## 第3版

JIANZHU SHIGONG ZUZHI

主　编　林孟洁　刘孟良
副主编　彭仁娥　熊宇璟　刘艳红
主　审　玉小冰

中南大学出版社
www.csupress.com.cn
·长沙·

# 内容简介

　　本书按照技能型人才培养的特点，总体思路以真实的工程项目案例为主线，以具体的工作任务训练为手段，以实际工作过程和案例来组织教材，将知识点分别融入绪论和以下五个模块中：模块一，建筑施工准备；模块二，单位工程施工组织设计编制；模块三，建筑工程施工组织实施；模块四，施工组织设计在 BIM5D 中的应用；模块五，单位工程施工组织设计综合训练。通过最后一个模块的综合实训即单位工程施工组织设计文件编制的实际操作，使学生所学知识得到灵活的应用，能力目标得到更好的锻炼，为学生零距离上岗奠定坚实的基础。

　　本书为高等职业技术院校建筑工程类、工程管理类专业教材，也可作为成教、网络学院、电大土木类专科教材，亦可作为相关技术人员上岗的参考用书。

　　本书配有多媒体教学电子课件和练习题参考答案。

# 高等职业教育土建类"十四五"规划"互联网 +"
创新系列教材编审委员会

# 出版说明 INSTRUCTIONS

　　遵照《国务院关于加快发展现代职业教育的决定》提出的"服务经济社会发展和人的全面发展，推动专业设置与产业需求对接，课程内容与职业标准对接，教学过程与生产过程对接，毕业证书与职业资格证书对接"的基本原则，为全面推进高等职业院校土建类专业教育教学改革，促进高端技术技能型人才的培养，依据国家高等职业教育土建类专业教学指导委员会高等职业教育土建类专业教学基本要求，通过充分的调研，在总结吸收国内优秀高职教材建设经验的基础上，我们组织编写和出版了这套高等职业教育土建类专业"十四五"规划教材。

　　高等职业教育教学改革不断深入，土建行业工程技术日新月异，相应国家标准、规范，行业、企业标准、规范不断更新，作为课程内容载体的教材也必然要顺应教学改革和新形势的变化，适应行业的发展变化。教材建设应该按照最新的职业教育教学改革理念构建教材体系，探索新的编写思路，编写出版一套全新的、高等职业院校普遍认同的、能引导土建专业教学改革的"十四五"规划系列教材。为此，我们成立了规划教材编审委员会。教材编审委员会由全国 30 多所高职院校的权威教授、专家、院长、教学负责人、专业带头人及企业专家组成。编审委员会通过推荐、遴选，聘请了一批学术水平高、教学经验丰富、工程实践能力强的骨干教师及企业专家组成编写队伍。

　　本套教材具有以下特色：

　　1. 教材依据国家高职高专土建类专业教学指导委员会《高职高专土建类专业教学基本要求》编写，体现科学性、创新性、应用性；体现土建类教材的综合性、实践性、区域性、时效性等特点。

　　2. 适应高等职业教育教学改革的要求，以职业能力为主线，采用行动导向、任务驱动、项目载体，教、学、做一体化模式编写，按实际岗位所需的知识能力来选取教材内容，实现教材与工程实际的零距离"无缝对接"。

　　3. 体现先进性特点。将土建学科的新成果、新技术、新工艺、新材料、新知识纳入教材，结合最新国家标准、行业标准、规范编写。

　　4. 教材内容与工程实际紧密联系。教材案例选择符合或接近真实工程实际，有利于培养学生的工程实践能力。

　　5. 以社会需求为基本依据，以就业为导向，融入建筑企业岗位(八大员)职业资格考试、国家职业技能鉴定标准的相关内容，实现学历教育与职业资格认证相衔接。

　　6. 教材体系立体化。为了方便老师教学和学生学习，本套教材建立了多媒体教学电子课件、电子图集、教学指导、教学大纲、案例素材等教学资源支持服务平台；部分教材采用了"互联网＋"的形式出版，读者扫描书中"二维码"，即可阅读丰富的工程图片、演示动画、操作视频、工程案例、拓展知识。

高等职业教育土建类专业规划教材

**编审委员会**

# 第3版前言 PREFACE

  "建筑施工组织"是高等职业技术教育建筑工程技术专业的一门专业课程,在培养高端技术技能型人才的工作中占据重要地位。它主要研究建筑工程施工组织的一般规律,将流水施工原理、网络计划技术、施工组织设计、计算机软件应用融为一体。

  随着建筑行业信息化技术发展的日渐成熟,为了更好地培养土建类相关专业学生对建筑施工组织设计的编制能力,特结合BIM技术相关软件解决实际问题,如BIM施工现场布置软件、斑马·梦龙网络计划软件、BIM5D设计软件。此类软件正适合1+X建筑信息模型(BIM)职业技能等级证书工程造价管理中级考证内容。

  本书在第2版的基础上新增了框架结构的横道图与网络图案例,增加了计算机软件辅助编制内容,且本书所选案例和例题均为工程实际中常见的。目前投标书编制中大量涉及施工组织设计,本书也用以编制投标标书中施工组织设计的初步指导。

  本书按照技能型人才培养的特点,以真实的工程项目案例为载体,以具体的工作任务训练为手段,以实际工作过程和案例来组织教材。**采取项目导向、任务驱动的教学模式,按照工作流程,由浅入深、由单一到综合,完成课程目标**。对实际工作中容易出现的问题,融合在具体的实训项目中予以解决。每个实训项目的完成,都有明确需要提交的成果。本书依据国家住房和城乡建设部及质量监督检验检疫总局联合发布的《建筑施工组织设计规范》(GB/T 50502—2009)、《施工现场临时建筑物技术规范》(JGJ/T 188—2009)和《工程网络计划技术规程》(JGJ/T 121—2015),并参考许多国有大型建筑施工企业先进的施工组织和管理方案进行编写,突出实用性和可操作性,使学生掌握岗位核心职业能力。

  本书作者通过对施工现场一线专家的深度调查,并结合自己多年的施工经验,针对资料员、施工员、安全员、质检员、监理员、造价员等岗位典型工作任务的分析,将知识点分别融入绪论、建筑施工准备、单位工程施工组织设计编制、建筑工程施工组织实施、施工组织设计在BIM5D中的应用、单位工程施工组织设计综合训练等6个模块中,并通过最后一个模块的综合实训,即通过对某单位工程施工组织设计文件的编制的仿真训练,使学生所学知识得到灵活的应用,能力目标得到更好的实现,为学生零距离上岗奠定坚实的基础。

本书具体的编写分工如下：绪论由湖南交通职业技术学院陈文萃编写，模块一由湖南软件职业学院熊宇璟编写，模块二中 2.3 节由湖南娄底职业技术学院彭仁娥编写，模块二中 2.1、2.2 节及模块四由湖南交通职业技术学院林孟洁、刘孟良编写，模块二中 2.4、2.5 节由湖南交通职业技术学院常爱萍编写，模块二中 2.6 节由湖南路桥丰茂置业有限公司高级工程师许竹敏编写，模块三由湖南郴州职业技术学院刘艳红编写，模块五由湖南交通职业技术学院党建新编写。全书由林孟洁统稿，由湖南工程职业技术学院玉小冰审稿。

本书系国家社会科学基金教育学一般课题"高职建设类课程项目化、模块化改革研究"（主持人：刘孟良）的研究成果之一，本书主编人员为课题组研究人员。教材的编写充分吸纳了课题的研究成果，充分体现了高职教育基于能力本位的教育观、基于工作过程的课程观、基于行动导向的教学观及基于整体思考的评价观等高职教育新理念。教材编写过程中，作者参阅了国内同行多部著作；同时，高职高专兄弟院校的部分老师也提出了很多宝贵意见，在此一并表示衷心的感谢！

在本书的编写过程中，作者进行了反复的斟酌与校对，但由于水平有限，加上时间紧迫，书中难免有错误和不足之处，恳请读者批评指正，以便再版时修订完善。

编　者
2021 年 1 月

# 目 录 CONTENTS

# 0 绪 论

**【能力目标】**

能理解施工组织设计文件；能对建设项目进行分解；能说出建筑产品和建筑施工的特点。

**【知识目标】**

掌握建设项目组成；熟悉建筑产品和建筑施工的特点、施工组织设计的分类；了解本门课程内容组成及施工组织设计文件内容组成。

**【思政目标】**

培养学生诚信守时、爱岗敬业、忠于职守的工作作风；培养学生工作严谨、务实创新、追求卓越的工匠精神；培养学生同心协力、共同奋斗、共创辉煌的卓越精神。

## 0.1 建设项目组成及其施工程序

### 0.1.1 建设项目及其组成

基本建设项目简称建设项目。凡是按一个总体设计组织施工，建成后具有完整的系统，可以独立形成生产能力或使用价值的建设工程，称为一个建设项目。例如，在工业建设中，以一个企业为一个建设项目，如一座工厂；在民用建筑中，以一个事业单位为一个建设项目，如一所学校。大型分期建设的工程，如果分几个总体设计，就有几个建设项目。

建设项目及其组成

建设项目按照合理确定工程造价和基本建设管理工作需要，从大到小可以划分为单项工程、单位工程、分部工程和分项工程。

1. 单项工程

单项工程是指具有独立的设计文件，可以独立施工，建成后可以单独发挥生产能力或使用效益的工程，又称工程项目。一个建设项目可以由一个或几个单位工程组成。例如，工业建设项目中各个独立的生产车间、办公楼，民用建设项目中学校的教学楼、食堂、图书馆等，都可以称为一个单项工程。

2. 单位工程

单位工程是指具有独立的设计文件，可以独立组织施工，但建成后不能独立发挥生产能力和使用效益的工程。一个单项工程通常由若干个单位工程组成。例如，某教学楼的土建工程、电气照明工程、给排水工程等，都是组成教学楼这一单项工程的单位工程。

3. 分部工程

分部工程是指有不同工种的操作者利用不同的工具和材料完成的部分工程，是根据工程部位、施工方式、材料和设备种类来划分的建筑中间产品。若干个分部工程组成一个单位工程。例如按其部位可划分成基础、主体、屋面和装修等分部工程；按其工种可以划分为土方工程、砌筑工程、钢筋混凝土工程、防水工程和抹灰工程等。

4. 分项工程

分项工程是分部工程的组成部分。分项工程应按主要工种、材料、施工工艺、设备类别等进行划分，是用简单的施工过程就能完成的工程。例如房屋的基础分部工程可以划分为挖土方、混凝土垫层、砌毛石基础和回填土等分项工程；钢筋混凝土的分项工程通常分为支模、绑钢筋、浇筑混凝土。

一个建设项目，按《建筑工程施工质量验收统一标准》（GB50300—2013）规定，可以划分为单位（子单位）工程、分部（子分部）工程、分项工程和检验批。

1）单位（子单位）工程

单位工程是指具备独立施工条件并能形成独立使用功能的建筑物及构筑物。建筑规模较大的单位工程，可将其能形成独立使用功能的部分作为一个子单位工程。例如，工业建设项目中各个独立的生产车间、办公楼，民用建筑项目中学校的教学楼、食堂、图书馆等，都可以称为一个单位工程。

2）分部（子分部）工程

组成单位工程的若干个分部称为分部工程。分部工程的划分应按照建筑部位、专业性质确定。当分部工程较大或较复杂时，可按材料种类、施工特点、施工程序、专业系统及类别等划分为若干个子分部工程。一个单位（子单位）工程一般由若干个分部（子分部）工程组成。如，建筑工程中的建筑装饰装修工程为一项分部工程，其地面工程、墙面工程、顶棚工程、门窗工程、幕墙工程等为子分部工程。

3）分项工程

分项工程是分部工程的组成部分。分项工程应按主要工种、材料、施工工艺、设备类别等进行划分。如屋面卷材防水子分部工程可以划分为保温层、找平层、防水层等分项工程。

4）检验批

分项工程可由一个或若干个检验批组成。检验批可根据施工及质量控制和专业验收需要按楼层、施工段、变形缝等进行划分。

## 0.1.2　建筑产品及其特点

1. 建筑产品的特点

由于建筑产品的使用功能、平面与空间组合、结构与构造形式等特殊，以及建筑产品所用材料的物理力学性能的特殊性，决定了建筑产品的特殊性。其具体特点如下：

1）建筑产品在空间上的固定性

一般的建筑产品均由自然地面以下的基础和自然地面以上的主体两部分组成（地下建筑全部在自然地面以下）。基础承受主体的全部荷载（包括基础的自重），并传给地基，同时将主体固定在地球上。任何建筑产品都是在选定的地点上建造和使用的，与选定地点的土地不可分割，从建造开始直至拆除均不能移动。所以，建筑产品的建造和使用地点在空间上是固定的。

2）建筑产品的多样性

建筑产品不但要满足各种使用功能的要求，而且还要体现出地区的民族风格、物质文明和精神文明，同时也受到地区的自然条件诸因素的限制，使建筑产品在规模、结构、构造、型式、基础和装饰等诸方面变化纷繁，因此建筑产品的类型多样。

3）建筑产品的庞体性

无论是复杂的建筑产品，还是简单的建筑产品，为了满足其使用功能的需要，并结合建筑材料的物理力学性能，需要大量的物质资源，占据广阔的平面与空间，因而建筑产品的体形庞大。

4）建筑产品的综合性

建筑产品是一个完整的实物体系，它不仅综合了土建工程的艺术风格、建筑功能、结构构造、装饰做法等多方面的技术成就，而且综合了工艺设备、采暖通风、供电供水、通信网络、安全监控、卫生设备等各类设施，具有较强的综合性。

2. 建筑施工的特点

由于建筑产品地点的固定性、类型的多样性、庞体性及综合性等四大主要特点，决定了建筑施工的特点与一般工业产品生产的特点相比较具有自身的特殊性。其具体特点如下：

1）建筑施工的长期性

建筑产品的庞体性决定了建筑产品生产周期长，建筑产品在施工过程中要投入大量的劳动力、材料、构配件、机械，还受到生产技术、工艺流程和活动空间的限制，使其生产的周期少则几月，多则几年甚至十几年。

2）建筑施工的流动性

建筑产品地点的固定性决定了产品生产的流动性。一般的工业产品都是在固定的工厂、车间内进行生产，而建筑产品的生产是在不同的地区，或同一地区的不同现场，或同一现场的不同单位工程，或同一单位工程的不同部位，组织工人、机械围绕着同一建筑产品进行生产。因此，该特点使建筑产品的生产在地区与地区之间、现场之间和单位工程不同部位之间流动。

3）建筑施工的单件性（个别性）

建筑产品地点的固定性和类型的多样性决定了产品生产的单件性。一般的工业产品是在一定的时期里，统一的工艺流程中进行批量生产，而具体的一个建筑产品应在国家或地区的统一规划内，根据其使用功能，在选定的地点上单独设计和单独施工。即使是选用标准设计、通用构件或配件，由于建筑产品所在地区的自然、技术、经济条件的不同，建筑产品的结构或构造、建筑材料、施工组织和施工方法等也要因地制宜加以修改，从而使各建筑产品生产具有单件性。

4）建筑产品生产组织协作的综合复杂性

由上述建筑产品生产的诸特点可以看出，建筑产品生产的涉及面广。在建筑企业的内部，它涉及工程力学、建筑结构、建筑构造、地基基础、水暖电、机械设备、建筑材料和施工技术等学科的专业知识，要在不同时期、不同地点和不同产品上组织多专业、多工种的综合作业。在建筑企业的外部，它涉及各不同种类的专业施工企业及城市规划、征用土地、勘察设计、消防、"七通一平"、公用事业、环境保护、质量监督、科研试验、交通运输、银行财政、机具设备、物质材料、电水热气的供应、劳务等社会各部门和各领域的复杂协作配合，从而使建筑产品生产的组织协作关系综合复杂。

### 0.1.3　建筑工程施工程序

基本建设程序图

建筑施工程序是拟建工程在整个施工过程中各项工作必须遵循的先后顺序。它是多年来建筑工程施工实践经验的总结，反映了整个施工阶段中必须遵循的客观规律。一般是指从接受施工任务直到交工验收所包括的各主要阶段的先后次序。它一般可划分为以下五个阶段：确定施工任务阶段、施工规划阶段、施工准备阶段、组织施工阶段和竣工验收阶段。其先后顺序和内容如下。

1. 投标与签订施工合同，落实施工任务

施工单位承接任务的方式一般有三种：国家或上级主管部门直接下达方式；受建设单位委托方式；通过招标而中标承揽任务方式。在市场经济条件下，建筑施工企业和建设单位自行承接和委托的方式较多，实行招投标的方式发包和承包建筑施工任务是建筑业和基本建设管理体制改革的一项重要措施。

无论以哪一种方式承接任务，施工单位都必须同建设单位签订施工合同。签订了施工合同的施工项目，才算是落实了施工任务。当然，签订合同的施工项目，必须是经建设单位主管部门正式批准的，有计划任务书、初步设计和总概算，已列入年度基本建设计划并落实了投资的建设项目，否则不能签订施工合同。在合同中应明确规定承包范围、供料方式、工期、合同价、工程付款和结算方法、甲乙双方责任义务以及奖励处罚等条例。

施工合同是建设单位与施工单位根据《中华人民共和国经济合同法》《建筑安装工程承包合同条例》及有关规定而签订的具有法律效力的文件。双方必须严格履行合同，任何一方不履行合同，给对方造成损失的，都要负法律责任和进行赔偿。

在这一阶段，施工企业要做好技术调查工作，包括建设项目功能、规模、要求以及建设地区自然情况、施工现场情况等。

2. 全面统筹安排，做好施工规划

签订施工合同后，施工总承包单位在调查分析资料的基础上，拟定施工规划，编制施工组织总设计，部署施工力量，安排施工总进度，确定主要工程施工方案，规划整个施工现场，统筹安排，做好全面施工规划，经批准后，安排组织施工先遣人员进入现场，与建设单位密切配合，做好施工规划中确定的各项全局性施工准备工作，为建设项目的全面正式开工创造条件。

3. 落实施工准备，提出开工报告

施工准备工作是建筑施工顺利进行的根本保证。工程开工前，施工单位要积极做好施工前的准备工作。准备工作一般包括技术准备、物资准备、劳动组织准备、施工现场准备和施工场外准备。当一个施工项目进行了图纸会审，编制和批准了施工组织设计、施工图预算和施工预算，组织好材料、半成品和构配件的生产和加工运输，组织好施工机具进场，搭设了临时建筑物，建立了现场管理机构，调遣施工队伍拆迁原有建筑物，搞好"三通一平"，进行了场区测量和建筑物定位放线等准备工作后，施工单位即可向主管部门提出开工报告。开工报告经审查批准后，即可正式开工。

4

4. 组织全面施工

施工过程应严格按照施工组织设计精心组织施工。在施工中提倡科学管理，文明施工，严格履行工程承包合同，合理安排施工顺序，组织好均衡连续的施工。一般情况下，各项目施工应按照先主体后辅助、先重点后一般、先地下后地上、先结构后装修、先土建后安装的原则进行。

5. 竣工验收、交付使用

工程完工后，在竣工验收前，施工单位应根据施工质量验收规范逐项进行预验收，检查各分部分项工程的施工质量、整理各项竣工验收的技术资料。在此基础上，由建设单位、设计单位、监理单位等有关部门组成验收小组进行验收。验收合格后，双方签订交接验收证书，办理工程移交，并根据合同规定办理工程竣工结算。

竣工验收是对建设项目的全面考核。建筑项目施工完成了设计文件所规定的内容后，就可以组织竣工验收。

## 0.2 建筑施工组织概述

### 0.2.1 建筑施工组织概念及研究对象

1. 施工组织设计概念

施工组织设计就是针对施工过程的复杂性，用系统的思想并遵循技术经济规律，对拟建工程的各阶段、各环节以及所需要的各种资源进行统筹安排的计划管理行为。它努力使复杂的生产过程，通过科学、经济、合理的规划安排，达到建设项目能够连续、均衡、协调地进行施工，满足建设项目对工期、质量及投资方面的各项要求。

施工组织设计是指导拟建工程项目进行施工准备和正常施工的基本技术经济文件，是对拟建工程在人力和物力、时间和空间、技术和组织等方面所做的全面、合理的要求、安排。

2. 施工组织研究对象

施工组织主要研究对象是建造建筑物的组织方法、理论和一般规律。使工程施工在一定时间和空间内，得以有计划、有组织、有秩序地进行，以期在整个工程的施工中达到相对最优的效果，即达到工期短、质量优、成本低、效益好，这就是施工组织设计的根本任务。

### 0.2.2 建筑施工组织作用及分类

1. 建筑施工组织的作用

施工组织的任务是从施工的全局出发，根据具体的条件，以最优的方式解决施工组织的问题，对施工的各项活动做出全面、科学的规划和部署，使人力、物力、财力、技术资源得以充分利用，优质、低耗、高速地完成施工任务。

施工组织设计的作用主要体现在以下几个方面：

（1）施工组织设计是对拟建工程施工的全过程实行科学管理的重要手段。通过施工组织设计的编制，可以全面考虑拟建工程的各种具体施工条件，扬长避短地拟定合理的施工方案，确定施工顺序、施工方法、劳动组织和技术经济的组织措施，合理地统筹安排拟定施工进度计划，保证拟建工程按期投产或交付使用。

（2）施工组织设计为拟建工程的设计方案在经济上的合理性、在技术上的科学性和在实施工程上的可能性进行论证提供依据。

（3）施工组织设计为建设单位编制基本建设计划和施工企业编制施工计划提供依据。施工企业可以提前掌握人力、材料和机具使用上的先后顺序，全面安排资源的供应与消耗。

（4）施工组织设计可以合理地确定临时设施的数量、规模和用途，以及临时设施、材料和机具在施工场地上的布置方案。

（5）通过施工组织设计的编制，可以预计施工过程中可能发生的各种情况，事先做好准备、预防，为施工企业实施施工准备工作计划提供依据。

（6）可以把拟建工程的设计与施工、技术与经济、前方与后方和施工企业的全部施工安排与具体工程的施工组织工作更紧密地结合起来。

（7）可以把直接参加的施工单位与协作单位、部门与部门、阶段与阶段、过程与过程之间的关系更好地协调起来。

根据实践经验，对于一个拟建工程来说，如果施工组织设计编制得合理，能正确反映客观实际，符合建设单位和设计单位的要求，并且在施工过程中认真地贯彻执行，就可以保证拟建工程施工的顺利进行，取得好、快、省和安全的效果，早日发挥基本建设投资的经济效益和社会效益。

2. 施工组织设计的分类

施工组织设计按设计阶段的不同、编制对象范围的不同、使用时间的不同和编制内容的繁简程度的不同，有以下分类情况：

1）按设计阶段的不同分类

施工组织设计的编制一般是同设计阶段相配合的。

（1）设计按两个阶段进行时

施工组织设计分为施工组织总设计（扩大初步施工组织设计）和单位工程施工组织设计两种。

（2）设计按三个阶段进行时

施工组织设计分为施工组织设计大纲（初步施工组织条件设计）、施工组织总设计和单位工程施工组织设计三种。

2）根据建筑工程设计阶段分类

（1）投标前编制的施工组织设计〈简称标前设计〉

标前设计是为了满足编制投标书和签定工程承包合同的需要而编制的，建筑施工单位为了使投标书具有竞争力以实现中标，必须编制标前设计，对投标书的内容进行规划和决策，作为投标文件的内容之一。标前设计的水平既是能否中标的关键因素，又是总包单位招标和分包单位招标书的重要依据，还是承包单位进行合同谈判提出要约和进行承诺的根据和理由，是已定合同文件中相关条款的基础资料。

（2）签定工程承包合同后编制的施工组织设计〈简称标后设计〉

标后设计是为了满足施工准备和施工的需要而编制的。

这两类施工组织设计的特点见表0-1。

表 0 - 1　施工组织设计的特点

| 种类 | 服务范围 | 编制时间 | 编制者 | 主要特性 | 追求主要目标 |
|---|---|---|---|---|---|
| 标前设计 | 投标与签约 | 投标书编制前 | 经营管理层 | 规划性 | 中标和经济效益 |
| 标后设计 | 施工准备至工程验收 | 签约后开工前 | 项目管理层 | 作业性 | 施工效益和效率 |

3）按编制对象范围的不同分类

施工组织设计按编制对象范围的不同可分为施工组织总设计、单位工程施工组织设计、分部分项工程施工组织设计三种。

（1）施工组织总设计

施工组织总设计是以一个建筑群或一个建设项目为编制对象，用以指导整个建筑群或建设项目施工全过程的各项施工活动的技术、经济和组织的综合性文件。施工组织总设计一般在初步设计或扩大初步设计被批准之后，在总承包企业的总工程师领导下进行编制。

（2）单位工程施工组织设计

单位工程施工组织设计是以一个单位工程（一个建筑物或构筑物，一个交工系统）为编制对象，用以指导其施工全过程的各项施工活动的技术、经济和组织的综合性文件。单位工程施工组织设计一般在施工图设计完成后，在拟建工程开工之前，在工程处的技术负责人领导下进行编制。

（3）分部分项工程施工组织设计

分部分项工程施工组织设计是以分部分项工程为编制对象，用以具体实施其施工全过程的各项施工活动的技术、经济和组织的综合性文件。分部分项工程施工组织设计一般是同单位工程施工组织设计的编制同时进行，并由单位工程的技术人员负责编制。

施工组织总设计、单位工程施工组织设计和分部分项工程施工组织设计之间有以下关系：施工组织总设计是对整个建设项目的全局性战略部署，其内容和范围比较概括；单位工程施工组织设计是在施工组织总设计的控制下，以施工组织总设计和企业施工计划为依据编制的，针对具体的单位工程，把施工组织总设计的内容具体化；分部分项工程施工组织设计是以施工组织总设计、单位工程施工组织设计和企业施工计划为依据编制的，针对具体的分部分项工程，把单位工程施工组织设计进一步具体化，它是专业工程具体的组织施工的设计。

4）按编制内容的繁简程度的不同分类

施工组织设计按编制内容的繁简程度的不同可分为完整的施工组织设计和简单的施工组织设计两种。

（1）完整的施工组织设计

对于工程规模大、结构复杂、技术要求高，采用新结构、新技术、新材料和新工艺的拟建工程项目，必须编制内容详尽的完整的施工组织设计。

（2）简单的施工组织设计

对于工程规模小、结构简单、技术要求和工艺方法不复杂的拟建工程项目，可以编制一般仅包括施工方案、施工进度计划和施工总平面布置图等内容粗略的简单的施工组织设计。

### 0.2.3 建筑施工组织原则及内容组成

1. 施工组织设计的编制原则

（1）认真贯彻执行党和国家对工程建设的各项方针和政策，严格执行现行的建设程序。

（2）遵循建筑施工工艺及其技术规律，坚持合理的施工程序和施工顺序，在保证工程质量的前提下，加快建设速度，缩短工程工期。

（3）采用流水施工方法和网络计划等先进技术，组织有节奏、连续和均衡的施工，科学地安排施工进度计划，保证人力、物力充分发挥作用。

（4）统筹安排，保证重点，合理地安排冬、雨季施工项目，提高施工的连续性和均衡性。

（5）认真贯彻建筑工业化方针，不断提高施工机械化水平，贯彻工厂预制和现场预制相结合的方针，扩大预制范围，提高预制装配程度；改善劳动条件，减轻劳动强度，提高劳动生产率。

（6）采用国内外先进施工技术，科学地确定施工方案，贯彻执行施工技术规范、操作规程，提高工程质量，确保安全施工，缩短施工工期，降低工程成本。

（7）精心规划施工平面图，节约用地；尽量减少临时设施，合理储存物资，充分利用当地资源，减少物资运输量。

（8）做好现场文明施工和环境保护工作。

2. 建筑施工组织设计的内容

单位工程施工组织设计是以单位（子单位）工程为对象编制的，用于规划和指导单位（子单位）工程全部施工活动的技术、经济和管理的综合性文件。

按照《建筑施工组织设计规范》（GB/T50502—2009）的规定，单位工程施工组织设计编制的基本内容主要包括：工程概况、施工部署、主要施工方案、施工进度计划、施工准备与资源配置计划、施工现场平面布置等六大部分内容。

围绕以上部分六大内容，每部分均有自己的内涵，习惯上称为："一案"——施工方案；"一图"——施工平面布置图；"四表"——施工进度计划表、机械设备表、劳动力表、材料需求表；"四项措施"——进度、质量、安全、成本；如果工程规模较小，可以编制简单的施工组织设计，其内容包括施工方案、施工进度计划、施工平面图，简称"一案、一图、一表"。下面对编制的各部分内容分述如下。

1）工程概况

工程概况主要内容包括：工程特点，建设地点及环境特征，施工条件，施工特点、项目管理特点及总体要求作出简要明了、突出重点的文字介绍。通过对项目整体面貌重点突出的阐述，工程概况可为选择施工方案、组织物资供应、配备技术力量等提供基本的依据。

（1）工程特点

工程特点应说明拟建工程的建设概况和建筑、结构与设备安装的设计特点，包括工程项目名称、工程性质和规模、工程地点和占地面积、工程结构要求和建筑面积、工程期限和投资等内容。

（2）建设地区特征与施工条件

建设地区特征与施工条件主要说明建设地点的气象、水文、地形、地质情况，施工现场与周围环境情况，材料、预制构件的生产供应情况，劳动力、施工机械设备落实情况，水电供应、交通情况等。

（3）施工特点

通过分析拟建工程的施工特点，可把握施工过程的关键问题，说明拟建工程施工的重点所在。

2）施工部署

施工部署主要包括：施工管理目标、施工部署原则，项目经理部组织机构，施工任务划分，对主要分包施工单位的选择要求及确定的管理方式，计算主要项目工程量和施工组织协调与配合等内容。

3）主要施工方案

主要施工方案是单位工程施工组织设计的核心，通过对项目可能采用的几种施工方案的技术经济比较，选定技术上先进、施工可行、经济合理的施工方案，从而保证工程进度、施工质量、工程成本等目标的实现。施工方案是施工进度计划、施工平面图等设计和编制的基础，其内容主要包括：确定施工程序和施工起点流向，划分施工段，选择主要分部分项工程的施工方法和施工机械，安全施工设计，环境保护内容及方法等内容。

4）施工进度计划

施工进度计划是施工方案在时间上的体现，编制时应根据工期要求和技术物资供应条件，按照既定施工方案来确定各施工过程的工艺与组织关系，并采用图标的形式说明各分部分项工程作业起始时间、相互搭接与配合的关系。施工进度计划是编制各项资源需要量计划的基础。

施工进度计划主要包括：确定施工顺序，划分施工项目，计算各施工项目工程量、劳动量和机械台班量，确定各分部分项工程施工时间，绘制施工进度表等内容。

5）施工准备与资源配置计划

施工准备与资源配置计划分为施工准备工作计划和各项资源需要量计划。

施工准备工作计划主要包括：技术准备，现场准备，劳动和物资准备，冬、雨期施工准备以及施工准备工作的管理组织、时间安排等内容。施工准备工作计划依照施工进度计划进行编制，是工程项目开工前的全面施工准备和施工过程中各分部分项工程施工作业准备的工作依据。

各项资源需要量计划主要包括：劳动力需要量计划、材料需要量计划、构件半成品需要量计划、施工机具需要量计划等内容。应在施工进度计划编制完成后，依照进度计划、工程量等要求进行编制。资源需要量计划是各项资源供应、调配的依据，也是进度计划顺利实施的物质保证。

6）施工现场平面布置

施工现场平面布置可以以施工平面图的形式体现。

施工平面图是拟建单位工程施工现场的平面规划和空间布置图，体现了施工期间所需的各项设施与永久建筑、拟建工程之间的空间关系，是施工方案在空间上的体现。施工平面图的设计以工程的规模、施工方案、施工现场条件等为依据，是现场组织文明施工的重要保证。

主要包括：确定起重运输机械的位置，布置搅拌站、加工棚、仓库及材料堆场，布置运输道路，布置临时设施和水电管线等内容。

【特别说明】

在实际编制施工组织设计文件时，我们还需增加编制依据、主要施工管理计划、技术组织措施、技术经济指标等内容。其内容说明如下：

1）编制依据

编制依据一般包括：招标文件、设计图纸、国家的相关规范、企业相关规定等内容。

2）主要施工管理计划

主要包括：进度管理计划，质量管理计划，安全管理计划，环境管理计划，成本管理计划和其它管理计划。

3）技术组织措施

主要包括：保证进度、质量、安全、成本目标的措施，保证季节施工的措施，保护环境的措施，文明施工的措施等内容。

4）技术经济指标

施工组织设计中，技术经济指标是从技术和经济两个方面对设计内容所作的优劣评价，它以施工方案、施工进度计划、施工平面图为评价中心，通过定性和定量计算分析来评价施工组织设计的技术可行性、经济合理性。

主要包括：工期指标、质量和安全指标、劳动生产率指标、设备利用率指标，降低成本和节约材料指标等内容。是提高施工组织设计水平和选择最优施工组织设计方案的重要依据。

以上建筑施工组织设计的内容，以施工方案、施工进度。施工平面图三项最为关键，它们分别规划了单位工程施工的技术与组织、时间、空间三大因素，在单位工程施工组织设计中，应着力进行研究筹划，以期达到科学合理适用。

### 0.2.4　单位工程施工组织设计程序

单位工程施工组织设计的工程项目各不相同，其所要求编制的内容也会有所不同，但一般可按以下几个步骤来进行。

（1）收集编制依据的文件和资料，包括工程项目的设计图样，工程项目所要求的施工进度和要求，施工定额、工程概预算及有关技术经济指标，施工中可配备的劳动力、材料和机械设备情况，施工现场的自然条件和技术经济资料等。

（2）编写工程概况，主要阐述工程的概貌、特征和特点及有关要求等。

（3）选择施工方案，主要确定各分项工程施工的先后顺序，选择施工机械类型及其合理布置，明确工程施工的流向及流水参数的计算，确定主要项目的施工方法等。

（4）制订施工进度计划，其中包括对分部分项工程量的计算、绘制施工进度图表、对进度计划的调整优化等。

（5）计算施工现场所需要的各种资源需要量及其供应计划（包括各种劳动力、材料、机械及其加工预制品等）。

（6）绘制施工平面图。

（7）计算技术经济指标。

以上步骤可用图 0-1 所示的单位工程施工组织设计程序来表示。

## 0.3　本课程重点、难点

（1）有节奏流水施工、无节奏流水施工的时间参数、工艺参数和空间参数的确定。

（2）网络计划时间参数的计算、网络图的绘制、网络计划优化的方法。

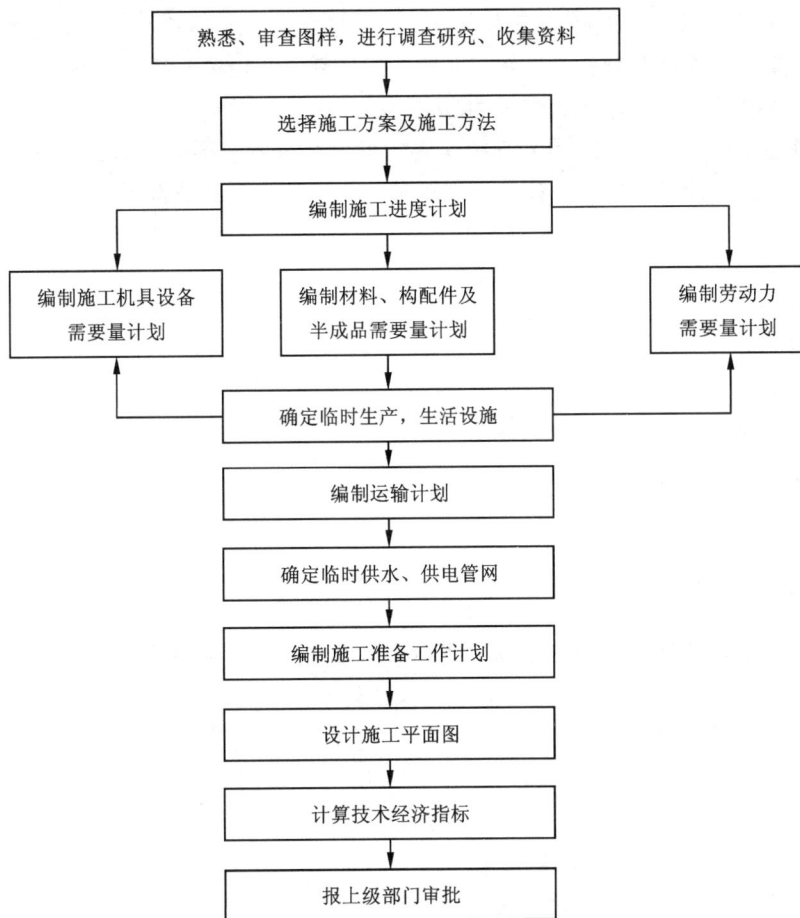

图 0-1 单位工程施工组织设计程序

(3)各项资源需要量及施工准备工作计划、施工总平面图的设计。

(4)单位工程施工组织设计中施工方案的确定、进度计划的确定、施工平面图的确定。

## 【知识总结】

本绪论对建设项目及其组成,建筑工程施工程序,建筑产品及其施工特点,建筑施工组织设计的基本概念、作用和分类,单位工程施工组织设计的编制内容和程序及本课程的重点难点做了简单的介绍。

建设项目按照合理确定工程造价和基本建设管理工作需要,从大到小可以划分为单项工程、单位工程、分部工程和分项工程。一个建设项目,按《建筑工程施工质量验收统一标准》(GB50300—2013)规定,可以划分为单位(子单位)工程、分部(子分部)工程、分项工程和检验批。

建筑工程施工程序分为五个阶段:确定施工任务阶段、施工规划阶段、施工准备阶段、组织施工阶段和竣工验收阶段。

建筑施工组织设计按阶段不同可分为标前和标后施工组织设计。针对不同的工程对象又可分为施工组织总设计、单位工程施工组织设计、分部分项工程施工组织设计。

单位工程施工组织设计编制的基本内容，主要包括工程概况、施工部署、施工方案、施工进度计划、各项资源需要量计划、施工准备工作计划、主要施工管理计划、施工平面图、技术组织措施、技术经济指标等十大部分内容。

单位工程施工组织设计步骤是：收集编制依据的文件和资料，编写工程概况，选择施工方案，制订施工进度计划，编制各种资源需要量计划，绘制施工平面图，计算技术经济指标。

## 【练习与作业】

### 一、填空题

1. 建筑施工程序一般包括_____、_____、_____、_____、_____五个阶段。

2. 施工组织设计按编制对象的不同分为_____、_____和_____三种。

3. 建筑产品具有以下共同的特点：_____、_____、_____、_____生产周期长等。

### 二、单项选择题

1. 施工组织设计是用以指导施工项目进行施工准备和正常施工的基本(　　)文件。

A. 施工技术管理　　　B. 技术经济　　　C. 施工生产　　　D. 生产经营

2. 单位工程施工组织设计编制的对象是(　　　)

A. 建设项目　　　B. 单位工程　　　C. 分部工程　　　D. 分项工程

3. 建筑施工的流动性主要是由建筑产品的(　　)造成的。

A. 多样性　　　B. 庞体性　　　C. 固定性　　　D. 综合性

4. 关于施工组织设计表达正确的是(　　　)

A. "标前设计"是规划性设计　　　B. "标后设计"由企业管理层在合同签订前完成

C. 施工组织设计由设计单位编制　　　D. 施工组织设计主要用于项目管理

### 三、多项选择题

1. 施工组织设计文件中的"图、案、表"分别指的是(　　　　　)

A. 施工方法　　　B. 施工平面图　　　C. 网络图　　　D. 施工方案

E. 施工进度计划表

2. 施工组织设计需要完成的工作是(　　　　)

A. 提出切实可行的施工技术组织措施　　　B. 确定施工方案

C. 确定开工前完成的各项准备工作　　　D. 合理布置现场的总平面

E. 确定工程造价　　　F. 确定设计方案　　　G. 确定进度计划

3. 建设项目按照合理确定工程造价和基本建设管理工作需要，从大到小可以划分为(　　　)

A. 单项工程　　　B. 单位工程　　　C. 分部工程　　　D. 分项工程

4. 施工组织设计按编制对象范围不同可分为(　　　　　)

A. 施工组织总设计　　　　　　　　B. 单位工程施工组织设计

C. 分部分项工程施工组织设计　　　　D. 施工组织设计大纲

# 模块一　建筑施工准备

【能力目标】

能根据施工调查要求和调查内容，进行拟建工程的施工调查；能应用给定的条件编制单位工程各项资源需要量计划；能编制施工准备计划，填写工程开工报审表。

【知识目标】

了解施工准备工作的分类与内容；熟悉施工原始资料收集的主要内容；掌握资源配置需求量计划的编制内容。

【思政目标】

培养学生诚信守时、爱岗敬业、忠于职守的工作作风；培养学生工作严谨、务实创新、追求卓越的工匠精神；培养学生同心协力、共同奋斗、共创辉煌的卓越精神。

【企业八大员岗位资格考试要求】

施工员应协助项目经理做好工程开工的准备工作，初步审定图纸、施工方案，提出技术措施和现场施工方案。

## 1.1　建筑施工准备概述

施工准备工作是指为了保证工程顺利开工和施工活动正常进行而事先要做好的各项准备工作。它是施工程序中的重要环节，不仅存在于开工之前，而且贯穿于整个施工过程之中。为了保证工程项目顺利地进行施工，必须做好施工准备工作。

【应用案例 1－1】

混合结构的民用住宅施工，一般可分为地下工程、主体工程、装饰工程和屋面工程等施工阶段，每个施工阶段的施工内容不同，所需要的技术条件、物资条件、组织要求和现场布置等方面也不同。

【特别提示】

施工准备工作既要有阶段性，又要有连贯性，因此施工准备工作必须有计划、有步骤、分期地和分阶段地进行，要贯穿拟建工程整个生产过程的始终。

现代化的建筑工程施工是一项十分复杂的生产活动，须事先做好统筹安排和准备，否则将会造成施工混乱，无法保证进度、质量等各方面要求。因此，施工人员必须对施工准备工作有足够的重视。具体来说，做好施工准备工作具有以下重要意义。

1. 遵循建筑施工程序

"做好施工准备工作，提出开工报告"是建筑施工程序中的一个重要阶段，而建筑施工程序又是施工过程中必须遵循的客观规律。只有做好施工准备工作，才能保证工程顺利开工和施工的正常进行，才能保证质量，按期交工，取得预期的投资效果。

2. 降低施工风险

由于建筑产品特有的施工特点，使很多因素为不可预见因素，其施工受外界干扰、自然因素影响较大，因而施工中可能遇到的风险就多。施工准备工作是根据周密的科学分析和多年施工经验来确定的，具有一定的预见性，因而做好施工准备工作，采取科学预防措施，加强应变能力，才能有效地降低施工风险。例如，提前做好冬、雨期施工准备工作。

3. 创造工程开工和顺利施工的条件

建筑工程项目施工需要大量的人力、物力、财力、机械设备等资源，开工前应做好劳动力及各项资源的准备工作，组织好材料、构件的运输、存放等工作，做好现场的通水、通电、通路等准备工作，为拟建工程按时开工创造有利条件。

4. 提高企业经济效益

认真做好各项准备工作，能够充分调动各方面的积极因素，合理组织利用各方面资源，做到人尽其才、物尽其用，从而加快施工进度，提高工程质量，降低施工成本，提高企业的经济效益和社会效益。

实践证明，施工准备工作的好坏，将直接影响建筑产品生产的全过程，只有认真细致地做好各项施工准备工作，积极为工程创造有利条件，才能够取得施工主动权，从而多、快、好、省地完成施工任务。如果违背施工程序，不重视施工准备工作，仓促开工，必然给工程施工带来麻烦，甚至使施工无法进行。这样虽有加快施工进度的主观愿望，但往往造成事与愿违的客观结果，欲速则不达，反而造成不必要的经济损失。

## 1.2 原始资料的收集与整理

建筑工程涉及的单位多、内容广、情况多变、问题复杂。对一项工程所涉及的自然条件和技术经济条件等施工资料进行调查研究与收集整理，是施工准备工作的一项重要内容，也是编制施工组织设计的重要依据。调查研究与收集资料的工作应有计划有目的地进行，事先要拟定详细的调查提纲。其调查的范围、内容要求等应根据拟建工程的规模、性质、复杂程度、工期及对当地的了解程度确定。调查时，除向建设单位、勘察设计单位、当地气象台站及有关部门和单位收集资料及有关规定外，还应到实地勘测，并向当地居民了解。对调查、收集到的资料应注意整理归纳、分析研究，对其中特别重要的资料，必须复查其数据的真实性和可靠性。

### 1.2.1 自然条件调查分析

自然条件调查分析包括建设地区的气象、建设场地的地形、工程地质和水文地质、施工现场地上和地下障碍物状况、周围民宅的坚固程度及居民的健康状况等项调查，为编制施工现场的"四通一平"计划提供依据。如地上建筑物的拆除、高压输电线路的搬迁、地下构筑物的拆除和各种管线的搬迁、打桩工程等项工作，为减少施工公害，应在施工前对居民的危房和居民中的心脏病患者，采取保护性措施。自然条件调查用表，见表 1 - 1。

表 1 - 1　气象、地形、地质和水文调查内容表

| 项目 | | 调查内容 | 调查目的 |
|---|---|---|---|
| 气象资料 | 气温 | 1. 年平均温度，最高、最低温度，最冷、最热月的逐月平均温度，结冰期，解冻期<br>2. 冬、夏季室外温度<br>3. 小于或等于 -3℃、0℃、5℃ 的天数、起止时间 | 1. 防暑降温<br>2. 冬季施工<br>3. 混凝土、灰浆强度增长 |
| | 降雨 | 1. 雨季起止时间<br>2. 全年降水量，昼夜最大降水量<br>3. 年雷暴日数 | 1. 雨季施工<br>2. 工地排水、防洪<br>3. 防雷 |
| | 风 | 1. 主导风向及频率<br>2. 大于或等于 8 级风全年天数、时间 | 1. 布置临时设施<br>2. 高空作业及吊装措施 |
| 地形、地质资料 | 地形 | 1. 区域地形图<br>2. 厂址地形图<br>3. 该区的城市规划<br>4. 控制桩、水准点的位置<br>5. 地形、地貌特征 | 1. 选择施工用地<br>2. 合理布置施工总平面图<br>3. 现场平整土方量计算<br>4. 阻碍物及数量<br>5. 拆迁后的现场整理 |
| | 地质 | 1. 钻孔布置图<br>2. 地质剖面图<br>3. 地质的稳定性、滑坡、流砂<br>4. 物理力学指标 | 1. 土方施工方法的选择<br>2. 地基处理办法<br>3. 基础施工<br>4. 障碍物拆除计划<br>5. 复合地基基础设计 |
| | 地震 | 烈度大小 | 1. 对地基的影响<br>2. 施工措施 |
| 水文资料 | 地下水 | 1. 最高最低水位及时间<br>2. 流向、流速及流量<br>3. 水质分析<br>4. 抽水试验 | 1. 土方施工<br>2. 基础施工方案选择<br>3. 降低地下水位<br>4. 侵蚀性质及施工注意事项 |
| | 地面水 | 1. 临近的江河湖泊及地下水<br>2. 洪水、平水及枯水期<br>3. 流量、水位及航道深浅<br>4. 水质分析 | 1. 临时给水<br>2. 航运组织<br>3. 水工工程 |
| | 周围环境及障碍物 | 1. 施工区域现有建筑物、构筑物、沟渠、树木、土堆、高压输变电线路等<br>2. 临近建筑坚固程度，及其中人员工作生活、健康状况 | 1. 及时拆迁、拆除<br>2. 保护工作<br>3. 合理布置施工平面图<br>4. 合理安排施工进度 |

## 1.2.2　技术经济资料调查

技术经济资料调查包括地方建筑生产企业、地方资源、交通运输、水、电及其他能源、主要设备、三大材料和特殊材料等项调查。

表1-2 地方建筑生产企业情况调查内容表

| 序号 | 企业名称 | 产品名称 | 规格 | 单位 | 生产能力 | 供应能力 | 生产方式 | 出厂价格 | 运距 | 运输方式 | 单位运价 | 备注 |
|------|----------|----------|------|------|----------|----------|----------|----------|------|----------|----------|------|
|      |          |          |      |      |          |          |          |          |      |          |          |      |
|      |          |          |      |      |          |          |          |          |      |          |          |      |
|      |          |          |      |      |          |          |          |          |      |          |          |      |

注：1. "企业名称"按构件厂、木工厂、商品混凝土厂、门窗厂、设备、脚手架、模板租赁厂、金属结构厂、砖厂、石灰厂等填列。

2. 这一调查可在当地计划、经济或建筑主管部门进行。

表1-3 地方资源情况调查内容表

| 序号 | 材料名称 | 产地 | 储存量 | 质量 | 开采量 | 开采费 | 出厂价 | 运距 | 运费 | 备注 |
|------|----------|------|--------|------|--------|--------|--------|------|------|------|
|      |          |      |        |      |        |        |        |      |      |      |
|      |          |      |        |      |        |        |        |      |      |      |
|      |          |      |        |      |        |        |        |      |      |      |
|      |          |      |        |      |        |        |        |      |      |      |

注："材料名称"按块石、碎石、砾石、砂、工业废料(包括冶金矿渣、炉渣、电站粉煤灰等)填列。

表1-4 交通运输条件调查内容表

| 序号 | 项目 | 调查内容 | 调查目的 |
|------|------|----------|----------|
| 1 | 铁路 | 1.临近铁路专用线、车站至工地距离，运输条件<br>2.车站起重能力，卸货线长度，现场存储能力<br>3.装卸货物的最大储存量<br>4.运费、装卸费和装卸能力 | 1.选择施工运输方式<br>2.拟定施工运输计划 |
| 2 | 公路 | 1.各种材料至工地的公路等级、路面构造、路宽及完好情况、允许最大载重量<br>2.途径桥涵等级，允许最大载重量<br>3.当地专业运输机构及附近农村提供的运输能力，汽车数量、效率<br>4.运费、装卸费、装卸力量<br>5.有无汽车修配厂，至工地距离，道路情况，提供的修配能力 | |
| 3 | 航运 | 1.货源与工地至临近河流、码头、渡口的距离，道路情况<br>2.洪水、平水、枯水期，通航最大船只及吨位，取得船只情况<br>3.码头卸货能力，最大起重量，增设码头的可能性<br>4.渡口、渡船能力，同时可卸汽车、马车数量，每日次数，能为施工提供的能力<br>5.每吨货物运价，装卸费和渡口费 | |

表 1-5 供水、供电、供气条件调查内容表

| 序号 | 项目 | 调查内容 | 调查目的 |
|------|------|----------|----------|
| 1 | 给水排水 | 1. 与当地现有水源连接的可能性，可供水量，接管地点，管径，材料，埋深，水压、水质、水费，至工地距离，地形情况<br>2. 自选临时江河水源，至江距离，地形情况，水量，取水方式，水质及处理<br>3. 自选临时水井水源的位置、深度、管径和出水量<br>4. 利用永久排水设施的可能，施工排水去向，距离和坡度，洪水影响，现有防洪设施 | 1. 确定生活、施工供水方案<br>2. 确定工地排水方案和防洪设施<br>3. 拟订给排水设施的施工进度计划 |
| 2 | 供电与通信 | 1. 电源位置，供电的可能性，方向，接线地点到工地距离，地形情况，允许供电容量，电压、导线截面，电费<br>2. 建设和施工单位自有发电设备的规格、型号、台数、能力<br>3. 利用临近电信设施的可能性，可增设电话、计算机等自动化办公设备和线路情况 | 1. 确定供电方案<br>2. 确定通信方案<br>3. 拟订供电、通信设施的施工进度计划 |
| 3 | 供气 | 1. 有无蒸气来源，可供蒸气量，管径，埋深，至工地距离，地形情况，蒸气价格<br>2. 建设和施工单位自有锅炉设备的规格、型号、台数和能力、所需燃料，用水水质<br>3. 当地建设单位的压缩空气，氧气提供能力，至工地距离 | 1. 确定施工、生活用气方案<br>2. 确定压缩空气氧气的供应计划 |

表 1-6 三大材料、特殊材料及主要设备调查内容表

| 序号 | 项目 | 调查内容 | 调查目的 |
|------|------|----------|----------|
| 1 | 三大材料 | 1. 钢材的规格、型号、数量和到货时间<br>2. 木材的品种、等级、数量和到货时间<br>3. 水泥的品种、强度等级、数量和到货时间 | 1. 确定临时设施和堆放场地<br>2. 确定木材加工计划<br>3. 确定水泥储存方式 |
| 2 | 特殊材料 | 1. 需要的品种、规格和数量<br>2. 进口材料和新材料 | 1. 制订供应计划<br>2. 确定储存方式 |
| 3 | 主要设备 | 1. 主要工艺设备名称及来源，含进口设备<br>2. 分批和全部到货时间 | 1. 确定临时设施和堆放场地<br>2. 拟定防雨措施 |

### 1.2.3 社会资料的调查

社会资料的调查主要包括建设地区的政治、经济、文化、科技、风土、民俗等内容。其中社会劳动力和生活设施、参加施工各单位情况的调查资料，可作为安排劳动力、布置临时设施和确定施工力量的依据。

表 1-7　对建设单位调查的项目

| 调查单位 | 调查内容 | 调查目的 |
|---|---|---|
| 建设单位 | 1.建设项目设计任务书、有关文件<br>2.建设项目性质、规模、生产能力<br>3.生产工艺流程、主要工艺设备名称及来源<br>4.建设期限、开工时间、交工先后顺序、竣工投产时间<br>5.总概算投资、年度建设计划<br>6.施工准备工作的内容、安排、工作进度表 | 1.施工依据<br>2.项目建设部署<br>3.制定主要工程施工方案<br>4.规划施工总进度<br>5.安排年度施工计划<br>6.规划施工总平面图<br>7.确定占地范围 |

表 1-8　建设地区社会劳动力和生活设施的调查内容

| 序号 | 项目 | 调查内容 | 调查目的 |
|---|---|---|---|
| 1 | 社会劳动力 | 1.少数民族地区的风俗习惯<br>2.当地能提供的劳动力人数、技术水平、工资费用和来源<br>3.上述人员的生活安排 | 1.拟订劳动力计划<br>2.安排临时设施 |
| 2 | 房屋设施 | 1.必须在工地居住的单身人数和户数<br>2.能作为施工用的现有房屋栋数，每栋面积、结构特征，总面积、位置，水、电、暖、卫、设备状况<br>3.上述建筑物的适宜用途，用作宿舍、食堂、办公室的可能性 | 1.确定现有房屋为施工服务的可能性<br>2.安排临时设施 |
| 3 | 周围环境 | 1.主副食品供应，日用品供应，文化教育，消防治安等机构能为施工提供的支援能力<br>2.临近医疗单位至工地的距离，可能就医情况<br>3.当地公共汽车、邮电服务情况<br>4.周围是否存在有害气体、污染情况，有无地方病 | 安排职工生活基地，解除后顾之忧 |

表 1-9　参加施工的各单位(含分包)生产能力情况调查内容表

| 序号 | 项目 | 内容 |
|---|---|---|
| 1 | 工人 | 1.总数，分工种人数<br>2.定额完成情况<br>3.一专多能情况 |
| 2 | 管理人员 | 1.管理人员人数，其中干部、技术人员所占比例<br>2.服务人员和其他人员人数 |
| 3 | 施工机械 | 1.名称、型号、能力、数量、新旧程度(列表)<br>2.总装备程度(马力/全员)<br>3.拟、定购的新增加情况 |
| 4 | 施工经验 | 1.在历史上曾施工过的主要工程项目<br>2.习惯采用的施工方法<br>3.采用过的先进施工方法<br>4.研究成果 |

| 序号 | 项目 | 内容 |
|---|---|---|
| 5 | 主要指标 | 1. 劳动生产率<br>2. 质量、安全<br>3. 降低成本<br>4. 机械化、工业化程度<br>5. 机械设备的完好率、利用率 |

## 1.3　建筑施工准备工作

### 1.3.1　施工现场人员准备

工程项目是否能够按照预期目标顺利完成，很大程度上取决于承担这一工程的施工人员的素质。施工现场人员准备是开工前施工准备工作的一项重要内容。施工现场人员准备的具体内容如下。

1. 建立施工项目领导机构

根据工程规模、结构特点和复杂程度，确定施工项目领导机构的人选和名额；遵循合理分工与密切协作、因事设职与因职选人的原则，建立有施工经验、有开拓精神和工作效率高的施工项目领导机构。对于实行项目管理的工程，建立施工项目组织机构就是建立项目经理部，实行项目经理负责制。

1）项目经理部的设置步骤如下：

（1）根据企业批准的"项目管理规划大纲"，确定项目经理部的管理任务和组织形式。

（2）确定项目经理部的层次，设立职能部门与工作岗位。

（3）确定人员、职责、权限。

（4）由项目经理根据"项目管理目标责任书"进行目标分解。

（5）组织有关人员制定规章制度和目标责任考核、奖惩制度。

2）项目经理部的组织形式。项目经理部的组织形式应根据施工项目的规模、结构复杂程度、专业特点、人员素质和地域范围确定，并符合下列规定：

（1）大中型项目宜按矩阵式项目管理组织设置项目经理部。

（2）远离企业项目管理层的大中型项目宜按事业部式项目管理组织设置项目经理部。

（3）小型项目宜按直线职能式项目管理组织设置项目经理部。

2. 建立精干的工作队组

根据采用的施工组织方式，确定合理的劳动组织，建立相应的专业户混合工作队组。

3. 集结施工力量，组织劳动力进场

按照开工日期和劳动力需要量计划组织工人进场，安排好职工生活，并进行安全、防火和文明施工教育。

4. 做好职工、工人入场教育工作

为落实施工计划和技术责任制，应按管理系统逐级进行交底。交底内容通常包括工程施工进度计划和月、旬作业计划，各项安全技术措施、降低成本措施和质量保证措施，质量标准和验收规范要求，设计变更和技术核定事项等，必要时进行现场示范；同时健全各项规章制度，加强遵纪守法教育。

### 1.3.2　施工场地准备

施工现场准备即通常所说的室外准备(外业准备)，它是为拟建工程顺利开工创造有利施工条件和物质保障的基础，主要内容包括清除障碍物、四通一平、施工测量、搭设临时设施等。

1. 清除障碍物

施工场地内的一切障碍物，无论是地上还是地下的，都应在开工前清除。清除时，一定要了解现场实际情况，尤其是在城市的老区内，由于原有建筑物和构筑物情况复杂，在清除前需要采取相应的措施防止发生事故。

对于房屋的拆除，一般只要把水源、电源切断后即可进行拆除。若房屋较大、较坚固，则有可能采用爆破的方法，这需要专业的爆破作业人员来承担，并且必须经过有关部门批准。

对于原有电力、通信、给排水、煤气、供热网等设施的拆除和清理，要与有关部门联系并办理相关手续后方可进行，一般由专业公司来处理。

场地内若有树木，须报园林部门批准后方可砍伐。

拆除障碍物后，留下的渣土等杂物都应清除场外。运输时，应遵守交通、环保部门的有关规定，运土的车辆要按指定路线和时间行驶，并采取封闭运输车或在渣土上洒水等措施，以免尘土飞扬而污染环境。

2. 七通一平

七通一平指的是土地在通过一级开发后，使其达到具备通给水、通排水、通电、通路、通信、通暖气、通天然气或煤气、以及场地平整的条件，使二级开发商可以进场后迅速开发建设。

1) 平整场地

施工现场清除障碍物后，即可进行场地平整工作。场地平整是根据建筑施工总平面图中规定的标高，通过测量，计算出填、挖土工程量，设计土方调配方案，组织人力或机械进行平整场地的工作。土方调配方案应尽量做到以挖补填、挖填平衡、就近调运。

场地平整过程如图 1-1 所示。

【特别提示】　运距在 100 m 以内的场地平整以选用推土机最为适宜；地面起伏不大、坡度在 20° 以内的大面积场地平整，当土壤含水量不超过 27%、平均运距在 800 m 以内时，宜选用铲运机；丘陵地带，土层厚度超过 3 m，土质为土、卵石或碎石渣等混合体，且运距在 1 km 以上时，宜选用挖掘机配合自卸汽车施工；当土层较薄，用推土机攒推时，应选用装载机配合自卸汽车装土运土；当挖方地块有岩层时，应选用空气压缩机配合手风钻或车钻钻孔，进行石方爆破作业。

2) 通给水

通给水是指规划区内自来水通畅。一般的设计要求能够满足正常生活工作需要。

3) 通排水

这里的排水包括了规划区内的生活污水以及雨水的排放。

4) 通电

电是施工现场的主要动力来源，施工现场用电包括施工生产用电和生活用电。建筑工程

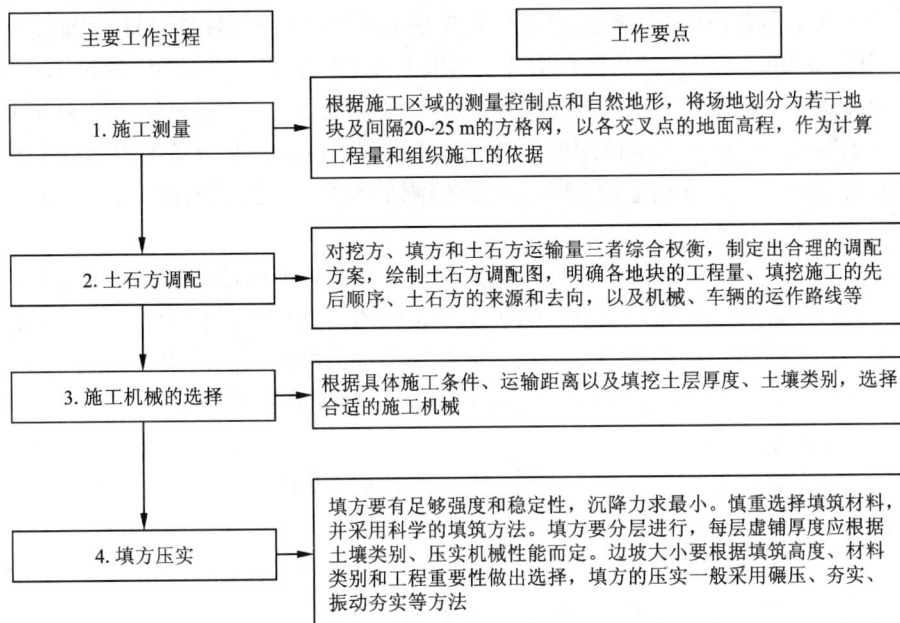

图 1-1 场地平整过程图

施工用电要考虑安全和节能措施。施工用电应按照施工组织设计要求布设线路和通电设备。电源首先应考虑从建设单位给定的电源上获得，如其供电能力不能满足施工用电需要，则应考虑在现场建立自备发电系统，以保证施工的连续进行。

5）道路畅通

施工现场的道路是组织物资进场的动脉，拟建工程开工前，必须按照施工平面图要求，接通场外主干线，修剪必需的临时道路，修剪的临时道路尽可能是今后永久性使用的道路，为节约临时工程费用，缩短施工准备工作时间，应尽量利用原有的道路设施。场内临时道路的形式根据施工现场具体情况而定，道路等级根据交通流量和所用车型决定。

6）通信畅通

工程开工前，要保证通信设施畅通，这样才可以和其他各部门之间随时联系，互相协调配合，保证工程顺利开工。

7）通暖气

通暖气是指规划区热力供应通畅。

8）通天燃气或煤气

针对有需要天燃气或煤气的规划区设定的标准，燃气使用要符合整体规划和使用量，符合城镇燃气输配工程施工及验收规范。

3．施工测量

由于建筑施工工期长，现场情况变化大，因此，保证控制网点的稳定、正确，是确保建筑施工质量的先决条件。特别是在城区建设，障碍多、通视条件差，给测量工作带来一定的难度，因此，施工时应根据建设单位提供的由规划部门给定的永久性坐标和高程，按照建筑总平面图要求，进行施工场地控制网测量，设置场区永久性标桩。

控制网一般采用方格网,这些网点的位置应视工程范围的大小和控制精度而定。建筑方格网多由100～200 m的正方形或矩形组成,如果土方工程需要,还应测绘地形图,通常这项工作由专业测量队完成,但施工单位还要根据施工具体情况做一些加密网点的补充工作。

在测量放线时,应首先对所使用的经纬仪、水准仪、钢尺、水准尺等测量仪器和测量工具进行检验和校正,在此基础上制定切实可行的测量方案,包括平面控制、标高控制、沉降控制和竣工测量等工作。

工程定位放线是确定整个工程平面位置的关键环节,必须保证精度、杜绝错误。工程定位放线一般通过设计图中平面控制轴线来确定建筑物的位置,施工单位测定并经自检合格后提交有关部门和建设单位或监理人员验线,以保证定位的准确性。沿建筑红线放线后,还要由城市规划部门验线,以防止建筑物压红线或超红线,为正常顺利施工创造条件。

4.建造施工设施

按施工平面图和施工设施需要量计划,建造各项施工设施,为正式开工准备好用房。

施工设施包括生产性临时设施和生活性临时设施两大类。在安排布置时要根据施工组织设计施工平面图要求,并遵照当地有关规定。临时设施平面图及主要房屋结构图,都应报请城市规划、市政、消防、交通、环保等有关部门审查批准。

为了方便、安全、文明施工,应将施工现场用围墙围起来,围墙的形式、材料、高度应符合市容管理的有关规定和要求,并在主要出入口设置标牌挂图,标明工程项目名称、施工单位、项目负责人、有关安全操作规程等。

生产性临时设施和生活性临时设施都应按照批准的施工组织设计规定的数量、标准、面积、位置等要求组织修建。大中型工程的施工临时设施可分批分期修建。

### 1.3.3 技术准备

技术准备工作是施工准备工作的核心内容,任何技术差错和隐患都可能引起人身安全和质量事故,造成生命财产的巨大损失,因此必须认真仔细做好技术准备工作。其主要内容包括:认真做好扩大初步设计方案的审查工作,熟悉和审查施工图纸,原始资料调查分析,编制施工图预算和施工预算,编制施工组织设计。

1.认真做好扩大初步设计方案的审查工作

任务确定后,应提前与设计单位结合,掌握扩大初步设计方案的编制情况,使方案的设计在质量、功能、工艺技术等方面均能适应建筑材料、建筑施工的发展水平,为施工扫除障碍。

2.熟悉和审查施工图纸

施工图纸是施工的基础依据,在施工前必须熟悉图纸中的各项要求。熟悉和审查施工图纸一般应从以下几方面进行:

(1)施工图纸是否完整和齐全,施工图纸是否符合国家有关工程设计和施工的方针及政策。

(2)施工图纸与其说明书在内容上是否一致,施工图纸及各组成部分之间有无矛盾和错误。

(3)建筑图与其相关的结构图,在尺寸、坐标、标高和说明方面是否一致,技术要求是否明确。

（4）熟悉工业项目的生产工艺流程和技术要求，掌握配套投产的先后次序和相互关系；审查设备安装图纸与其配合的土建图纸，在坐标和标高尺寸上是否一致，土建施工的质量标准能否满足设备安装的工艺要求。

（5）基础设计或地基处理方案同建造地点的工程地质和水文地质条件是否一致，弄清建筑物与地下建筑物、管线间的相互关系。

（6）掌握拟建工程的建筑和结构的形式和特点，需要采取哪些新技术；复核主要承重结构或构件的强度、刚度和稳定性能是否满足施工要求；对于工程复杂、施工难度大和级数要求高的分部（项）工程，要审查现有施工技术和管理水平能否满足工程质量和工期要求，建筑设备及加工定货有何特殊要求等。

熟悉和审查施工图纸主要是为编制施工组织设计提供各项依据，通常按图纸自审、会审和现场签证等三个阶段进行。

（1）图纸自审阶段。图纸自审由施工单位主持，一般由施工单位的项目经理部组织各工种人员对本工种的相关图纸进行审查，掌握和了解图纸中的细节；在此基础上，由总包单位内部的土建与水、暖、电等专业人员共同核对图纸，消除差错，协商施工配合事项；最后由总包单位与外分包单位（如桩基础施工、装饰装修工程施工等）在各自审查图纸的基础上，共同核对图纸中的差错，协商施工配合问题，并写出图纸自审记录。

（2）图纸会审阶段。一般由建设单位组织并主持会议，设计单位对图纸进行交底，施工单位和监理单位共同参加。对于重点工程或规模较大及结构、装修较复杂的工程，有必要时，可以邀请各主管部门、消防、防疫与协作单位参加。

图纸会审程序是：设计单位首先做设计交底，施工单位对图纸提出问题，有关单位发表意见，与会讨论、研究、协商，逐条解决问题、达成共识，形成"图纸会审纪要"（见表 1-10），由建设单位正式行文，三方共同会签并盖公章，作为指导施工和工程结算的依据。"图纸会审纪要"作为与施工图纸具有同等法律效力的技术文件使用。

表 1-10 图纸会审纪要

会审日期： 年 月 日 编号：

| 工程名称 | | | 共 页 |
| --- | --- | --- | --- |
| | | | 第 页 |
| 图纸编号 | 提出问题 | 会审结果 | |
| | | | |
| | | | |
| | | | |
| | | | |
| 会审单位（公章） | 建设单位 | 监理单位 | 设计单位 | 施工单位 |
| 参加会审人员 | | | |

(3)图纸现场签证阶段。图纸现场签证是在工程施工中，遵循技术核定和设计变更签证制度，对所发现的问题进行现场签证，作为指导施工、竣工验收和结算的依据。

### 1.3.4　现场生产资料准备

1.生产资料准备工作内容

生产资料准备是指施工中必需的劳动手段(施工机械、机具)和劳动对象(材料、构件、配件)等的准备，是一项较为复杂而又细致的工作。建筑施工所需要的材料、构件、配件、机具、设备等品种多、数量大，能否保证按计划供应，对整个施工过程的工期、质量、成本起着举足轻重的作用。物资准备的具体内容如下。

1)建筑材料的准备

根据施工预算的材料分析和施工进度计划的要求，编制工程所需要的材料需用量计划，作为施工备料、确定仓库和堆场面积以及组织运输的依据。

2)构配件和制品的加工准备

(1)根据施工预算提供的各种构(配)件和制品加工要求，编制相应计划，为组织运输和确定堆场面积提供依据。

(2)根据各种构(配)件和制品的需用量计划，向有关厂家提出加工订货计划要求，签订订货合同。

(3)组织构(配)件和设备按计划进场，按照施工平面布置图做好存放及保管工作。

3)组织施工机具准备

(1)根据施工方案和施工进度计划的要求，编制施工机具需用量计划，为组织运输和确定机具停放场地提供依据。

(2)拟由本企业内部负责解决的施工机具，应根据需用量计划组织落实，确保按期供应。

(3)施工企业缺少而又需要的施工机具，应与有关方面签订订购或租赁合同，以保证施工需要。

(4)大型施工机械(如塔式起重机、挖土机、桩基设备)的需要量和时间，应与有关方面(如专业分包单位)联系，提出联系，落实后，签订有关分包合同，并为大型机械进出场做好现场准备工作。

(5)安装调试施工机具，按照施工机具需用量计划，组织施工机具进场，根据施工平面图布置要求，将其置于规定地点或仓库。施工机具要进行就位、连通电源、保养、调试工作。所有施工机具都必须在使用前进行检查和试运转。

4)生产工艺设备准备

按照生产工艺流程及其工艺布置图的要求，编制工艺设备需用量计划，为组织运输和确定存放场地面积提供依据。

订购生产用的工艺设备，要注意设备进度与土建进度密切结合，因为某些庞大设备的安装往往要同土建施工穿插进行，如果土建工程全部完成或主体封顶后，设备安装就会有困难。因此，各种设备的交货时间要和安装、土建施工进度密切配合，才不会影响工程工期。

2.生产资料准备工作程序

其基本工作程序如图1-2所示。

```
┌─────────────────────┐                    ┌─────────────────────┐
│      主要工作过程      │                    │       工作要点        │
└─────────────────────┘                    └─────────────────────┘


┌─────────────────────┐      ┌──────────────────────────────────────┐
│ 1.编制各种物资需要量计划 │─────▶│ 根据施工预算、分部工程施工方案和施工进度安排,分别编制建 │
└─────────────────────┘      │ 筑材料、构(配)件、制品和施工机具设备需要量计划        │
           │                  └──────────────────────────────────────┘
           ▼
┌─────────────────────┐      ┌──────────────────────────────────────┐
│     2.组织货源         │─────▶│ 根据各项物资需要量计划,组织货源,确定加工方法、供货地点  │
└─────────────────────┘      │ 和供货方式,签订相应的物资供应合同              │
           │                  └──────────────────────────────────────┘
           ▼
┌─────────────────────┐      ┌──────────────────────────────────────┐
│   3.编制物资运输计划     │─────▶│ 根据各项物资需要量计划和供货合同,确定各项物资运输计划和  │
└─────────────────────┘      │ 运输方案                             │
           │                  └──────────────────────────────────────┘
           ▼
┌─────────────────────┐      ┌──────────────────────────────────────┐
│  4.物资储存和保管方式    │─────▶│ 根据物资使用时间和施工平面布置要求,组织相应物资进场,经  │
└─────────────────────┘      │ 质量和数量检验合格后,按指定地点和方式分别进行储存和保管 │
                              └──────────────────────────────────────┘
```

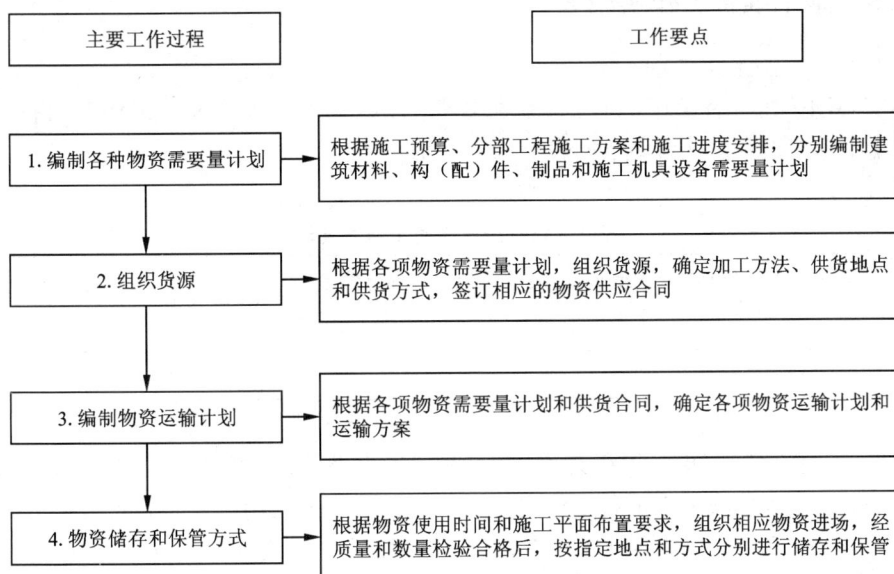

**图 1－2　生产资料准备基本工作程序图**

## 1.3.5　冬雨季施工准备

建筑工程施工绝大部分是露天作业,因此季节因素对施工影响较大,特别是冬、雨期,为保证按期、保质完成施工任务,必须按照施工组织设计要求,认真落实冬、雨、高温期施工项目的施工设施和技术组织措施。具体内容包括以下工作。

1. 冬期施工准备工作

(1)合理安排冬期施工的项目。冬期施工条件差、技术要求高,还需增加施工费用。因此,对一般不宜列入冬期施工的项目(如外墙的装饰装修工程),力争在冬期施工前完成,对已完成的部分要注意加以保护。

(2)做好室内施工的保温。冬期来临前,应完成供热系统的调试工作,安装好门窗玻璃,以保证室内的其他施工项目能顺利进行。

(3)做好冬期施工期间材料、机具的储备。在冬期来临之前,储存足够的物资,有利于节约冬期施工费用。

(4)做好冬期施工的检查和安全防范工作。

2. 雨期施工准备工作

(1)合理安排雨期的施工项目。如雨天可做室内装饰装修。

(2)做好施工现场的防水工作。无论是新建工程还是改造工程,都需在雨期来临之前,做好主体结构的屋面防水工作。

(3)做好物资、材料的储存工作。

(4)做好机具设备的保护工作。机械设备要注意防止雨雪淋湿,必须安装漏电保护器,安全接地;高度很大的井架要设置避雷装置等。

## 1.3.6 施工准备工作实施要点

**1.编制施工准备工作计划**

为落实各项施工准备工作，加强检查和监督，须根据各项施工准备工作的内容、时间和人员，编制出施工准备工作计划，如表 1 – 11 所示。

表 1 – 11 施工准备工作计划表

| 序号 | 施工准备项目 | 工作内容 | 要求 | 负责单位及具体落实者 | 涉及单位 | 要求完成时间 | 备注 |
|------|-------------|---------|------|---------------------|---------|-------------|------|
| 1 | | | | | | | |
| 2 | | | | | | | |

各项准备工作之间有相互依存关系，单纯用表有时难以表达明白，故可以编制条形计划或网络计划，以明确各项施工准备工作之间的相互依赖、相互制约关系，找出关键的施工准备工作，便于检查和调整，使各项工作有领导、有组织、有计划和分期分批的进行。

**2.建立严格的施工准备工作负责制**

由于施工准备工作范围广、项目多，故必须有严格的责任制度。把施工准备工作的责任落实到有关部门甚至个人，以便按计划要求的内容及时间进行工作。现场施工准备工作应由项目经理部全权负责。

**3.建立施工准备工作检查制度**

在施工准备工作实施的过程中，应定期进行检查，可按周、半月、月度进行检查。检查的目的是观察施工准备工作计划的执行情况，如果没有完成计划要求，应进行分析，找出原因，协调施工准备工作进度或调整施工准备工作计划。检查的方法可采用实际与计划进行对比或召集相关单位或人员在一起开会，检查施工准备工作情况，当场分析产生误差的原因，提出解决问题的办法。后一种方法见效快，解决问题及时，应多予采用。

**4.坚持按建设程序办事，实行开工报告和审批制度**

当施工准备工作完成到具备开工条件时，项目经理部应提出开工报告，报企业领导审批方可开工。实行建设监理的工程，企业还应将开工报告报送监理工程师审批，由监理工程师签发开工通知书，在限定时间内开工，不得拖延。单位工程开工报告如表 1 – 12 所示。

表 1 – 12 单位(子单位)工程开工报告

| 工程名称 | | 工程地址 | |
|---------|---|---------|---|
| 建设单位 | | 施工单位 | |
| 监理单位 | | 结构类型 | |
| 预算造价(万元) | | 计划总投资 | |
| 建筑面积/m² | | 开工日期 | | 合同工期 | |
| 资料与文件 | 准备(落实)情况 | | |
| 批准的建设立项文件或年度计划 | | | |

**续表 1 – 12**

| | |
|---|---|
| 征用土地批准文件及红线图 | |
| 规划许可证 | |
| 设计文件及施工图审查报告 | |
| 投标、中标文件 | |
| 施工许可证 | |
| 施工合同协议书 | |
| 资金落实情况的文件资料 | |
| 七通一平的文件资料 | |
| 施工方案及现场平面布置图 | |
| 主要材料、设备落实情况 | |

申请开工意见

施工单位(公章)

项目经理：

年　　月　　日

监理单位审批意见

监理单位(公章)

总监理工程师：

年　　月　　日

建设单位审批意见

建设单位(公章)

项目负责人：

年　　月　　日

5. 施工准备工作必须贯穿于施工全过程

工程开工以后，要随时做好作业条件的施工准备工作。施工顺利与否，取决于施工准备工作的及时性和完善性。因此，企业各职能部门要面向施工现场，像重视施工活动一样重视施工准备工作，及时解决施工准备工作中的技术、机械设备、材料、人力、资金、管理等各种问题，以提供工程施工的保证条件。项目经理应十分重视施工准备工作，加强施工准备工作的计划性，及时做好协调、平衡工作。

6. 争取协作单位的支持

由于施工准备工作涉及面广，因此，除了施工单位自身的努力外，还要取得建设单位、监理单位、设计单位、供应单位、银行及其他协作单位的大力支持，分工负责，统一步调，共同做好施工准备工作。

### 1.3.7　实训项目

**施工准备调查综合实训**

施工准备工作编制

调查一个建筑工地，了解其建筑施工信息、技术资料准备的主要内容，施工现场人员的配备情况及其与该工程的规格、复杂程度的适应性，施工现场所用的施工机械、设备和其他器具的规格、数量等。

**要求：**完成调查报告(2000字)。

## 【知识总结】

建筑工程施工准备工作是工程生产经营管理的重要组成部分，是对拟建工程目标、资源供应和施工方案的选择，及其空间布置和时间排列等方面进行的施工决策。

建筑施工准备工作不仅存在于开工之前，而且贯穿于整个施工过程之中。

建筑施工准备工作通过介绍建筑施工准备中的建筑施工信息收集与分析，技术资料准备、施工现场准备、劳动组织及物资准备、施工准备工作实施要点等内容，为建筑工程施工组织编制与实施打好基础。

## 【练习与作业】

### 一、选择题

1.施工准备工作应该具有(　　)与阶段性的统一。

A.综合性　　　　　B.时间性　　　　　C.整体性　　　　　D.分散性

2.对一项工程所涉及的(　　)和经济条件等施工资料进行调查研究与收集整理，是施工准备工作的一项重要内容。

A.社会条件　　　　B.自然条件　　　　C.环境条件　　　　D.人文条件

3.(　　)是施工准备的核心，指导着现场施工准备工作。

A.资源准备　　　　B.施工现场准备　　C.季节施工准备　　D.技术资料准备

4.施工图纸的会审一般由(　　)组织并主持会议。

A.建设单位　　　　B.施工单位　　　　C.设计单位　　　　D.监理单位

5.资源准备包括(　　)准备和物资准备。

A.资金　　　　　　B.信息　　　　　　C.劳动力组织　　　D.机械

6.施工现场准备工作由两个方面组成，一是由(　　)应完成的，二是由施工单位应完成的施工现场准备工作。

A.设计单位　　　　B.建设单位　　　　C.监理单位　　　　D.行政主管部门

7. 现场搭设的临时设施，应按照(　　　)要求进行搭设。

A. 建筑施工图　　　　B. 结构施工图　　　　C. 施工总平面图　　　　D. 施工平面布置图

8. 工程项目是否按目标完成，很大程度上取决于承担这一工程的(　　　)。

A. 施工人员的身体　　　　　　　　　　B. 施工人员的素质

C. 管理人员的学历　　　　　　　　　　D. 管理人员的态度

9. 施工物资准备是指施工中必须有的施工机械机具和(　　　)的准备。

A. 劳动对象　　　　B. 材料　　　　　　C. 配件　　　　　　D. 构件

10. 工程项目开工前，(　　　)应向监理单位报送工程开工报告审批表及开工报告、证明文件等，由总监理工程师签发，并报(　　　)。

A. 建设单位　施工单位　　　　　　　　B. 设计单位　施工单位

C. 施工单位　建设单位　　　　　　　　D. 施工单位　设计单位

## 二、多项选择题

1. 施工准备工作按范围的不同分为(　　　　　　)

A. 全场性准备　　　　　　　　　　　　B. 单项工程准备

C. 分部工程准备　　　　　　　　　　　D. 开工前的准备

2. 施工准备工作的内容一般可以归纳为以下几个方面(　　　　　)

A. 调查研究与收集资料　　　　　　　　B. 资源准备

C. 施工现场准备　　　　　　　　　　　D. 技术资料准备

3. 项目组织机构的设置应遵循(　　　　　)

A. 用户满意原则　　　　　　　　　　　B. 全能配套原则

C. 独立自主原则　　　　　　　　　　　D. 精干高效原则

4. 项目经理部的设立应确定(　　　　　)

A. 人员　　　　　　B. 利益　　　　　　C. 职责　　　　　　D. 权限

5. 物资准备主要包括(　　　　)两个方面的准备。

A. 材料准备　　　　　　　　　　　　　B. 劳动力准备

C. 施工机具准备　　　　　　　　　　　D. 生产工艺准备

6. 施工现场准备工作包括(　　　　　　)

A. 搭设临时设施　　　B. 拆除障碍物　　　C. 建立测量控制网　　D. "七通一平"

7. 冬期施工准备工作主要包括(　　　　　)

A. 材料准备　　　　　　　　　　　　　B. 组织措施

C. 编制冬期施工方案　　　　　　　　　D. 现场准备

8. 原始资料的调查包括(　　　　　)

A. 对建设单位与设计单位的调查　　　　B. 自然条件调查分析

C. 相关信息与资料　　　　　　　　　　D. 技术资料的收集

## 三、案例分析题

案例背景：某建筑工程施工准备计划表如下。

**某建筑工程施工准备工作计划表**

| 序号 | 施工准备工作项目 | 负责单位 | 涉及单位 | 备 注 |
|---|---|---|---|---|
| 1 | 编写施工组织设计 | 生产经营科 | 质安科、材料设备科 | |
| 2 | 图纸会审 | 技术科 | 质安科、业主 | |
| 3 | 机械进场 | 设备科 | | |
| 4 | 周转材料进场 | 材料科 | | |
| 5 | 大型临时设施搭设 | 工程负责人 | 材料科 | |
| 6 | 工程预算编制 | 工程科 | | |
| 7 | 技术交底 | 技术负责人 | 工长 | |
| 8 | 劳动力组织 | 劳资科 | | |
| 9 | 确定构件供应计划 | 生产经营科 | | |
| 10 | 材料采购 | 材料科 | 业主 | |

问题：为做好各项施工准备工作，你认为是否需要先收集施工准备资料？如何收集？

# 模块二　单位工程施工组织设计编制

**【能力目标】**

能根据项目图纸及相关资料编制工程概况和施工方案；能选用正确的施工方式计算和绘制施工进度计划横道图；能在理解项目逻辑关系的基础上绘制正确的网络图并计算节点和线路上的参数；能对双代号网络图进行工期优化、费用优化及资源优化；能布置并绘制合理的施工平面图；能编制各种保证措施。

**【知识目标】**

熟悉工程概况和施工方案的内容及编制技巧和方法；掌握施工的三种方式的特点及进度计划图的绘制；掌握三大参数的内容及确定方法；掌握流水施工的四种方式及特点并能正确计算和绘制施工进度计划图；能绘制单位工程施工进度计划图；掌握双代号网络图绘制及参数计算；掌握单代号网络图绘制及参数计算；掌握双代号时标网络图绘制及参数计算；掌握单代号搭接网络图绘制及参数计算；掌握单位工程双代号网络图绘制及参数计算；掌握工期优化、费用优化、资源优化的方法和技巧；掌握施工平面图的布置原则、内容及技巧；熟悉各种保证措施的编制内容和编制技巧。

**【思政目标】**

培养学生诚信守时、爱岗敬业、忠于职守的工作作风；培养学生工作严谨、务实创新、追求卓越的工匠精神；培养学生同心协力、共同奋斗、共创辉煌的卓越精神。

**【技能抽查要求】**

施工组织技能考试模块包括绘制施工横道图进度计划、绘制施工网络图进度计划和绘制施工平面布置图三个项目。主要用来检验学生是否掌握流水施工原理、工程量及劳动量的计算、合理安排施工顺序、绘制施工进度计划、绘制施工现场平面布置图等基本技能。

**【企业八大员岗位资格考试要求】**

单位工程施工组织设计编制内容包括流水施工的组织及横道图计划、双代号施工网络图计划、施工部署、施工方法和施工顺序、施工平面布置图、施工资源计划、施工专项方案、施工作业指导书等编制。

## 2.1 工程概况描述

### 2.1.1 工程特点

1. 工程建设概况

主要说明拟建工程的建设单位、工程名称、建设目的、工程地点、工程类型、使用功能、质量要求，资金来源及工程投资额、工程造价，开竣工日期，设计单位、监理单位、施工单位名称及资质等级，上级有关文件和要求，施工图纸情况(是否出齐、会审等)，施工合同等。

2. 建筑设计特点

主要说明拟建工程的建筑面积、平面形状、层数、层高、总高、总宽、总长等，室内外装饰的材料、做法和要求，楼地面材料种类和做法，门窗种类、油漆要求，天棚构造，屋面保温隔热及防水层做法等。

3. 结构设计特点

主要说明结构特点、抗震要求，地基处理形式，桩基础的形式、根数、深度，基础类型、埋置深度、特点和要求，设备基础的形式，主体结构的类型，墙、柱、梁、板的材料及截面尺寸，楼梯的形式及做法，预制构件的类型及安装位置，单件最重、最高构件的安装高度及平面位置等。

4. 设备安装设计特点

主要说明建筑给排水及采暖工程、煤气工程、建筑电气安装工程、通风与空调工程、电梯安装工程等的设计要求。

### 2.1.2 建设地点特征

主要包括拟建工程的位置、地形，工程地质和水文地质条件，不同深度的土壤分析，冻结期间与冻土深度，地下水位与水质，气温，冬、雨季起止时间，主导风向与风力，地震烈度等特征。

### 2.1.3 施工条件

主要包括水、电、道路及场地平整情况，施工现场及周围环境情况，当地的交通运输条件，材料、预制构件的生产及供应情况，施工机械设备的落实情况，劳动力、特别是主要施工项目的技术工种的落实情况，内部承包方式、劳动组织形式及施工管理水平，现场临时设施的解决等。

### 2.1.4 项目管理特点及总体要求

1. 工程施工特点

主要包括拟建工程的施工特点和施工中的关键问题。通过分析施工特点，可以说明工程施工的重点所在，以便在选择施工方案、组织资源供应和技术力量配备、编制施工进度计划、设计施工现场平面布置、落实施工准备工作上采取有效措施，解决关键问题的措施落实于施工之前，使施工顺利进行，从而提高建筑业企业的经济效益和管理水平。

不同类型的建筑、不同条件下的工程施工，均有其不同的特点。如砖混结构住宅建筑的施工特点是砌筑和抹灰工程量大，水平与垂直运输量大，主体施工占整个工期的35%左右，应尽量使砌筑与楼板混凝土工程流水施工，装修阶段占整个工期的50%左右，工种交叉作业，应尽量组织立体交叉平行流水施工。又如，现浇钢筋混凝土高层建筑的施工特点是基坑、地下室支护结构安全要求高，结构和施工机具设备的稳定性要求高，钢材加工量大，混凝土浇筑难度大，脚手架、模板工程需进行设计，安全问题突出，要有高效率的垂直运输设备等。再如，在单层装配式工业厂房施工中，要重点解决地下工程、预制工程和结构安装工程。

2.施工目标

根据单位工程施工合同目标，确定施工目标。施工目标一般可包括进度目标、质量目标、成本目标。施工目标必须满足或高于施工合同目标，作为控制施工进度、质量、成本计划的依据。

3.项目组织机构

主要包括确定施工管理组织目标，确定施工管理工作内容，确定施工管理组织机构，制定施工管理工作流程和考核标准。

确定施工管理组织机构需完成以下工作：确定组织机构形式，确定组织管理层次，制定岗位职责，选派管理人员。

确定组织机构形式时需考虑项目性质、施工企业类型、企业人员素质、企业管理水平等因素。一般常见的项目组织形式有工作队式、部门控制式、矩阵式、事业部式。适用的项目组织机构有利于加强对拟建工程的工期、质量、安全、成本等管理，使管理渠道畅通、管理秩序井然，便于落实责任、严明考核和奖罚。

某单位工程建立的项目组织机构如图2-1所示。

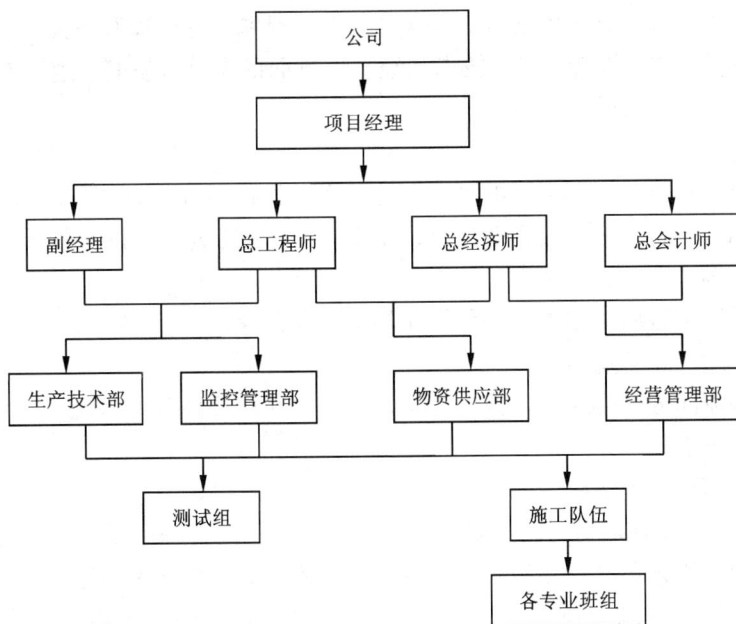

图2-1 某单位工程项目组织机构

### 2.1.5 实训项目

**综合实训**

参观一个建筑工地，让学生描述该项目的工程概况。

## 2.2 施工方案的选择

### 2.2.1 施工方案的制定步骤

施工方案是施工组织设计的核心，一般包含在施工组织设计中。施工方案制定步骤流程图如图 2-2 所示。

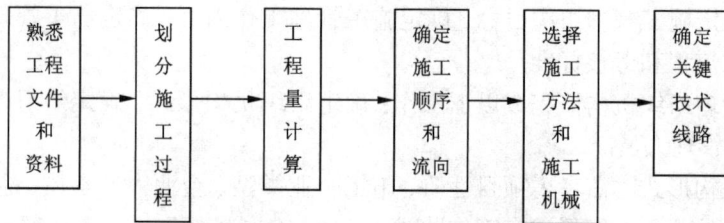

**图 2-2 施工方案制定步骤流程图**

施工方案制定步骤的有关说明如下。

1. 熟悉工程文件和资料

制定施工方案之前，应广泛收集工程有关文件及资料，包括政府的批文、有关政策和法规、业主方的有关要求、设计文件、技术和经济等方面的文件和资料，当缺乏某些技术参数时，应进行工程实验以取得第一手资料。

2. 划分施工过程

划分施工过程是进行施工管理的基础工作，施工过程划分的方法可以与项目分解结构、工作分解结构结合进行。施工过程划分后，就可对各个施工过程的技术进行分析。

3. 计算工程量

计算工程量应结合施工方案按工程量计算规则来进行。

4. 确定施工顺序和流向

施工顺序和流向的安排应符合施工的客观规律，并且要处理好各施工过程之间的关系，注意相互之间的影响。

5. 选择施工方法和施工机械

拟定施工方法时，应着重考虑影响整个单位工程施工的分部分项工程的施工方法，对于常规做法的分项工程则不必详细拟定。在选择施工机械时，应首先选择主导工程的机械，然后根据建筑特点及材料、构件种类配备辅助机械，最后确定与施工机械相配套的专用工具设备。例如，垂直运输机械的选择，它直接影响工程的施工进度。一般根据标准层垂直运输量来编制垂直运输量表，然后据此选择垂直运输方式和机械数量，再确定水平运输方式和与之配套的辅助机械数量，最后布置运输设施的位置及水平运输路线。垂直运输量见表 2 - 1。

表 2 - 1　垂直运输量

| 序号 | 项目 | 单位 | 数量 | | 需要吊次 |
| --- | --- | --- | --- | --- | --- |
| | | | 工程量 | 每吊工程量 | |
| | | | | | |

6.确定关键技术路线

关键技术路线的确定是对工程环境和条件及各种技术选择的综合分析的结果。

关键技术路线是指在大型、复杂工程中对工程质量、工期、成本影响较大，施工难度又大的分部分项工程中所采用的施工技术的方向和途径，它包括施工所采取的技术指导思想、综合的系统施工方法及重要的技术措施等。

大型工程关键技术难点往往不止一个，这些关键技术是工程中的主要矛盾，关键技术路线正确应用与否，直接影响到工程的质量、安全、工期和成本。施工方案的制定应紧紧抓住施工过程中的各个关键技术路线的制定，例如，在高层建筑施工方案制定时，应着重考虑如下的关键技术问题：深基坑的开挖及支护体系，高耸结构混凝土的输送及浇捣，高耸结构垂直运输，结构平面复杂的模板体系，高层建筑的测量、机电设备的安装和装修的交叉施工安排等。

## 2.2.2　施工方案的选择与确定

施工方案的基本内容，一般应包括确定组织施工的方式、确定施工开展程序、划分施工区段、确定施工起点流向、确定施工顺序、选择施工方法和施工机械等。在制定与选择施工方案时，必须满足以下基本要求：

(1)切实可行。制定施工方案首先要从实际出发，能切合当前实际情况，并有实现的可能性。否则，任何方案均是不可行的。施工方案的优劣，首先不取决于技术上是否先进，工期是否最短，而是取决于是否切实可行。只能在切实可行、有实现可能性的前提下，求技术的先进与施工的快速。

(2)施工期限满足(工程合同)要求，确保工程按期投产或交付使用，迅速地发挥投资效益。

(3)工程质量和安全生产有可行的技术措施保障。

(4)施工费用最低。

1.确定组织施工的方式

任何一个建筑工程都是由许多施工过程组成的，而每一个施工过程可以组织一个或多个施工队组来进行施工。如何组织各施工队组的先后顺序和平行搭接施工，是组织施工中的一个基本问题。通常组织施工有依次施工、平行施工、流水施工三种基本方式。(详见 2.3 节施工进度计划编制)

2.确定施工开展程序

施工程序是指单位工程不同施工阶段，各分部工程之间的先后顺序。

在单位工程施工组织设计中，应结合具体工程的结构特征、施工条件和建设要求，合理确定该建筑物的各分部工程之间的施工程序，一般有以下程序可供选择。

1）先地下、后地上

先地下后地上指首先完成管道、管线等地下设施、土方工程和基础工程，然后开始地上工程施工。对于地下工程也应按先深后浅的程序进行，以免造成返工或对上部工程的干扰，使施工不便，影响质量，造成浪费。但"逆作法"施工除外。

2）先主体、后围护

施工时应先进行框架主体结构施工，然后进行围护结构施工。如单层工业厂房先进行结构吊装工程的施工，然后再进行柱间的砖墙砌筑。对于高层建筑应组织主体与围护结构平行搭接施工，以有效地节约时间，缩短工期。

3）先结构、后装饰

先结构后装修指首先进行主体结构施工，然后进行装饰装修工程的施工。但是，必须指出，有时为了缩短工期，也有结构工程先施工一段时间之后，装饰工程随后搭接进行施工。如有些商业建筑，在上部主体工程施工的同时，下部一层或数层即进行装修，使其尽早开门营业。另外，随着新型建筑体系的不断涌现和建筑工业化水平的提高，某些装饰与结构构件均在工厂完成，此时结构与装饰同时完成。

4）先土建、后设备

先土建后设备指一般的土建工程与水暖电卫等工程的总体施工程序，是先进行土建工程施工，然后再进行水、暖、电、卫等建筑设备的施工。至于设备安装的某一工序要穿插在土建的某一工序之前，实际应属于施工顺序问题。工业建筑的土建工程与设备安装工程之间的程序，主要取决于工业建筑的种类，如对于精密仪器厂房，一般要求土建、装饰工程完成后安装工艺设备；重型工业厂房，一般先安装工艺设备，后建设厂房，或设备安装与土建施工同时进行，如冶金车间、发电厂的主厂房、水泥厂的主车间等。

在编制施工方案时，应按照施工程序的要求，结合工程的具体情况，明确各施工阶段的主要工作内容及顺序。

【特别提示】 对某些特殊的工程或随着新技术、新工艺的发展，施工程序往往不一定完全遵循一般规律，如工业化建筑中的全装配式民用房屋施工，某些地下工程采用的"逆作法"施工等，这些均是打破了一般传统的施工程序。因此，施工程序应根据实际的工程施工条件和采用的施工方法来确定。

3. 划分施工区段

1）划分施工区段的目的

由于建筑产品生产的单件性，可以说它不适合于组织流水作业。但是，建筑产品体型的固有特征，又为组织流水施工提供了空间条件。可以把一个体型庞大的"单件产品"划分成具有若干个施工段、施工层的"批量产品"，使其满足流水施工的基本要求。在保证工程质量的前提下，使不同工种的专业队在不同的工作面上进行作业，以充分利用，使其按流水施工的原理，集中人力、物力、迅速地、依次地、连续地完成各段的任务，为相邻专业工作队尽早地提供工作面，达到缩短工期的目的。

2）划分施工区段的方法

现代工程项目规模较大，时间较长。为了达到平行搭接施工、节省时间的目的，需要将整个施工现场分成平面上或空间上的若干个区段，组织工业化流水作业，在同一时间段内安排不同的项目、不同的专业工种在不同区域同时施工。现分不同工程类型进行分析。

(1)大型工业项目施工区段的划分

大型工业项目按照产品的生产工艺过程划分施工区段，一般有生产系统、辅助系统和附属生产系统。相应每个生产系统是由一系列的建筑物组成的。因此，把每一生产系统的建筑工程分别称之为主体建筑工程、辅助建筑工程及附属建筑工程。

【应用案例2-1】 某热电厂工程由16个建筑物和16个构筑物组成，分为热电站和碱回收两组建筑物和构筑物。现根据其生产工艺系统的要求，将其分为四个施工区域。

第一施工区域：汽轮机房、主控楼和化学处理车间等。

第二施工区域：贮存罐、沉淀池、栈桥、空气压缩机房、碎煤机室等。

第三施工区域：黑液提取工段、蒸发工段、仪器维修车间等。

第四施工区域：燃烧工段、苛化工段、泵房及钢筋混凝土烟囱等附属工程。

【应用案例2-2】 图2-3所表示的是一个多跨单层装配式工业厂房，其生产工艺的顺序如图2-3罗马数字所示。从施工角度来看，从厂房的任何一端开始施工都是一样的，但是按照生产工艺的顺序来进行施工，可以保证设备安装工程分期进行，从而达到分期完工、分期投产，提前发挥基本建设投资的效益。所以在确定各个单元(跨)的施工顺序时，除了应该考虑工期、建筑物结构特征等问题以外，还应该很好地了解工厂的生产工艺过程。

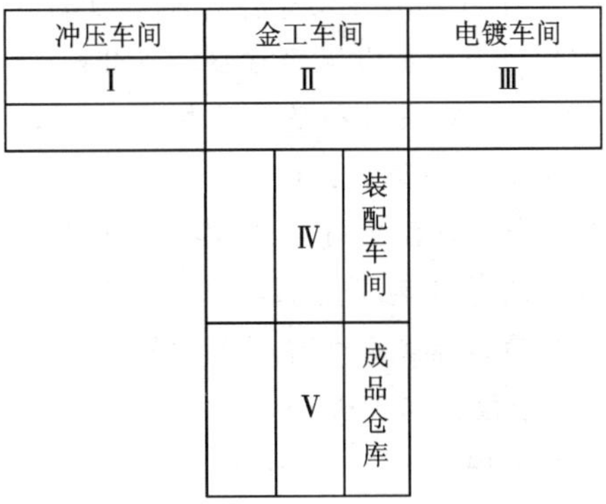

| 冲压车间 | 金工车间 | 电镀车间 |
|---|---|---|
| I | II | III |
| | | |
| | IV | 装配车间 |
| | V | 成品仓库 |

图2-3 单层工业厂房施工

(2)大型公共项目施工区段的划分

大型公共项目按照其功能设施和使用要求来划分施工区段。

【应用案例2-3】 飞机场可以分为航站工程、飞行区工程、综合配套工程、货运食品工程、航油工程、导航通信工程等施工区段；火车站可以分为主站层、行李房、邮政转运、铁路路轨、站台、通信信号、人行隧道、公共广场等施工区段。

(3)民用住宅及商业办公建筑施工区段的划分

民用住宅及商业办公建筑可按照其现场条件、建筑特点、交付时间及配套设施等情况划分施工区段。

【应用案例2-4】 某工程为高层公寓小区，由9栋高层公寓和地下车库、热力变电站、餐厅、幼儿园、物业管理楼、垃圾站等服务用房组成。

由于该工程为群体工程，工期比较长，按合同要求9栋公寓分三期交付使用，即每年竣工3栋。在组织施工时，以3栋高层和配套的地下车库为一个施工区，分三期施工。每期工程施工中，以3栋高层配备1套大模板组织流水施工，适当安排配套工程。在结构阶段每幢公寓楼平面上又分成五个流水施工段，常温阶段每天完成一段，5天完成一层。既保证工程均衡流水施工，又确保了施工工期。

对于独立式商业办公楼，可以从平面上将主楼和裙房分为两个不同的施工区段，从立面上再按层分解为多个流水施工段。

在设备安装阶段，也可以按垂直方向进行施工段划分，每几层组成一个施工段，分别安排水、电、风、消防、保安等不同施工队的平行作业，定期进行空间交换。

**【特别提示 1】** 实际施工过程中，以下几种方法可供参考。

(1)按工作量大致相等的原则划分施工段(一般以轴线为界)。

(2)按轴线划分施工段，特别是一些工业厂房可以采用这种方法。

(3)按结构界限划分施工段，如把施工段划分到伸缩缝、沉降缝处。

(4)按房屋单元来划分，这种划分方法在民用住宅中常常用到。

(5)按单位工程来划分，当施工的建设任务包括两个或以上的单位工程时，可以一个单位工程作为一个施工段来考虑组织流水施工。

**【特别提示 2】** 划分施工段的目的是为了适应流水施工的需要，单位工程划分施工段时，还应注意以下几点要求：

(1)要有利于结构的整体性，尽量利用伸缩缝或沉降缝、平面上有变化处、留槎不影响质量处及可留施工缝处等作为施工段的分界线。住宅可按单元、楼层划分，厂房可按跨、按生产线划分，建筑群还可按区、栋分段。

(2)要使各段工程量大致相等，以便组织有节奏的流水施工，使劳动组织相对稳定、各班组能连续均衡施工，减少停歇和窝工。

(3)施工段数应与施工过程数相协调，尤其在组织楼层结构流水施工时，每层的施工段数应大于或等于施工过程数。段数过多可能延长工期或使工作面过窄，段数过少则无法流水，使劳动力窝工或机械设备停歇。

(4)分段施工的大小应与劳动组织(或机械设备)及其生产能力相适应，保证足够的工作面，以便于操作，发挥生产效率。

实际施工时，基础工程和主体工程一般进行分段流水作业，施工段的划分可相同也可不同，为了便于组织施工，基础和主体工程施工段的数目和位置基本一致。屋面工程施工时若没有高低层，或没有设置变形缝，一般不分段施工，而是采用依次施工的方式组织施工。装饰工程平面上一般不分段，立面上分层施工，一个结构层可作为一个施工层。

4.确定施工起点与流向

确定施工起点和流向指单位工程在平面和空间上开始施工的部位及其流动的方向，这主要取决于生产需要、缩短工期和保证质量等要求。一般来说，对单层建筑物，只要求按其跨间分区分段地确定平面上的施工流向；对多层建筑物，除了确定每层平面上的施工流向外，还要确定其层间或单元空间上的施工流向。施工流向的确定，牵涉一系列施工过程的开展和进程，是组织施工的重要环节，为此，一般应考虑下列主要问题：

(1)车间的生产工艺流程，往往是确定施工流向的关键因素。应从生产工艺上考虑，工艺流程上要先期投入生产或需先期投入使用者，应先施工。

(2)根据建设单位对生产和使用的要求，生产上或使用上要求急的工段或部位应先施工。

(3)平面上各部分施工繁简程度。对技术复杂、工期较长的分部分项工程应先施工，如地下工程等。

(4)当有高低跨并列时，应从并列跨处开始吊装。如柱子的吊装应从高低跨并列处开始；屋面防水层施工应按先高后低的方向施工；基础有深浅时，应按先深后浅的顺序施工。

(5)工程现场条件和施工方案。施工场地的大小、道路布置和施工方案中采用的施工方法和机械是确定施工起点和流向的主要因素。如土方工程边开挖边余土外运，则施工起点应确定在离道路远的部位及由远而近的进展方向。

（6）分部分项工程的特点及其相互关系。如多层建筑的室内装饰工程除了应确定平面上的起点和流向以外，在竖向上也要确定其流向，而且竖向流向的确定更加重要。密切相关的分部分项工程的流向，如果前导施工过程的起点流向确定，则后续施工过程也便随其而定。如单层工业厂房的挖土工程的起点流向决定柱基础施工过程和某些预制、吊装施工过程的起点流向。

（7）考虑主导施工机械的工作效益，考虑主导施工过程的分段情况。

（8）保证施工现场内施工和运输的畅通。如单层工业厂房预制构件，宜从离混凝土搅拌机最远处开始施工，吊装时应考虑起重机退场等。

（9）划分施工层、施工段的部位，如伸缩缝、沉降缝、施工缝等也可决定施工起点流向。

在流水施工中，施工起点流向决定了各施工段的施工顺序。因此，确定施工起点流向的同时，应当将施工段的划分和编号也确定下来。在确定施工流向时除了要考虑上述因素外，组织施工的方式、施工工期等因素也对确定施工流向有影响。

每一建筑的施工可以有多种施工起点与流向，以多层或高层建筑的装饰为例，其施工起点与流向可有多种：室外装饰工程自上而下、自中而下再自上而中的流水施工方案；室内装饰工程自上而下、自下而上以及自中而下再自上而中的流水施工方案，如图2-4、图2-5、图2-6所示。而自上而下的方案又可分为水平和竖直两种情况。各种施工起点与流向方案有不同的特点，如何确定要根据工程的具体特点、工期要求及招标文件具体要求来定。

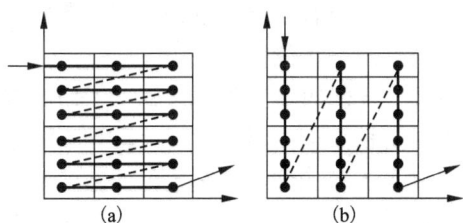

**图2-4　室内外装饰工程自上而下的流向**
（a）水平向下；（b）垂直向下

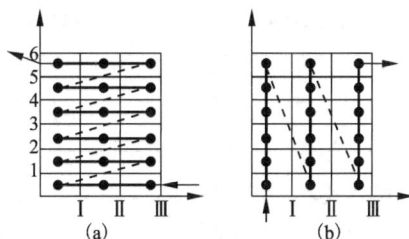

**图2-5　室内装饰工程自下而上的流向**
（a）水平方向；（b）竖直方向

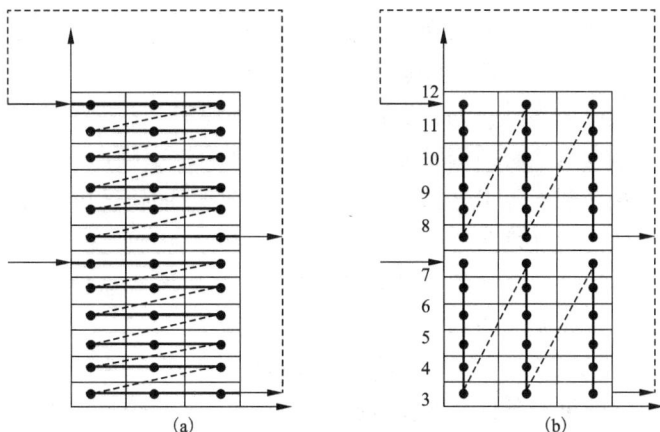

**图2-6　室内装饰工程自中而下再自上而中的流向**
（a）水平方向；（b）竖直方向

5. 确定施工顺序

施工顺序是指各分项工程或施工过程之间施工的先后次序。科学的施工顺序是为了按照施工客观规律和工艺顺序组织施工，解决工作之间在时间与空间上最大限度的衔接问题，在保证质量与安全施工的前提下，以期做到充分利用工作面，争取时间，实现缩短工期、取得较好的经济效益的目的。

1) 确定施工顺序的原则

(1) 施工顺序必须满足施工工艺的要求。建筑物在各个施工过程之间，都客观存在着一定的工艺顺序关系，当然这种顺序关系会随着施工对象、结构部位、构造特点、使用功能及施工方法的不同而不同。在确定施工顺序时，应注意该建筑物各施工过程的工艺要求和工艺关系，施工顺序不能违背这种关系。如当建筑物为装配式钢筋混凝土内柱和砖外墙承重的多层房屋时，由于大梁和楼板的一端是搁置在外墙上的，所以应先把墙砌到一层楼的高度后，再安装梁和楼板；现浇钢筋混凝土框架柱施工顺序为绑扎钢筋、支柱模板、浇筑混凝土、养护和拆模；而预制柱的施工顺序为支模板、绑钢筋、浇筑混凝土、养护和拆模。

(2) 施工顺序应当与采用的施工方法、施工机械协调一致。工程采用的施工方法和施工机械对施工顺序有影响。如在装配式单层工业厂房的施工中，如果采用分件吊装法，施工顺序应该是先吊柱、后吊梁，最后吊装屋架和屋面板；如果采用综合吊装法，施工顺序则变为将一个节间的全部结构构件吊装完毕后，再依次吊装另一个节间。再如基坑开挖对地下水的处理可采用明排水，其施工顺序应是在挖土过程中排水；而当有可能出现流砂时，常采用轻型井点降低地下水，其施工顺序则应是在挖土之前先降低地下水位。

(3) 施工顺序必须考虑施工工期与施工组织的要求。合理的施工顺序与施工工期有较密切的关系，施工工期影响到施工顺序的选用。如有些建筑物由于工期要求紧，采用"逆作法"施工，这样施工顺序就有较大不同。一般情况下，当满足工程的施工工艺条件的施工方案有多种时，就应从施工组织的角度进行综合分析和反复比较，选出最经济合理、有利于施工和开展工作的施工顺序。通常在相同条件下，应优先选用能为后续施工过程创造良好施工条件的施工顺序。如地下室混凝土地坪，可以在地下室楼板铺设前施工，也可以在地下室楼板铺设后施工，但从施工组织角度来看，在地下室楼板铺设前施工比较合理。因为这样可以利用安装楼板的施工机械向地下室运输混凝土，加快地下室地坪施工速度。

(4) 施工顺序必须考虑施工质量的要求。"百年大计，质量第一"，工程质量是建筑企业的生命，是工程施工永恒的主题。所以，在安排施工顺序时，必须以确保工程质量为前提，当施工顺序影响工程质量时，必须调整或重新安排原来的施工顺序或采取必要的技术措施。如高层建筑主体结构施工进行了几层以后，为了缩短工期、加快进度，可先对这部分工程进行结构验收，然后在结构封顶之前自下而上进行室内装修，然而上部结构施工用水会影响下面的装修工程，因此必须采取严格的防水措施，并对装修后的成品加强保护，否则装修工程应在屋面防水结构施工完成后再进行。

(5) 施工顺序必须考虑当地的气候条件。建设地区的气候条件是影响工程质量的重要因素，也是决定施工顺序的重要条件。在安排施工顺序时，应考虑冬、雨季以及台风等气候的不利影响，特别是受影响大的分部分项工程应尤其注意。土方开挖、外装修和混凝土浇筑，尽量不要安排在雨季或冬季到来之前施工，而室内工程则可以适当推后。

(6) 施工顺序必须考虑安全技术的要求。安全施工是保证工程质量、施工进度的基础，任何施工顺序都必须符合安全技术的要求，这也是对施工组织的最基本要求。不能因抢工程进度而导致安全事故。对于高层建筑工程施工，不宜进行交叉作业。如不允许在同一个施工段上，一面进行吊装施工，一面又进行其他作业。

2）确定施工顺序

施工顺序合理与否，将直接影响工种间的配合、工程质量、施工安全、工程成本和施工速度，必须科学合理地确定工程施工顺序。

（1）装配式单层工业厂房的施工顺序

工业厂房的施工比较复杂，不仅要完成土建工程，而且还要完成工艺设备安装和工业管线安装。单层工业厂房应用较广，如机械、化工、冶金、纺织等行业的很多车间均采用装配式钢筋混凝土排架结构。单层工业厂房的设计定型化、结构标准化、施工机械化大大地缩短了设计与施工时间。

装配式单层工业厂房的施工可分为基础工程、预制工程、结构安装工程、围护结构工程和屋面及装饰工程五个部分，其顺序如图2-7所示。

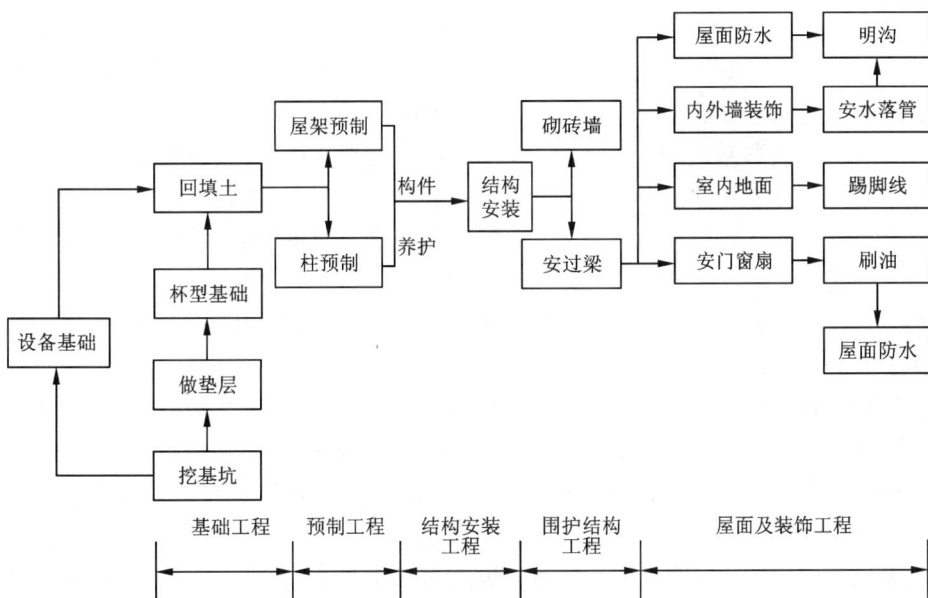

图2-7　装配式钢筋混凝土单层工业厂房施工顺序示意图

①基础工程的施工顺序。基础工程的施工主要包括：基坑开挖、钎探验槽、浇混凝土垫层、绑扎钢筋、安装基础模板、浇混凝土基础、养护、拆除基础模板、回填土等。

当中型或重型工业厂房建设在土质较差的地区时，通常采用桩基础。此时为了缩短工期，常将打桩阶段安排在施工准备阶段进行。

在地下工程开始前，应先处理好地下的洞穴等，然后确立施工起点流向，划分施工段，以便组织流水施工；确定钢筋混凝土基础或垫层与基坑开挖之间搭接程度与技术间歇时间，在保证质量前提下尽早拆模和回填土，以免曝晒和浸水，并提供预制场地。

在确定基础工程施工顺序时，必须确定厂房柱基础与设备基础的施工顺序，它常会影响到主体结构和设备安装的方案与开始时间。通常有两种方案可供选择，即"封闭式"和"敞开式"。

"封闭式"施工顺序是指当厂房柱基础埋置深度大于设备埋置深度时，一般采用厂房柱基础先施工，设备基础待上部结构工程完成之后再施工，如一般的机械工业厂房。

这种施工顺序的优点是：有利于预制构件在现场就地预制、拼装和安装就位的布置，适合选择多种类型的起重机械和开行路线，从而可加快主体结构的施工进度；结构完成之后，设备基础在室内施工，不受气候的影响；可利用厂房的桥式吊装为设备安装服务。

其主要缺点是：易出现某些重复工作，如部分柱基回填土的重复挖填和运输道路的重复铺设等；设备基础施工场地较小，施工条件较差；不能提前为设备安装提供工作面，施工工期较长。

通常，"封闭式"施工顺序多用于厂房施工处于冬、雨季时，或设备基础不大，或采用沉井等特殊施工方法的较大较深的设备基础。

"敞开式"施工顺序是指当设备基础埋置深度大于厂房柱基础埋置深度时，多采用厂房柱基础与设备基础同时施工。如某些重型工业厂房（如冶金、电站等），一般是先安装工艺设备，然后再建造厂房。

"敞开式"施工顺序的优缺点，与"封闭式"施工顺序正好相反。

通常，当厂房的设备基础大且深，基坑的挖土范围便成一体。当设备埋置深度大于厂房柱基础，以及地基的土质不允许时，才采用"敞开式"施工顺序。

如果柱基础与设备基础埋置深度相近时，两种施工顺序可根据实际情况选其一。

②预制工程的施工顺序。单层工业厂房构件的预制，通常采用工厂预制和工地预制相结合的方法。现场预制工程是指柱、屋架、大型吊车梁等不便运输的大型构件，安排在拟建厂房的跨内、外就地预制。中型构件可在工厂预制。

现场预制钢筋混凝土柱的施工顺序为：平整夯实场地、支模板、绑扎钢筋、安放预埋件、浇混凝土、养护等。

现场预制预应力屋架的施工顺序为：平整夯实场地、支模板、扎钢筋、安放预埋件、预留孔道、浇混凝土、养护、预应力张拉、拆模、锚固、压力灌浆等。

现场构件的预制需要近一个月的养护，工期较长，可以将柱子和屋架分批、分段组织流水施工，以缩短工期。

在预制构件过程中，制作日期和位置、起点流向和顺序，在很大程度上取决于工作面准备工作的完成情况和后续工作的要求。需要进行结构吊装方案设计，绘制构件预制平面图和起重机开行路线等。当设计无规定时，预制构件混凝土强度应达到设计强度标准值的75%以上才可以吊装；预应力构件采用后张法施工，构件强度应达到设计强度标准值的75%以上，预应力钢筋才可以张拉；孔道压力灌浆后，应在其强度达到15 MPa后，方可起吊。

③结构吊装工程的施工顺序。单层工业厂房结构吊装的主要构件有柱、柱间支撑、吊车梁、连系梁、基础梁、屋架、天窗架、屋面板、屋盖支撑系统等。构件的安装工艺顺序为：绑扎、起吊、就位、临时固定、校正、最后固定。

结构构件吊装前要做好各种准备工作，包括检查构件的质量、构件弹线编号、杯型基础、杯底抄平、杯口弹线、起重机准备、吊装验算等。

结构吊装工程的施工顺序主要取决于结构吊装方法，即分件吊装法和综合吊装法。如果采用分件吊装法，其吊装顺序为：起重机第一次开行吊装柱，经校正固定并等接头混凝土强度达到设计强度的70%后，吊装其他构件；起重机第二次开行吊装吊车梁、连系梁、地基梁；起重机第三次开行按节间吊装屋盖系统的全部构件。当采用综合吊装法时，其吊装顺序为：先吊装4～6根柱并迅速校正及固定，再吊装这几根柱子所在节间的吊车梁、连系梁、地基梁及屋盖系统的全部构件，如此依次逐个节间完成全部厂房的结构吊装任务。

抗风柱的吊装可在全部柱吊装完后，屋盖系统开始吊装前，将第一节间的抗风柱吊装后再吊装第一榀屋架，最后一榀屋架吊装后再吊装最后节间的抗风柱；也可以等屋盖系统吊装定位后，再吊装全部抗风柱。

④围护结构工程的施工顺序。围护结构主要是指墙体砌筑、门窗框安装、屋面工程等。墙体工程包括搭设脚手架和内外墙砌筑等分项工程。屋面工程包括屋面板灌缝，保温层、找平层、冷底子油结合层、卷材防水层及绿豆砂保护层施工。通常主体结构吊装完后便可同时进行墙体的砌筑和屋面防水施工，砌筑工程完工后即可进行内外墙抹灰。地面工程应在屋面工程和地下管线施工之后进行，而现浇圈梁、门框、雨篷及门窗安装，应与砌筑工程穿插进行。

⑤装饰工程的施工顺序。单层工业厂房的装饰工程施工可分为室内和室外两部分。室内装饰工程包括勾缝、抹灰、地面工程、门窗安装、刷油漆和刷白等。室外装饰工程包括勾缝、抹灰、勒脚、散水等。

通常，地面工程应在设备基础、墙体砌筑完成一部分或管道电缆完成后进行，或视具体情况穿插进行；钢门窗安装一般与砌筑工程穿插进行，也可在砌筑工程完成后开始；门窗油漆可在内墙刷白后进行，也可与设备安装一并进行；刷白则应在墙面干燥和大型屋面板灌缝之后进行，并在油漆开始前结束。

(2)多层混合结构房屋的施工顺序

多层混合结构房屋的施工，通常可分为3个施工阶段：基础工程阶段、主体工程阶段、屋面及装饰工程阶段，如图2-8所示。

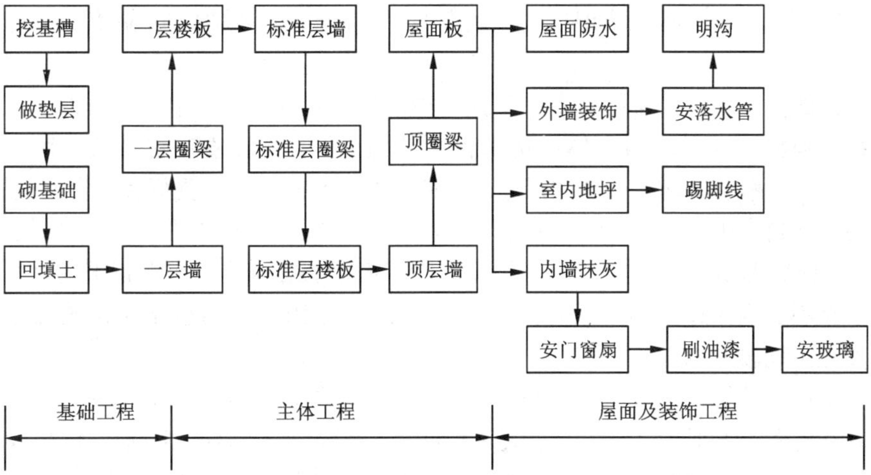

图2-8　混合结构施工顺序示意图

①基础工程的施工顺序。基础工程一般指房屋底层的室内地坪(±0.000)以下所有工程。其施工顺序为挖土、混凝土垫层、基础砌筑、地圈梁(或防潮层)、回填土。

因基础工程受自然条件影响较大，各施工过程的安排应尽量紧凑。基槽开挖与垫层施工安排要紧凑，间隔时间不宜过长，以防曝晒和积水而影响地基的承载能力。在安排工序的穿插搭接时，应充分考虑技术间歇和组织间歇，以保证质量和工期。一般情况下，回填土应在基础完工后一次分层压实，这样既可以保证基础不受雨水浸泡，又可为后续工作提供场地，使场地面积增大，并为搭设外脚手架以及建筑物四周运输道路的畅通创造条件。

地下管道施工应与基础工程施工配合进行，平行搭接，合理安排施工顺序，尽可能避免土方重复开挖，造成不必要的浪费。

②主体结构工程的施工顺序。主体结构工程阶段的工作主要包括搭设脚手架、砌筑墙体、安装门窗框、安装门窗过梁、浇筑混凝土圈梁和构造柱、安装楼板和楼梯、屋面板灌缝等。其中砌墙和安装楼板是主导施工过程，应合理组织流水作业，以保证施工的连续性和均衡性。砌筑墙体时，一般以每个自然层作为一个砌筑层，然后分层进行流水作业。

主体结构施工阶段应同时重视楼梯间、厕所、厨房、阳台等的施工，合理安排它们与主要工序间的施工顺序。各层预制楼梯的安装应在砌墙的同时完成。当采用现浇钢筋混凝土楼梯时，尤其应注意与楼层施工相配合，否则会因为混凝土的养护而使后续工序不能按期开始而延误工期。对于局部现浇楼面的支模和绑扎钢筋，可安排在墙体砌筑的最后一步插入，并在浇筑圈梁时浇筑楼板。

③装饰工程的施工顺序。装饰工程施工阶段的工作包括外墙的抹灰和饰面，天棚、内墙、墙裙、窗台等的抹灰及饰面，地面工程，门窗安装，刷油漆及玻璃安装等。其中，墙面、天棚、楼地面装饰是主要工序。由于装饰工程工序繁多，工程量大，时间长，且湿作业多，劳动强度大，因此应合理安排其施工顺序，组织立体交叉流水作业，以确保工程施工质量，加快工程施工进度。应根据工程特点和工期要求、结构特征、垂直运输机械和劳动力供应等具体情况，按以下三种施工顺序进行选择。

自上而下的流水顺序，参见图 2-4。这种做法的最大优点是交叉作业少，施工安全，工程质量容易保证，且自上而下清理现场比较方便，有利于成品保护。其缺点是装饰工程不能提前插入，工期较长。

自下而上的流水顺序，参见图 2-5。这种做法的优点在于充分利用了时间和空间，有利于缩短工期。但因装饰工程与主体结构工程交叉施工，材料垂直运输量大，劳动力安排集中，施工时必须有相应的确保安全的措施，同时应采取有效措施处理好楼面防水、避免渗漏。

先自中而下再自上而中的施工顺序，参见图 2-6。在主体结构进行到一半时，主体继续向上施工，室内装饰由上向下施工，使得抹灰工序离主体结构的工作面越来越远，相互之间的影响越来越小。当主体结构封顶后，室内装饰再从上而中，完成全部室内装饰施工。常用于层数较多且工期较紧的工程施工。

室外与室内的装饰一般相互干扰很小，其先后顺序可以根据实际情况灵活选择。一般情况下，因室内装饰施工项目多，工程量大，工期长，为给后续工序施工创造条件，可采用"先内后外"的顺序。如果考虑到适应气候条件，加快外脚手架周转，也可采用"先外后内"的施工顺序，或者室内外交叉进行。此外，当采用单排外脚手架砌墙时，由于砌墙时留有脚手眼，故内墙抹灰需等到该层外装饰完成，脚手架拆除，洞眼补好后方能进行。

天棚、墙面抹灰与地面的施工顺序，有两种做法：一种是先做天棚、墙面抹灰，后做地面，其优点是工期相对较短。但在顶棚、墙面抹灰时有落地灰，在地面抹灰前应将落地灰清理干净，同时要求楼板灌缝密实，以免漏水污染下一层墙面。另一种是先做地面，后做天棚、墙面抹灰，其优点是可以保护下层天棚和墙面抹灰不受渗水污染、地面抹灰质量易于保证。但因楼地面施工后需一定时间的养护，如组织不当会拖延工期，并在顶棚抹灰中应注意对完工地面的保护，否则容易引起地面的返工。

楼梯和走道是施工的主要通道，在施工期间易于损坏，通常在整个抹灰工作完成后，自上而下进行，并采取相应措施保护。门窗的安装及玻璃安装、刷油漆等，宜在抹灰后进行。

屋面防水工程施工，应在主体结构封顶后尽早开始，或同装饰工程平行施工。水电设备安装必须与土建施工密切配合，进行交叉施工。在基础施工阶段，应埋好地下管网，预配上部管件，以便配合主体施工。主体施工阶段，应做好预留孔道，暗敷管线，埋设木砖和箱盒等配件。装饰工程施工阶段应及时安排好室内管网和附墙设备。

（3）多、高层现浇钢筋混凝土结构房屋的施工顺序

高层建筑种类繁多，如框架结构、剪力墙结构、筒体结构、框剪结构等。不同结构体系，采用的施工工艺不尽相同，如大模板法、滑模法、爬坡法等，无固定模式可循，施工顺序应与采用的施工方法相协调。一般可划分为基础及地下室工程、主体工程、屋面工程、装饰工程等，如图2-9所示。

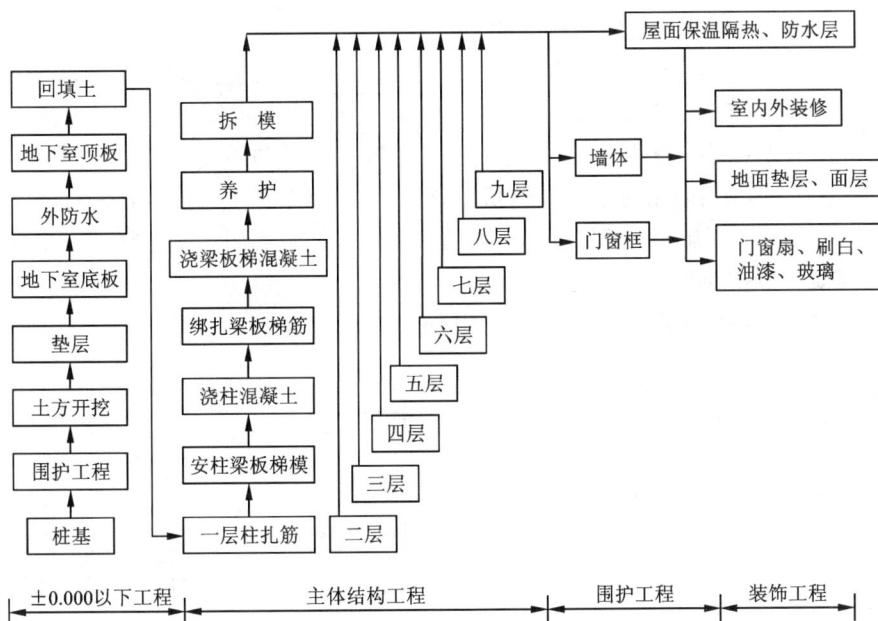

图2-9 多、高层现浇钢筋混凝土框架结构建筑的施工顺序示意图

①基础及地下室工程的施工顺序。高层建筑的基础大多为深基础，除在特殊情况下采用逆作法施工外，通常采用自下而上的施工顺序，即挖土、清槽、验槽、桩基础施工、垫层、桩头处理、防水层、保护层、放线、承台梁板施工、放线、施工缝处理、柱墙施工、梁板施工、外墙防水、保护层、回填土。

施工中要注意防水工程和承台梁大体积混凝土浇筑及深基础支护结构的施工，防止水化热对大体积混凝土的不良影响，并保证基坑支护结构的安全。

②主体结构工程的施工顺序。主体结构工程的施工顺序与结构体系、施工方法有极密切的关系，应视工程具体情况合理选择。

例如主体结构为现浇钢筋混凝土剪力墙，因施工方法的不同有不同的施工顺序。采用大模板工艺，分段流水施工，施工速度快，结构整体性、抗震性好。标准层施工顺序为：弹线、绑扎钢筋、支墙模板、浇筑墙身混凝土、拆墙模板、养护、支楼板模板、绑扎楼板钢筋、浇筑楼板混凝土。随着楼层施工，电梯井、楼梯等部位也逐层插入施工。

采用滑升模板工艺，滑升模板和液压系统安装调试工艺顺序为：抄平放线、安装提升架与围圈、支一侧模板、绑墙体钢筋、支另一侧模板、液压系统安装、检查调试、安装操作平台、安装支承杆、滑升模板、安装悬吊脚手架。

③屋面和装饰工程的施工顺序。屋面工程的施工顺序与混合结构房屋的屋面工程基本相同。其施工顺序为：找平层、隔气层、保温层、找平层、冷底子油结合层、防水层、绿豆砂保护层。屋面防水应在主体结构封顶后尽快完成，以使室内装饰尽早进行。

装饰工程的施工顺序因工程具体情况而不同且差异较大。如室内装饰工程的施工顺序为：结构表面处理、隔墙砌筑、立门窗框、管道安装、墙面抹灰、墙面装饰面层、吊顶、地面、安门窗扇、灯具洁具安装、调试、清理。如果大模板墙面平整，只需在板面刮腻子，面层刷涂料。室外装饰工程的施工顺序为：结构表面处理、弹线、贴面砖、清理。

（4）水泥混凝土路面的施工顺序

①当采用人工摊铺法施工时，施工顺序为：施工准备、路基修筑及压实、垫层施工、基层铺筑、安装模板、装设传力杆、混凝土拌和与运输、混凝土摊铺与振实、修整路面、接缝施工、混凝土养护与填缝。

②当采用滑模式摊铺机施工时，施工顺序为：施工准备、路基修筑及压实、垫层施工、基层铺筑、滑模式摊铺机铺筑水泥混凝土路面、表面修整与拉毛、切缝、混凝土养护与填缝。

③碾压混凝土路面的施工顺序如图 2-10 所示。

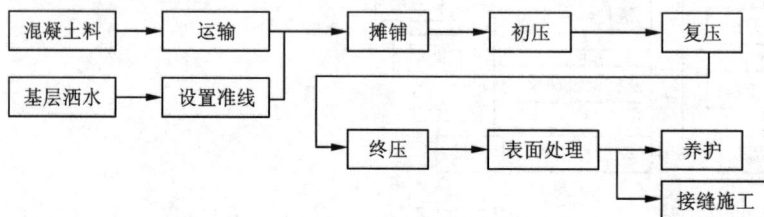

施工部署描述
（特别说明）

图 2-10 碾压混凝土路面施工顺序

【特别提示】 施工顺序与施工流程是不同的概念，学习时应注意区分。

6.施工方法的选择

1）确定施工方法应遵守的原则

编制施工组织设计时，必须注意施工方法的技术先进性与经济合理性的统一；兼顾施工机械的适用性，尽量发挥施工机械的性能和使用效率，应充分考虑工程的建筑特征、结构形式、抗震烈度、工程量大小、工期要求、资源供应情况、施工现场条件、周围环境、施工单位的技术特点和技术水平、劳动组织形式和施工习惯。

2）施工方法主要内容

拟定主要的操作过程和方法，包括施工机械的选择、提出质量要求和达到质量要求的技术措施、制定切实可行的安全施工措施等。

3）确定施工方法的重点

确定施工方法时应着重考虑影响整个单位工程施工的分部分项工程的施工方法，如在单位工程中占重要地位的分部分项工程，施工技术复杂或采用新工艺、新材料、新技术对工程质量起关键作用的分部分项工程，不熟悉的特殊结构工程或由专业施工单位施工的特殊专业工程等的施工方法。而对于按照常规做法和工人熟悉的分项工程，只要提出应注意的特殊问题即可，不必详细拟定施工方法。对于下列一些项目的施工方法则应详细、具体。

（1）工程量大，在单位工程中占重要地位，对工程质量起关键作用的分部分项工程。如基础工程、钢筋混凝土工程等隐蔽工程。

（2）施工技术复杂、施工难度大，或采用新技术、新工艺、新结构、新材料的分部分项工程。如大体积混凝土结构施工、模板早拆体系、无黏结预应力混凝土等。

（3）施工人员不太熟悉的特殊结构，专业性很强、技术要求很高的工程。如仿古建筑、大跨度空间结构、大型玻璃幕墙、薄壳、悬索结构等。

4）主要分部工程施工方法要点

（1）土石方工程。选择土石方工程施工机械；确定土石方工程开挖或爆破方法；确定土壁开挖的边坡坡度、土壁支护形式及打桩方法；地下水、地表水的处理方法及有关配套设备；计算土石方工程量，并确定土石方调配方案。

（2）基础工程。浅基础的垫层、混凝土基础和钢筋混凝土基础施工的技术要求，以及地下室施工的技术要求；桩基础施工方法及施工机械选择。

基础工程强调在保证质量的前提下，要求加快施工速度，突出一个"抢"字；混凝土浇筑要求一次成型，不留施工缝。

（3）钢筋混凝土结构工程。模板的类型和支模方法、拆模时间和有关要求；对复杂工程尚需进行模板设计和绘制模板放样图；钢筋的加工、运输和连接方法；选择混凝土制备方案，确定搅拌、运输及浇筑顺序和方法以及泵送混凝土和普通垂直运输混凝土的机械选择；确定混凝土搅拌、振捣设备的类型和规格及施工缝留设位置；预应力钢材、锚夹具、张拉设备的选用和验收，成孔材料及成孔方法（包括灌浆孔、泌水孔），端部和梁柱节点处的处理方法，预应力张拉力、张拉程序以及灌浆方法、要求等；混凝土养护及质量评定。

在选择施工方法时，应特别注意大体积混凝土、高强度混凝土、特殊条件下混凝土及冬季混凝土施工中的技术方法，注重模板的早拆化、标准化，钢筋加工中的联动化、机械化，混凝土运输中采用大型搅拌运输车，使用泵送混凝土，以及计算机控制混凝土配料等。

（4）结构安装工程。选择起重机械（类形、型号、数量）；确定结构构件安装方法，拟定安装顺序，起重机开行路线及停机位置；构件平面布置设计，工厂预制构件的运输、装卸、堆放方法；现场预制构件的就位、堆放的方法，确定吊装前的准备工作、主要工程量的吊装进度。

（5）砌筑工程。墙体的组砌方法和质量要求，大规格砌墙的排列图；确定脚手架搭设方法及安全网的布置；砌体标高及垂直度的控制方法；垂直运输及水平运输机具的确定；砌体流水施工组织方式的选择。

（6）屋面及装饰工程。确定屋面材料的运输方式，屋面工程各分项工程的施工操作及质量要求；装饰材料运输及储存方式；各分项工程的操作及质量要求，新材料的特殊工艺及质量要求。

（7）特殊项目。对于特殊项目，如采用新材料、新技术、新工艺、新结构的项目，以及大跨度、高耸结构、水下结构、深基础、软地基等，应单独选择施工方法，阐明施工技术关键，进行技术交底，加强技术管理，制定安全质量措施。

7. 施工机械的选择

施工机械对施工工艺、施工方法有直接的影响，施工机械化是现代化大生产的显著标志，对加快建设速度、提高工程质量、保证施工安全、节约工程成本起着至关重要的作用。因此，选择施工机械成为确定施工方案的一个重要内容。

1）大型机械设备选择原则

机械化施工是施工方法选择的中心环节，施工方法和施工机械的选择是紧密联系的，一定的方法配备一定的机械，在选择施工方法时应当协调一致。大型机械设备的选择主要是选择施工机械的型号和确定其数量，在选择其型号时要符合以下原则：

（1）满足施工工艺的要求。

（2）有获得的可能性。

（3）经济合理且技术先进。

2）大型机械设备选择应考虑的因素

（1）选择施工机械应首先根据工程特点，选择适宜主导工程的施工机械。

【应用案例2－5】 在选择装配式单层厂房结构安装用的起重机械时，若工程量大而集中，可选生产效率高的塔式起重机或桅杆式起重机，若工程量较小或虽然较大但较分散时，则采用无轨自行式起重机械；在选择起重机型号时，应使起重机性能满足起重量、起重高度、起重半径和起重臂长等要求。

（2）施工机械之间的生产能力应协调一致。

要充分发挥主导施工机械的效率，同时，在选择与之配套的各种辅助机械和运输工具时，应注意它们之间的协调。例如，挖土机与运土汽车配套协调，可使挖土机能充分发挥其生产效率。

（3）在同一建筑工地上的施工机械的种类和型号应尽可能少。

为了便于现场施工机械的管理及减少转移，对于工程量大的工程应采用专用机械；对于工程量小而分散的工程，则应尽量采用多用途的施工机械。例如，挖土机既可用于挖土，也可用于装卸、起重和打桩。

（4）在选用施工机械时，应尽量选用施工单位现有的机械，以减少资金的投入，充分发挥现有机械效率。若施工单位现有机械不能满足工程需要，则考虑租赁或购买。

（5）对于高层建筑或结构复杂的建筑物（构筑物），其主体结构施工的垂直运输机械最佳方案往往是多种机械的组合。例如，塔式起重机和施工电梯，塔式起重机、施工电梯和混凝土泵，塔式起重机、施工电梯和井架，井架、快速提升机和施工电梯等。

3）大型机械设备选择确定

根据工程特点，按施工阶段正确选择最适宜的主导工程的大型施工机械设备，各种机械型号、数量确定之后，列出设备的规格、型号、主要技术参数及数量等，可汇总成表，参见表2－2。

表 2 – 2　大型机械设备选择汇总表

| 项目 | 大型机械名称 | 机械型号 | 主要技术参数 | 数量 | 进、退场日期 |
|---|---|---|---|---|---|
| 基础阶段 | | | | | |
| | | | | | |
| 结构阶段 | | | | | |
| | | | | | |
| 装修阶段 | | | | | |
| | | | | | |

【特别提示】　选择机械设备技术与经济要结合，要综合考虑使用机械设备的各项费用（如运输费、折旧费、租赁费、对工期的延误而造成的损失等）后进行成本的分析和比较，从而决定是选择租赁机械设备还是采用本单位的机械设备，有时采用租赁成本更低。

### 2.2.3　实训项目

综合实训

阅读 2.6 节某单位工程施工组织编制实例，讨论分析该工程项目施工部署和主要施工方案的确定。

施工方案简介

## 2.3　施工进度计划编制

### 2.3.1　单位工程施工进度计划概述

单位工程施工进度计划是在确定了施工方案的基础上，根据计划工期和各种资源供应条件，按照工程的施工顺序，用图表形式（横道图或网络图）表示各分部、分项工程搭接关系及工程开、竣工时间的一种计划安排。

1. 施工进度计划的作用及分类

1）施工进度计划的作用

单位工程施工进度计划是单位工程施工组织设计的重要内容，它的主要作用如下：

（1）实现对单位工程进度的控制，保证在规定工期内完成符合质量要求的工程任务。

（2）确定分部分项工程的施工顺序、施工持续时间及相互间的衔接配合关系。

（3）它是确定各项资源需要量计划和施工准备工作计划的依据。

（4）它是编制季度、月度生产作业计划的依据。

（5）具体指导现场的施工安排。

2）施工进度计划的分类

（1）按对施工项目划分的粗细程度进行分类。

①控制性施工进度计划。它是按分部工程来划分施工项目,控制各分部工程的施工时间及其相互配合、搭接关系的一种进度计划。

它主要适用于工程结构较复杂、规模较大、工期较长而需跨年度施工的工程,如大型公共建筑、大型工业厂房等;还适用于规模不大或结构不复杂,但各种资源(劳动力、材料、机械等)不落实的情况;也适用于工程建设规模、建筑结构可能发生变化的情况。编制控制性施工进度计划的单位工程,当各分部工程的施工条件基本落实之后,在施工之前还需编制各分部工程的指导性施工进度计划。

②指导性施工进度计划。它是按分项工程来划分施工项目,具体指导各分项工程的施工时间及其相互配合、搭接关系的一种进度计划。

它适用于施工任务具体明确、施工条件落实、各项资源供应正常、施工工期不太长的工程。

(2)按编制时间阶段进行分类。

①中标前施工进度计划。它是建筑企业在招投标过程中所编制的施工进度计划。

②中标后施工进度计划。它是建筑企业在中标后,技术准备时进一步编制的施工进度计划。

2. 施工进度计划的编制依据及程序

1)施工进度计划的编制依据

(1)施工组织总设计中总进度计划对本单位工程的规定和要求。

(2)有关设计文件,如建筑总平面图及单位工程全套施工图纸、地质地形图、工艺设计图、设备及其基础有关标准图等技术资料。

(3)"项目管理目标责任书"中明确的单位工程开工、竣工时间,即要求工期。

(4)已确定的单位工程施工方案与施工方法,包括施工程序、施工段划分、施工流程、施工顺序及起点流向、施工方法等。

(5)劳动定额、机械台班定额资料。

(6)施工现场条件、气候条件、环境条件。

(7)预算文件中的工程量、工料分析等资料。

(8)施工人员的技术素质及劳动效率。

(9)主要材料、设备的供应能力。

(10)已建成的类似工程的施工进度计划。

单位工程施工进度计划简介

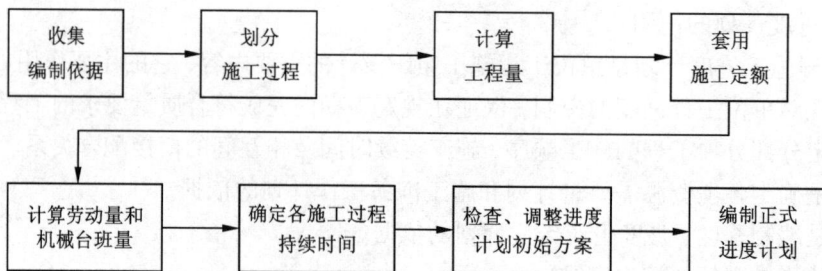

2)施工进度计划的编制程序

单位工程施工进度计划的编制程序如图 2-11 所示。

图 2-11 单位工程施工进度计划的编制程序

50

## 2.3.2　流水施工的应用

流水施工方法是组织施工的一种科学方法。建筑工程的流水施工与工业企业中采用的流水线生产极为相似，不同的是，工业生产中各个工件在流水线上，从前一工序向后一工序流动，生产者是固定的；而在建筑施工中各个施工对象都是固定不动的，专业施工队伍则由前一施工段向后一施工段流动，即生产者是流动的。

### 2.3.2.1　流水施工的基本概念

1.组织施工的三种方式

任何建筑工程的施工，都可以分解为许多施工过程，每一个施工过程又可以由一个或多个专业或混合的施工班组负责施工。在每个施工过程中，都包括各项资源调配的问题，其中，最基本的是劳动力的组织安排问题。通常情况下，组织施工可以采用依次施工、平行施工、流水施工三种方式。

为了说明这三种施工组织方式的概念和特点，下面将通过应用案例2-6来进行分析和对比。

【应用案例2-6】　现有三幢相同的砖混结构房屋的基础工程，按一幢为一个施工段。已知每幢房屋基础都可以分为基槽土方开挖、垫层、砖基础、回填土4个施工过程。各施工过程所花时间分别为2周、1周、3周、1周，土方开挖施工班组16人，垫层施工班组30人，砖基础施工班组20人，回填土施工班组10人。要求分别采用依次、平行、流水的施工方式组织施工，分析各种施工方式的特点。

1）依次施工组织方式

依次施工组织方式，是将拟建工程项目的整个建造过程分解成若干个施工过程，按照一定的施工顺序，前一个施工过程完成后，后一个施工过程才开始施工，或前一个工程完成后，后一个工程才开始施工。它是一种最基本、最原始的施工组织方式。

依次施工也称顺序施工，依次施工时通常有如下两种安排。

（1）按幢（或施工段）依次施工，见图2-12。

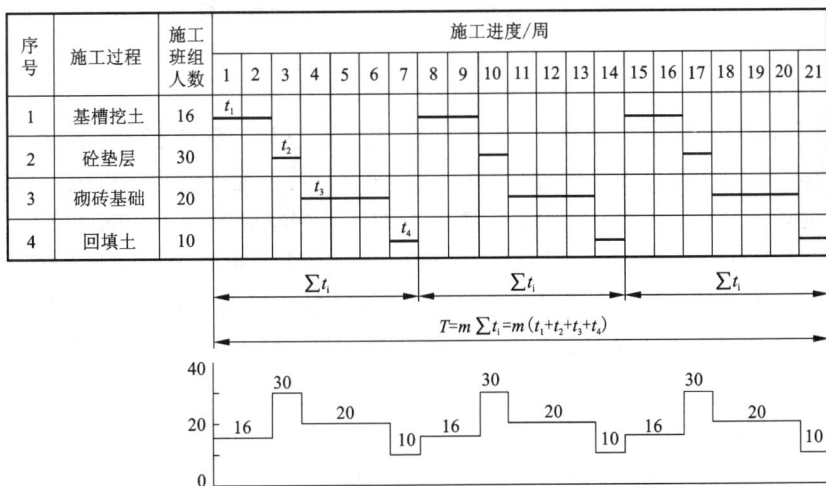

图2-12　按幢（或施工段）依次施工进度的安排

这种方式是将这三幢建筑物的基础一幢一幢施工，一幢完成后再施工另一幢。

图 2-12 下部为它的劳动力动态变化曲线，其纵坐标为每天施工班组人数，横坐标为施工进度。每天投入施工的各专业施工班组人数之和即为纵坐标，将各纵坐标按进度方向连接起来，即可绘出劳动力动态变化曲线。

（2）按施工过程依次施工，见图 2-13。

这种方式是在依次完成第一、二、三幢房屋的第一个施工过程后，再开始第二个施工过程的施工，依此类推，直至完成最后一个施工过程施工的组织方式。

两种组织方式施工工期都为 21 周，依次施工最大的优点是单位时间投入的劳动力和物质资源较少，施工现场管理简单，便于组织和安排，适用于工程规模小或工作面窄而无法全面展开工作的工程。但采用依次施工，专业队组不能连续作业，有间歇性，造成窝工，工地物质资源消耗也有间断性，由于没有充分利用工作面以争取时间，所以工期较长。

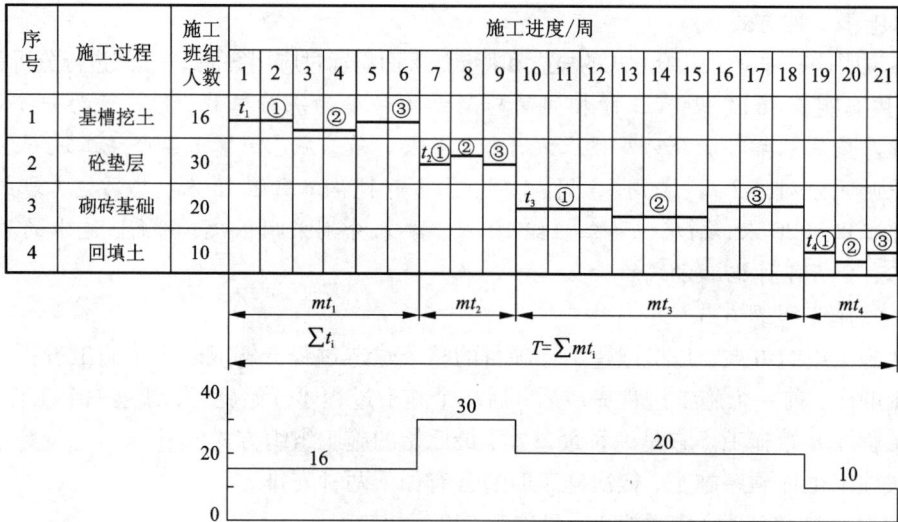

图 2-13　按施工过程依次施工的进度安排

2）平行施工组织方式

平行施工组织方式，是将拟建工程项目的整个建造过程分解成若干个施工过程，在工程任务十分紧迫、工作面允许及资源保证供应的条件下，同一施工过程可以组织多个相同的专业工作队，在同一时间、不同空间上进行施工。即所有房屋同时开工，同时竣工，由图 2-14 可以看出，平行施工组织方式有如下特点：平行施工最大限度地利用了工作面，工期最短，但在同一时间内需要提供的相同资源（劳动力、材料、施工机械）成倍增加，不利于资源供应的组织工作，给实际的施工管理带来较大的难度。一般适用于规模较大的建筑群或工期要求紧迫的工程。

3）流水施工组织方式

流水施工组织方式，是将拟建工程项目的整个建造过程划分为若干个施工过程，并按照施工过程成立相应的专业工作队，同时，将拟建工程划分成若干个施工段，以一定的时间间隔，不同专业工作队（班组）按照施工顺序相继投入施工，各个施工过程陆续开工、陆续完

| 幢 号 | 施工进度/周 | | | | | | |
|---|---|---|---|---|---|---|---|
| | 基槽挖土<br>16人 | | 垫层<br>30人 | 砌砖基础<br>20人 | | | 回填土<br>10人 |
| | 1 | 2 | 3 | 4 | 5 | 6 | 7 |
| 第一幢 | | | | | | | |
| 第二幢 | | | | | | | |
| 第三幢 | | | | | | | |

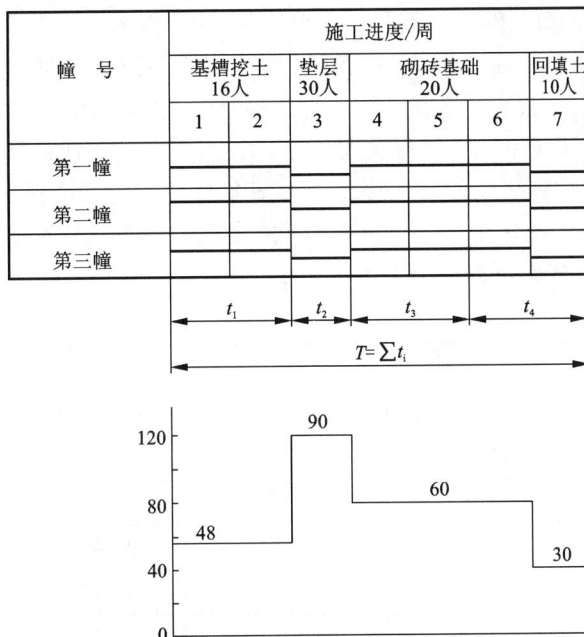

图 2－14 平行施工进度安排

工,使同一施工过程的施工班组在不同的施工段上连续、均衡、有节奏地进行,相邻的施工过程之间尽可能平行搭接施工的组织方式,如图 2－15 所示。

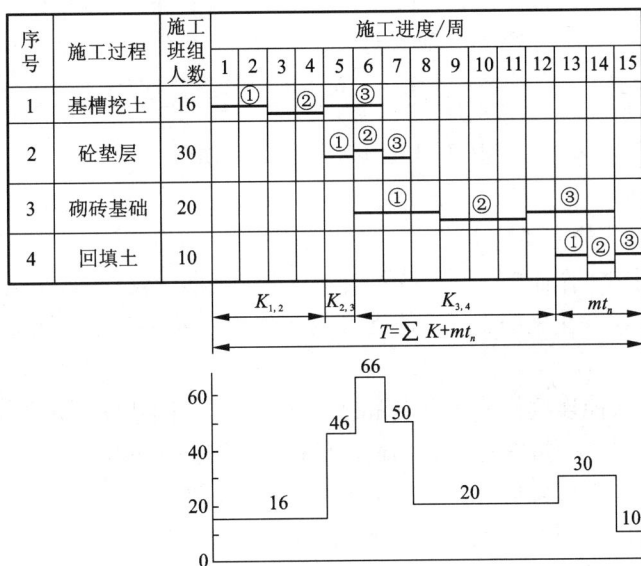

| 序号 | 施工过程 | 施工班组人数 | 施工进度/周 | | | | | | | | | | | | | | |
|---|---|---|---|---|---|---|---|---|---|---|---|---|---|---|---|---|---|
| | | | 1 | 2 | 3 | 4 | 5 | 6 | 7 | 8 | 9 | 10 | 11 | 12 | 13 | 14 | 15 |
| 1 | 基槽挖土 | 16 | ① | | ② | | ③ | | | | | | | | | | |
| 2 | 砼垫层 | 30 | | | | | ① | ② | ③ | | | | | | | | |
| 3 | 砌砖基础 | 20 | | | | | | ① | | | ② | | | ③ | | | |
| 4 | 回填土 | 10 | | | | | | | | | | | | ① | ② | ③ |

图 2－15 流水施工进度安排一

从图 2－15 中可知:该基础工程的所有施工过程全都安排连续施工,各专业施工班组能连续地、均衡地施工,前后施工过程之间还可以尽可能平行搭接施工,比较充分地利用了工作面,其施工工期为 15 周。但工作面利用不够充分。

为了更充分地利用工作面,对图 2-15 所示的流水施工还可以重新安排,如图 2-16 所示,其施工工期为 13 周,提前了 2 周,但混凝土垫层施工是间断的。在本应用案例中,主要施工过程是基槽挖土和砌砖基础(工程量大,施工作业时间长),而混凝土垫层和回填土则是非主要施工过程。对于一个分部工程来说,只要安排好主要施工过程连续均衡地施工,对其他施工过程,根据有利于缩短工期的要求,在不能实现连续施工的情况下,可以安排间断施工。这样的施工组织方式也可以认为是流水施工。

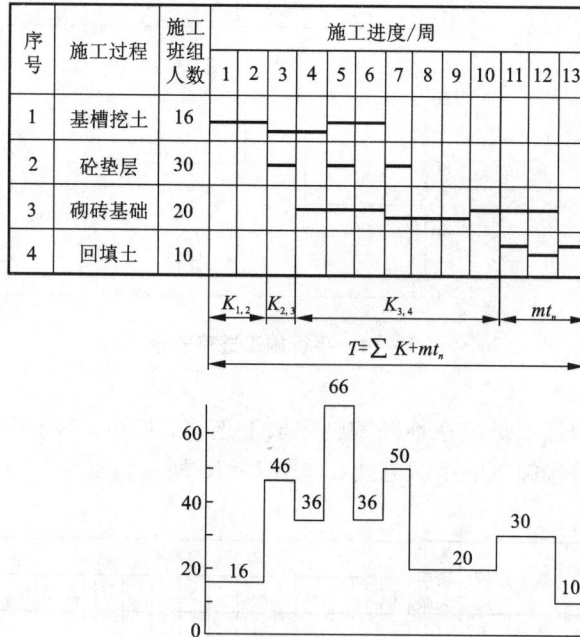

图 2-16 流水施工进度安排二

流水施工组织方式的主要特点:

(1)尽可能地利用工作面施工,争取了时间,所以工期比较合理。

(2)工作队能实现专业化施工,可使工人的操作技术熟练,更好地保证工程质量,提高劳动生产率。

(3)工作队及工人能连续作业,使相邻的专业工作队之间实现了最大限度的合理搭接。

(4)单位时间内投入的资源量较为均衡,有利于资源供应的组织工作。

(5)为文明施工和进行现场的科学管理创造了有利条件。

流水施工所需的时间比依次施工短,各施工过程投入的劳动力比平行施工少,各施工队组的施工和物资的消耗具有连续性和均衡性,前后施工过程之间尽可能平行搭接施工,可见流水施工兼顾了顺序施工施工组织管理相对简单和平行施工施工工期短的优点,克服了顺序施工工期长、施工班组窝工严重或是施工质量不高,平行施工施工组织管理难度大、资源需用量成倍增长的缺点,是建筑施工中最合理、最科学的一种组织方式,也是最广泛和普遍采用的施工组织方式。

2. 组织流水施工的条件

流水施工是将拟建工程分成若干个施工段落，并给每一施工过程配以相应的专业施工班组，让他们依照一定的时间间隔，依次连续地投入到每一个施工段完成各自的任务，从而达到有节奏均衡施工。流水施工的实质就是连续、均衡、有节奏地施工。

组织建筑施工流水作业，必须具备以下 4 个条件。

(1)划分施工段：把建筑物尽可能划分为工程量大致相等的若干个施工段。

划分施工段(区)是为了把庞大的建筑物(建筑群)划分成"批量"的"假定产品"，从而形成流水施工的前提。

(2)划分施工过程，成立专业施工班组：把建筑物的整个建造过程分解为若干个施工过程，每个施工过程组织独立的施工班组进行施工。

(3)安排主要施工过程的施工班组进行连续、均衡地施工。

对工程量较大、施工时间较长的主导施工过程，必须组织连续、均衡施工(即安排流水施工)，对其他次要施工过程，可考虑与相邻的施工过程合并或在有利于缩短工期的前提下，安排其间断施工。在实际工程施工中，间断施工往往又是施工工艺流程的要求。

(4)不同施工过程按施工工艺要求，尽可能组织平行搭接施工。

按照施工先后顺序要求，在有工作面的条件下，除必要的技术和组织间歇时间外，相邻施工过程之间尽可能组织平行搭接施工，以缩短工期。

3. 流水施工的经济效果

流水施工是在工艺划分、时间排列和空间布置上的统筹安排，使劳动力得以合理使用，资源需要量也较均衡，这必然会带来显著的技术经济效果，主要表现在以下几个方面：

(1)由于流水施工的连续性，减少了专业工作的间隔时间，达到了缩短工期的目的，可使拟建工程项目尽早竣工、交付使用，发挥投资效益。

(2)便于改善劳动组织，改进操作方法和施工机具，有利于提高劳动生产率。

(3)专业化的生产可提高工人的技术水平，使工程质量相应提高。

(4)工人技术水平和劳动生产率的提高，可以减少用工量和施工临时设施的建造量，降低工程成本，提高利润水平。

(5)可以保证施工机械和劳动力得到充分、合理的利用。

(6)由于工期短、效率高、用人少、资源消耗均衡，可以减少现场管理费和物资消耗，实现合理储存与供应，有利于提高项目经理部的综合经济效益。

4. 流水施工的分类

建筑施工流水作业按不同的分类标准可分为不同的类型。

1)按组织流水作业的范围分类

(1)分项工程流水施工。分项工程流水施工也称为细部流水施工，即一个工作队利用同一生产工具，依次、连续地在各施工段中完成同一施工过程的工作，如浇筑混凝工的工作队依次连续地在各施工区域完成浇筑混凝工的工作，即为分项工程流水施工。

(2)分部工程流水施工。分部工程流水施工也称为专业流水施工，是在一个分部工程内部、各分项工程之间组织的流水施工。例如某办公楼的钢筋混凝土工程是由支模、绑钢筋、浇混凝土等 3 个在工艺上有密切联系的分项工程组成的分部工程。施工时，将该办公楼的主体部分在平面上划分为几个施工段，组织 3 个专业工作队，依次、连续地在各施工段中各自完成同一施工过程的工作，即为分部工程流水施工。

（3）单位工程流水施工。单位工程流水施工也称为综合流水施工，它是在一个单位工程内部、各分部工程之间组织起来的流水施工。如一幢办公楼、一个厂房车间等组织的流水施工。一般土建单位工程流水可由基础工程、主体结构工程、屋面工程和装饰工程4个分部工程流水综合而成。

（4）群体工程流水施工。群体工程流水施工也称建筑群流水施工。它是在一个个单位工程（即多幢建筑物或构筑物）之间组织起来的大流水施工。它是为完成工业或民用建筑群而组织起来的全部单位工程流水施工的总和。

2）按施工过程的分解程度分类

根据流水施工各施工过程的分解程度，流水施工可为彻底分解流水和局部分解流水两大类。

（1）彻底分解流水。彻底分解流水是指将工程对象的某一分部工程分解成若干个施工过程，且每一个施工过程均为单一工种完成的施工过程，即该过程已不再分解，比如支模。

（2）局部分解流水。局部分解流水指将工程对象的某一分部工程，根据实际情况进行划分，有的过程已彻底分解，有的过程则不彻底分解。而不彻底分解的施工过程是由混合的施工班组来完成的。例如钢筋混凝土工程。

3）按流水节拍的特征分类

根据流水施工的节奏特征，流水施工可以划分为有节奏流水和无节奏流水。

（1）有节奏流水。有节奏流水是指同一施工过程在各施工段上的流水节拍都相等的一种流水施工组织方式。有节奏流水又根据不同施工过程之间的流水节拍是否相等，分为等节奏流水和异节奏流水两大类型。

（2）无节奏流水。无节奏流水是指同一施工过程在各施工段上的流水节拍不完全相等的一种流水施工组织方式。

5.流水施工的表达方式

流水施工的表达方式一般有横道图、斜线图和网络图三种表达方式。

1）横道图

横道图也称水平指示图表，如图2－17所示。图中横向用时间坐标轴从左向右表达流水施工的持续时间，竖向从上向下表达开展流水施工的各个施工过程。图表中间为施工进度开展区域，由若干条带有编号的水平线段表示各个施工过程或专业班组的施工进度，其编号表示不同的施工段。图表竖向还可根据需要添加上与各施工过程对应的工程量、时间定额、劳动量、每天工作班制、班组人数、工作延续天数等基础数据。

横道图的优点：绘制简单，施工过程及其先后顺序清楚，时间和空间状况形象直观，进度线的长度可以反映流水施工速度，使用方便。在实际工程中，常用横道图编制施工进度计划。

2）斜线图

斜线图是将横道图中的工作进度线改为斜线表达的一种形式，如图2－18所示，即为应用案例2－6用斜线图表示的施工进度计划。图中横坐标表示流水施工的持续时间；纵坐标表示流水施工所处的空间位置，即施工段的编号。施工段的编号自下而上排列，$n$ 条斜向的线段表示 $n$ 个施工过程或专业施工班组的施工进度，并用编号或名称区分各自表示的对象。

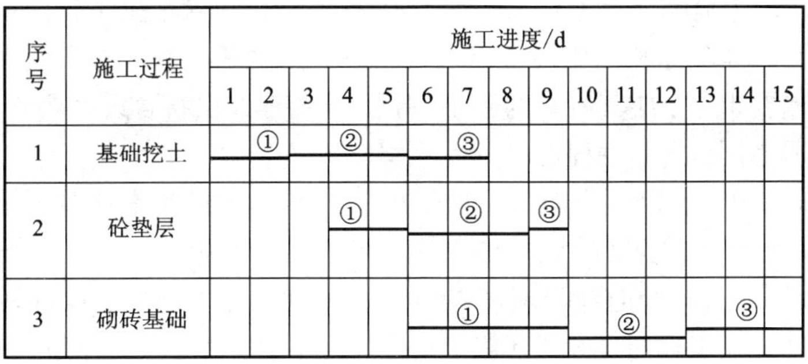
序号
施工过程
施工进度/d
1 2 3 4 5 6 7 8 9 10 11 12 13 14 15
1 基础挖土 ① ② ③
2 砼垫层 ① ② ③
3 砌砖基础 ① ② ③

**图 2－17　用横道图表示的流水施工进度计划**

斜线图的优点：施工过程及其先后顺序清楚，时间和空间状况形象直观，斜向进度线的斜率可以明显地表示出各施工过程的施工速度。

利用斜线图研究流水施工的基本理论比较方便，但编制实际工程进度计划不如横道图方便，一般不用其表示实际工程的流水施工进度计划。

施工段编　号
施工进度/周
1 2 3 4 5 6 7 8 9 10 11 12 13 14 15
3
2
1
基槽挖土
砌砖基础
砼垫层
回填土

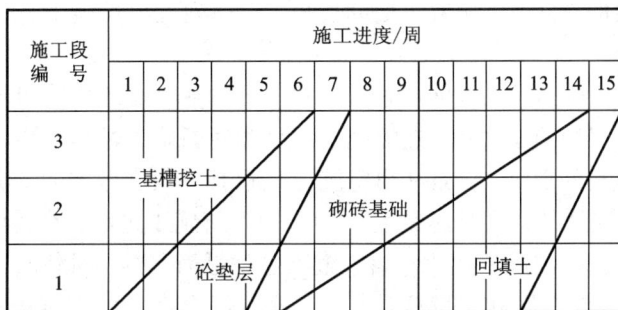

**图 2－18　流水施工的斜线图**

3）网络图

用网络图表达的流水施工方式，详见本书第 2.3.3 节相关内容。

### 2.3.2.2　流水施工的基本参数

为了组织流水施工，表明流水施工在时间和空间上的进展情况，需要引入一些描述施工特征和各种数量关系的参数，这种用以表达流水施工在工艺流程、时间及空间方面开展状态的参数，称为流水施工参数。按其性质的不同，一般可分为工艺参数、时间参数和空间参数三种。

1. 工艺参数

工艺参数主要是指在组织流水施工时，用以表达流水施工在施工工艺方面进展状态的参数。通常有施工过程和流水强度。

1）施工过程

施工过程是对建筑产品由开始建造到竣工整个建筑过程的统称。组织建筑工程的流水施工时，施工过程所包含的施工范围可大可小，既可以是分项工程，又可以是分部工程，也可以是单位工程，它的繁简与施工组织设计的作用有关。在指导单位工程流水施工时，一般施工过程指分项工程，其名称和工作内容与现行的有关定额相一致。在建筑施工中，只能按照一定的顺序和质量要求，完成其所有的施工过程，才能建造出符合设计要求的建筑产品。

根据工艺性质不同，施工过程可以分为三类。

（1）制备类施工过程。制备类施工过程是指预先加工和制造建筑半成品、构配件等的施工过程，如砂浆和混凝土的配制、钢筋的制作等属于制备类施工过程。此类施工过程因为一般不占有施工对象的工作面和空间，不影响工期，不列入流水施工进度计划表。但当它占有施工对象的空间并影响工期时，应列入施工进度计划。例如在排架结构的单层工业厂房施工中，在现场预制钢筋混凝土屋架这一施工过程，则应列入施工进度计划表中。

（2）运输类施工过程。运输类施工过程是指把材料和制品运到工地仓库或再转运到现场操作使用地点而形成的施工过程。运输类施工过程一般也不占有施工对象的空间，不影响项目总工期，在进度表上不反映；只有当它们占有施工对象的空间并影响项目总工期时，才列入项目施工进度计划中。例如在结构安装工程中，边运输边吊装的构件运输过程。

（3）建造类施工过程。建造类施工过程是指在施工对象的空间上，直接进行加工最终形成建筑产品的过程。如地下工程、主体工程、结构安装工程、屋面工程和装饰工程等施工过程。它占有施工对象的空间，影响着工期的长短，必须列入项目施工进度表，而且是项目施工进度表的主要内容。

建造类施工过程，按其在工程项目施工过程中的作用、工艺性质和复杂程度的不同，可分为主导施工过程和穿插施工过程、连续施工过程和间断施工过程、复杂施工过程和简单施工过程。上述施工过程的划分，仅是从研究施工过程某一角度考虑的。事实上，有的施工过程既是主导的，又是连续的，同时还是复杂的。如砌筑施工过程，在砖混结构工程施工中，是主导的、连续的和复杂的施工过程；油漆施工过程是简单的、间断的，往往又是穿插的施工过程；等等。因此，在编制施工进度计划时，必须综合考虑施工过程的几个方面的特点，以便确定其在进度计划中的合理位置。

①主导施工过程。它是对整个施工对象的工期起决定作用的施工过程。在编制施工进度计划时，必须优先安排，连续施工。例如在砖混结构工程施工中，主体工程的砌筑施工过程。

②穿插施工过程。它是与主导施工过程相搭接或穿插平行的施工过程。在编制进度计划表时，要适时地穿插在主导施工过程的进行中，并受主导施工过程的严格控制。例如，浇筑钢筋混凝土圈梁的施工过程。

③连续施工过程。它是一道工序接一道工序，连续进行的施工过程。它不要求技术间歇。在编制施工进度计划表时，与其相邻的后续施工过程不考虑技术间歇时间。例如，墙体砌筑和楼板安装等施工过程。

④间断施工过程。它是由所用材料的性质决定，需要技术间歇的施工过程。其技术间歇时间与材料的性质和工艺有关。在编制施工进度计划时，它与相邻的后续施工过程之间，要考虑有足够的技术间歇时间。例如，混凝土、抹灰和油漆等施工过程都需要养护或干燥的技术间歇时间。

⑤复杂施工过程。它是在工艺上，由几个紧密相连的工序组合而形成的施工过程。它的操作者、工具和材料，因工序不同而变化。在编制施工进度计划时，也可以因计划对象范围

和用途不同将其作为一个施工过程或划分成几个独立的施工过程。例如砌筑施工过程,有时可以划分为运材料、搭脚手架、砌砖等施工过程;现浇梁板混凝土,根据实际需要,既可以划分为支模板、绑扎钢筋、浇筑混凝土三个施工过程,也可以综合为一个施工过程。

⑥简单施工过程。它是在工艺上由一个工序组成的施工过程。它的操作者、工具和材料都不变。在编制施工进度计划表时,除了可能将它与其他施工过程合并外,本身施工是不能再分的。例如,挖土和回填土施工过程。

2)施工过程数

在建筑施工中,划分的施工过程,可以是分项工程、分部工程或单位工程,它是根据编制施工进度计划的对象的范围和作用而确定的。一般说来,编制群体工程流水施工的控制性进度计划时,划分的施工过程较粗,数目要少;编制单位工程实施性进度计划时,划分的施工过程较细,数目要多。一幢房屋的施工过程数与其建筑和结构的复杂程度、施工方案以及劳动组织与劳动量大小等因素有关。例如,普通砖混结构居住房屋单位工程实施性进度计划的施工过程数为20~30个。

划分施工过程应考虑的因素一般有:

(1)施工过程数应结合房屋的复杂程度、结构的类型及施工方法,对复杂的施工内容应分得细些,简单的施工内容分得不要过细。

(2)根据施工进度计划的性质确定:控制性施工进度计划时,组织流水施工的施工过程可以划分得粗一些;实施性施工进度计划时,施工过程可以划分得细一些。

(3)施工过程的数量要适当,以便于组织流水施工的需要。施工过程数过少,也就是划分得过粗,达不到好的流水效果;反之,施工过程数过大,需要的专业队(组)就多,相应地需要划分的流水段也多,同样也达不到好的流水效果。

(4)要以主要的建造类施工过程为划分依据,同时综合考虑制备类和运输类施工过程。

(5)要考虑施工方案的特点:对于一些相同的施工工艺,应根据施工方案的要求,可将它们合并为一个施工过程,或根据施工的先后分为两个施工过程。比如,油漆木门窗,可以作为一个施工过程,但如果施工方案中有说明时,也可作为两个施工过程。

(6)要考虑工程量的大小和劳动组织特征:施工过程的划分和施工班组、施工习惯及工程量的大小有一定的关系。例如,支模、绑扎钢筋、浇筑混凝土三个施工过程,如果工程量较小,可以将它们合并成一个施工过程即钢筋混凝土工程,组织一个混合施工班组;若工程就是框架结构,则可以将它们分为支模、绑扎钢筋、浇筑混凝土三个施工过程,每个施工过程组织专业施工班组。再如,地面工程,如果垫层的工程量较小,可以与面层合并为一个施工过程,这样就可以使各个施工过程的工程量大致相等,便于组织流水施工。

(7)要考虑施工过程的内容和工作范围:施工过程的划分与其工作和内容有关。例如,直接在施工现场与工程对象上进行的施工过程,可以划入流水施工过程,而场外的制备类施工内容(如零配件的加工)和场内外的运输类施工内容可以不划入流水施工过程。

在流水施工中,流水施工过程数目用 $n$ 表示。流水施工过程数目 $n$,是指参与该阶段流水施工的施工过程数目。它是流水施工的主要参数之一。对于一个单位工程而言,通常它不等于计划中包括的全部施工过程数。因为这些施工过程并非都能按流水方式组织施工,可能其中几个阶段是采用流水施工。

3）流水强度

流水强度是指流水施工的某一施工过程在单位时间内所完成的工程量，也称为流水能力或生产能力，以 $V_i$ 表示。它主要与选择的机械或参加作业的人数有关。其计算方法分为以下两种情况。

（1）机械作业施工过程的流水强度：

$$V_i = \sum_{i=1}^{x} R_i \cdot S_i \qquad (2-1)$$

式中：$V_i$——某施工过程 $i$ 的机械作业流水强度。

$R_i$——投入施工过程 $i$ 的某种施工机械台数；

$S_i$——投入施工过程 $i$ 的某种施工机械产量定额；

$x$——投入施工过程 $i$ 的施工机械种类数。

（2）人工作业施工过程的流水强度：

$$V_i = R_i \cdot S_i \qquad (2-2)$$

式中：$V_i$——某施工过程 $i$ 的人工操作流水强度；

$R_i$——投入施工过程 $i$ 的专业工作队工人数；

$S_i$——投入施工过程 $i$ 的专业工作队平均产量定额。

2．空间参数

空间参数是在组织流水施工时，用以表达流水施工在空间布置上所处状态的参数。包括工作面、施工段和施工层。

1）工作面

工作面是指供某专业工种的工人或某种施工机械进行施工的活动空间，简单说，就是某一施工过程要正常施工必须具备的场地大小。工作面的大小，表明能安排施工人数或机械台数的多少。每个作业的工人或何台施工机械所需工作面的大小，取决于单位时间内其完成的工程量和安全施工的要求。工作面确定得合理与否，直接影响专业工作队的生产效率，因此必须合理确定工作面。

在确定一个施工过程必要的工作面时，不仅要考虑前一施工过程为这个施工过程所可能提供的工作面的大小，也要遵守安全技术和施工技术规范的规定。

有关工种的工作面参考数据见表 2-3。

表 2-3　主要工种的工作面参考数据表

| 工作项目 | 每个技工的工作面 | 说明 |
| --- | --- | --- |
| 砖基础 | 7.6 m/人 | 以 1/2 砖计，2 砖乘 0.8，3 砖乘 0.55 |
| 砌砖墙 | 8.5 m/人 | 以 1 砖计，3/2 砖乘 0.71，2 砖乘 0.57 |
| 毛石基础 | 3 m/人 | 以 60 cm 计 |
| 毛石墙 | 2.3 m/人 | 以 40 cm 计 |
| 混凝土柱、墙基础 | 8 m³/人 | 机拌、机捣 |
| 现浇钢筋混凝土梁 | 2.2 m³/人 | 机拌、机捣 |

**续表 2 - 3**

| 工作项目 | 每个技工的工作面 | 说明 |
|---|---|---|
| 现浇钢筋混凝土墙 | 5 m³/人 | 机拌、机捣 |
| 现浇钢筋混凝土楼梯 | 5.3 m³/人 | 机拌、机捣 |
| 预制钢筋混凝土柱 | 2.6 m³/人 | 机拌、机捣 |
| 预制钢筋混凝土梁 | 2.6 m³/人 | 机拌、机捣 |
| 预制钢筋混凝土屋架 | 2.7 m³/人 | 机拌、机捣 |
| 预制钢筋混凝土平板、空心板 | 1.9 m³/人 | 机拌、机捣 |
| 预制钢筋混凝土大型屋面板 | 2.6 m³/人 | 机拌、机捣 |
| 混凝土地坪及面层 | 40 m²/人 | 机拌、机捣 |
| 外墙抹灰 | 16 m²/人 | |
| 内墙抹灰 | 18.5 m²/人 | |
| 卷材屋面 | 18.5 m²/人 | |
| 防水水泥砂浆屋面 | 16 m²/人 | |
| 门窗安装 | 11 m²/人 | |

2）施工段

将施工对象在平面上划分成若干个劳动量大致相等的施工段。施工段的数目通常用 $m$ 表示，它是流水施工的主要参数之一。注意，如果是多层建筑物的施工，则施工段数等于单层划分的施工段数乘以该建筑物的施工层数。

每一个施工段在某一时间段内，只能供一个施工过程的工作队使用。

划分施工段的目的，是为组织流水施工创造条件，保证不同的施工班组能在不同的施工段上同时进行施工，从而使各施工班组按照一定的时间间隔从一个施工段转到另一个施工段进行连续施工。这样既消除等待、停歇现象，又互不干扰，同时还缩短了工期。

划分施工段需要考虑的因素如下：

（1）首先要考虑结构的整体性，分界线宜在沉降缝、伸缩缝以及对结构整体性影响较小的位置，如单元式住宅的单元分界处等，有利于结构的整体性。

（2）尽量使各施工段上的劳动量相等或相近。

（3）各施工段要有足够的工作面。

（4）施工段数不宜过多。

（5）尽量使各专业队（组）连续作业。

3）施工层

（1）施工层及其划分。

在多、高层建筑物的流水施工中，平面上是按照划分的施工段，从一个施工段向另一个施工段逐步进行；垂直方向上，则是自下而上、逐层进行，第一层的各个施工过程完工后，自然就形成了第二层的工作面，不断循环，直至完成全部工作。这些为满足专业工种对操作和施工工艺要求而划分的操作层称为施工层。如砌筑工程的施工层高一般为 $1.2\sim1.4\mathrm{~m}$，即一步脚手架的高度划分为一个施工层；室内抹灰、木装饰、油漆、玻璃和水电安装等，可按楼层进行施工层划分。施工层数用 $r$ 表示。

在分层施工的流水施工中，其施工的进展情况是：各专业施工班组，首先依次投入第一施工层的各施工段施工，完成第一施工层最后一个施工段的任务后，连续地转入第二施工层，依此类推。各施工班组的工作面，除了前一个施工过程完成，为后一个施工班组提供工作面之外，最前面的施工班组在跨越施工层时，必须要第一施工层对应施工段上最后一个施工过程完成施工，才能为其提供工作面。

（2）施工段数目 $m$ 与施工过程数目 $n$ 的关系对分施工层进行流水施工的影响。

为保证在跨越施工层时，各专业施工班组能够连续地进入下一个施工层的施工段施工，一个施工层施工段的数目应满足何种条件呢？下面将通过应用案例 2-7 来说明。

【应用案例 2-7】 某两层现浇钢筋混凝土框架结构工程，由安装模板、绑扎钢筋和浇筑混凝土 3 个施工过程组成，每一层在平面上分别划分为 2 个、3 个和 4 个施工段，按三种情况组织流水施工，假定各施工班组在其各自的施工过程的工作时间均为 4 天。这三种流水施工的施工段数目与施工过程数目之间的关系，分为三种情况。试安排该工程的流水施工。

【案例解析】 （1）施工段数目 $m$ 小于施工过程数目 $n$（$m<n$）。例如 $m=2$，$n=3$ 的情况，其施工进度安排如图 2-19 所示。

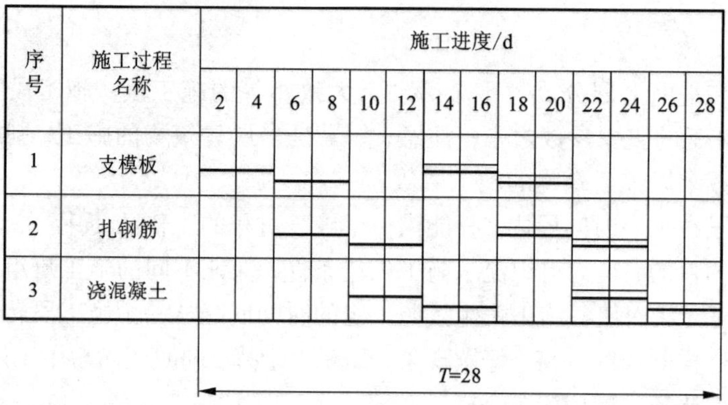

| 序号 | 施工过程名称 | 施工进度/d | | | | | | | | | | | | | |
|---|---|---|---|---|---|---|---|---|---|---|---|---|---|---|
| | | 2 | 4 | 6 | 8 | 10 | 12 | 14 | 16 | 18 | 20 | 22 | 24 | 26 | 28 |
| 1 | 支模板 | | | | | | | | | | | | | | |
| 2 | 扎钢筋 | | | | | | | | | | | | | | |
| 3 | 浇混凝土 | | | | | | | | | | | | | | |

$T=28$

图 2-19 $m<n$ 时流水施工进度安排

从图 2-19 可以看出，$m<n$ 时，尽管施工段上未出现闲置，但各施工班组做完了第一层以后，不能连续进入第二层相应施工段施工，中间停工 4 天，而轮流出现窝工现象，这对一个建筑物组织流水施工是不适宜的。若同一现场有同类型建筑物施工，组织群体大流水施工，亦可使专业施工班组连续作业。

（2）施工段数目 $m$ 等于施工过程数目 $n$（$m=n$）。例如 $m=3$，$n=3$ 的情况，其施工进度安排如图 2-20 所示。

从图 2-20 可以看出，$m=n$ 时，工作队均能连续施工，每一施工段上始终有施工班组施工，工作面能被充分利用，无停歇现象，也不会产生工人窝工现象，是最理想的情况。但它使施工管理者没有回旋余地。

| 序号 | 施工过程名称 | 施工进度/d | | | | | | | | | | | | | | |
|---|---|---|---|---|---|---|---|---|---|---|---|---|---|---|---|---|
| | | 2 | 4 | 6 | 8 | 10 | 12 | 14 | 16 | 18 | 20 | 22 | 24 | 26 | 28 | 30 32 |
| 1 | 支模板 | | | | | | | | | | | | | | | |
| 2 | 扎钢筋 | | | | | | | | | | | | | | | |
| 3 | 浇混凝土 | | | | | | | | | | | | | | | |

$T=32$

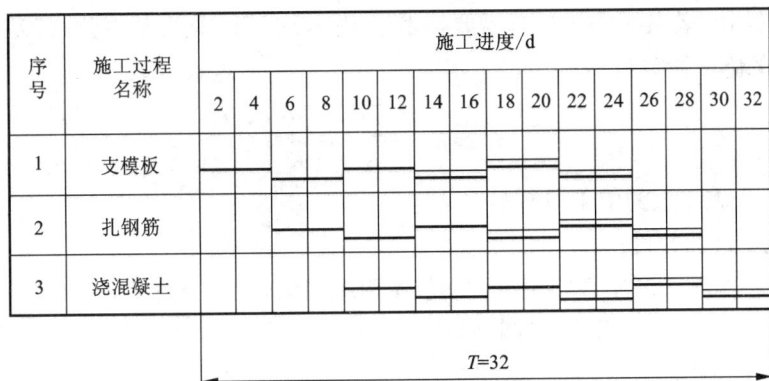

图 2-20 $m=n$ 时流水施工进度安排

(3)施工段数目 $m$ 大于施工过程数目 $n(m>n)$。例如 $m=4$，$n=3$ 的情况，其施工进度安排如图 2-21 所示。

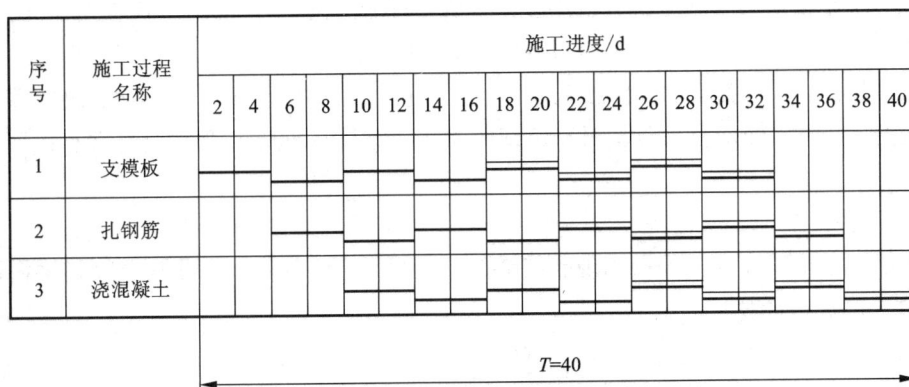

| 序号 | 施工过程名称 | 施工进度/d | | | | | | | | | | | | | | | | | | |
|---|---|---|---|---|---|---|---|---|---|---|---|---|---|---|---|---|---|---|---|---|
| | | 2 | 4 | 6 | 8 | 10 | 12 | 14 | 16 | 18 | 20 | 22 | 24 | 26 | 28 | 30 | 32 | 34 | 36 | 38 40 |
| 1 | 支模板 | | | | | | | | | | | | | | | | | | | |
| 2 | 扎钢筋 | | | | | | | | | | | | | | | | | | | |
| 3 | 浇混凝土 | | | | | | | | | | | | | | | | | | | |

$T=40$

图 2-21 $m>n$ 时流水施工进度安排

从图 2-21 可以看出，$m>n$ 时，各施工班组在完成第一施工层的 4 个施工段的任务后，都连续地进入第二施工层继续施工；但第一层第一施工段浇筑混凝土后，该施工段却出现停歇，停歇 4 天后，第二层的第一施工段才开始支模板，即施工段上有停歇。同样，其他施工段上也发生同样的停歇，致使工作面出现空闲。这种工作面的空闲一般是正常的，有时还是必要的，如可以利用空闲的时间做养护、备料、弹线等工作，有时还可以弥补某些意外的拖延时间，使施工管理者在施工组织管理上留有余地。

从应用案例 2-7 可知，当层内和层间无技术组织间歇时间时，一个施工层的施工段数目 $m$ 和施工过程数目 $n$ 之间的关系，对分施工层流水施工的影响有如下特点：

①当 $m>n$ 时，各作业队(组)能连续施工，但施工段有空闲。

②当 $m=n$ 时，各作业队(组)能连续施工，各施工段上也没有闲置。这是一种理想的流水施工组织方案，但它会使施工管理者没有回旋的余地。

③当 $m<n$ 时，对单栋建筑物组织流水施工时，专业队(组)就不能连续施工而产生窝工现象。但在数幢同类型建筑物的建筑群中，可在各建筑物之间组织大流水施工。

在实际施工中，若某些施工过程需要技术组织间歇时间，则可根据公式(2-3)确定每个施工层应划分的施工段数目 $m$。

$$m \geqslant n + \frac{\sum t_j}{K} + \frac{t'_j}{K} \tag{2-3}$$

式中：$m$——一个施工层的施工段数目；

      $n$——施工过程数目；

      $\sum t_j$——一个施工层中各施工过程间技术组织间歇时间之和；

      $t'_j$——楼层间的技术组织间歇时间；

      $K$——流水步距。

3. 时间参数

时间参数是指用来表达组织流水施工的各施工过程在时间排列上所处状态的参数。它包括流水节拍、流水步距、间歇时间、平行搭接时间及流水施工工期等。

1）流水节拍($t_i$)

（1）流水节拍的概念及其计算。

流水节拍是指从事某施工过程的施工班组在一个施工段上完成施工任务所需要的时间，以 $t_i$ 来表示流水节拍。其大小可以反映施工速度的快慢。

流水节拍的大小，关系到所需投入的劳动力、机械以及材料用量的多少，决定着施工的速度和节奏。因此，确定流水节拍对于组织流水施工，具有重要的意义。通常有以下两种确定方法。

①定额计算法

这是根据各施工段的工程量和现有能够投入的资源量（劳动力、机械台数和材料量等），按公式(2-4)进行计算。

$$t_i = \frac{Q_i}{S_i R_i z_i} = \frac{Q_i H_i}{R_i z_i} = \frac{P_i}{R_i z_i} \tag{2-4}$$

式中：$t_i$——某施工过程的流水节拍，一般取 0.5 天的整数倍；

      $Q_i$——某施工过程在某施工段上的工程量；

      $S_i$——某施工过程的人工或机械产量定额；

      $R_i$——某施工过程的施工班组人数或机械的台、套数；

      $H_i$——某施工过程的时间定额；

      $z_i$——某施工过程施工每天的工作班制数，$z_i$ 可取 1~3 班制；

      $P_i$——在一个施工段上完成某施工过程所需的劳动量或机械台班量。

如果根据工期要求来确定流水节拍时，则先设定流水节拍值，就可以用上式算出所需要的人数或机械台班数。在这种情况下，必须检查劳动力和机械供应的可能性、材料物资供应能否相适应以及工作面是否足够等。

②经验估算法

它是根据以往的施工经验进行估算。一般为了提高其准确程度，往往先估算出每个施工段的流水节拍的最短值($a$)、最长值($c$)和正常值($b$)（即最可能）三种时间，然后据此求出期望时间作为某专业工作队在某施工段上的流水节拍，可利用下式确定：

$$t_i = \frac{a + 4b + c}{6} \tag{2-5}$$

这种方法适用于采用新工艺、新方法和新材料等没有定额可循的工程或项目。

③工期计算法。对某些施工任务在规定日期内必须完成的项目来说，往往采用倒排进度法。具体步骤如下：

a. 根据工期倒排进度，确定某施工过程的工作延续时间；

b. 确定某施工过程在某施工段上的流水节拍。若同一施工过程的流水节拍不等，用估算法，若流水节拍相等，则按以下公式计算

$$t_i = \frac{T}{m + n - 1} \tag{2-6}$$

(2)流水节拍的影响因素。

确定流水节拍一般应考虑如下因素：

①施工班组人数要适宜，既要满足最小劳动组合人数的要求，又要满足最小工作面的要求。

所谓最小劳动组合，就是指某一施工过程进行正常施工所必需的最低限度的班组人数及其合理组合。如模板安装就要按技工和普工的最少人数及合理比例组成施工班组，人数过少或比例不当都将引起劳动生产率的下降。

最小工作面是指施工班组为保证安全生产和有效操作所必需的工作空间。它决定了最高限度可安排多少工人。不能为了缩短工期而无限地增加人数，否则将造成工作面的不足而产生窝工。

②工作班制要恰当。工作班制的确定要视工作要求、施工过程特点来确定。当工期不紧迫，工艺上又无连续施工要求时，可采用一班制；当组织流水施工时为了给第二天连续施工创造条件，某些施工过程可考虑在夜班进行，即采用两班制；当工期较紧或工艺上要求连续施工，或为了提高施工机械的使用率时某些项目可考虑三班制施工。

③机械的台班效率或机械台班产量大小。

④节拍值一般取整数，必要时可保留0.5天的小数值。

2)流水步距(K)

(1)流水步距的的概念及计算。

流水步距是指相邻两个专业班组相继投入施工段开始工作的时间间隔。流水步距用$K_{i,i+1}$表示，它是流水施工的重要参数之一。例如，木工工作队第一天进入第一个施工段工作，5天做完该段工作(流水节拍$t = 5$天)，第六天油漆工作队开始进入第一个施工段工作，木工工作队与油漆工作队先后进入第一个施工段开始施工的时间间隔为5天，那么它们的流水步距$K = 5$天。

流水步距的大小，反映着流水作业的紧凑程度，对工期有很大的影响。在流水段(即施工段)不变的条件下，流水步距越大，工期越长；流水步距越小，则工期越短。

流水步距的数目，取决于参加流水施工的施工过程数。如果施工过程为$n$个，则流水步距的总数为$(n-1)$个。

流水步距的基本计算公式为：

$$K_{i,\,i+1} = \begin{cases} t_i + t_j - t_d & (t_i \leqslant t_{i+1}) \\ mt_i - (m-1)t_{i+1} + t_j - t_d & (t_i > t_{i+1}) \end{cases} \qquad (2-7)$$

式中：$t_j$——两个相邻施工过程的技术或组织间歇时间；

　　$t_d$——两个相邻施工过程的平行搭接时间。

【特别提示】　该公式适用于所有的有节奏流水施工，并且流水施工均为一般流水施工。但不适用于概念引申后的流水施工，即存在次要工序间断流水的情况。

（2）流水步距的影响因素

确定流水步距应考虑以下几种因素：

①主要施工队组连续施工的需要。流水步距的最小长度必须使主要施工专业队组进场以后，不发生停工、窝工现象。

②施工工艺的要求。保证每个施工段的正常作业程序，不发生前一个施工过程尚未全部完成，而后一施工过程提前介入的现象。

③最大限度搭接的要求。流水步距要保证相邻两个专业队在开工时间上最大限度、合理地搭接。

④要满足保证工程质量，满足安全生产、成品保护的需要。

3）间歇时间（$t_j$）

在组织流水施工时，有些施工过程完成后，后续施工过程不能立即投入施工，必须有足够的间歇时间。间歇时间包括技术间歇时间和组织间歇时间两类。

（1）技术间歇时间。

技术间歇时间是指由于施工工艺或质量保证的要求，在相邻两个施工过程之间必有的时间间隔。比如砖混结构的每层圈梁混凝土浇筑以后，必须经过一定的养护时间才能进行其上的预制楼板的安装工作；再如屋面找平层完后，必须经过一定的时间使其干燥后才能铺贴卷材防水层等。

（2）组织间歇时间。

组织间歇时间是指由于组织方面的因素，在相邻两个施工过程之间留有的时间间隔。这是为对前一施工过程进行检查验收或为后一施工过程的开始做必要的施工组织准备而考虑的间歇时间。比如浇筑混凝土之前要检查钢筋及预埋件并做记录；又如基础混凝土垫层浇筑及养护后，必须进行墙身位置的弹线，才能砌筑基础墙等。

4）平行搭接时间（$t_d$）

平行搭接时间是指在同一施工段上，不等前一施工过程施工完，后一施工过程就投入施工，相邻两施工过程同时在同一施工段上的工作时间。平行搭接时间可使工期缩短，所以应根据需要尽可能进行平行搭接施工。

【应用案例 2-8】　某分部工程划分为 $A$、$B$、$C$、$D$ 四个施工过程，分三个施工段施工。各施工过程的流水节拍分别为：$A$ 为 3 天、$B$ 为 4 天、$C$ 为 5 天、$D$ 为 3 天。施工过程 $B$ 完成后有 2 天技术间歇时间，施工过程 $D$ 和 $C$ 搭接 1 天施工。一个施工过程组织一个专业班组施工。按一般异节拍流水施工，试计算流水步距和工期，并画出横道图。

解：（1）计算流水步距

根据上述条件及公式(2-7)计算如下：

因为 $t_A = 3$ 天 $< 4$ 天 $= t_B$，$t_j = t_d = 0$，

所以 $K_{A,B} = 3 + 0 - 0 = 3$(天)

因为 $t_B = 4$ 天 $< 5$ 天 $= t_C$，$t_j = 2$，$t_d = 0$，

所以 $K_{B,C} = 4 + 2 - 0 = 6$(天)

因为 $t_C = 5$ 天 $> 3$ 天 $= t_D$，$t_j = 0$，$t_d = 1$，

所以 $K_{C,D} = 3 \times 5 - (3-1) \times 3 + 0 - 1 = 8$(天)

(2)计算工期 $T$

$$T = \sum K_{i, i+1} + mt_n = (3 + 6 + 8) + 3 \times 3 = 26(天)$$

(3)绘制横道图如图 2-22 所示。

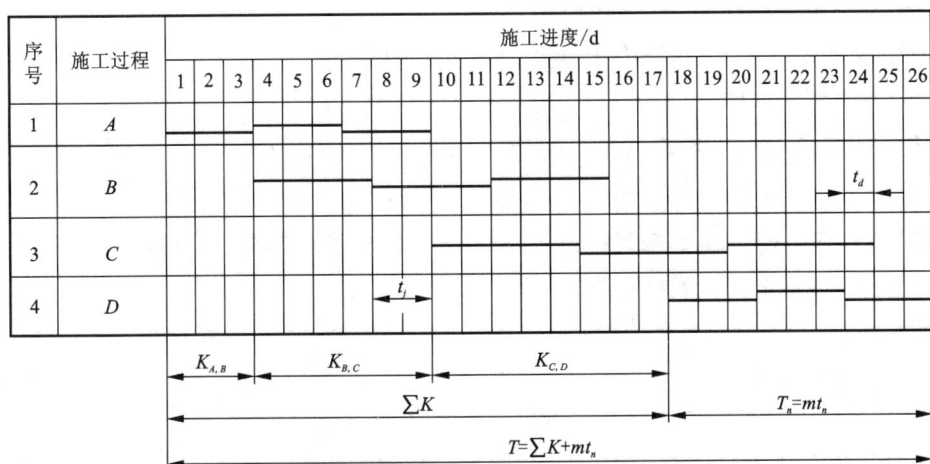

**图 2-22　某工程一般异节拍流水施工进度计划**

5)流水施工工期($T$)

流水施工工期是指完成一项任务或一个流水组施工所需的时间，一般采用公式(2-8)计算完成一个流水组的工期。

$$T = \sum K_{i, i+1} + T_n \tag{2-8}$$

式中：$\sum K_{i, i+1}$ —— 流水施工中，相邻施工过程之间的流水步距之和；

$T_n$ —— 流水施工中，最后一个施工过程在所有施工段上完成施工任务所花的时间，有节奏流水中，$T_n = mt_n$($t_n$ 指最后一个施工过程的流水节拍)。

### 2.3.2.3　流水施工的组织方式

建筑工程的流水施工节奏是由流水节拍决定的，根据流水节拍可将流水施工分为 3 种组织方式，即等节奏流水施工、异节奏流水施工和无节奏流水施工，下面分别讨论这几种流水施工的特点及组织方式。

1.等节奏流水施工

等节奏流水施工也叫全等节拍流水或固定节拍流水,是指各个工序(施工过程)的流水节拍均相等的一种流水施工方式,即同一施工过程在不同的施工段上的流水节拍相等,不同的施工过程之间的流水节拍也相等的一种流水施工方式。等节奏流水有以下基本特征:施工过程本身在各施工段上的流水节拍都相等;各施工过程的流水节拍彼此都相等;当没有平行搭接和间歇时间时,流水步距等于流水节拍。

等节奏流水施工根据流水步距的不同有下列两种情况。

1)等节拍等步距流水施工

等节拍等步距流水施工即各流水步距值均相等,且等于流水节拍值的一种流水施工方式。各施工过程之间没有技术与组织间歇时间,也不安排相邻施工过程在同一施工段上的搭接施工。有关参数计算如下。

(1)流水步距的计算。

这种情况下的流水步距都相等且等于流水节拍,即 $K=t$。

(2)流水工期的计算。

因为
$$T = \sum K_{i,i+1} + T_n = (n-1)K + mt = (m+n-1)t$$

所以
$$T = (m+n-1)t \tag{2-9}$$

【应用案例2-9】 某工程划分为 $A$、$B$、$C$、$D$ 四个施工过程,每个施工过程分为五个施工段,流水节拍均为 3 天,试组织等节拍等步距流水施工。

【案例解析】 根据题设条件和要求,该题只能组织全等节拍流水施工。

(1)确定流水步距:
$$K = t = 3(天)$$

(2)确定计算总工期:
$$T = (m+n-1)t = (5+4-1) \times 3 = 24(天)$$

(3)绘制流水施工进度图,见图2-23。

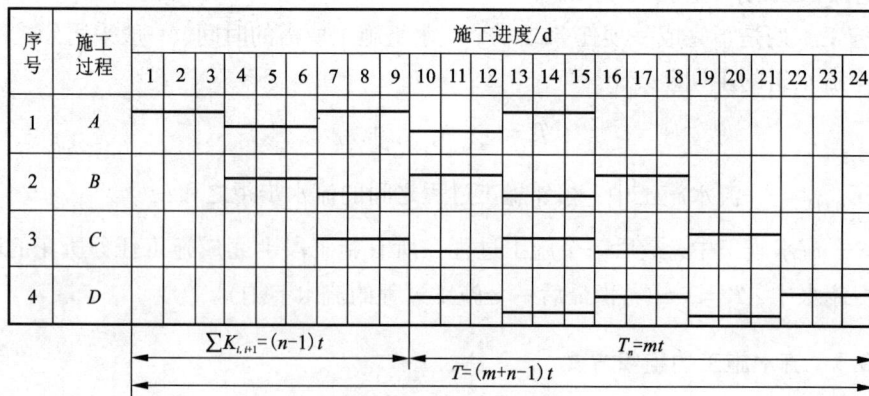

| 序号 | 施工过程 | 施工进度/d |||||||||||||||||||||||| |
|---|---|---|---|---|---|---|---|---|---|---|---|---|---|---|---|---|---|---|---|---|---|---|---|---|---|
| | | 1 | 2 | 3 | 4 | 5 | 6 | 7 | 8 | 9 | 10 | 11 | 12 | 13 | 14 | 15 | 16 | 17 | 18 | 19 | 20 | 21 | 22 | 23 | 24 |
| 1 | $A$ | | | | | | | | | | | | | | | | | | | | | | | | |
| 2 | $B$ | | | | | | | | | | | | | | | | | | | | | | | | |
| 3 | $C$ | | | | | | | | | | | | | | | | | | | | | | | | |
| 4 | $D$ | | | | | | | | | | | | | | | | | | | | | | | | |

$$\sum K_{i,i+1} = (n-1)t \qquad T_n = mt$$
$$T = (m+n-1)t$$

图2-23 某工程等节拍等步距流水施工进度计划

全等节拍流水施工，一般只适用于施工对象结构简单、工程规模较小、施工过程数不太多的房屋工程或线型工程，如道路工程、管道工程等。

2）等节拍不等步距流水施工

等节拍不等步距流水施工即各施工过程的流水节拍全部相等，但各流水步距不相等（有的步距等于节拍，有的步距不等于节拍）。这是由于各施工过程之间，有的需要有技术与组织间歇时间，有的可以安排搭接施工所致。有关参数计算如下。

（1）流水步距的计算

因为 $\quad K_{i,i+1} = t_i + t_j - t_d = t + t_j - t_d$

所以 $\quad \sum K_{i,i+1} = \sum K = (n-1)t + \sum t_j - \sum t_d$

（2）流水工期的计算

因为 $\quad T = \sum K_{i,i+1} + T_n = \sum K + T_n = (n-1)t + \sum t_j - \sum t_d + mt$

所以 $\quad\quad\quad T = (m+n-1)t + \sum t_j - \sum t_d \quad\quad\quad (2-10)$

2. 异节奏流水施工

异节奏流水施工是指同一施工过程在各施工段上的流水节拍相等，不同施工过程之间的流水节拍不一定相等的流水施工组织方式。根据同一施工过程成立的施工班组数不同，可分为一般异节拍流水施工和成倍节拍流水施工。

1）一般异节拍流水施工

（1）一般异节拍流水施工的特点：

①同一施工过程的流水节拍相等，不同施工过程之间的流水节拍不一定相等；

②各施工过程之间的流水步距不一定相等。

（2）一般异节拍流水施工的组织特点：

①一个施工过程成立一个专业班组；

②各施工专业班组能够连续作业；

③施工段之间可能有空闲。

（3）一般异节拍流水施工的流水步距计算

$$K_{i,i+1} = \begin{cases} t_i + t_j - t_d & (t_i \leq t_{i+1}) \\ mt_i - (m-1)t_{i+1} + t_j - t_d & (t_i > t_{i+1}) \end{cases}$$

（4）一般异节拍流水施工的工期

$$T = \sum K_{i,i+1} + mt_n \quad\quad\quad (2-11)$$

上式中，$t_n$ 为最后一个施工过程的流水节拍。

【应用案例 2-10】 某分部工程分为 A、B、C、D 四个施工过程，一个施工过程成立一个专业施工班组，分四段流水施工，各施工过程的流水节拍分别为：A 为 3 天、B 为 4 天、C 为 2 天、D 为 3 天。A 施工过程完成之后需有 1 天技术间歇时间，C 施工过程每段施工可与 B 施工过程平行搭接 1 天施工。试根据上述条件确定流水施工组织方式，求各施工过程之间的流水步距及该工程的工期，并绘制流水施工进度图表。

【案例解析】 （1）按流水节拍的特征和组织施工班组的特点，可组织一般异节拍流水施工。

（2）计算流水步距

$K_{A,B} = t_A + t_j - t_d = 3 + 1 - 0 = 4（天）$ 　　　$(t_A \leq t_B)$

$K_{B,C} = mt_B - (m-1)t_C + t_j - t_d = 4 \times 4 - (4-1) \times 2 + 0 - 1 = 9（天）$ 　　　$(t_B > t_C)$

$K_{C,D} = t_C + t_j - t_d = 2 + 0 - 0 = 2（天）$ 　　　$(t_C \leq t_D)$

（3）计算工期

$T = \sum K_{i,i+1} + mt_n = (9 + 4 + 2) + 4 \times 3 = 27（天）$

（4）绘制流水施工进度图，如图 2-24 所示。

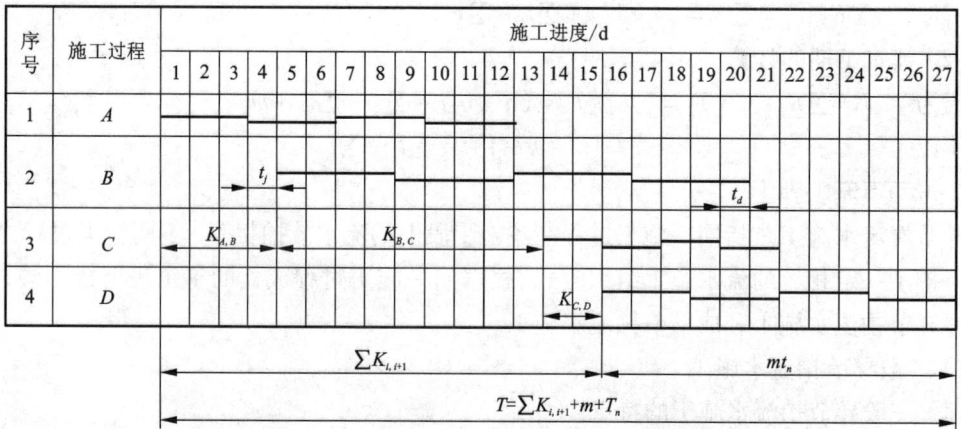

**图 2-24　某分部工程一般异节拍流水施工计划**

一般异节拍流水适用于平面形状规整，能均匀划分施工段的建筑工程，如单元住宅楼、矩形办公楼等。

2）成倍节拍流水施工

在组织流水施工时常常遇到这样的问题：如果某施工过程要求尽快完成，或某施工过程的工程量过少，这种情况下，这一施工过程的流水节拍就小；如果某施工过程由于工作面受限制，不能投入较多的人力或机械，这一施工过程的流水节拍就大。这就出现了各施工过程的流水节拍不能相等的情况，这时，若组织一般异节拍流水施工，可能工期太长。若在资源供应有保障的前提下，可组织成倍节拍流水施工。

成倍节拍流水施工是指同一施工过程在各个施工段的流水节拍相等，不同施工过程之间的流水节拍不完全相等，各流水节拍之间存在最大公约数，流水节拍大的施工过程按最大公约数的倍数成立专业施工班组个数组织施工的流水施工方式。

从理论上来说，异节奏流水施工既可组织一般异节拍流水，也可组织成倍节拍流水。组织成倍节拍流水可大大缩短工期，但它受资源供应等因素的制约，施工管理的难度也相应增加。

（1）成倍节拍流水施工的特点：

①同一施工过程在各施工段上的流水节拍彼此相等。

②各施工过程的流水节拍均为它们之间最大公约数的整数倍。

（2）成倍节拍流水施工的组织特点：

①同一专业工种连续逐渐转移，无窝工。

②不同专业工种按工艺关系对施工段连续施工，无作业面空闲。

③流水节拍大的工序要成倍增加施工班组，专业施工班组数大于施工过程数。

$$b_i = t_i / t_{min} \qquad (2-12)$$

式中：$b_i$——第 $i$ 个施工过程所需的班组数；

$t_i$——第 $i$ 个施工过程的流水节拍；

$t_{min}$——所有流水节拍之间的最大公约数，一般为所有流水节拍中的最小流水节拍。

④流水步距相等，且等于流水节拍的最大公约数。

$$K = t_{min} \qquad (2-13)$$

【特别提示】 上式中，$K$ 为没有考虑技术组织间歇时间和平行搭接时间的流水步距。若存在技术组织间歇时间和平行搭接时间，实际流水步距必须考虑这两类时间参数。式 2-14 的应用条件与此相同。

（3）成倍节拍流水施工的工期

$$T = \sum K_{i, i+1} + \sum t_n = (n-1)K + m' t_n \qquad (2-14)$$

式中：$t_n$——最后一个施工过程的流水节拍；

$n$——施工班组总数；

$m'$——最后一个施工班组完成的施工段数（当 $m$ 为最后一个施工过程施工班组数的倍数时）。

【应用案例 2-11】 某工程由三幢框架结构楼房组成，每幢楼房可划分为两个施工段施工，施工过程划分为基础工程、主体结构、屋面工程和装修工程四项，基础工程在各幢的持续时间为 4 周，主体结构在各幢的持续时间为 8 周，屋面工程在各幢的持续时间为 4 周，装修工程在各幢的持续时间为 8 周。

问题：如果该工程的资源供应能够满足要求，为加快施工进度，该工程可按何种流水施工方式组织？试计算该种流水施工组织方式的工期，并绘制施工进度计划横道图。

解：为加快工程施工进度，可组织成倍节拍流水施工。

（1）确定施工段：每幢 2 段，共 6 段，即 $m = 6$。

（2）确定流水节拍：$t_1 = 4/2 = 2$ 周，$t_2 = 8/2 = 4$ 周，$t_3 = 4/2 = 2$ 周，$t_4 = 8/2 = 4$ 周。

（3）确定最大公约数和流水步距

$$t_{min} = 2, \quad K = 2$$

（4）确定各施工过程的班组数

$$b_1 = \frac{t_1}{t_{min}} = \frac{2}{2} = 1 \text{ 组} \qquad b_2 = \frac{t_2}{t_{min}} = \frac{4}{2} = 2 \text{ 组}$$

$$b_3 = \frac{t_3}{t_{min}} = \frac{2}{2} = 1 \text{ 组} \qquad b_4 = \frac{t_4}{t_{min}} = \frac{4}{2} = 2 \text{ 组}$$

∴ 施工班组总数 $n = \sum b_i = b_1 + b_2 + b_3 + b_4 = 1 + 2 + 1 + 2 = 6$（组）

（5）计算总工期

$$T = (n-1)K + m' t_4 = (6-1) \times 2 + 3 \times 4 = 5 \times 2 + 3 \times 4 = 22 \text{（周）}$$

（6）绘制流水施工进度计划图，如图 2-25 所示。

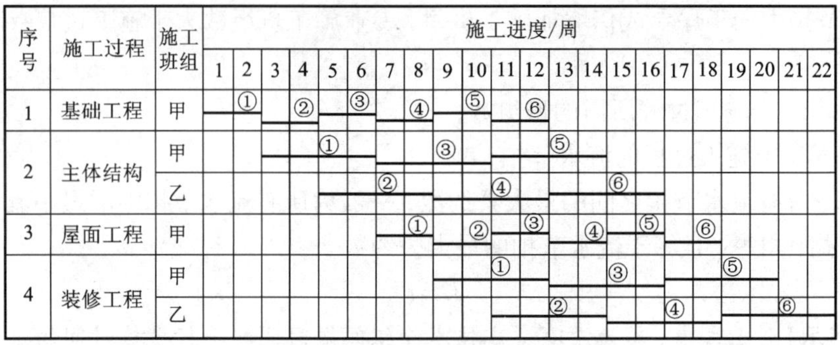

| 序号 | 施工过程 | 施工班组 | 施工进度/周 | | | | | | | | | | | | | | | | | | | | |
|---|---|---|---|---|---|---|---|---|---|---|---|---|---|---|---|---|---|---|---|---|---|---|---|
| | | | 1 | 2 | 3 | 4 | 5 | 6 | 7 | 8 | 9 | 10 | 11 | 12 | 13 | 14 | 15 | 16 | 17 | 18 | 19 | 20 | 21 | 22 |
| 1 | 基础工程 | 甲 | ① | | ② | | ③ | | ④ | | ⑤ | | ⑥ | | | | | | | | | | | |
| 2 | 主体结构 | 甲 | | | | ① | | | | ③ | | | ⑤ | | | | | | | | | | | |
| | | 乙 | | | | | | ② | | | | ④ | | | ⑥ | | | | | | | | | |
| 3 | 屋面工程 | 甲 | | | | | | | ① | | ② | | ③ | | ④ | | ⑤ | | ⑥ | | | | | |
| 4 | 装修工程 | 甲 | | | | | | | | ① | | | ③ | | | | ⑤ | | | | | | | |
| | | 乙 | | | | | | | | | | | ② | | | ④ | | | ⑥ | | | | | |

图 2-25　某工程成倍节拍流水施工进度计划

3. 无节奏流水施工

无节奏流水施工又称分别流水施工，是指同一施工过程在各施工段上的流水节拍不全相等，不同的施工过程之间流水节拍也不全相等的一种流水施工方式。这种组织施工的方式，在进度安排上比较自由、灵活，是实际工程施工组织应用最为普遍的一种方式。

（1）无节奏流水施工的特点：

①同一工序在各施工段上的流水节拍不全相等。

②不同工序之间的流水节拍也不全相等。

（2）无节奏流水施工的组织特点：

①同一专业工种连续逐渐转移，无窝工。

②有作业面空闲。

③一个施工过程成立一个专业施工班组。

（3）流水步距的计算：

组织无节奏流水施工时，为保证各施工专业队（组）连续施工，关键在于确定适当的流水步距，常用的方法是"累加错位相减取大差"，即"累加数列、错位相减、取大差值"。就是将每一施工过程在各施工段上的流水节拍累加成一个数列，两个相邻施工过程的加数列错一位相减，在几个差值中取一个最大的，即是这两个相邻施工过程的流水步距。若存在技术组织间歇或搭接时间，则其流水步距的值应为大差值加上 $t_j$，再减去 $t_d$。

（4）流水工期的计算：

无节奏流水施工的工期可按公式（2-15）计算，即

$$T = \sum K_{i, i+1} + T_n \tag{2-15}$$

【应用案例 2-12】　某工程项目，有 Ⅰ、Ⅱ、Ⅲ、Ⅳ、Ⅴ 五个施工过程，分四段施工，每个施工过程在各个施工段上的流水节拍如下表所示，规定施工过程 Ⅱ 完成后，其相应施工段至少要养护 2 天；施工过程 Ⅳ 完成后，其相应施工段要留有 1 天的准备时间，为了尽早完工，允许施工过程 Ⅰ 和施工过程 Ⅱ 之间搭接施工 1 天，试组织流水施工。

各施工过程在各施工段上的持续时间

| 施工过程 | 施工段 | | | |
|---|---|---|---|---|
| | ① | ② | ③ | ④ |
| I | 3 | 2 | 2 | 1 |
| II | 1 | 3 | 5 | 3 |
| III | 2 | 1 | 3 | 5 |
| IV | 4 | 2 | 3 | 3 |
| V | 3 | 4 | 2 | 1 |

**解:** 根据所给资料可知,各施工过程在不同的施工段上流水节拍不相等,故可组织无节奏流水施工。

(1)计算流水步距:

①$K_{I,II}$

$$
\begin{array}{rrrrr}
3 & 5 & 7 & 8 & \\
- & 1 & 4 & 9 & 12 \\
\hline
3 & 4 & 3 & -1 & -12
\end{array}
$$

$K_{I,II} = 4 + t_j - t_d = 4 + 0 - 1 = 3$(天)。

②$K_{II,III}$

$$
\begin{array}{rrrrr}
1 & 4 & 9 & 12 & \\
- & 2 & 3 & 6 & 11 \\
\hline
1 & 2 & 6 & 6 & -11
\end{array}
$$

$K_{II,III} = 6 + t_j - t_d = 6 + 2 - 0 = 8$(天)。

③$K_{III,IV}$

$$
\begin{array}{rrrrr}
2 & 3 & 6 & 11 & \\
- & 4 & 6 & 9 & 12 \\
\hline
2 & -1 & 0 & 2 & -12
\end{array}
$$

$K_{III,IV} = 2 + t_j - t_d = 2 + 0 - 0 = 2$(天)。

④$K_{IV,V}$

$$
\begin{array}{rrrrr}
4 & 6 & 9 & 12 & \\
- & 3 & 7 & 9 & 10 \\
\hline
4 & 3 & 2 & 3 & -10
\end{array}
$$

$K_{IV,V} = 4 + t_j - t_d = 4 + 1 - 0 = 5$(天)。

(2)计算工期

$$T = \sum K_{i,\,i+1} + T_n = (3 + 8 + 2 + 5) + (3 + 4 + 2 + 1) = 28(\text{天})。$$

(3)绘制流水施工进度计划如图 2 - 26 所示。

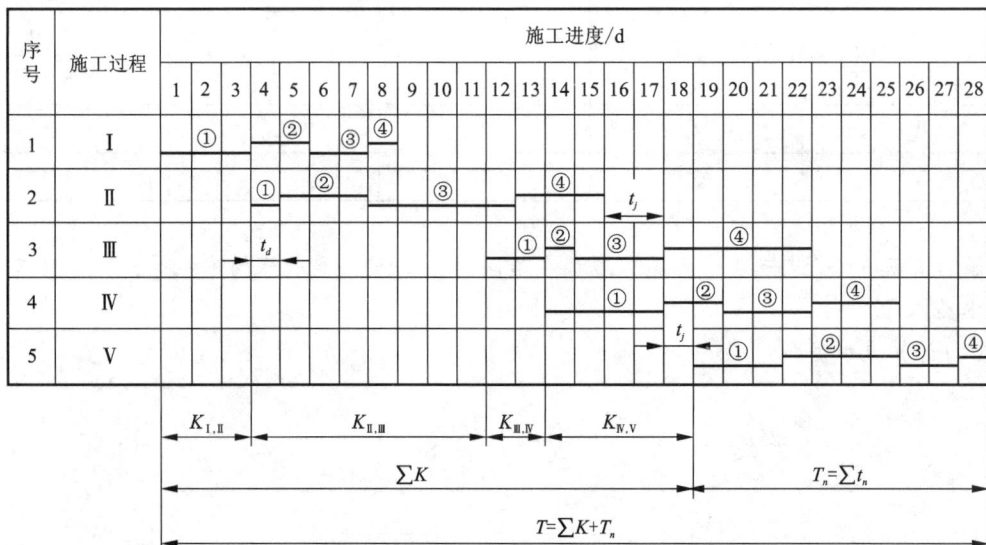

图 2 - 26  某工程无节奏流水施工进度计划

### 2.3.2.4  流水施工应用实例

在上节中已阐述全等节拍、成倍节拍、一般异节拍和无节奏等四种流水施工方式。如何正确选用上述流水施工方式，须根据工程的具体情况而定。通常做法是将单位工程流水先分解为分部工程流水，然后根据分部工程的工期、各施工过程劳动量的大小、施工班组人数等来选择流水施工方式。下面用湖南省高等职业院校建筑工程技术专业学生专业技能抽查考核试题来阐述流水施工的应用。

**实例 1：某住宅楼工程**

本工程为某住宅楼工程，平面为四个标准单元组合，位于湖南省某城市市区，施工采用组合钢模板及钢管脚手架，垂直运输机械采用井架。工程概况如下：砖混结构，建筑面积 3300 m²；建筑层数为 5 层；钢筋混凝土条形基础；主体工程：楼板及屋面板均采用预制空心板，设构造柱和圈梁；装修工程：铝合金窗、胶合板门，外墙面砖，规格为 150 mm × 75 mm；内墙中级抹灰加 106 涂料；屋面工程：屋面板上做 20 mm 厚水泥砂浆找平层，再用热熔法做 SBS 防水层。

本工程开工日期为 2013 年 5 月 3 日，竣工日期为 2013 年 9 月 30 日（工期可以提前，但不能拖后）。

请按流水施工方式组织施工，并绘制单位工程进度计划横道图。

其工程量一览表如表 2 - 4 所示。

表 2 - 4　　某住宅楼工程工程量、时间定额及劳动量一览表

| 序号 | 分部分项工程名称 | 工程量 | | | 分　项 时间定额 | 时间定额 | 劳动量 （工日或台班） |
| --- | --- | --- | --- | --- | --- | --- | --- |
| | | 单位 | 数量 | 分项数量 | | | |
| 一、基础工程 | | | | | | | |
| 1 | 人工挖基槽 | m³ | 594.00 | | | 0.536 | 318.38 |
| 2 | 砼垫层 | m³ | 90.30 | | | 0.810 | 73.14 |
| 3 | 砌砖基础 | m³ | 200.40 | | | 0.937 | 187.77 |
| 4 | 钢筋砼地圈梁 | m³ | 19.80 | 16.00 1.5 19.8 | 1.97 10.8 1.79 | 4.200 | 83.16 |
| 5 | 基础及室内回填土 | m³ | 428.50 | | | 0.182 | 77.99 |
| 二、主体工程 | | | | | | | |
| 6 | 搭拆脚手架井架 | | | | | | |
| 7 | 砌砖墙 | m³ | 1504.10 | | | 1.020 | 1534.18 |
| 8 | 钢筋砼圈梁 | m³ | 118.40 | 98.66 8 118.4 | 1.97 10.8 1.79 | 4.161 | 492.66 |
| 9 | 楼板安装、灌缝 | 块·m⁻³ | 1520/13.5 | | | | 20.27 |
| 三、屋面工程 | | | | | | | |
| 10 | 水泥砂浆找平层 | 10 m² | 64.04 | | | 0.427 | 27.35 |
| 11 | SBS 防水层 | 10 m² | 64.04 | | | 0.200 | 12.81 |
| 四、装饰工程 | | | | | | | |
| 12 | 天棚抹灰 | 10 m² | 320.20 | | | 1.270 | 406.65 |
| 13 | 内墙抹灰 | 10 m² | 569.98 | | | 1.071 | 610.45 |
| 14 | 铝合金门/窗安装 | 樘 | 480.00 | 180 300 | 1.000 0.556 | 1.156 | 554.88 |
| 15 | 厨、厕磁砖 | 10 m² | 65.06 | | | 3.276 | 213.14 |
| 16 | 厨、厕地面马赛克 | 10 m² | 28.00 | | | 3.470 | 97.16 |
| 17 | 楼地面铺贴地板砖 | 10 m² | 265.14 | | | 2.233 | 592.06 |
| 18 | 天棚、内墙刷涂料 | 10 m² | 890.15 | | | 0.500 | 445.08 |
| 19 | 外墙面砖 | 10 m² | 266.64 | | | 4.873 | 1299.34 |
| 20 | 散水、台阶压抹 | 10m² | 15.35 | 13.66 1.69 | 0.638 1.460 | 0.729 | 11.19 |
| 21 | 其他 | | | | | 15%劳动量 | 1058.65 |
| 22 | 水、电、暖安装 | | | | | | |

说明：钢筋混凝土和圈梁均由支模板、扎钢筋和浇混凝土 3 个工序构成，其工程量单位分别为 10 m²、t 和 m³。

本工程是由基础分部、主体分部、屋面和装修分部、水电分部组成。首先，应按各分部工程分别组织流水施工，即先分别组织各分部的流水施工，然后再考虑各分部之间的相互搭接施工，最后综合形成单位工程流水施工。因各施工过程之间的劳动量差异较大，不能组织等节拍流水施工；又因为本工程为单元住宅楼，可均衡划分施工段，能保证每个施工过程在各个施工段上的劳动量相等，因而可组织一般异节拍流水施工。下面就具体的组织方法和横道图编制步骤介绍如下：

(1)根据表2-4确定施工过程及其顺序，见图2-27某五层住宅楼工程流水施工进度表。

本实例中，基础工程中的钢筋混凝土地圈梁和主体工程中的钢筋混凝土圈梁都是由支模板、扎钢筋和浇混凝土3道工序组成，考虑到各工序的劳动量较小，可合并为一个施工过程。楼板安装灌缝、散水和台阶等施工过程也是类似情况。

(2)划分施工段：基础工程划分为2个施工段施工；主体工程每层划分为2个施工段，共10个施工段；室内装饰工程一层一个施工段，从上往下施工；外墙装饰和屋面工程不分段，依次施工。

(3)计算每个施工过程的劳动量 $P$ 和每个施工段的劳动量 $P_i$。

第1个施工过程为人工挖基槽，其工程量为 $Q = 594$ m$^3$，时间定额 $H = 0.536$ 工日/m$^3$，则其劳动量 $P = Q \times H = 594 \times 0.536 = 318.38$(工日)，每段劳动量 $P_i = P/m = 318.38/2 = 159.2$(工日)。

第4个施工过程为钢筋混凝土地圈梁，由支模板、扎钢筋和浇混凝土3道工序组成，其各自的工程量分别为160 m$^2$、1.5 t、19.8 m$^3$，其相应的时间定额分别为1.97 工日/10 m$^2$、10.8工日/t、1.79 工日/m$^3$，则地圈梁总的劳动量 $P = (160/10) \times 1.97 + 1.5 \times 10.8 + 19.8 \times 1.79 = 83.16$(工日)，每段劳动量 $P_i = P/m = 83.16/2 = 41.6$(工日)。

第7个施工过程为主体工程的砌砖墙，主体工程施工段为10段，工程量 $Q = 1504.10$ m$^3$，时间定额 $H = 1.020$ 工日/m$^3$，则其劳动量 $P = Q \times H = 1504.10 \times 1.020 = 1534.18$(工日)，每段劳动量 $P_i = P/m = 1534.18/10 = 153.4$(工日)。

按上述方法完成全部施工过程的计算，其计算结果见表2-4。

(4)按工期和经验设定 $t_i$(主要施工过程连续施工，其他可安排间断施工)。

工期确定：本工程要求工期日历天数为151天，计划工期提前天数控制在要求工期的10%~15%之间比较合适，因此计划工期可安排为129~136天之间。横道图先按每个分部工程(基础、主体、屋面、装修)工期试排，合适后再组成单位工程横道图。

每个分部工程试排工期安排：基础工程25天左右，主体工程70天左右，装饰工程45天左右，屋面工程12天左右。注意：屋面工程水泥砂浆找平层施工完毕后可考虑安排6天养护和干燥，应抓紧时间进行防水层施工。工期可以适当提前，但是不能延后。

根据上述条件和要求，本工程各施工过程的流水节拍依次设定为 $t_1 = 6$ 天，$t_2 = 2$ 天，$t_3 = 5$ 天，$t_4 = 2$ 天，$t_5 = 2$ 天，$t_7 = 6$ 天，$t_8 = 3$ 天，$t_9 = 2$ 天，$t_{12} = 2$ 天，$t_{13} = 3$ 天，$t_{14} = 3$ 天，$t_{15} = 1$ 天，$t_{16} = 1$ 天，$t_{17} = 3$ 天，$t_{18} = 3$ 天。其他施工过程为不分段依次施工。

施工进度计划/天

| 序号 | 分部分项工程名称 | 工程量 单位 | 工程量 数量 | 时间定额 | 劳动量(工日或台班) | 每天工作延续天数 | 每班工作班数 | 每班工人数 |
|---|---|---|---|---|---|---|---|---|
| 一 | 基础工程 | | | | | | | |
| 1 | 人工挖基槽 | m³ | 594.00 | 0.536 | 318 | 12 | 1 | 27 |
| 2 | 砼垫层 | m³ | 90.30 | 0.810 | 73 | 4 | 1 | 18 |
| 3 | 砌砖基础 | m³ | 200.40 | 0.937 | 188 | 10 | 1 | 19 |
| 4 | 钢筋砼地圈梁 | m³ | 19.80 | 4.200 | 83 | 4 | 1 | 21 |
| 5 | 基础及室内回填土 | m³ | 428.50 | 0.182 | 78 | 4 | 1 | 20 |
| 二 | 主体工程 | | | | | | | |
| 6 | 搭拆脚手架井架 | | | | | | | |
| 7 | 砌砖墙 | m³ | 1 504.10 | 1.020 | 1 534 | 60 | 1 | 26 |
| 8 | 钢筋砼圈梁 | m³ | 118.40 | 4.161 | 493 | 30 | 1 | 16 |
| 9 | 楼板安装、灌缝 | 块/m³ | 1 520/13.5 | | 20 | 20 | 1 | 17 |
| 三 | 屋面工程 | | | | | | | |
| 10 | 水泥砂浆找平层 | 10 m² | 64.04 | 0.427 | 27 | 2 | 1 | 14 |
| 11 | SBS防水层 | 10 m² | 64.04 | 0.200 | 13 | 1 | 1 | 13 |
| 四 | 装饰工程 | | | | | | | |
| 12 | 天棚抹灰 | 10 m² | 320.20 | 0.893 | 286 | 10 | 1 | 29 |
| 13 | 内墙抹灰 | 10 m² | 569.98 | 1.071 | 610 | 15 | 1 | 41 |
| 14 | 铝合金门/窗安装 | 樘 | 480.00 | 1.156 | 555 | 15 | 1 | 37 |
| 15 | 厨、厕磁砖 | 10 m² | 65.06 | 3.276 | 213 | 5 | 1 | 43 |
| 16 | 厨、厕地面瓷砖 | 10 m² | 28.00 | 3.470 | 97 | 5 | 1 | 20 |
| 17 | 楼地面铺贴地板瓷砖 | 10 m² | 265.14 | 2.233 | 592 | 15 | 1 | 40 |
| 18 | 天棚、内墙翻油涂料 | 10 m² | 890.15 | 0.500 | 445 | 15 | 1 | 30 |
| 19 | 外墙面砖 | 10 m² | 266.64 | 4.873 | 1 299 | 35 | 1 | 37 |
| 20 | 散水、台阶压抹 | 10 m² | 15.35 | 0.729 | 11 | 1 | 1 | 12 |
| 21 | 其他 | | | 15%劳动量 | 1 041 | 1 | 1 | |
| 22 | 水、电、卫安装 | | | | | | | |

施工进度计划/天（横道图横坐标）：5　10　15　20　25　30　35　40　45　50　55　60　65　70　75　80　85　90　95　100　105　110　115　120　125　130　135

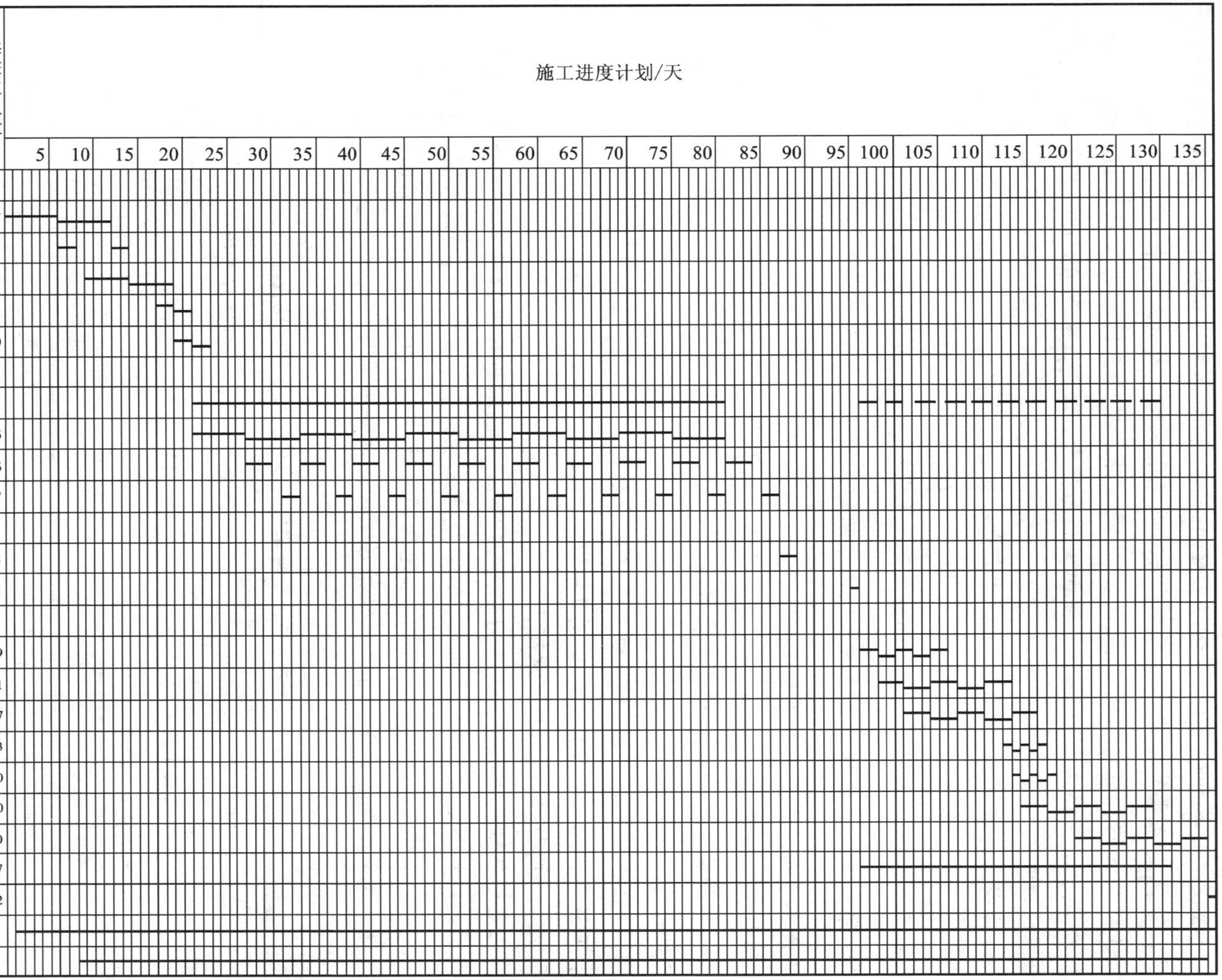

图2-27　某五层住宅楼工程流水施工进度表

（5）按设定的各个 $t_i$，试排各分部工程的进度，各分部工期初步满足要求后，试排单位工程进度，若 $Tc$ 满足要求后进入第5步；若不满足则调整直至满足要求。

按上述设定的流水节拍试排后，工期满足要求，单位工程计划工期为136天，其中，基础工程为23天，主体工程为66天，屋面工程为9天，装饰工程为40天。其具体进度计划安排见图2-27。

（6）确定工作班制 $z_i$，本工程一般可考虑一班制，根据 $z_i$、$P_i$ 和 $t_i$，计算班组人数 $R_i$：

$$R_i = \frac{P_i}{t_i \cdot z_i}$$

如：第4个施工过程钢筋混凝土地圈梁班组人数 $R_4 = \frac{P_4}{t_4 \cdot z_4} = \frac{41.6}{2 \times 1} = 21$（人）。

其余各个班组人数安排见图2-27。

（7）计算工作延续天数，并填入施工进度计划表。

本工程每项工作的延续天数为流水节拍与施工段数的乘积，即工作延续天数 $= t_i \times m$，具体见图2-27。

（8）检查，调整，正式绘制单位工程进度计划表。

本工程单位工程进度计划表见图2-27。

**实例2：框架结构房屋的流水施工**

某三层框架结构办公楼，建筑面积为2185 m²。基础为柱下钢筋混凝土独立基础，部分为带形基础；主体工程为全现浇框架结构；装修工程为塑铜窗，内门为胶合板门；外墙喷涂；顶棚、内墙中级抹灰，普通涂料刷白；楼地面铺地板砖；屋面保温层为聚苯乙烯泡沫塑料板、改性沥青油毡防水层、小石子着色剂保护层。其劳动量一览表见表2-5。

表2-5　某三层框架结构办公楼劳动量一览表

| 序号 | 分项工程名称 | 劳动量（工日或台班） | 序号 | 分项工程名称 | 劳动量（工日或台班） |
|---|---|---|---|---|---|
| 基础工程 | | | 14 | 砌墙 | 864 |
| 1 | 机械挖土方 | 5 | 屋面工程 | | |
| 2 | 混凝土垫层 | 25 | 15 | 屋面防水层 | 52 |
| 3 | 绑扎基础钢筋 | 45 | 16 | 屋面找坡层、保温层 | 171 |
| 4 | 基础模版 | 64 | 装饰工程 | | |
| 5 | 基础混凝土 | 73 | 17 | 外墙喷涂 | 191 |
| 6 | 人工回填土 | 118 | 18 | 楼地面 | 711 |
| 主体工程 | | | 19 | 顶棚墙面中级抹灰 | 1232 |
| 7 | 脚手架 | 221 | 20 | 塑钢窗扇安装 | 58 |
| 8 | 柱钢筋 | 95 | 21 | 胶合板门安装 | 67 |
| 9 | 楼梯、柱、梁、板模板 | 1523 | 22 | 顶棚、墙面涂料 | 283 |

**续表 2 – 5**

| 序号 | 分项工程名称 | 劳动量<br>（工日或台班） | 序号 | 分项工程名称 | 劳动量<br>（工日或台班） |
|---|---|---|---|---|---|
| 10 | 柱混凝土 | 142 | 23 | 油漆 | 57 |
| 11 | 楼梯、梁、板钢筋 | 540 | 24 | 散水、台阶等 | 60 |
| 12 | 楼梯、梁、板混凝土 | 667 | | 水暖电等安装工程 | |
| 13 | 拆模 | 277 | | | |

本工程由基础、主体、屋面、装饰、水暖电安装等分部工程组成，先组织各分部工程的流水施工，然后再考虑各分部工程之间的相互搭接，其具体组织方法如下所述。

（1）基础工程　基础工程由机械挖土方、混凝土垫层、绑扎基础钢筋、基础混凝土、回填土等施工过程组成。挖土方为机械施工，应与其他手工操作的施工过程分开考虑，不参与流水。对其他施工过程，分为两个施工段组织流水施工。

1）机械挖土方 5 个台班，采用一台机械两班制施工，其持续时间为：$t_{挖土} = \dfrac{5}{2}d = 2.5d$。

2）混凝土垫层劳动量为 25 工日，采用一班制施工，施工班组人数为 12 人，其流水节拍为：$t_{垫层} = \dfrac{25}{12 \times 1}d = 2.08d$，取为 2d。

3）绑扎基础钢筋劳动量为 45 工日，采用一班制施工，施工班组人数为 8 人，分为两个施工段，其流水节拍为：$t_{绑筋} = \dfrac{45}{2 \times 8 \times 1}d = 2.81d$，取为 3d。

4）基础模板劳动量为 64 工日，采用一班制施工，施工班组人数为 11 人，分为两个施工段，其流水节拍为：$t_{模版} = \dfrac{64}{2 \times 11 \times 1}d = 2.91d$，取为 3d。

5）基础混凝土劳动量为 73 工日，采用一班制施工，施工班组人数为 12 人，分为两个施工段，其流水节拍为：$t_{混凝土} = \dfrac{73}{2 \times 12 \times 1}d = 3.04d$，取为 3d。

6）回填土劳动量为 118 工日，采用一班制施工，施工班组人数为 20 人，分为两个施工段，其施工持续时间为：$t_{回填土} = \dfrac{118}{2 \times 20 \times 1}d = 2.95d$，取为 3d。

故基础的施工时间为：

$$T = t_{挖土方} + k_{垫层，绑筋} + k_{绑筋，模版} + k_{模版，混凝土} + k_{混凝土，回填} + T_{回填}$$
$$= (2.5 + 1 + 3 + 3 + 3 + 3 \times 2)d = 18.5d。$$

（2）主体工程　主体工程由脚手架，柱钢筋，楼梯、柱、梁、板模板，柱混凝土，楼梯、梁、板钢筋，楼梯、梁、板混凝土，拆模，砌墙等施工过程组成。其中，支柱梁板楼梯模板为主导施工过程，所以在安排流水施工时应主要考虑此过程的连续施工，其他施工过程则根据工艺要求尽量平行搭接进行。将主体工程在平面上划分为两个施工段，其具体组织安排如下所述。

1）柱钢筋劳动量为 95 工日，采用一班制施工，施工班组人数为 16 人，每层两个施工段，共三层，其流水节拍为：$t_{柱筋} = \dfrac{95}{6 \times 16 \times 1}d = 0.99d$，取为 1d。

2)楼梯、柱、梁、板模板劳动量为1523工日，采用两班制施工，施工班组人数为21人，每层两个施工段，共三层，其流水节拍为：$t_{柱梁板模板} = \dfrac{1523}{6 \times 21 \times 2}d = 6.04d$，取为6d。

3)柱混凝土劳动量为142工日，采用两班制施工，施工班组人数为12人，每层两个施工段，共三层，其流水节拍为：$t_{柱混凝土} = \dfrac{142}{6 \times 12 \times 2}d = 0.99d$，取为1d。

4)楼梯、梁、板钢筋劳动量为540工日，采用两班制施工，施工班组人数为22人，每层两个施工段，共三层，其流水节拍为：$t_{梯梁板钢筋} = \dfrac{540}{6 \times 22 \times 2}d = 2.05d$，取为2d。

5)楼梯、梁、板混凝土劳动量为667工日，采用三班制施工，施工班组人数为18人，每层两个施工段，共三层，其流水节拍为：$t_{梯梁板混凝土} = \dfrac{667}{6 \times 18 \times 3}d = 2.06d$，取为2d。

6)拆模劳动量为277工日，采用一班制施工，施工班组人数为20人，每层两个施工段，共三层，其流水节拍为：$t_{拆模} = \dfrac{277}{6 \times 20 \times 1}d = 2.31d$，取为2d。

7)砌墙劳动量为864工日，采用一班制施工，施工班组人数为36人，每层两个施工段，共三层，其流水节拍为：$t_{砌墙} = \dfrac{864}{6 \times 36 \times 1}d = 4d$，取为4d。

故主体阶段的施工时间为：

$$T = k_{柱筋,模版} + k_{模版,柱混凝土} + k_{柱混凝土,梁板筋} + k_{梁板筋,梁板混凝土} + k_{梁板混凝土,拆模} + k_{拆模,砌墙} + T_{砌墙}$$
$$= (1 + 6 + 1 + 2 + 14 + 2 + 24 + 8)d = 58d。$$

(3)屋面工程　屋面工程由屋面找坡层、保温层、防水层等施工过程组成。考虑到屋面工程的防水要求，屋面工程不再划分施工段。

1)屋面防水层劳动量为52工日，采用一班制施工，施工班组人数为9人，其流水节拍为：$t_{防水} = \dfrac{52}{9 \times 1}d = 5.8d$，取为6d。

2)屋面找坡层、保温层劳动量为171工日，采用一班制施工，施工班组人数为29人，其流水节拍为：$t_{找坡,保温} = \dfrac{171}{29 \times 1}d = 5.9d$，取为6d。

(4)装饰工程　装饰工程由外墙喷涂，楼地面，顶棚墙面中级抹灰，塑钢门窗扇安装，胶合板门，顶棚，墙面涂料，油漆，台阶、散水等施工过程组成。其中，外墙喷涂采用自上而下的施工顺序，不参与流水施工。其他室内装饰工程的施工采用自上而下的施工流向，每层作为一个施工段，组织异节拍流水施工。

1)外墙喷涂劳动量为191工日，采用一班制施工，施工班组人数为21人，其流水节拍为：$t_{外墙喷涂} = \dfrac{191}{21 \times 1}d = 9.1d$，取为9d。

2)楼地面劳动量为711工日，采用一班制施工，施工班组人数为30人，共三层，其流水节拍为：$t_{楼地面} = \dfrac{711}{3 \times 30 \times 1}d = 7.9d$，取为8d。

3)顶棚墙面中级抹灰劳动量为1232工日，采用一班制施工，施工班组人数为45人，共三层，其流水节拍为：$t_{顶棚抹灰} = \dfrac{1232}{3 \times 45 \times 1}d = 9.13d$，取为 9d。

4）塑钢窗扇及胶合板门安装劳动量为 125 工日，采用一班制施工，施工班组人数为 10 人，共三层，其流水节拍为：$t_{门窗扇} = \dfrac{125}{3 \times 10 \times 1}d = 4.17d$，取为 4d。

5）顶棚、墙面涂料劳动量为 283 工日，采用一班制施工，施工班组人数为 24 人，共三层，其流水节拍为：$t_{顶棚,墙面} = \dfrac{283}{3 \times 24 \times 1}d = 3.93d$，取为 4d。

6）油漆劳动量为 57 工日，采用一班制施工，施工班组人数为 6 人，共三层，其流水节拍为：$t_{油漆} = \dfrac{57}{3 \times 6 \times 1}d = 3.17d$，取为 3d。

7）台阶、散水等其他施工过程劳动量为 60 工日，施工班组人数为 10 人，则其施工持续时间为：$t_{其他} = \dfrac{60}{10 \times 1}d = 6d$，取为 6d。

在装饰阶段，对楼地面、顶棚墙面中级抹灰、门窗扇安装、胶合板门、顶棚、墙面涂料、油漆等施工过程组织异节拍流水施工，其流水工期为：

$$T = k_{顶棚墙面抹灰,地面} + k_{地面,门窗} + k_{门窗,涂料} + k_{涂料,油漆} + T_{油漆}$$
$$= (11 + 16 + 4 + 6 + 9)d = 46d。$$

（5）水暖电安装工程 水、暖、电安装工程应随工程施工穿插进行。

施工进度计划如图 2 - 28 所示。

## 2.3.3 网络计划技术的应用

### 2.3.3.1 网络计划技术概述

网络计划技术或网络计划法，是一种新的现代化计划管理方法。统筹法应用于建筑工程的施工计划的编制和管理，首先采用网络图的形式来表示一项工程中各项工作（施工过程、工序）的开展顺序及其相互间的关系；然后通过各种分析、优化和调整得到符合实际情况的最优计划方案；最后在执行过程中进行有效的控制和调整，并进行分析和总结。

1．网络计划技术的相关概念

1）网络图、网络计划、网络计划技术

（1）网络图：网络图是由节点和箭线组成的、用来表示工作流程的有向有序网状图形。一个网络图表示一项计划任务。网络图的绘制是网络计划技术的基础工作。

（2）网络计划：是在网络图上加注工作及时间参数等而成的进度计划。它是根据既定的施工方法，按统筹安排的原则而编成的一种计划形式。

（3）网络计划技术：是网络计划对任务工作进度进行安排和控制，以保证实现预定目标的科学的计划管理技术。

2）逻辑关系、工艺关系、组织关系

（1）逻辑关系：工作之间的先后顺序关系叫逻辑关系。逻辑关系包括工艺关系和组织关系。

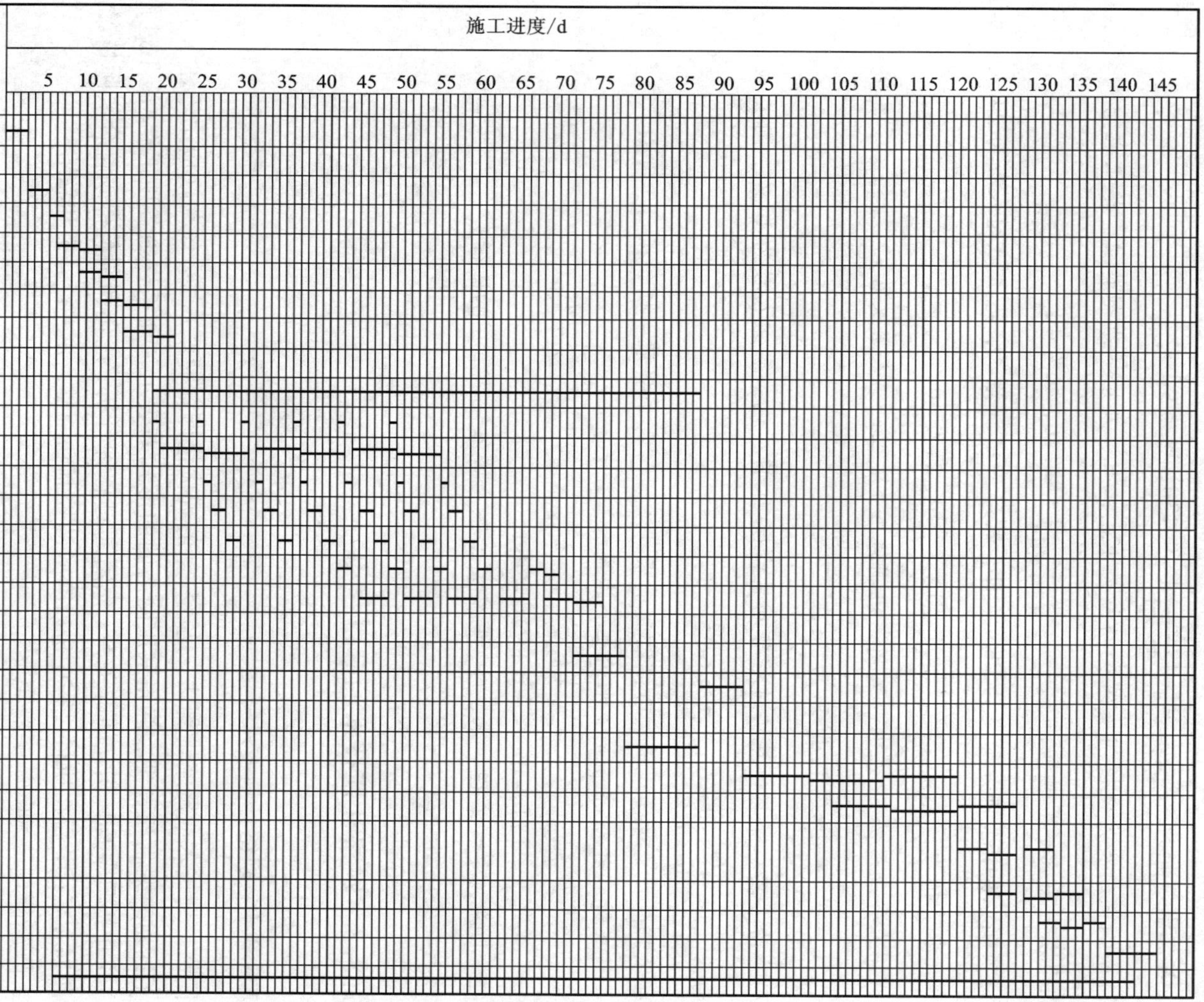

图2-28 框架结构工程施工进度图

施工进度/d

| 序号 | 分部分项工程名称 | 劳动量/(工日或台班) | 班级人数 | 班数 | 持续时间 |
|---|---|---|---|---|---|
| 1 | 施工准备 | | | | 2.5 |
| 2 | 基础工程 机械挖土方 | 5 | 12 | 2 | 2.5 |
| 3 | 混凝土垫层 | 25 | 12 | 1 | 2 |
| 4 | 绑扎基础钢筋 | 45 | 8 | 1 | 6 |
| 5 | 基础模板 | 64 | 11 | 1 | 6 |
| 6 | 基础混凝土 | 73 | 12 | 1 | 6 |
| 7 | 回填土 | 118 | 20 | 1 | 6 |
| 8 | 主体工程 脚手架搭拆 | — | — | — | — |
| 9 | 柱钢筋 | 95 | 36 | 1 | 6 |
| 10 | 楼梯、柱、梁、板钢版 | 1523 | 21 | 2 | 36 |
| 11 | 柱混凝土 | 142 | 12 | 2 | 6 |
| 12 | 钢楼梯、梁、板钢筋 | 540 | 22 | 2 | 12 |
| 13 | 楼梯、梁、板混凝土 | 667 | 18 | 3 | 12 |
| 14 | 拆模 | 227 | 20 | 1 | 12 |
| 15 | 围护墙 | 864 | 36 | 1 | 24 |
| 16 | 屋面工程 找坡层、保温层 | 171 | 29 | 1 | 6 |
| 17 | 屋面、防水层 | 52 | 9 | 1 | 6 |
| 18 | 装饰工程 外墙喷涂 | 191 | 21 | 1 | 9 |
| 19 | 天棚墙面中墙抹灰 | 1232 | 45 | 1 | 27 |
| 20 | 楼地面 | 711 | 30 | 1 | 24 |
| 21 | 塑钢窗窗扇及胶合板门安装 | 125 | 10 | 1 | 12 |
| 22 | 天棚、喷面涂料 | 283 | 24 | 1 | 12 |
| 23 | 油漆 | 57 | 6 | 1 | 9 |
| 24 | 台阶、散水及其他 | 60 | 10 | 1 | 6 |
| 25 | 水、暖、电安装 | | | | |

（2）工艺关系：是指生产工艺上客观存在的先后顺序关系，或者是非生产性工作之间由工作程序决定的先后顺序关系。如图2-28所示，"砖墙1→构造柱圈梁1→安空心板1"为工艺关系。

（3）组织关系：是指在不违反工艺关系的前提下，由于组织安排需要或资源（劳动力、原材料、施工机具等）调配需要而人为规定的工作之间的先后顺序关系。如图2-29所示，"砖墙1→砖墙2→砖墙3"为组织关系。

3）紧前工作、紧后工作、平行工作

（1）紧前工作：紧排在分析的某个工作之前的工作叫某个工作的紧前工作。如图2-29所示，砖墙1是构造柱圈梁1和砖墙2的紧前工作。

（2）紧后工作：紧排在分析的某个工作之后的工作叫某个工作的紧后工作。如图2-29所示，构造柱圈梁3是构造柱圈梁2和砖墙3的紧后工作。

（3）平行工作：与在分析的某个工作同时进行的工作叫某个工作的平行工作。如图2-29所示，砖墙2和构造柱圈梁1是平行工作，砖墙3和构造柱圈梁2也是平行工作。

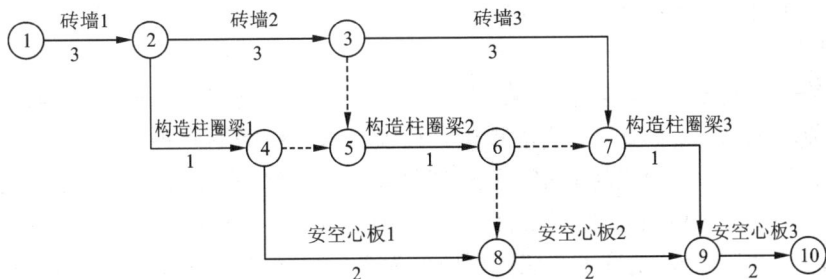

图2-29　某砖混结构主体工程双代号网络计划

4）线路和线路段

（1）线路：网络图中从起点节点开始，沿箭线方向连续通过一系列箭线与节点，最后到达终点节点所经过的通路叫线路。

线路可依次用该线路上的节点代号来记述，也可依次用该线路上的工作名称来记述。如图2-29所示的线路共有1—2—3—7—9—10，1—2—3—5—6—7—9—10，1—2—3—5—6—8—9—10，1—2—4—5—6—7—9—10，1—2—4—5—6—8—9—10，1—2—4—8—9—10六条，或为"砖墙1—砖墙2—砖墙3—构造柱圈梁3—安空心板3"等六条。

（2）线路段：网络图中线路的一部分叫线路段。如图2-28所示的砖墙1—砖墙2—砖墙3，砖墙1—构造柱圈梁1—安空心板1等为线路。

5）先行工作和后续工作

（1）先行工作：线路上自起点节点起至分析的某个工作之前进行的所有工作叫该工作的先行工作。紧前工作是先行工作，但先行工作不一定是紧前工作。

（2）后续工作：线路上在分析的某个工作之后进行的所有工作叫该工作的后续工作。紧后工作是后续工作，但后续工作不一定是紧后工作。

2.网络计划的分类

网络计划的种类很多，可以从不同角度进行分类，具体分类方法如下：

（1）按工作在网络图中的表示方法不同划分为双代号网络计划和单代号网络计划。

（2）按工作持续时间的肯定与否划分为肯定型网络计划和非肯定型网络计划。

（3）按终点节点个数的多少划分为单目标网络计划和多目标网络计划。

（4）按网络计划的工程对象不同和使用范围大小划分为分部工程网络计划、单位工程网络计划和群体工程网络计划。

（5）按网络计划的性质和作用划分为实施性网络计划和控制性网络计划。

我国《工程网络计划技术规程》（JGJ121—99）推荐的常用的工程网络计划类型包括双代号网络计划、单代号网络计划、双代号时标网络计划和单代号搭接网络计划四类。

3. 网络计划技术的基本原理

（1）理清某项工程中各施工过程的开展顺序和相互制约、相互依赖的关系，正确绘制出网络图；

（2）通过对网络图中各时间参数进行计算，找出关键工作和关键线路；

（3）利用最优化原理，改进初始方案，寻求最优网络计划方案；

（4）在计划执行过程中，通过信息反馈进行监督与控制，以保证达到预定的计划目标，确保以最少的消耗，获得最佳的经济效果。

4. 工程网络计划技术的应用

工程网络计划技术在工程项目领域，广泛应用于各项单体工程、群体工程，特别是应用于大型、复杂、协作广泛的项目。它能提供工程项目管理所需的多种信息，有利于加强工程管理。因此，在工程管理中提高应用工程网络计划技术的水平，必能提高工程管理的水平。

根据《工程网络计划技术在项目计划管理中应用的一般程序》（GB/T13400.2.3.3—2009）的规定，工程网路计划技术的应用程序分为 7 个阶段 18 个步骤，见表 2-6。

表 2-6　网络计划技术在项目管理中应用的阶段和步骤

| 阶　　段 | 步　　骤 | 阶　　段 | 步　　骤 |
|---|---|---|---|
| 一、准备阶段 | 1. 确定网络计划目标 | 四、编制可行网络计划 | 10. 检查与修正 |
| | 2. 调查研究 | | 11. 可行网络计划编制 |
| | 3. 项目分解 | 五、确定正式网络计划 | 12. 网络计划优化 |
| | 4. 工作方案设计 | | 13. 网络计划的确定 |
| 二、绘制网络图 | 5. 逻辑关系分析 | 六、实施调整与控制 | 14. 网络计划的贯彻 |
| | 6. 网络图构图 | | 15. 检查和数据采集 |
| 三、计算参数 | 7. 计算工作持续时间和搭接时间 | | 16. 调整、控制 |
| | 8. 计算其他时间参数 | 七、收尾 | 17. 分析 |
| | 9. 确定关键线路 | | 18. 总结 |

#### 2.3.3.2　双代号网络计划

**1.双代号网络图的基本概念**

双代号网络图是以一条箭线及其两端节点的编号表示一项工作的网络图,如图 2 - 30 所示。

1)工作及其表示

(1)工作的含义。

网络图中的工作是计划任务按需要粗细程度划分而成的消耗时间同时也消耗资源的一个子项目或子任务。一项工作,可以是一个单位工程、分部工程、分项工程,或是一个具体的施工过程。

网络图中的某一项工作,就是横道图中某一个施工段上的某个施工过程(工序)。对于只消耗时间而不消耗资源的工作,如混凝土的养护,也作为一项工作考虑。

图 2 - 30　双代号网络计划

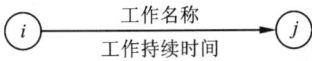

(2)工作的表示。

用一根箭线和其两端节点的编号来表示一项工作,箭线的箭尾节点表示该工作的开始,箭头节点表示该工作的结束,将工作的名称标注于箭线上方,工作持续的时间标注于箭线的下方,如图 2 - 31 所示。

箭线的走向应保持从左往右,可以是水平、垂直或斜向绘制,还可以折线绘制。

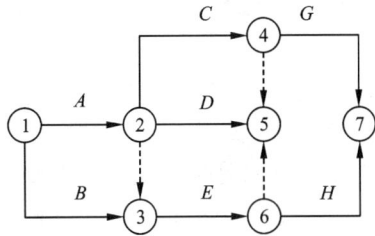

图 2 - 31　双代号网络图中
表示一项工作的基本形式

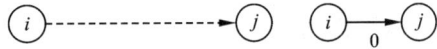

图 2 - 32　双代号网络图中
虚工作的表达形式

2)节点

在双代号网络图中,应用圆圈"○"代表节点。节点表示一项工作的开始时刻或结束时刻,同时它是工作的连接点。

(1)节点的分类。

一项工作,箭线指向的节点是工作的完成节点,引出箭线的节点是工作的开始节点。一项网络计划的第一个节点,称为该项网络计划的起始节点(起点节点),它是整个项目计划任务的开始节点;一项网络计划的最后一个节点,称为终点节点,表示一项计划任务的结束。其余节点称为中间节点。

(2)节点的编号。

为了便于网络图的检查和计算,需对网络图各节点进行编号。编号顺序由起点节点顺箭线方向至终点节点。要求每一项工作的开始节点号码小于完成节点号码,以不同的编码代表不同的工作;不重号,不漏编。可采用不连续编号方法,以备网络图调整时留出备用节点号。

3)虚工作及其作用

双代号网络图中,只表示相邻的前后工作之间的先后顺序关系,既不消耗时间也不消耗资源的虚拟工作，称为虚工作。

（1）虚工作的表示。

将工作表示中的实箭线用虚箭线代替，就表示了一项虚工作，如图 2-32 所示。当虚工作的箭线很短不易用虚线表示时，可用实箭线表示，但应标注持续时间为零。

（2）虚工作的作用。

在双代号网络图中，虚工作一般起着区分、联系和断路的作用。

①区分作用

在双代号网络图中，两个节点之间只能有一根箭线，对于同时开始、同时结束的两个平行工作的表达，需引入虚工作以示区分。如图 2-33，工作 A 和工作 B 是需同时开始的两项平行工作，如在混凝土施工中的预埋件和钢筋安装都起始于模板安装，结束后开始浇混凝土，但不能表示为图（a）的形式，此时就需用虚工作将工作 A 与工作 B 区分开来，如图（b）和（d）所示。但虚工作也不能滥用，图（c）的表达方式也是不正确的，因为出现了多余的节点和虚工作。

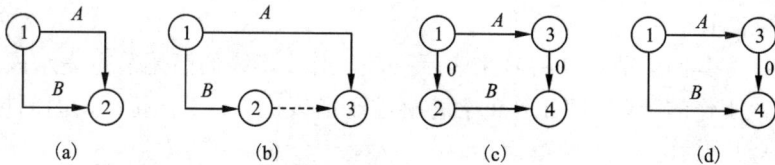

图 2-33　虚工作的区分作用

②联系作用

引入虚工作，将有组织联系或工艺联系的相关工作用虚箭线连接起来，确保逻辑关系的正确。如图 2-34 中的虚工作③—⑤将挖 2 和垫 2 联系起来，虚工作⑥—⑧将垫 2 和砖基 2 联系起来。

③断路作用

引入虚工作，在线路上隔断无逻辑关系的各项工作。如图 2-34 中的虚工作④—⑤将挖 2 和砖基 1 断开，虚工作⑥—⑧将挖 3 和砖基 2 断开，以保证正确表达双代号网络计划的逻辑关系。

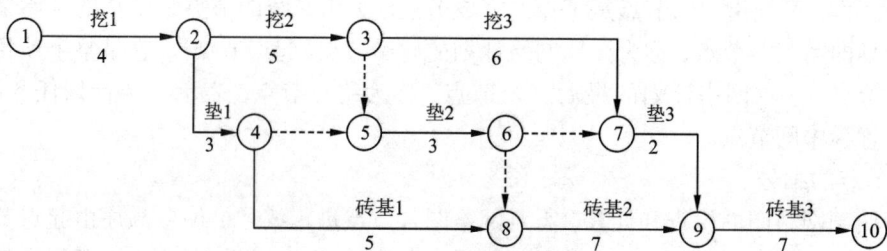

图 2-34　虚工作的联系和断路作用

2. 双代号网络图的绘制

1）双代号网络图的绘制原则

绘制双代号网络图最基本的要求是明确地表达出工作
的内容，正确地表达出各项工作间既定的逻辑关系，并且使
所绘出的图形条理清楚、布局合理、易于识读和操作。具体
绘制规则如下：

图 2-35　编号重复

（1）一项工作应只有唯一的一条箭线和相应的一对节点。节点用圆圈表示，并编号，箭
尾的节点编号应小于箭头的节点编号。节点编号可不连续，但严禁重复，如图 2-35 所示。

（2）网络图必须按照已定的逻辑关系绘制。逻辑关系的表达见表 2-7。

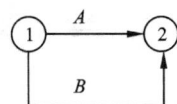

表 2-7　各工作之间逻辑关系的表示方法

| 序号 | 各工作之间的逻辑关系 | 双代号表示方法 |
|---|---|---|
| 1 | $A$、$B$、$C$ 依次进行 |  |
| 2 | $A$ 完成后进行 $B$ 和 $C$ |  |
| 3 | $A$ 和 $B$ 完成后进行 $C$ |  |
| 4 | $A$ 完成后同时进行 $B$、$C$，$B$ 和 $C$ 完成后进行 $D$ |  |
| 5 | $A$、$B$ 完成后进行 $C$ 和 $D$ |  |
| 6 | $A$ 完成后，进行 $C$；$A$、$B$ 完成后进行 $D$ |  |
| 7 | $A$、$B$ 工作分成三段进行流水施工 |  |

（3）双代号网络图中应只有一个起始节点；在单目标网络计划中，应只有一个终点节点，
如图 2-36 所示。

（4）网络图中严禁出现循环回路，如图 2-37 所示。

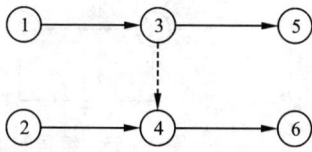

图 2-36 起点、终点不唯一

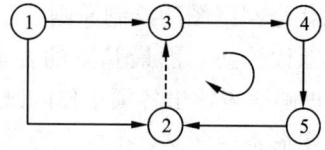

图 2-37 出现循环回路

(5)网络图中的箭线和虚箭线应保持自左向右的方向,不应出现箭头指向左方的水平箭线和箭头偏向左方的斜向箭线。

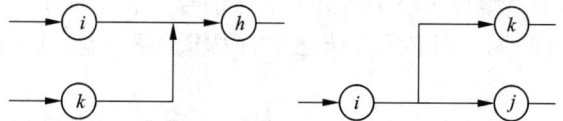

图 2-38 在箭线上引入或引出箭线的错误画法

(6)严禁在中间节点间的工作箭线上引入或引出箭线,如图 2-38 所示。

(7)严禁出现双向箭头和无箭头的连线,如图 2-39 所示。

(8)双代号网络图中,严禁出现没有箭头节点或没有箭尾节点的箭线,如图 2-40 所示。

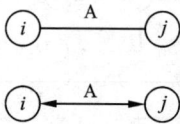

图 2-39 无箭头和双向箭头

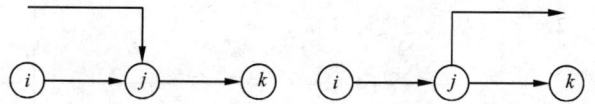

图 2-40 没有箭尾节点和箭头节点的箭线

(9)绘制双代号网络图时,应避免箭线交叉。当交叉不可避免时,可用过桥法或指向法表示,如图 2-41 和图 2-42 所示。

(10)当网络图的起点节点有多条外向箭线(有多项开始工作),或终点节点有多条内向箭线(有多项结束工作)时,在不违反"一项工作应只有唯一的一条箭线和相应的一对节点编号"的前提下,可使用母线法绘图。但特殊型的箭线,如粗箭线、双箭线、虚箭线,彩色箭线等应单独自起点节点绘出和单独引入终点节点,如图 2-43 所示。

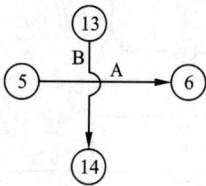

图 2-41 过桥法

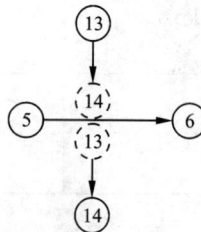

图 2-42 指向法

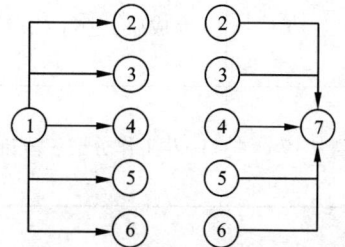

图 2-43 母线画法

88

2）双代号网络图的绘制要求

绘制双代号网络图最基本的要求是明确地表达出工作内容，正确地表达出各项工作间既定的逻辑关系，并且使所绘出的图形条理清楚，布局合理，易于识读和操作。可概括为以下三个方面：

（1）必须正确表达各工作之间的逻辑关系。

（2）必须遵守网络图的绘制规则。

（3）要选择恰当的绘图排列方式（按施工段排列或按施工过程排列）。

按施工过程排列的网络计划如图 2-28 所示，按施工段排列的网络计划如图 2-44 所示。

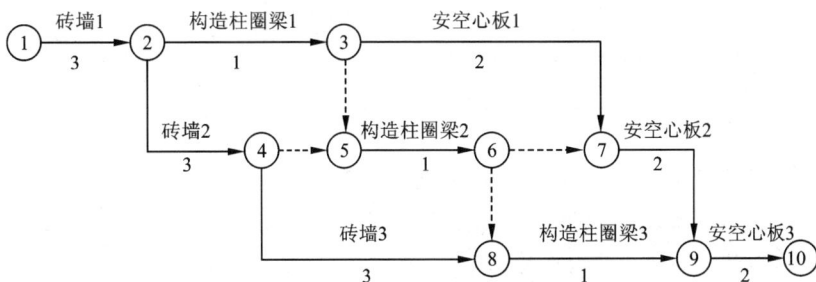

图 2-44　按施工段排列的网络计划

3）双代号网络图绘制方法与步骤

（1）找出各项工作之间的逻辑关系。

按既定的施工方案和施工方法划分施工过程和施工段，确定各种工艺关系和组织关系。

（2）绘制双代号网络图草图。

①绘制开始节点和开始工作

绘制开始节点（一项计划任务只有一个开始节点）和开始工作的工作箭线，若有 4 个以上的开始工作，可用母线法引出全部开始工作的工作箭线，并在箭线后绘制各开始工作的完成节点，再在箭线上方标注工作名称。

②绘制当前工作（正在绘制的工作叫当前工作，下同）

当前工作的绘制方法应由其紧前工作的个数来决定：

a.若当前工作只有一个紧前工作，那么，可在该紧前工作完成节点之后，直接绘制工作箭线和完成节点。

b.若当前工作有多个紧前工作，则应先将多个紧前工作的完成节点合并至一个节点。如果违反"两个节点之间只有一条工作箭线"原则或逻辑关系，则应引入虚工作将多个紧前工作合并至一个节点，此节点即为当前工作的开始节点，再在其后绘制工作箭线和完成节点，并标注工作名称。

c.绘制终点节点。一项计划任务只能有一个终点节点。若有 4 个以上的结束工作，应用母线将全部结束工作箭线引入终点节点。

d.按照网络图编号原则进行节点编号。

(3)检查修正草图。

主要检查两大内容：其一是检查是否满足逻辑关系，其二检查是否有多余的节点和虚工作。另外还要检查是否违反网络图的绘图原则。

(4)绘制正式网络图。

在满足上述各项要求和功能的前提下，绘正式网络图时还应尽可能使布图美观大方。

4)双代号网络图绘制示例

【应用案例2-13】 已知网络图的资料，见表2-8，试绘制双代号网络图。

表2-8　网络图资料

| 本工作 | A | B | C | D | E | F | G |
|---|---|---|---|---|---|---|---|
| 紧前工作 | — | — | A | A、B | C | C、D | D |
| 紧后工作 | C、D | D | E、F | F、G | — | — | — |

解：(1)按表2-8找出各项工作之间的逻辑关系，绘制逻辑关系图，如图2-45所示。

(2)根据图2-45所表达的逻辑关系，按双代号网络图的绘制规则和方法，绘制网络图草图，标注工作名称、编号，并检查修正。

(3)正式绘制双代号网络图，如图2-46所示。

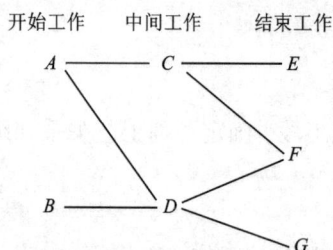

图2-45　案例2-13各项工作间的逻辑关系图

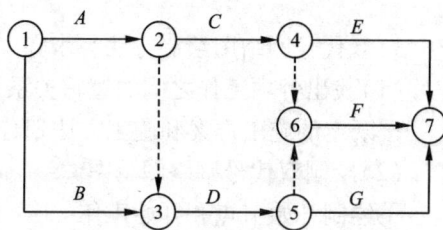

图2-46　案例2-13的双代号网络图

【应用案例2-14】 已知网络图的资料，见表2-9，试绘制双代号网络图。

表2-9　网络图资料

| 工作 | A | B | C | D | E | G | H |
|---|---|---|---|---|---|---|---|
| 紧前工作 | — | — | — | — | A、B | B、C、D | C、D |

解：(1)按表2-9找出各项工作之间的逻辑关系，绘制逻辑关系图，如图2-47所示。

(2)根据图2-47所表达的逻辑关系，按双代号网络图的绘制规则和方法，绘制网络图草图，标注工作名称、编号，并检查修正。

(3)正式绘制双代号网络图，如图2-48和图2-49所示。

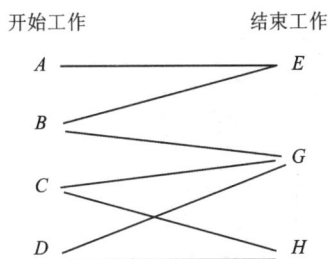

图 2-47　案例 2-14
各项工作间的逻辑关系图

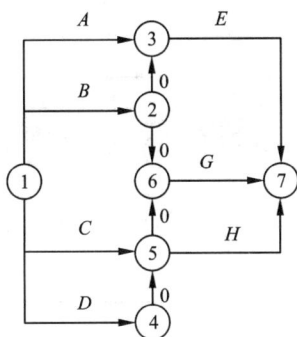

图 2-48　案例 2-14
仅有竖向虚工作的双代号网络图

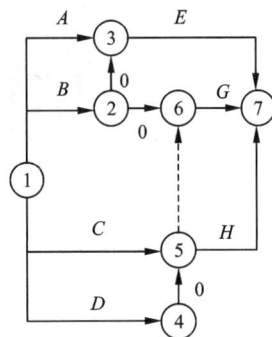

图 2-49　案例 2-14
有水平虚工作的双代号网络图

**【应用案例 2-15】**　某基础工程，划分成三个施工段施工，各工序在各施工段上的持续时间(天)如表 2-10 所示。试绘制此基础工程的双代号网络计划。

表 2-10　某基础工程资料

| 施工段　　　工序 | ① | ② | ③ |
|---|---|---|---|
| 挖土 | 5 | 5 | 5 |
| 垫层 | 1 | 1 | 1 |
| 砖基础 | 4 | 4 | 4 |
| 回填土 | 2 | 2 | 2 |

**解:**(1)按表 2-10 找出各项工作之间的逻辑关系,绘制逻辑关系图,如图 2-50 所示。

(2)根据图 2-50 所表达的逻辑关系,按双代号网络图的绘制规则和方法,绘制网络图草图,标注工作名称和工作持续时间,编号,并检查修正。

通过本例介绍绘制实际工程双代号网络图的技巧:实际工程双代号网络图的第一行和最后一行不含虚工作,中间行都是一个实工作一个虚工作排列。绘第一行(即第 1

图 2-50　案例 2-15
各项工作间的逻辑关系图

个施工过程或第 1 个施工段)的工作时,其工作箭线的长度应是中间工作箭线长度的 2 倍(不含开始工作);绘中间行时,按"一实一虚",即一实工作后面紧跟一横向虚工作绘制,这样绘出每 1 个施工过程(或施工段),注意图形排列时应根据逻辑关系从左往右错动,再按逻辑关系用竖向虚工作将紧前紧后工作联系起来。

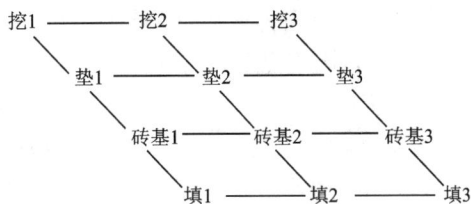

（3）选择按施工过程排列方式，绘制网络计划正图，如图2-51所示。

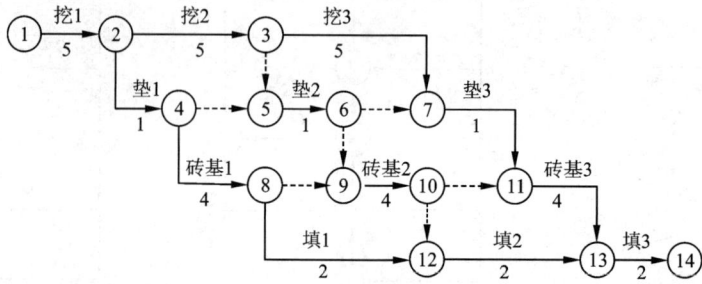

图2-51　案例2-15双代号网络计划

3. 双代号网络计划的时间参数计算

1）时间参数概念

（1）工作持续时间。

工作持续时间是指一项工作从开始到完成的时间，用$D_{i-j}$表示。工作持续时间$D_{i-j}$的计算，可采用公式计算法、三时估计法、倒排计划法等方法计算。

（2）工期。

①计算工期

是指通过计算求得的网络计划的工期，用$T_c$表示。

②要求工期

是指任务委托人所提出的指令性工期，用$T_r$表示。

③计划工期

是指根据要求工期和计算工期所确定的作为实施目标的工期，用$T_p$表示。

通常，$T_c \leqslant T_p$，$T_p \leqslant T_r$。

（3）节点时间。

①节点最早时间（$ET_i$）：以该节点为结束节点的所有工作全部完成后，以该节点为开始节点的各项工作有可能开始的最早时刻。一项网络计划，各节点最早时间的计算，顺箭线方向，由起点节点向终点节点计算。

计算方法：

$$ET_j = ET_i + D_{i-j}（一个紧前节点）\qquad (2-16)$$

$$ET_j = \max\{ET_i + D_{i-j}\}（多个紧前节点）\qquad (2-17)$$

②节点最迟时间（$LT_i$）：节点最迟时间，是在不影响计划总工期的前提下，以该节点为结束节点的各项工作最迟必须完成的时间。一项网络计划各节点最迟时间的计算，逆箭线方向，由终点节点向起点节点计算。

计算方法：

$$LT_i = LT_j - D_{i-j}（一个紧后节点）\qquad (2-18)$$

$$LT_i = \min\{LT_j - D_{i-j}\}（多个紧后节点）\qquad (2-19)$$

（4）工作的六个时间参数。

①工作最早开始时间（$ES_{i-j}$）和最早完成时间（$EF_{i-j}$）

工作最早开始时间，是指在其所有紧前工作全部完成后，本工作有可能开始的最早时刻，它等于该工作开始节点的最早时间，即

$$ES_{i-j} = ET_i \qquad (2-20)$$

工作的最早完成时间，是指在其所有紧前工作全部完成后，本工作有可能完成的最早时刻。工作的最早完成时间等于该工作最早开始时间与工作持续时间之和。

$$EF_{i-j} = ES_{i-j} + D_{i-j} \qquad (2-21)$$

②工作最迟完成时间（$LF_{i-j}$）和工作最迟开始时间（$LS_{i-j}$）

工作最迟完成时间，是指在不影响整个计划任务按期完成的前提下，本工作必须完成的最迟时刻。工作最迟完成时间等于该工作结束节点的最迟时间。

$$LF_{i-j} = LT_j \qquad (2-22)$$

工作最迟开始时间，是指在不影响整个计划任务按期完成的前提下，本工作必须开始的最迟时刻。工作最迟开始时间等于该工作最迟完成时间与工作持续时间之差。

$$LS_{i-j} = LF_{i-j} - D_{i-j} \qquad (2-23)$$

③总时差（$TF_{i-j}$）和自由时差（$FF_{i-j}$）

工作的总时差，是指在不影响总工期的前提下，本工作可能利用的机动时间。

注意：某项工作的总时差大小，与该工作所在线路上其他工作总时差的利用情况有关。

工作的自由时差，是指在不影响其紧后工作最早开始时间的前提下，本工作可以利用的机动时间。

$TF_{i-j}$ 与 $FF_{i-j}$ 的关系：$FF_{i-j} \leqslant TF_{i-j}$。当某项工作的总时差为零时，其自由时差必然为零。

（5）关键线路。

①关键工作

在网络计划中，当 $T_c = T_p$ 时，没有任何机动时间，即时差为零的工作，其工作的拖延都会造成计划工期的拖延，这样的工作称为关键工作。其余工作则称为非关键工作。

②关键线路

在网络计划中，由若干关键工作连接而成的线路通路，称为关键线路。关键线路是对计划工期具有控制作用的线路。关键线路具有如下特点：

a. 关键线路上全部工作的持续时间之和，即为该网络计划的工期。

b. 关键线路上的工作均为关键工作，当计算工期等于计划工期（$T_c = T_p$）时，关键线路总时差为零的工作为关键工作；当计算工期小于计划工期（$T_c < T_p$）时，总时差最小的工作为关键工作。

c. 一个网络计划中有一条或多条关键线路。若有多条关键线路，则它们各条线路上的工作持续时间之和均相等，且等于计划工期。

d. 非关键工作若利用了时差，其所在线路可能转化为关键线路，非关键工作也就转换成了关键工作。

关键线路是网络计划法的核心。

③确定关键线路的方法

把所有总时差为零（$T_c = T_p$ 时）的工作或所有总时差最小（$T_c < T_p$ 时）的工作连接起来形成的线路就是关键线路。但要注意，关键线路上各工作持续时间之和应最大。

在网络计划中，一般以双箭线、粗箭线或彩色箭线表示关键线路。

(6)相邻工作的时间间隔(LAG)。

它是指本工作的最早完成时间与其紧后工作的最早开始时间之间可能存在的差值。

2)双代号网络计划时间参数计算

绘制双代号网络计划对建筑工程项目做出了施工进度安排,而进行时间参数的计算,可以进一步确定关键线路和关键工作,找出非关键工作的机动时间,从而为网络计划的调整、优化打下基础,起到指导或控制工程施工进度的作用。

网络计划时间参数的计算方法主要有分析计算法、图上计算法、表上计算法、矩阵计算法、电算计算法等。较为简单的网络计划,可采用人工计算,大型复杂的网络计划则采用计算机程序进行绘制与计算。

双代号网络计划时间参数的计算方法,有工作计算法和节点计算法两种。下面采用图上计算法的形式,分别介绍工作计算法和节点计算法。图上计算法,是在按图计算时间参数的同时,将时间参数的计算结果逐一标注在图上的一种计算法。

(1)按工作计算法计算时间参数。

按工作计算法,就是以网络计划中的工作的持续时间为对象直接计算工作的六个时间参数,并将计算结果标注在箭线上方,如图 2-52 所示。

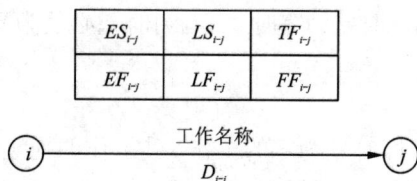

图 2-52　按工作计算法的标注内容

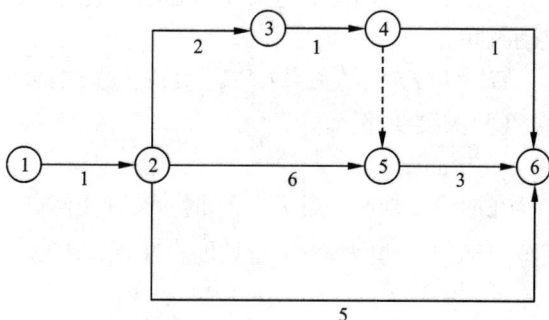

图 2-53　案例 2-16 双代号网络计划

【应用案例 2-16】　双代号网络计划如图 2-53 所示,$T_p = 10$ 天,按工作计算法计算各工作的时间参数,确定工期并标出关键线路。

解:采用图上计算法,将计算结果逐一标注在图上,其计算结果如图 2-53 所示。其计算方法和步骤如下:

1. 计算 $ES_{i-j}$ 与 $EF_{i-j}$

(1)计算 $ES_{i-j}$:应从网络计划的开始节点开始,顺箭线方向开始计算。

令 $ES_{1-i} = 0$,则该工作最早开始时间,等于其紧前工作最早完成时间的大值,即

$$ES_{i-j} = \max\{ES_{h-i} + D_{h-i}\} = \max\{EF_{h-i}\} \qquad (2-24)$$

(2)计算 $EF_{i-j}$:$EF_{i-j} = ES_{i-j} + D_{i-j}$

2. 计算网络计划的工期

网络计划的工期等于以终点节点为完成节点的最早完成时间的最大值,即

$$T_c = \max\{EF_{i-n}\} \tag{2-25}$$

3. 计算 $LF_{i-j}$ 与 $LS_{i-j}$

(1)计算 $LF_{i-j}$：应从网络计划的结束节点开始，逆箭线方向开始计算。所有结束工作的最迟完成时间不应超过网络计划的计算工期，可取其最大值，即

令 $LF_{i-n} = T_p$，则工作 $j-k$ 的紧前工作 $i-j$ 的最迟完成时间为

$$LF_{i-j} = \min\{LF_{j-k} - D_{j-k}\} = \min\{LS_{j-k}\} \tag{2-26}$$

(2)计算 $LS_{i-j}$：$LS_{i-j} = LF_{i-j} - D_{i-j}$。

4. 计算 $TF_{i-j}$ 与 $EF_{i-j}$

(1)计算 $TF_{i-j}$：根据总时差的定义，有

$$TF_{i-j} = LF_{i-j} - EF_{i-j} = LS_{i-j} - ES_{i-j} \tag{2-27}$$

(2)计算 $FF_{i-j}$：

结束工作的自由时差：

$$FF_{i-n} = T_p - EF_{i-n} \tag{2-28}$$

其他工作的自由时差，由自由时差的定义可得

$$FF_{i-j} = \min\{ES_{j-k} - EF_{i-j}\} \tag{2-29}$$

上面各个公式中，$i-j$——为当前工作；

$h-i$——为工作 $i-j$ 的紧前工作；

$i-k$——为工作 $i-j$ 的紧后工作；

$1-i$——为网络计划的开始工作；

$i-n$——为网络计划的结束工作。

5. 确定关键工作和关键线路

关键工作的判定：若 $T_c = T_p$，则时差为 0 的工作为关键工作；若 $T_c < T_p$，则总时差最小的工作为关键工作。从结束节点开始，逆箭线方向连接总时差为 0 或总时差最小的工作(即关键工作)，至开始节点，形成的线路就是关键线路。

关键线路可用双箭线、彩色箭线或粗箭线表示。

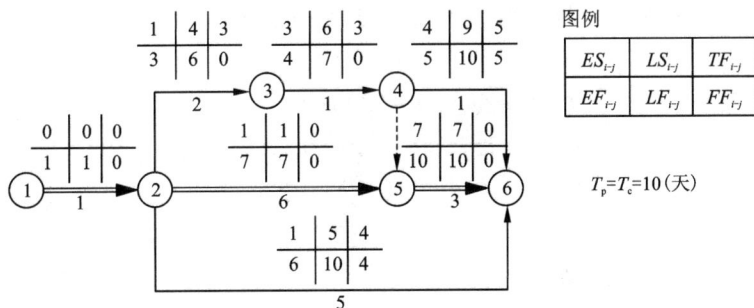

图 2-54　案例 2-16 双代号网络计划计算结果

(2)按节点计算法计算时间参数。

按节点计算法，就是先计算网络计划中各节点的最早和最迟时间，然后根据节点时间计

算各项工作的时间参数和网络计划的工期，并将计算结果标注在节点处和箭线上方，如图 2 - 55 所示。

【应用案例 2 - 17】 按节点计算法计算案例 2 - 16 中的各工作的时间参数，确定工期并标出关键线路。网络图如图 2 - 52 所示。

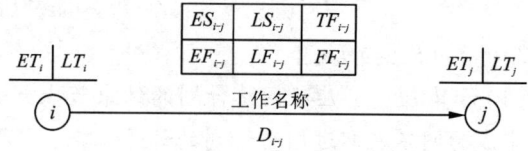

图 2 - 55　按节点计算法的标注内容

**解：**采用图上计算法，将计算结果逐一标注在图上，其计算结果如图 2 - 56 所示。其计算方法和步骤如下：

1. 计算各节点最早时间与最迟时间

（1）计算 $ET_i$：从网络计划的开始节点开始，顺箭线方向开始计算。

规定开始节点的最早时间为零，即 $ET_1 = 0$，则其它节点按公式（2 - 16）和式（2 - 17）计算，即

$$ET_j = ET_i + D_{i-j}（一个紧前节点）$$

$$ET_j = \max\{ET_i + D_{i-j}\}（多个紧前节点）$$

（2）计算 $LT_i$：从网络计划的结束节点开始，逆箭线方向开始计算。

网络计划的工期等于其结束节点的最迟时间，即

$$LT_n = T_p（当缺 T_p 时，令 LT_n = T_c = ET_n） \tag{2-30}$$

其他节点的最迟时间按公式（2 - 18）和式（2 - 19）计算，即

$$LT_i = LT_j - D_{i-j}（一个紧后节点）$$

$$LT_i = \min\{LT_j - D_{i-j}\}（多个紧后节点）$$

2. 根据节点的最早和最迟时间计算工作的六个时间参数

（1）工作的最早开始时间 $ES_{i-j}$ 按公式（2 - 20）计算，即

$$ES_{i-j} = ET_i$$

（2）工作的最早完成时间 $EF_{i-j}$ 按公式（2 - 21）计算，即

$$EF_{i-j} = ES_{i-j} + D_{i-j}$$

（3）工作的最迟完成时间 $LF_{i-j}$ 按公式（2 - 22）计算，即

$$LF_{i-j} = LT_j$$

（4）工作的最迟开始时间 $LS_{i-j}$ 按公式（2 - 23）计算，即

$$LS_{i-j} = LF_{i-j} - D_{i-j}。$$

（5）计算工作的总时差 $TF_{i-j}$ 与自由时差 $EF_{i-j}$ 分别按公式（2 - 27）、式（2 - 28）和式（2 - 29）计算。

3. 确定关键工作和关键线路

从结束节点开始，逆箭线方向连接时差为 0 的工作，至开始节点，形成的线路就是关键线路。

关键线路可用双箭线、彩色箭线或粗箭线表示。

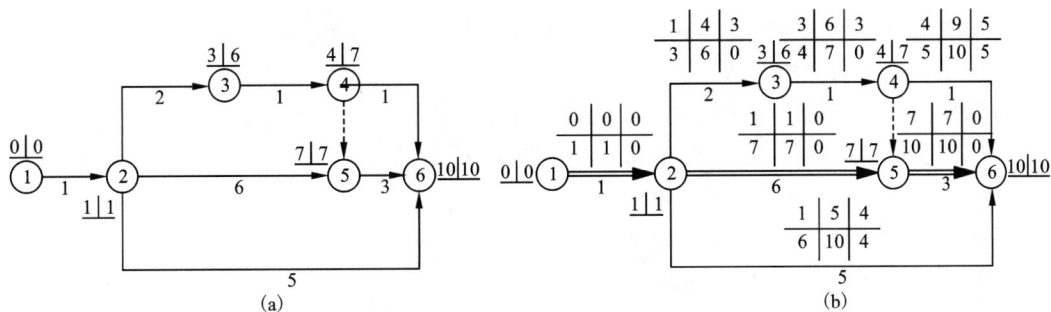

图 2 - 56　案例 2 - 17 双代号网络计划计算结果

(a)计算节点时间；(b)根据节点时间计算工作的六个时间参数

【知识拓展】　标号法

标号法是一种快速寻求网络计划计算工期和关键线路的方法。它利用节点计算法的基本原理，对网络计划中的每一个节点进行标号，然后利用标号确定网络计划的计算工期和关键线路。

下面以图 2 - 57 所示网络计划为例，说明标号法的计算过程。其计算结果如图 2 - 58 所示。

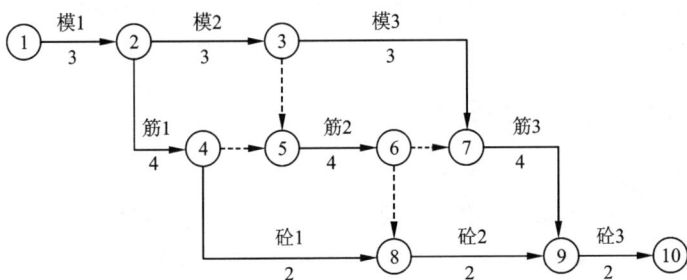

图 2 - 57　某分部工程双代号网络计划

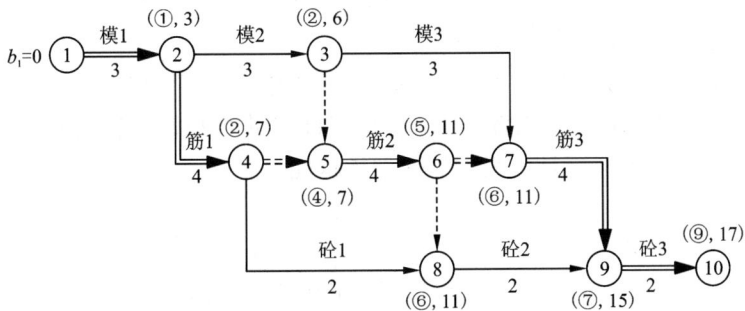

图 2 - 58　双代号网络计划计算结果(标号法)

①确定起点节点的标号值

起点节点的标号值为零。本例中节点①的标号值为零，即 $b_1 = 0$。

②计算其他节点的标号值

其他节点的标号值根据下式按照节点编号由小到大的顺序逐个计算：

$$b_j = \max \{ b_i + D_{i-j} \} \tag{2-31}$$

式中：$b_j$——工作 $i$—$j$ 的完成节点的标号值；

　　　$b_i$——工作 $i$—$j$ 的开始节点的标号值；

　　　$D_{i-j}$——工作 $i$—$j$ 的持续时间。

当计算出节点标号值后，应该用其标号值及其起源节点（用来确定本节点标号值的节点）对该节点进行双标号，如图 2-57 所示。本例中，各节点的标号值为：

$b_2 = b_1 + D_{1-2} = 0 + 3 = 3$；$b_3 = b_2 + D_{2-3} = 3 + 3 = 6$；$b_4 = b_2 + D_{2-4} = 3 + 4 = 7$；

$b_5 = \max \{ b_3 + D_{2-5}, b_4 + D_{4-5} \} = \max \{ 6 + 0, 7 + 0 \} = 7$；

$b_6 = b_5 + D_{5-6} = 7 + 4 = 11$；$b_7 = \max \{ b_3 + D_{3-7}, b_6 + D_{6-7} \} = 11$；

$b_8 = \max \{ b_4 + D_{4-8}, b_6 + D_{6-8} \} = 11$；$b_9 = \max \{ b_7 + D_{7-9}, b_8 + D_{8-9} \} = 15$；

$b_{10} = b_9 + D_{9-10} = 15 + 2 = 17$。

③终点节点的标号值即为网络计划的计算工期

本例中终点节点⑩的标号值 17 即为该网络计划的计算工期。

④确定关键线路

从网络计划的终点节点开始，逆着箭线方向溯起源节点，即可确定关键线路。本例中的关键线路为①→②→④→⑤→⑥→⑦→⑨→⑩，并标示于图 2-58 上。

### 2.3.3.3 双代号时标网络计划

1. 双代号时标网络计划的概念和特点

双代号时标网络计划是以时间坐标为尺度表示工作时间的双代号网络计划，简称时标网络计划。时间坐标（简称时标）可位于网络计划的顶部或底部或同时位于顶、底部。时标的时间单位可以是小时、天、周、月或季度等。

时标网络计划的特点：

（1）以实箭线在时标轴上的正投影长度表示该工作的持续时间。

（2）不能出现竖向工作和横向虚工作。

（3）以波形线表示工作与其紧后工作之间的时间间隔。

时标网络计划的优越性：它能将网络计划的时间参数直观地表达出来，一目了然，兼具网络计划和横道图的优点。正是因为它的这种优越性，目前，时标网络计划已经成为施工进度计划的普遍形式。

2. 时标网络计划的坐标体系

时标网络计划的坐标体系有计算坐标体系、工作日坐标体系和日历坐标体系三种，如图 2-59 所示。

（1）计算坐标体系。主要用于网络计划时间参数的计算，与双代号网络计划的时间参数计算结果相对应。如网络计划中开始工作的最早开始时间为零。

坐标体系中工期的计算：计算工期 $T_c$ 等于网络计划完成节点的时标值减去起点节点的

| 计算坐标 | 0 | 1 | 2 | 3 | 4 | 5 | 6 | 7 | 8 | 9 | 10 | 11 | 12 |
|---|---|---|---|---|---|---|---|---|---|---|---|---|---|
| 工作日坐标 | 1 | 2 | 3 | 4 | 5 | 6 | 7 | 8 | 9 | 10 | 11 | 12 | |
| 日历坐标 | 3月4日 | 3月5日 | 3月6日 | 3月7日 | 3月8日 | 3月11日 | 3月12日 | 3月13日 | 3月14日 | 3月15日 | 3月18日 | 3月19日 | |
| | 星期一 | 星期二 | 星期三 | 星期四 | 星期五 | 星期一 | 星期二 | 星期三 | 星期四 | 星期五 | 星期一 | 星期二 | |

图 2-59 时标网络计划的三种坐标体系

时标值。

(2)工作日坐标体系。可明确表示出各项工作在整个工程开工后第几天(上班时刻)开始和第几天(下班时刻)完成,但不能表示出整个工程的开工日期和完工日期,以及各项工作的开始日期和完成日期。

计算坐标体系与工作日坐标体系的转换:

计算坐标体系中各项工作的开始日期+1=工作日坐标体系中各项工作的开始日期

计算坐标体系中各项工作的完成日期=工作日坐标体系中各项工作的完成日期

(3)日历坐标体系。可以明确表示出整个工程的开工日期和完工日期以及各项工作的开始日期和完成日期,同时还可考虑扣除节假日休息时间。

3.时标网络计划的绘制

1)时标网络计划的绘制方法

①间接绘制法:在双代号网络计划草图上计算出网络计划的时间参数,再根据时间参数转换为时标网络计划的绘制方法。

②直接绘制法:根据网络计划草图直接绘制时标网络计划的方法。

2)直接绘制法绘制时标网络计划

从绘网络计划的开始节点开始,根据各项工作的最早开始时间和最早完成时间,按节点号从小到大的顺序,直接绘制时标网络计划。

直接绘制法绘制时标网络计划的两个关键问题:

①确定节点位置:

a.若该节点前只有一个紧前工作,则该工作箭线的右端点即为该节点位置;

b.若该节点前有多个紧前工作,则其节点位置应由工作箭线右端点最右(即工作的最早完成时间最迟)的那个工作决定,其余工作箭线长度不足的部分用波形线补足。

可按上述两个原则确定节点位置后,再完成与此节点相关的工作和虚工作的绘制。

图 2-60 双代号网络计划

绘制节点时应注意:应将时标网络计划的起点节点圆心定位在时标计划的起始刻度线上;其他节点的圆心,应与决定该节点位置的工作的最早完成时间所对应的时标刻度线对齐。

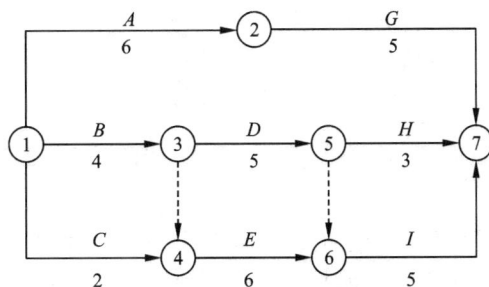

②竖向绘制虚工作，不足部分用波形线补足。

以图 2 - 60 所示网络计划为例说明时标网络计划的绘制过程。

首先绘制好双代号网络计划草图（如图 2 - 60 所示）和时标轴（如图 2 - 61 所示），再按下列步骤绘制时标网络计划：

①绘开始节点和开始工作 $A$、$B$、$C$，将开始节点圆心与计算时标的 0 刻度线对齐，如图 2 - 61所示。

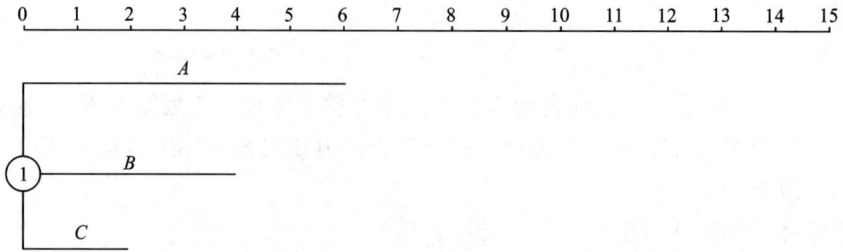

图 2 - 61　直接绘制法第一步

②绘制节点②③④和虚工作 3—4。

因为节点②和节点③前面分别只有一个紧前工作 $A$ 和工作 $B$，可根据工作 $A$ 和工作 $B$ 的最早完成时间，直接绘制在其工作箭线的右端点处；因为节点④前面有两个紧前工作 $B$ 和 $C$，且工作 $B$ 最早完成时间（即工作箭线右端点）迟于（即右于）工作 $C$，因而节点④的位置应定在工作 $B$ 其箭线的右端点处，而工作 $C$ 其箭线长度不够④节点位置，即用波形线补足，再竖向连接虚工作 3—4，如图 2 - 62 所示。

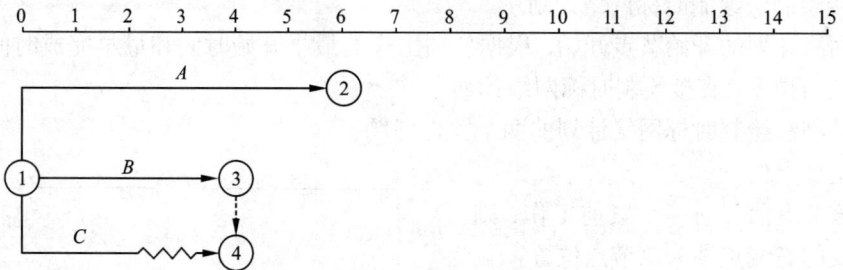

图 2 - 62　直接绘制法第二步

③绘制节点⑤⑥，工作 $D$、$E$ 和虚工作 5—6。

因为⑤节点前只有一个紧前工作 $D$，因而根据工作 $D$ 的最早完成时间直接绘制节点⑤和工作 $D$；因为⑥节点前有两个紧前工作 $D$ 和 $E$，且工作 $E$ 最早完成时间（即工作箭线右端点）迟于（即右于）工作 $D$，因而节点⑥的位置应定在工作 $E$ 其箭线的右端点处，而虚工作 5—6 因为其⑤节点和⑥节点不在同一时间刻度上，因而应竖向绘出虚工作，不足部分用波形线补足，如图 2 - 63 所示。

④绘制结束节点⑦和结束工作 $G$、$H$、$I$，完成时标网络计划的绘制。

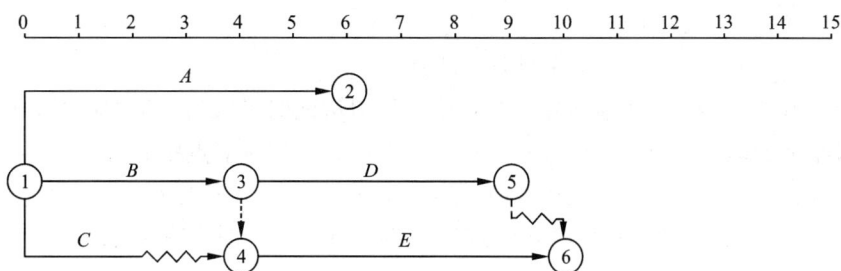

图 2-63　直接绘制法第三步

因为结束节点⑦有 3 个紧前工作，且结束工作 I 的最早完成时间（即工作箭线右端点）最迟，因而节点⑦的位置应定在工作 I 其箭线的右端点处，而结束工作 G 和结束工作 H，其箭线长度不够⑦节点位置，即用波形线补足。最后得到本例时标网络计划，如图 2-64 所示。

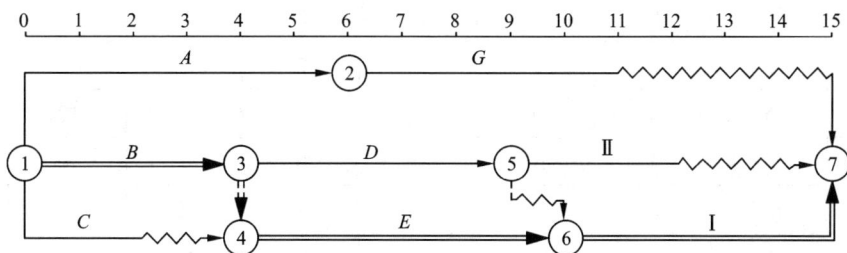

图 2-64　双代号时标网络计划

4. 时标网络计划时间参数的确定

时标网络计划时间参数和关键线路的确定过程，实际上也是一个阅读时标网络计划的过程。下面以图 2-64 为例来说明。

1）关键线路和计算工期的判定

（1）关键线路的判定。

从网络计划的终点节点开始，逆着箭线方向进行判定。凡自始至终不出现波形线的线路即为关键线路。因为不出现波形线，就说明在这条线路上相邻两项工作之间的时间间隔全部为零，也就是在计算工期等于计划工期的前提下，这些工作的总时差和自由时差全部为零。例如在图 2-64 中双箭线所示的线路，就是关键线路。

（2）计算工期的判定。

网络计划的计算工期应等于终点节点所对应的时标值与起点节点所对应的时标值之差（对于计算时间坐标轴而言），即 $T_c = 15 - 0 = 15$。

2）相邻两项工作之间的时间间隔的判定

工作箭线右端波形线的水平投影长度表示工作与其紧后工作之间的时间间隔；虚工作上的波形线水平投影长度，则表示与该虚工作相邻的前后工作之间的时间间隔。例如图 2-64 中，工作 C 与 E 之间的时间间隔为 2，工作 D 与 I 之间的时间间隔为 1，其余工作之间的时间间隔都为0。

3）工作六个时间参数的判定

（1）工作最早开始时间与最早完成时间的判定。

工作最早开始时间：工作箭线左端节点中心所对应的时标值为该工作最早开始时间。

工作最早完成时间：当工作箭线不存在波形线时，其右端节点中心所对应的时标值即为最早完成时间；当工作箭线存在波形线时，其箭线部分右端点所对应的时标值为最早完成时间。图2－64中各项工作的最早开始时间与最早完成时间的判定结果见表2－11。

表2－11　图2－64所示时标网络计划的时间参数表

| 工作代号 | 工作名称 | 时　间　参　数 | | | | | | | |
|---|---|---|---|---|---|---|---|---|---|
| | | 工作持续时间($D$) | 最早开始时间($ES$) | 最早完成时间($EF$) | 自由时差($FF$) | 总时差($TF$) | 最迟开始时间($LS$) | 最迟完成时间($LF$) | 关键工作 |
| 1－2 | $A$ | 6 | 0 | 6 | 0 | 4 | 4 | 10 | 否 |
| 1－3 | $B$ | 4 | 0 | 4 | 0 | 0 | 0 | 4 | 是 |
| 1－4 | $C$ | 2 | 0 | 2 | 2 | 2 | 2 | 4 | 否 |
| 3－5 | $D$ | 5 | 4 | 9 | 0 | 1 | 5 | 10 | 否 |
| 4－6 | $E$ | 6 | 4 | 10 | 0 | 0 | 4 | 10 | 是 |
| 2－7 | $G$ | 5 | 6 | 11 | 4 | 4 | 10 | 15 | 否 |
| 5－7 | $H$ | 3 | 9 | 12 | 3 | 3 | 12 | 15 | 否 |
| 6－7 | $I$ | 5 | 10 | 15 | 0 | 0 | 10 | 15 | 是 |

（2）工作自由时差的判定。

以终点节点为完成节点的结束工作，其自由时差应等于计划工期与工作最早完成时间之差，即

$$FF_{i-n} = T_p - EF_{i-n}$$

式中：$FF_{i-n}$——以网络计划终点节点$n$为箭头节点的工作的自由时差；

$T_p$——网络计划的计划工期；

$EF_{i-n}$——以网络计划终点节点$n$为箭头节点的工作的最早完成时间。

当网络计划的计划工期等于计算工期时，结束工作波形线的水平投影长度即为该工作的自由时差。

其他工作的自由时差等于其与其紧后工作之间时间间隔的小值，即

$$FF_{i-j} = \min\{LAG_{i-j, j-k}\} \tag{2-32}$$

图2－64中各项工作的自由时差的判定结果见表2－10。

（3）工作总时差的判定。

工作总时差的判定应从网络计划的终点节点开始，逆着箭线方向依次进行。

以终点节点为箭头节点的工作，其总时差应等于计划工期与本工作最早完成时间之差，即

$$TF_{i-n} = T_p - EF_{i-n}$$

式中：$TF_{i-n}$——以网络计划终点节点为完成节点的工作的总时差；

$T_p$——网络计划的计划工期；

$EF_{i-n}$——以网络计划终点节点 $n$ 为完成节点的结束工作的最早完成时间。

当网络计划的计划工期等于计算工期时，结束工作波形线的水平投影长度即为该工作的总时差。

其他工作的总时差等于其紧后工作的总时差加本工作与该紧后工作之间的时间间隔所得之和的最小值，即

$$TF_{i-j} = \min\{TF_{j-k} + LAG_{i-j,j-k}\}$$

式中：$TF_{i-j}$——工作 $i-j$ 的总时差；

$TF_{j-k}$——工作 $i-j$ 的紧后工作 $j-k$（不包括虚工作）的总时差；

$LAG_{i-j,j-k}$——工作 $i-j$ 与其紧后工作 $j-k$（不包括虚工作）之间的时间间隔。

图 2-64 中各项工作的总时差计算结果见表 2-11。

（4）工作最迟开始时间和最迟完成时间的判定

工作的最迟开始时间等于本工作的最早开始时间与其总时差之和，即

$$LS_{i-j} = ES_{i-j} + TF_{i-j} \tag{2-33}$$

工作的最迟完成时间等于本工作的最早完成时间与其总时差之和，即

$$LF_{i-j} = EF_{i-j} + TF_{i-j} \tag{2-34}$$

图 2-64 中各项工作的最迟开始时间和最迟完成时间判定结果见表 2-11。

5. 形象进度计划表

形象进度计划表也是建设工程进度计划的一种表达方式。它包括工作日形象进度计划表和日历形象进度计划表。

1）工作日形象进度计划表

工作日形象进度计划表是一种根据带有工作日坐标体系的时标网络计划编制的工程进度计划表。根据图 2-65 所示的时标网络计划编制工作日形象进度计划表见表 2-12。

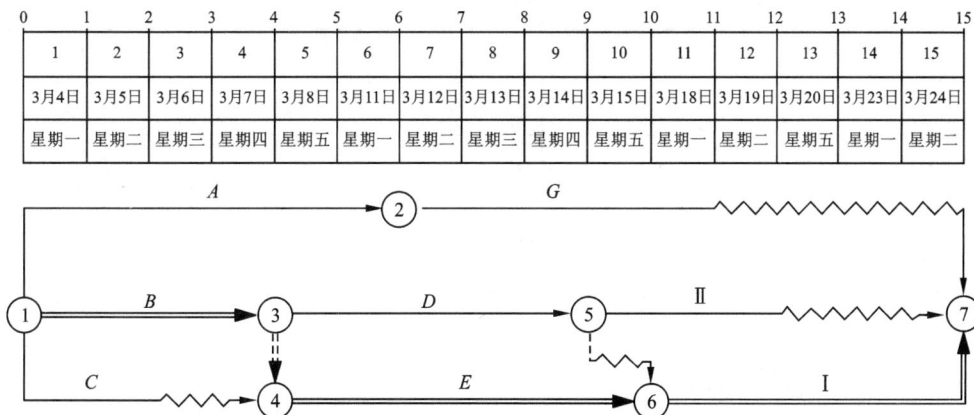

图 2-65　双代号时标网络计划

表 2 - 12　工作日形象进度计划表

| 工作代号 | 工作名称 | 工作持续时间 | 最早开始时间 | 最早完成时间 | 自由时差 | 总时差 | 最迟开始时间 | 最迟完成时间 | 关键工作 |
|---|---|---|---|---|---|---|---|---|---|
| 1 - 2 | A | 6 | 1 | 6 | 0 | 4 | 5 | 10 | 否 |
| 1 - 3 | B | 4 | 1 | 4 | 0 | 0 | 1 | 4 | 是 |
| 1 - 4 | C | 2 | 1 | 2 | 2 | 2 | 3 | 4 | 否 |
| 3 - 5 | D | 5 | 5 | 9 | 0 | 1 | 6 | 10 | 否 |
| 4 - 6 | E | 6 | 5 | 10 | 0 | 0 | 5 | 10 | 是 |
| 2 - 7 | G | 5 | 7 | 11 | 4 | 4 | 11 | 15 | 否 |
| 5 - 7 | H | 3 | 10 | 12 | 3 | 3 | 13 | 15 | 否 |
| 6 - 7 | I | 5 | 11 | 15 | 0 | 0 | 11 | 15 | 是 |

2)日历形象进度计划形

日历形象进度计划表是一种根据带有日历坐标体系的时标网络计划编制的工程进度计划表,其形式见表 2 - 13。请同学们根据图 2 - 65 所示的时标网络计划,完成表 2 - 13 所示日历形象进度计划表的填制。

表 2 - 13　日历形象进度计划表

| 工作代号 | 工作名称 | 工作持续时间 | 最早开始日期 | 最早完成日期 | 自由时差 | 总时差 | 最迟开始日期 | 最迟完成日期 | 关键工作 |
|---|---|---|---|---|---|---|---|---|---|
| 1 - 2 | A | 6 | 3月4日 | 3月11日 | 0 | 4 | 3月8日 | 3月15日 | 否 |
| 1 - 3 | B | 4 | | | | | | | |
| 1 - 4 | C | 2 | | | | | | | |
| 3 - 5 | D | 5 | | | | | | | |
| 4 - 6 | E | 6 | | | | | | | |
| 2 - 7 | G | 5 | | | | | | | |
| 5 - 7 | H | 3 | | | | | | | |
| 6 - 7 | I | 5 | | | | | | | |

### 2.3.3.4　单代号网络计划

1. 单代号网络图的基本概念

以节点及其编号表示工作,以箭线表示工作之间的逻辑关系的网络图称为单代号网络图。在单代号网络图中加注工作名称和持续时间就形成单代号网络计划,如图 2 - 66 所示。

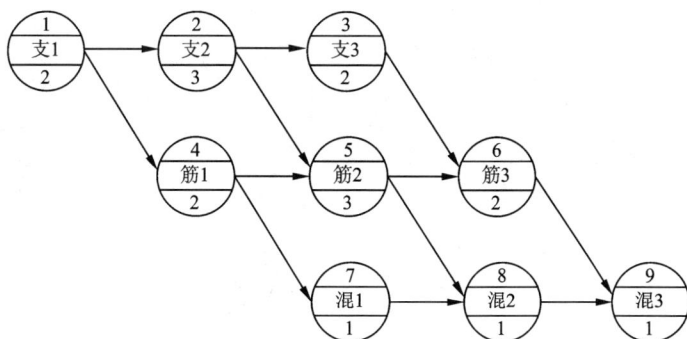

图 2 – 66　单代号网络计划

单代号网络图的基本组成要素为节点、箭线和线路。

1）工作的表示

单代号网络图中，用一个节点表示一项工作。节点一般用圆圈或方框表示，工作的名称、持续时间及工作的代号标注于节点内，如图 2 – 67 所示。

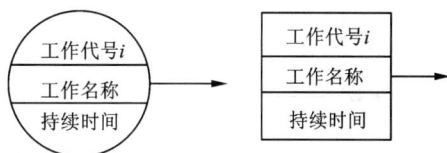

图 2 – 67　单代号网络图中工作的表示法

2）箭线

单代号网络图中的箭线表示相邻工作间的逻辑关系。在单代号网络图中只有实箭线，没有虚箭线。

3）线路

与双代号网络图中线路的含义相同，单代号网络图的线路是指从起点节点至终点节点，沿箭线方向顺序经过一系列箭线与节点所形成的若干条通路。其中持续时间最长的线路为关键线路，其余的线路称为非关键线路。

2. 单代号网络图的绘制

1）单代号网络图的绘制原则

①网络图的节点宜用圆圈或矩形表示。单代号网络图的节点所表示的工作代号应标注在节点内。

②当有多项工作同时开始或有多项工作同时结束时，应在网络图的两端分别设置一项虚拟的工作，作为该网络图的起点节点或终点节点，如图 2 – 68 所示。但当只有一项起始工作或一项结束工作时，就不宜设置虚的起点节点或终点节点，如图 2 – 69 所示。

其余绘制原则与双代号网络图绘制原则相同。

2）单代号网络图的绘制方法和步骤

①当开始工作有多项时，应增设一个开始虚工作作为网络图的起始节点。

②当结束工作有多项时，应增加一个结束虚工作作为网络图的结束节点。

其余与双代号网络图相似。

单代号网络图与双代号网络图只是表现形式不同，它们所表达的内容则完全一样。下面通过应用案例 2 – 18 来说明。

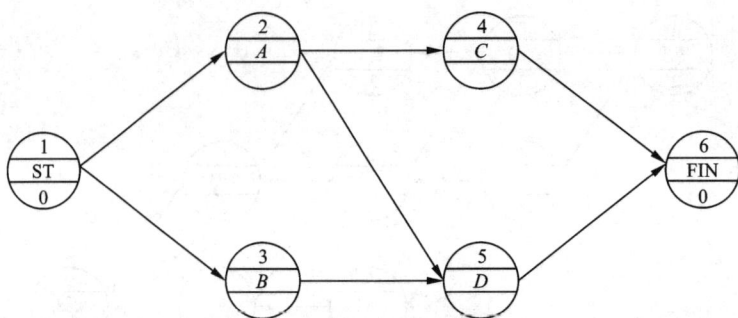

图 2-68　具有虚拟起点节点或终点节点的单代号网络图

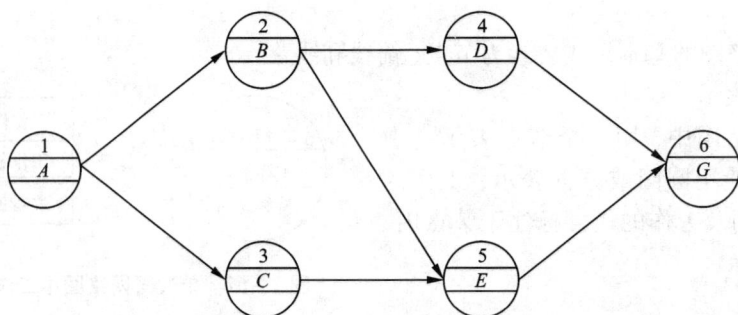

图 2-69　没有虚拟起点节点或终点节点的单代号网络图

【应用案例 2-18】　已知网络图的资料同应用案例 2-13，试绘制单代号网络图。

解：从应用案例 2-13 的图 2-45(各项工作的逻辑关系图)中可知，该网络计划有两项开始工作，因而应引入一个开始虚工作；有三项结束工作，因而应引入一个结束虚工作。根据其逻辑关系绘得其单代号网络图如图 2-70 所示。

对比图 2-46 与图 2-70 可知，它们表达的是同一项计划内容，只不过是采用了不同的表达方式而已。

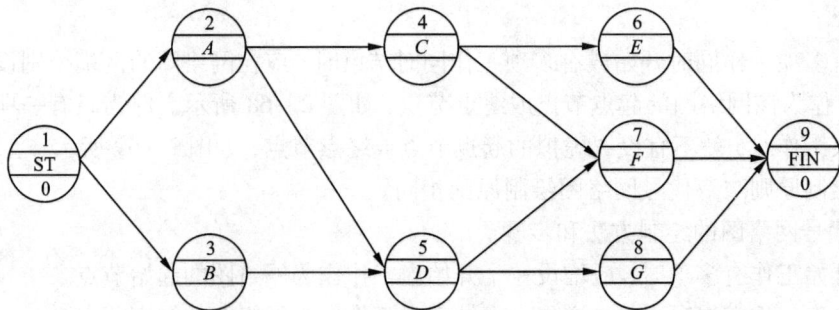

图 2-70　案例 2-18 单代号网络计划

3. 单代号网络计划的时间参数计算

1）单代号网络计划时间参数的表示

单代号网络计划时间参数的概念同双代号网络计划。

（1）工作最早开始时间用 $ES_i$ 表示，且规定 $ES_1 = 0$。

（2）工作最早完成时间用 $EF_i$ 表示。

（3）工作最迟开始时间用 $LS_i$ 表示。

（4）工作最迟完成时间用 $LF_i$ 表示，且规定：

a. 若没有规定工期 $T_p$，则终点节点的最迟时间等于计算工期 $T_c$，即 $LF_n = T_c$；

b. 若有规定工期 $T_p$，则终点节点的最迟时间等于规定工期 $T_p$，即 $LF_n = T_p$。

（5）工作的总时差用 $TF_i$ 表示。

（6）工作的自由时差用 $FF_i$ 表示。

（7）相邻工作的时间间隔用 $LAG_{i,j}$ 表示。

2）单代号网络图时间参数计算方法

本节仍然采用图上计算来介绍单代号网络计划时间参数的计算过程，其图上表示方法如图 2 -71 所示。

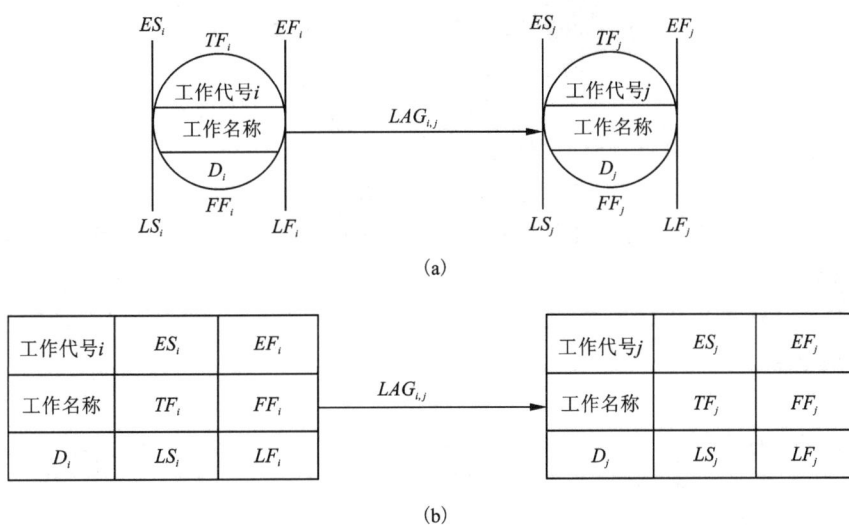

(a)

(b)

**图 2 -71 单代号网络计划时间参数的标注形式**

【应用案例 2 -19】 请计算图 2 -72 所示单代号网络计划的时间参数，确定工期并标出关键线路。

**解：** 采用图上计算法，将计算结果逐一标注在图上，其计算结果如图 2 -73 所示。其计算方法和步骤如下：

（1）计算 $ES_i$ 与 $EF_i$

从开始节点开始，顺箭线方向计算：

令 $ES_1 = 0$，则

$$ES_j = \max\{ES_i + D_i\} = \max\{EF_i\} \tag{2 -35}$$

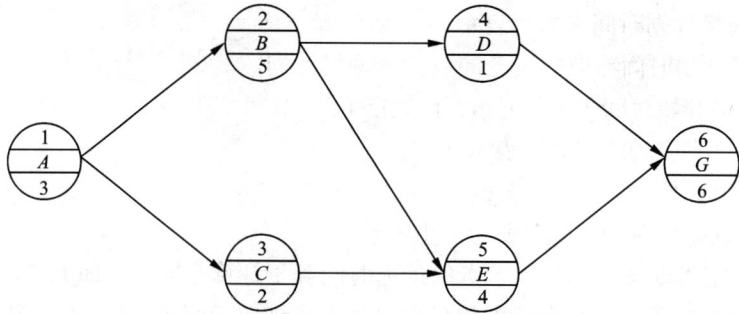

图 2-72 单代号网络计划

则
$$EF_i = ES_i + D_i \qquad (2-36)$$

则
$$T_c = EF_n$$

本例中，开始工作 A 的最早开始时间 $ES_1 = 0$；最早完成时间 $EF_1 = 0 + 3 = 3$。

其他工作的 $ES_j$ 和 $EF_i$ 按式(2-35)和(2-36)，如工作 E 的最早开始时间和最迟完成时间分别为

$$ES_5 = \max\{EF_2, EF_3\} = \max\{8, 5\} = 8$$
$$EF_5 = ES_5 + D_5 = 8 + 4 = 12$$

计算工期
$$T_c = EF_n = EF_6 = 18$$

(2)计算相邻工作之间的时间间隔 $LAG_{i,j}$
$$LAG_{i,j} = ES_j - EF_i \qquad (2-37)$$

本例中，$LAG_{3,5} = ES_5 - EF_3 = 8 - 5 = 3$，$LAG_{4,6} = ES_6 - EF_4 = 12.3.2 - 9 = 3$，其他工作之间的时间间隔为 0。

(3)确定网络计划的计划工期

若缺，则令 $T_p = T_c$

本例中，$T_p = T_c = 18$

(4)计算 $TF_i$ 与 $FF_i$

$TF_i$：从结束节点开始，逆箭线方向计算

结束工作的总时差 $TF_n$：
$$TF_n = T_p - T_c \qquad (2-38)$$

其他工作的总时差 $TF_i$：
$$TF_i = \min\{LAG_{i,j} + TF_j\} \qquad (2-39)$$

$FF_{i-j}$：

结束工作：$FF_n = T_p - EF_n$

其他工作：
$$FF_i = \min\{LAG_{i,j}\} \qquad (2-40)$$

本例中，结束工作的总时差和自由时差分别为

$$TF_n = TF_6 = T_p - EF_6 = 18 - 18 = 0 = FF_n = FF_6$$

其他工作的总时差和自由时差按公式(2-39)和(2-40)计算，如工作 B 的总时差和自

由时差分别为

$$TF_2 = \min\{LAG_{i,j} + TF_j\} = \min\{LAG_{2,4} + TF_4, \; LAG_{2,5} + TF_5\} = \min\{0+3, \; 0+0\} = 0$$

$$FF_2 = \min\{LAG_{i,j}\} = \min\{LAG_{2,4}, \; LAG_{2,5}\} = \min\{0, \; 0\} = 0$$

（5）计算 $LF_i$ 与 $LS_i$

① 根据总时差计算：

$$LF_i = TF_i + EF_i \tag{2-41}$$

$$LS_i = TF_i + ES_i \tag{2-42}$$

本例中，工作 D 的最迟时间完成和最迟开始时间分别为

$$LF_4 = TF_4 + EF_4 = 3 + 9 = 12, \quad LS_4 = TF_4 + ES_4 = 3 + 8 = 11$$

② 根据计划工期计算：

由 $LF_n = T_p$，则

$$LS_i = LF_i - D_i \tag{2-43}$$

则

$$LF_i = \min\{LF_j - D_j\} = \min\{LS_j\} \tag{2-44}$$

（6）确定关键工作和关键线路

关键工作的叛定：若 $T_c = T_p$，则时差为 0 的工作为关键工作；若 $T_c < T_p$，则总时差最小的工作为关键工作。

关键线路的叛定：

① 利用关键工作确定关键线路　从结束节点开始，递箭线方向连接总时差为 0 或总时差最小的工作（即关键工作），至开始节点，形成的线路就是关键线路。

② 利用相邻工作之间的时间间隔确定关键线路　从网络计划的终点结点开始，递箭线方向找出相邻两项工作之间时间间隔为 0 的路线就是关键线路。

本例计算结果如图 2-73 所示。

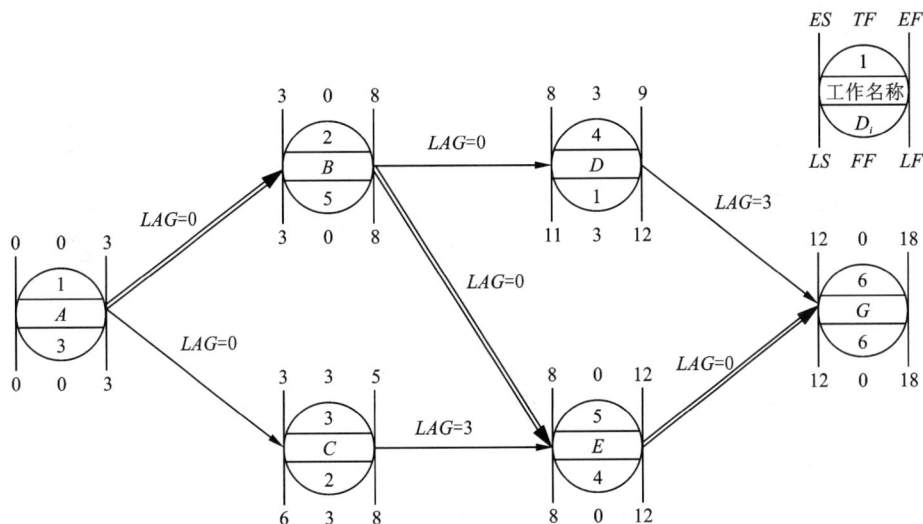

图 2-73　单代号网络计划时间参数计算

## 4.单代号网络计划的优点

（1）单代号网络图绘制方便，不必增加虚工作。在此弥补了双代号网络图的不足，所以，

近年来在国外，特别是欧洲新发展起来的几种形式的网络计划，如决策网络计划(DCPM)、图示评审技术(GERT)等都是采用单代号表示法表示的。

(2)根据使用者反映，单代号网络图具有便于说明、容易被非专业人员所理解和易于修改的优点。这对于推广应用统筹法编制工程进度计划，进行全面科学管理是有益的。

(3)在应用电子计算机进行网络计算和优化的过程中，人们认为：双代号网络图更为简便，这主要是由于双代号网络图中用两个节点代表一项工作，这样可以自然地直接反映出其紧前工作或紧后工作的关系，而单代号网络图就必须按工作逐个列出其直接紧前或紧后工作，也即采用所谓自然排序的方法来检查其紧前、紧后工作关系，这就在计算机中需占用更多的存贮单元。但是，通过已有的计算程序计算，两者的运算时间和费用的差额是很小的。

既然单代号网络图具有上述优点，为什么人们还要继续使用双代号网络图呢？这主要是一个"习惯问题"。我们首先接受和采用的是双代号网络图，其推广时间较长，这是其原因之一。另一个重要原因是用双代号时标网络计划表示工程进度比用单代号网络计划更为直观形象。

### 2.3.3.5　单代号搭接网络计划

#### 1.单代号搭接网络图概述

在普通双代号和单代号网络计划中，各项工作按先后顺序进行，即任何一项工作都必须在它的紧前工作全部完成后才能进行。

图2-74(a)以横道图表示相邻的 $A$ (持续时间10天)、$B$ (持续时间12天)两项工作，$A$ 工作进行4天后 $B$ 工作即可开始，而不必等 $A$ 工作全部完成。这种情况若按先后顺序用网络图表示就必须把 $A$ 工作分为两部分，即 $A1$ 和 $A2$ 工作，以双代号网络图表示如图2-74(b)所示，以单代号网络图表示如图2-74(c)所示。

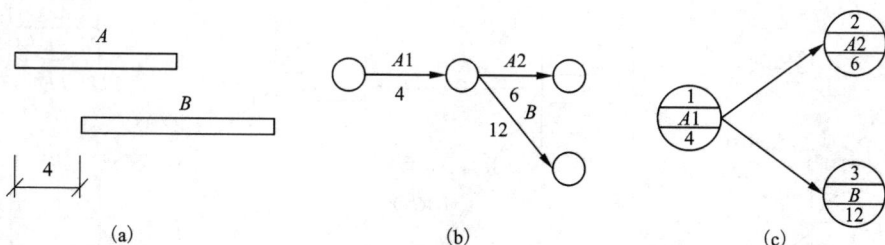

**图2-74　$A$、$B$ 两工作搭接关系的表示方法**
(a)用横道图表示；(b)用双代号网络图表示；(c)用单代号网络图表示

但在实际工作中，为了缩短工期，许多工作可采用平行搭接的方式进行。为了简单直接地表达这种搭接关系，使编制网络计划得以简化，于是出现了搭接网络计划方法。

以节点及其编号表示工作，以箭线及箭线上方的时距表示工作之间的搭接顺序关系的网络图称为单代号搭接网络图。在单代号搭接网络图中加注工作名称和持续时间就形成单代号网络计划，单代号搭接网络计划如图2-75所示，其中起点节点 ST 和终点节点 FIN 为虚拟节点。

单代号搭接网络计划中节点的标注应与单代号网络计划相同。

单代号搭接网络计划中，箭线及其上面的时距符号表示相邻工作间的逻辑关系，如

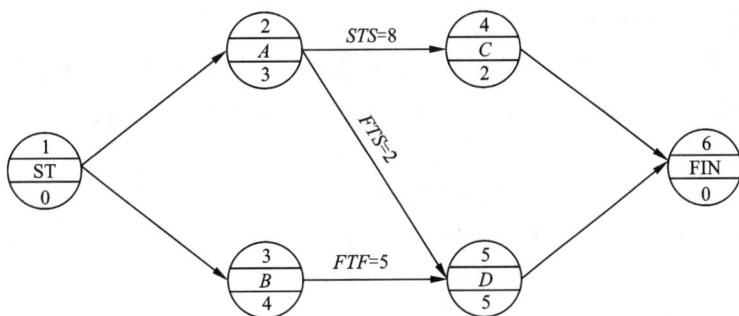

图 2-75 单代号搭接网络计划

图 2-76 所示。

工作的搭接顺序关系是用前项工作的开始或完成时间与其紧后工作的开始或完成时间之间的间距来表示，具体有如下四类：

$FTS_{i,j}$——工作 $i$ 完成时间与其紧后工作 $j$ 开始时间的时间间距；

$FTF_{i,j}$——工作 $i$ 完成时间与其紧后工作 $j$ 完成时间的时间间距；

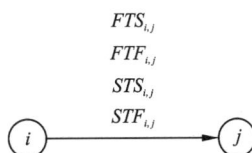

图 2-76 单代号搭接
网络图箭线的表示方法

$STS_{i,j}$——工作 $i$ 开始时间与其紧后工作 $j$ 开始时间的时间间距；

$STF_{i,j}$——工作 $i$ 开始时间与其紧后工作 $j$ 完成时间的时间间距。

单代号搭接网络图的绘制应符合单代号网络图的绘制原则，同时应以时距表示工作间的搭接顺序关系。

单代号搭接网络计划中的时间参数基本内容和形式应按图 2-77 所示方式标注。工作名称和工作持续时间标注在节点圆圈内；工作的时间参数标注在圆圈的上下；而工作之间的时间参数，如时距和相邻工作的时间间隔，标注在联系箭线的上下方。

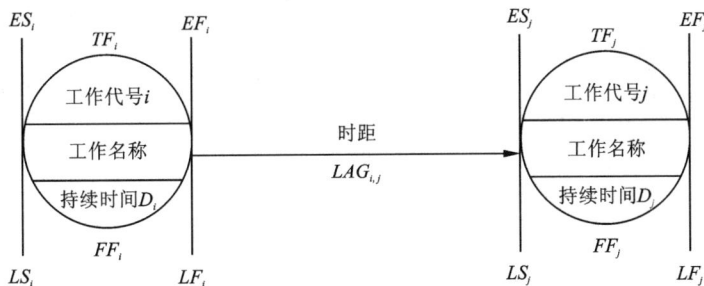

图 2-77 单代号搭接网络计划时间参数标注形式

### 2. 单代号搭接网络计划中的搭接关系

1)完成到开始时距($FTS_{i,j}$)的连接方法

图2-78表示紧前工作$i$的完成时间与紧后工作$j$的开始时间之间的时距和连接方法。

例如修一条堤坝的护坡时，一定要等土堤自然沉降后才能修护坡，这种等待的时间就是$FTS$时距。

当$FTS=0$时，即紧前工作$i$的完成时间等于紧后工作$j$的开始时间，这时紧前紧后工作紧密衔接。当所有相邻工作的$FTS=0$时，整个搭接网络计划就成为一般的单代号网络计划。

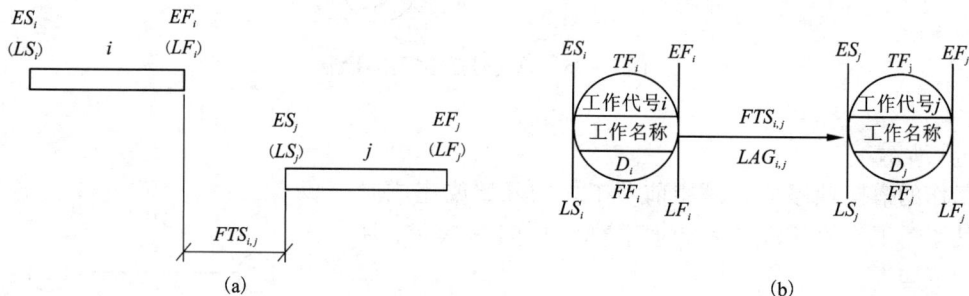

**图2-78 时距$FTS$的表示方法**

(a)从横道图看$FTS$时距；(b)用单代号搭接网络计划方法表示

2)完成到完成时距($FTF_{i,j}$)的连接方法

图2-79表示紧前工作$i$的完成时间与紧后工作$j$的完成时间之间的时距和连接方法。

例如相邻两工作，当紧前工作的施工速度小于紧后工作时，则必须考虑为紧后工作留有充分的工作面，否则紧后工作就将因无工作面而无法进行。这种结束工作时间之间的间隔就是$FTF$时距。

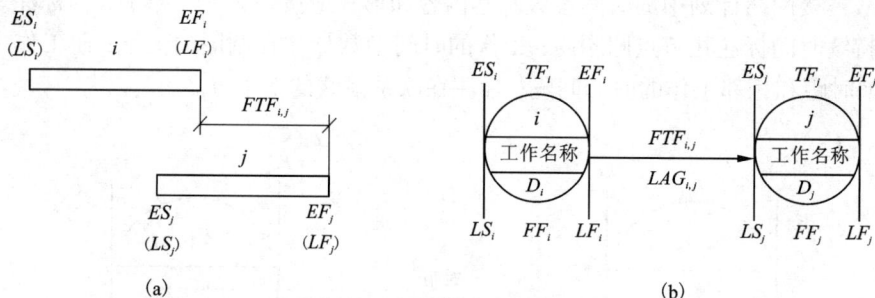

**图2-79 时距$FTF$的表示方法**

(a)从横道图看$FTF$时距；(b)用单代号搭接网络计划方法表示

3)开始到开始时距($STS_{i,j}$)的连接方法

图2-80表示紧前工作$i$的开始时间与紧后工作$j$的开始时间之间的时距和连接方法。

例如道路工程中的铺设路基和浇筑路面，待路基开始工作一定时间为路面工程创造一定工作条件之后，路面工程即可开始进行，这种开始工作时间之间的间隔就是$STS$时距。

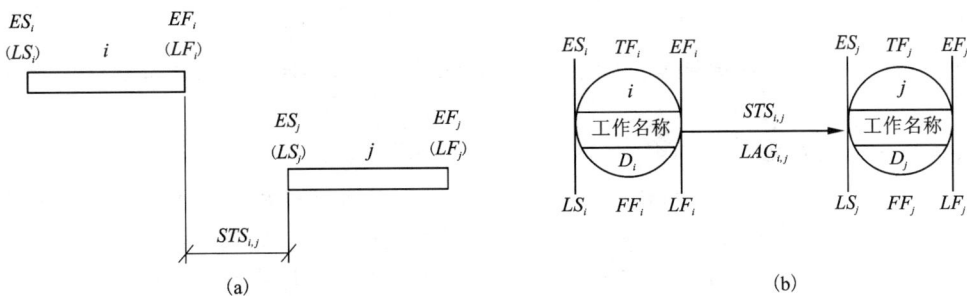

**图 2 - 80　时距 *STS* 的表示方法**

（a）从横道图看 *STS* 时距；（b）用单代号搭接网络计划方法表示

4）开始到完成时距（$STF_{i,j}$）的连接方法

图 2 - 81 表示紧前工作 $i$ 的开始时间与紧后工作 $j$ 的完成时间之间的时距和连接方法。

例如要挖掘带有部分地下水的土壤，地下水位以上的土壤可以在降低地下水位工作完成之前开始，而在地下水位以下的土壤则必须要等降低地下水位之后才能开始。降低地下水位的工作的完成与何时挖地下水位以下的土壤有关，至于降低地下水位何时开始，则与挖土没有直接联系。这种开始到结束的限制时间就是 *STF* 时距。

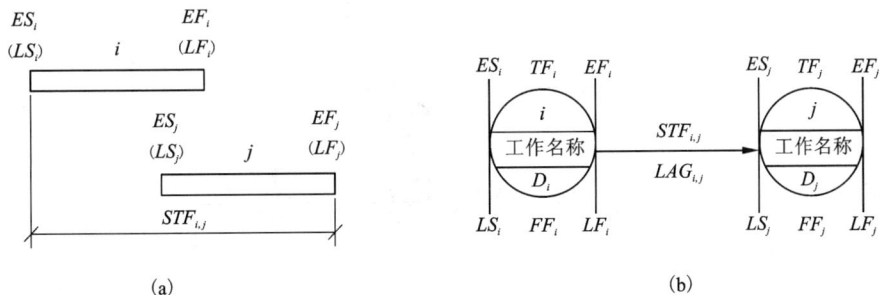

**图 2 - 81　时距 *STF* 的表示方法**

（a）从横道图看 *STF* 时距；（b）用单代号搭接网络计划方法表示

5）混合时距的连接方法

在搭接网络计划中，两项工作之间可同时由四种基本连接关系中两种以上来限制工作间的逻辑关系，例如 $i$、$j$ 两项工作可能同时由 *STS* 与 *FTF* 时距限制，或 *STF* 与 *FTS* 时距限制等。

#### 2.3.3.6　网络计划应用实例

本工程为某住宅楼工程，平面为四个标准单元组合，位于湖南某市区，施工采用组合钢模板及钢管脚手架，垂直运输机械采用井架。工程概况如下：砖混结构，建筑面积 3300 m²；建筑层数为 5 层；钢筋混凝土条形基础；主体工程：楼板及屋面板均采用预制空心板，设构造柱和圈梁；装修工程：铝合金窗、胶合板门，外墙面砖，规格为 150 mm×75 mm；内墙中级抹灰加 106 涂料；屋面工程：屋面板上做 20 mm 厚水泥砂浆找平层，再用热熔法做 SBS 防水层。

本工程开工日期为 2013 年 5 月 3 日，竣工日期为 2013 年 9 月 30 日（工期可以提前，但不能拖后）。

请按流水施工方式组织施工，并绘制单位工程双代号网络计划和装饰工程双代号时标网络计划。

其工程量一览表见"2.3.2.4　流水施工应用实例"中表 2-4。

流水施工进度计划，既可用横道图表示，也可用双代号网络计划表示。双代号网络计划编制的程序和内容，与横道图计划编制的程序和内容是一致的，从施工段的划分，流水施工的组织方式，到流水节拍（工作持续时间）的确定、班组人数的计算等全都相同。下面将利用"2.3.2.4　流水施工应用实例"中图 2-27 某五层住宅楼工程流水施工进度表的相关数据，介绍单位工程双代号网络计划的绘制方法。

本住宅楼工程分为基础工程、主体工程、屋面工程和装饰工程四个分部工程。首先，按施工过程排列方式，根据逻辑关系，绘制每个分部工程的双代号网络计划草图，如图 2-82、图 2-83 和图 2-84 所示。

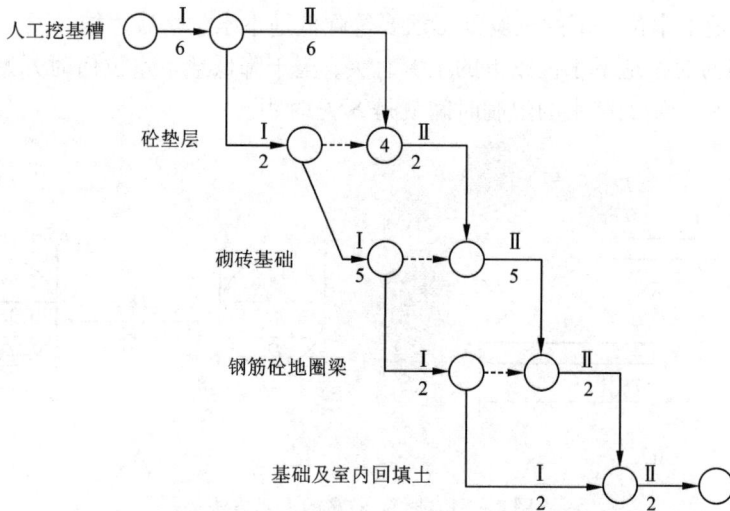

图 2-82　某住宅楼基础工程双代号网络计划草图

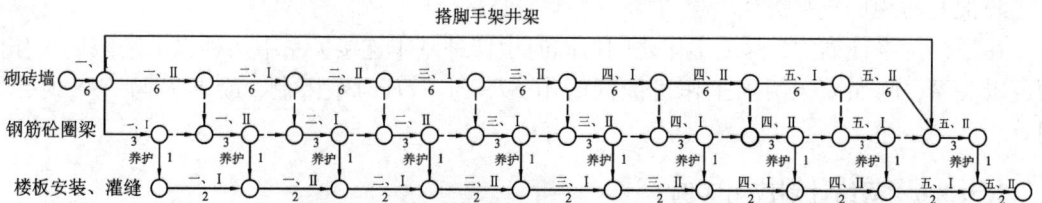

图 2-83　某住宅楼主体工程双代号网络计划草图

实际工程双代号网络图的第一行和最后一行不含虚工作，中间行都是一个实工作一个虚工作相间排列。绘第一行（即第 1 个施工过程或第 1 个施工段）的工作时，其工作箭线的长度应是中间工作箭线长度的 2 倍（不含开始工作）；绘中间行时，按"一实一虚"，即一实工作后

114

面紧跟一横向虚工作绘制,这样绘出每一个施工过程(或施工段),注意图形排列时应根据逻辑关系从左往右错动,再按逻辑关系用竖向虚工作将紧前紧后工作联系起来。

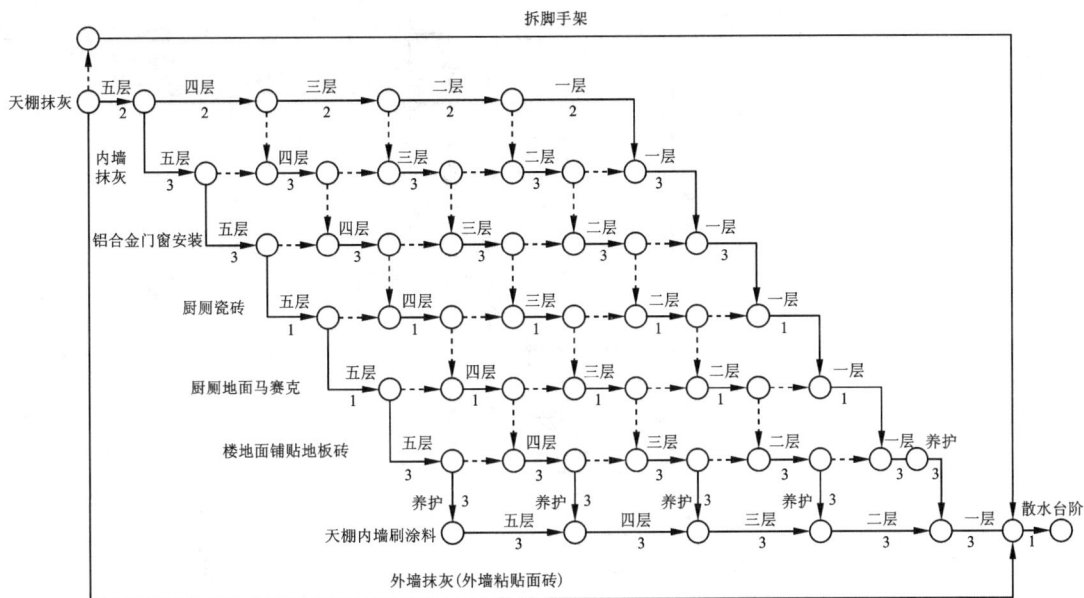

**图 2-84　某住宅楼装饰工程双代号网络计划草图**

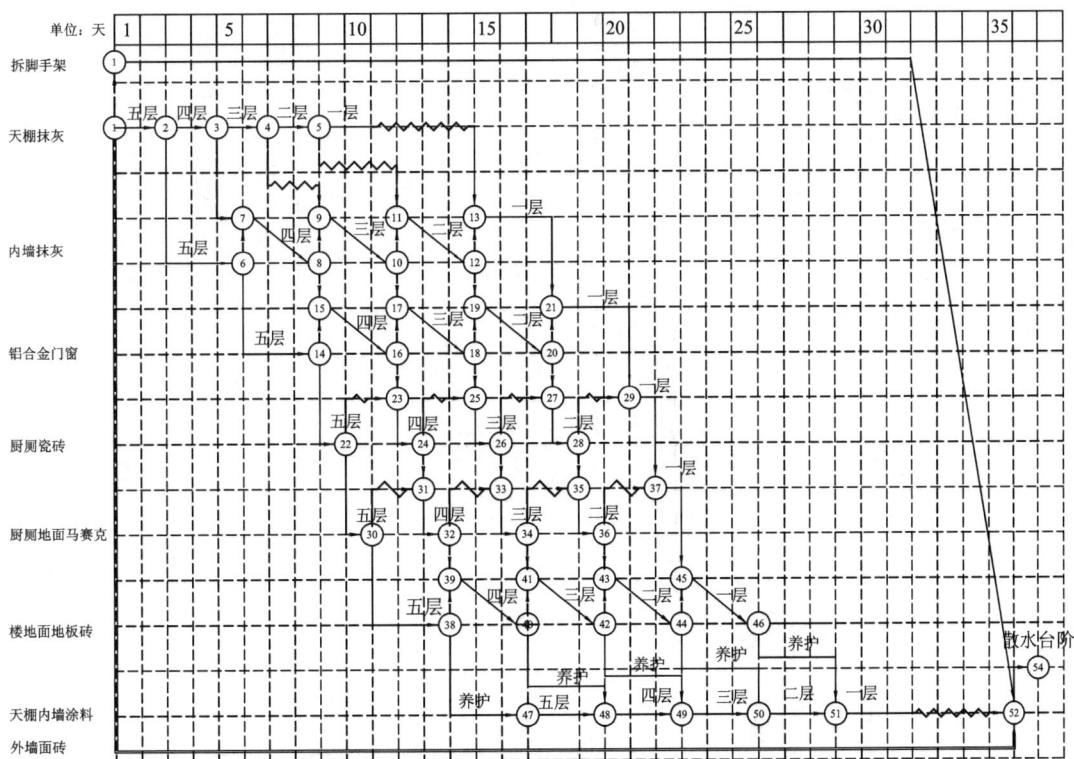

**图 2-85　某住宅楼装饰工程双代号时标网络计划**

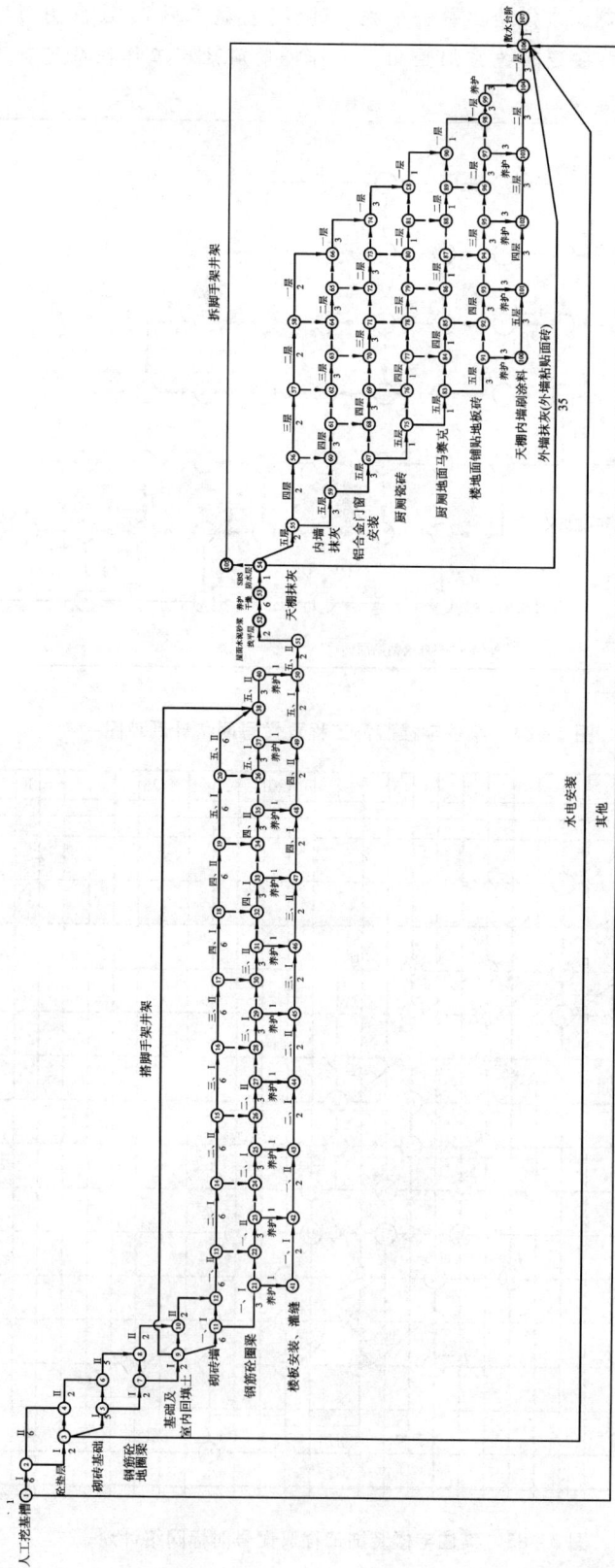

图2-86 某住宅楼工程双代号网络计划

其次,将正确的各分部工程网络计划草图按逻辑关系进行连接,形成单位工程双代号网络计划。在连接的过程中,要注意不要有多余的节点和虚工作,也不应出现两个节点间出现两条箭线的情形。在保证网络计划准确无误后,最后再按"从左至右,从向至下,节点编号由小到大"原则给网络计划各节点统一编号。某住宅楼工程双代号网络计划如图2-86所示。

按直接绘制法绘制装饰工程双代号时标网络计划如图2-85所示。

某五层教学楼,框架结构,建筑面积为2500 m²,平面形状为一字形,钢筋混凝土条形基础。主体为现浇框架结构,维护墙采用空心砖砌筑。室内底层地面为缸砖,标准地面为水泥砂浆,内墙、顶棚为中级抹灰,面层为106涂料,外墙镶贴面砖。屋面采用柔性防水材料。本工程的基础、主体均分为三段施工,屋面不分段,内装修每层为一段,外装修自上而下一次完成,其工程量见表2-14,该工程的网络计划如图2-87所示。

表2-14　工程量一览表

| 序号 | 分部分项名称 | 劳动量 | | 工作持续天数 | 每天工作班数 | 每班工人数 |
|---|---|---|---|---|---|---|
| | | 单位 | 数量 | | | |
| 基础工程 | | | | | | |
| 1 | 基础挖土 | 工日 | 300 | 15 | 1 | 20 |
| 2 | 基础垫层 | 工日 | 45 | 3 | 1 | 15 |
| 3 | 基础现浇混凝土 | 工日 | 567 | 18 | 1 | 30 |
| 4 | 基础墙(素混凝土) | 工日 | 90 | 6 | 1 | 15 |
| 5 | 基础及地坪回填土 | 工日 | 120 | 6 | 1 | 20 |
| 主体工程(五层) | | | | | | |
| 1 | 柱筋 | 工日 | 178 | 4.5×5 | 1 | 8 |
| 2 | 柱、梁、板模版(含梯) | 工日 | 2085 | 21×5 | 1 | 20 |
| 3 | 柱混凝土 | 工日 | 445 | 3×5 | 1.5 | 20 |
| 4 | 梁板筋(含梯) | 工日 | 450 | 7.5×5 | 1 | 12 |
| 5 | 梁板混凝土(含梯) | 工日 | 1125 | 3×5 | 3 | 25 |
| 6 | 砌墙 | 工日 | 2596 | 25.5×5 | 1 | 20 |
| 7 | 拆模 | 工日 | 671 | 10.5×5 | 1 | 12 |
| 8 | 搭架子 | 工日 | 360 | 36 | 1 | 10 |
| 屋面工程 | | | | | | |
| 1 | 屋面隔热 | 工日 | 105 | 7 | 1 | 15 |
| 2 | 屋面防水 | 工日 | 240 | 12 | 1 | 20 |

続表 2-14

| 序号 | 分部分项名称 | 劳动量 | | 工作持续天数 | 每天工作班数 | 每班工人数 |
|---|---|---|---|---|---|---|
| | | 单位 | 数量 | | | |
| 装饰工程 | | | | | | |
| 1 | 外墙面砖 | 工日 | 450 | 15 | 1 | 30 |
| 2 | 安装门窗扇 | 工日 | 60 | 5 | 1 | 12 |
| 3 | 顶棚粉刷 | 工日 | 300 | 10 | 1 | 30 |
| 4 | 内墙粉刷 | 工日 | 600 | 20 | 2 | 30 |
| 5 | 楼地面、楼梯、扶手粉刷 | 工日 | 450 | 15 | 1 | 30 |
| 6 | 106 涂料 | 工日 | 50 | 5 | 1 | 10 |
| 7 | 油玻 | 工日 | 75 | 7.5 | 1 | 10 |
| 8 | 水电安装 | 工日 | 150 | 15 | 1 | 10 |
| 9 | 拆脚手架、拆塔式起重机 | 工日 | 20 | 2 | 1 | 10 |
| | 扫尾 | 工日 | 24 | 4 | 1 | 6 |

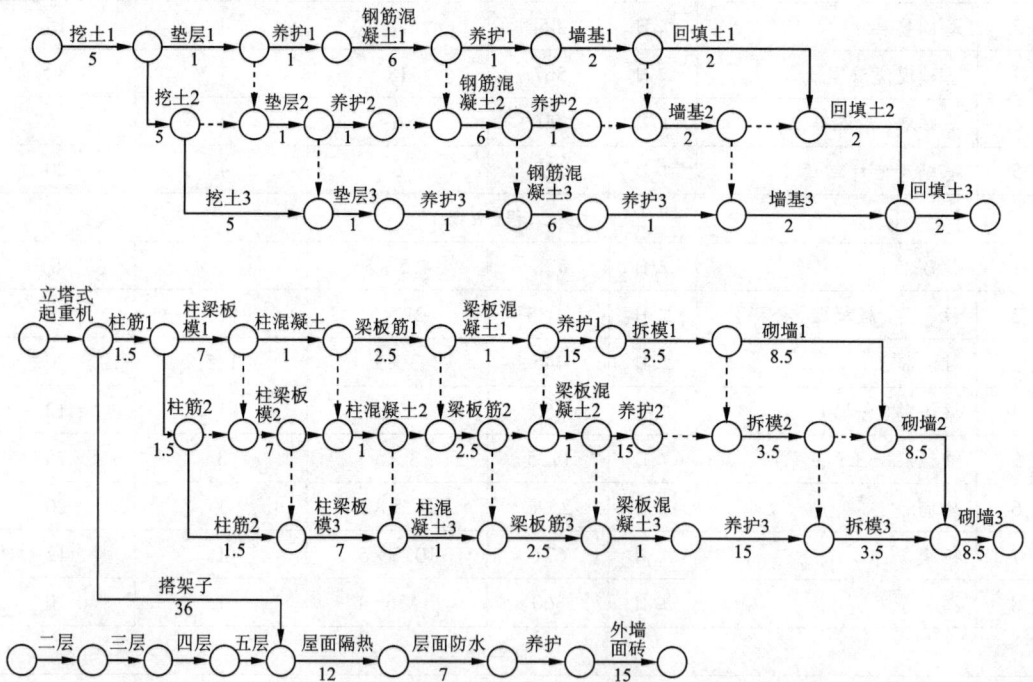

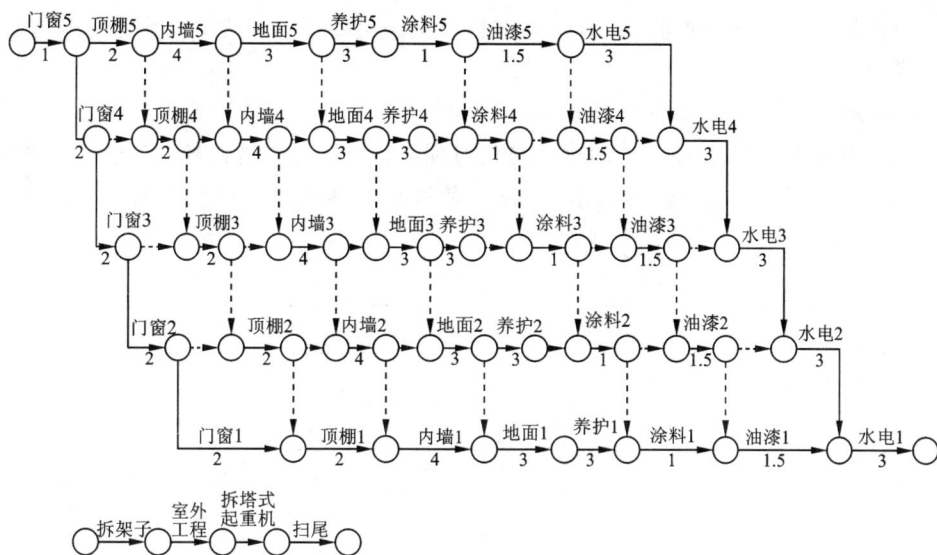

图 2 – 87　某五层教学楼网络计划

### 2.3.3.7　网络计划的优化

网络计划的优化是指在一定的约束条件下，按照既定目标对网络计划进行不断地完善与调整，直到寻找出满意的结果。根据既定目标的不同，网络计划优化的内容分为工期优化、费用优化和资源优化三个方面。

1. 工期优化

1）工期优化的基本原理

工期优化就是通过压缩计算工期，以达到既定工期目标，或在一定约束条件下，使工期最短的过程。

工期优化一般是通过压缩关键线路（关键工作）的持续时间来满足工期要求的。在优化过程中要保证被压缩的关键工作不能变为非关键工作，使之仍能够控制住工期。当出现多条关键线路时，如需压缩关键线路支路上的关键工作，必须将各支路上对应关键工作的持续时间同步压缩某一数值。

2）工期优化的方法与步骤

（1）找出关键线路，求出计算工期 $T_c$。

（2）根据要求工期 $T_r$，计算出应缩短的时间 $\Delta T = T_c - T_r$。

（3）缩短关键工作的持续时间，在选择应优先压缩工作持续时间的关键工作时，须考虑下列因素：

a. 该关键工作的持续时间缩短后，对工程质量和施工安全影响不大；

b. 该关键工作资源储备充足；

c. 该关键工作缩短持续时间后，所需增加的费用最少。

通常，优先压缩优选系数最小或组合优选系数最小的关键工作或其组合。

（4）将应优先压缩的关键工作的持续时间压缩至某适当值，并找出关键线路，计算工期。

(5)若计算工期不满足要求,重复上述过程直至满足要求工期或工期无法再缩短为止。

3)工期优化示例

**【应用案例2-20】** 已知网络计划如图2-88所示。箭线下方括号外数据为该工作的正常持续时间,括号内数据为该工作的最短持续时间,各工作的优选系数见下表。根据实际情况并考虑选择优选系数(或组合优选系数)最小的关键工作缩短其持续时间。假定要求工期为 $T_r = 19$ 天,试对该网络计划进行工期优化。

| 工 作 | A | B | C | D | E | F | G | H |
|-------|---|---|---|---|---|---|---|---|
| 优选系数 | 7 | 8 | 5 | 2 | 6 | 4 | 1 | 3 |

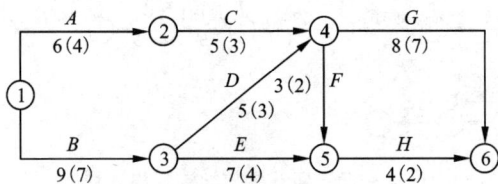

图2-88 原始网络计划

**解**:1. 确定关键线路和计算工期。

原始网络计划的关键线路和工期 $T_c = 22$ 天,如图2-89所示。

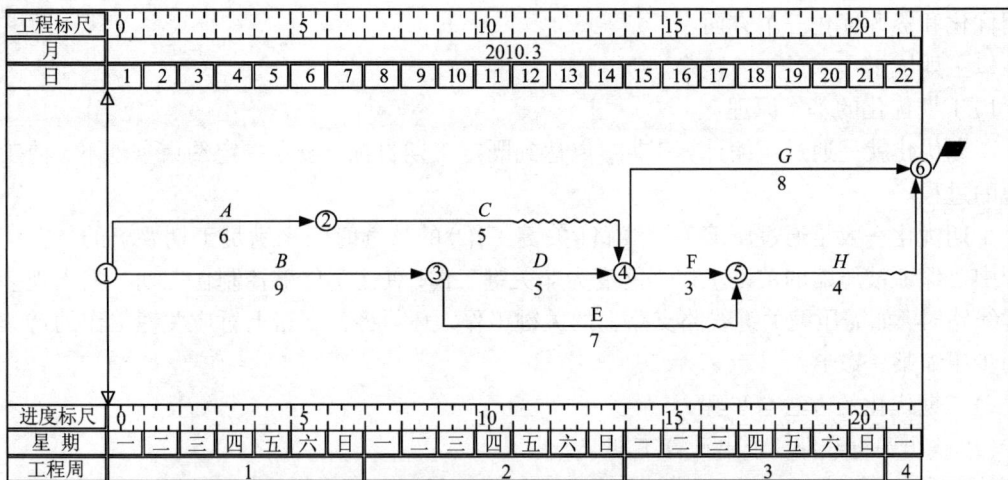

图2-89 原始网络计划的的关键线路和工期

2. 计算应缩短工期

$$\Delta T = T_c - T_r = 22 - 19 = 3 \text{ 天}。$$

3. 确定工作 $G$ 的持续时间压缩1天后找出关键线路和工期,如图2-90所示。

4. 继续压缩关键工作。

将工作 $D$ 压缩1天,网络计划如图2-91所示。

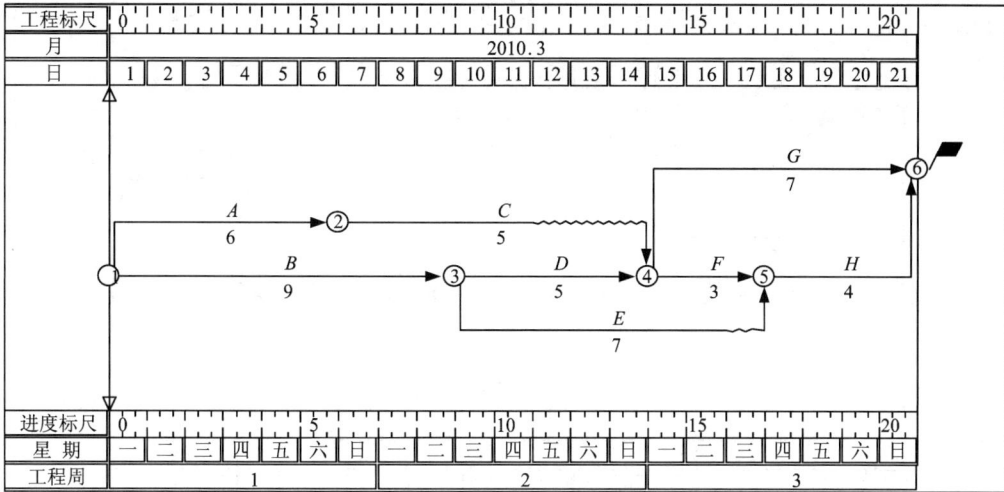

图 2-90 工作 G 压缩 1 天后的关键线路和工期

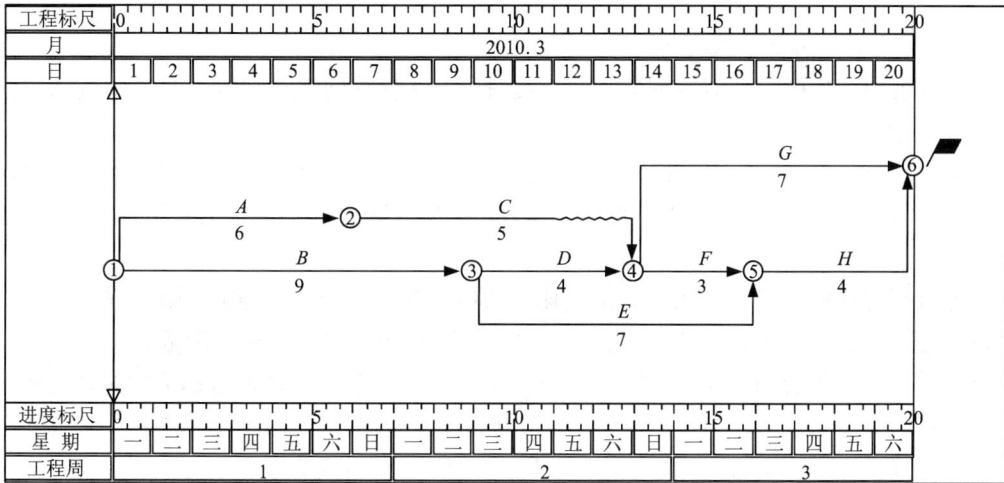

图 2-91 工作 D 压缩 1 天后的的关键线路和工期

5.继续压缩关键工作。

将工作 D、H 同步压缩 1 天，此时计算工期为 20 - 1 = 19 天，满足要求工期。最终优化结果见图 2-92。

2.资源优化

计划执行过程中，所需的人力、材料、机械设备和资金等统称为资源。资源优化的目标是通过调整计划中某些工作的开始时间，使资源分布满足要求。

1)资源有限-工期最短的优化

资源有限-工期最短的优化是指在满足有限资源的条件下，通过调整某些工作的作业开始时间，使工期不延误或延误最少。

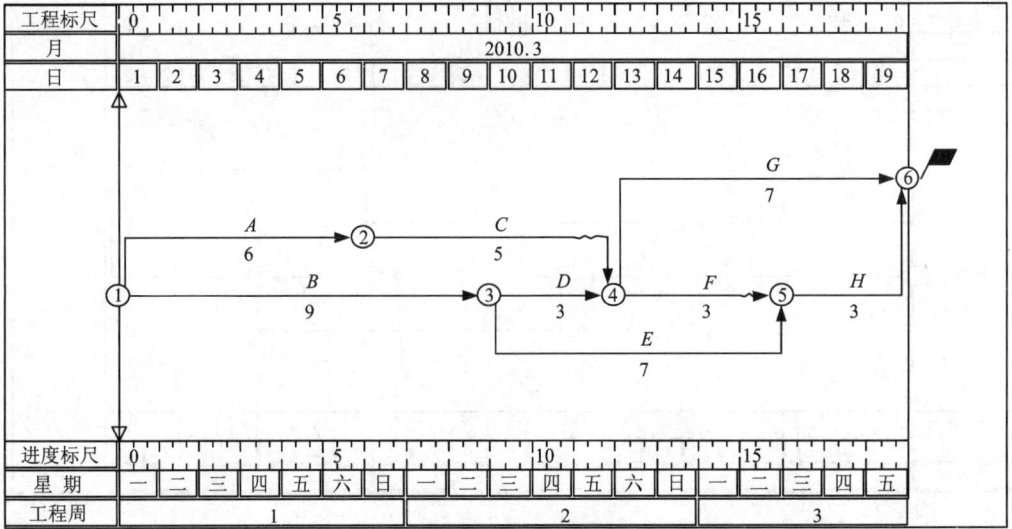

图 2-92　工作 *D*、*H* 同步压缩 1 天后的的关键线路和工期(最终结果)

(1)优化步骤与方法。

①按照各项工作的最早开始时间安排进度计划,并计算网络计划每个时间单位的资源需用量。

②从计划开始日期起,逐个检查每个时段(每个时间单位资源需用量相同的时间段)资源需用量是否超过资源限量。如果某个时段的资源需用量超过资源限量,则须进行计划的调整。

③分析超过资源限量的时段。如果在该时段内有几项工作平行作业,则采取将一项工作安排在与之平行的另一项工作之后进行的方法,以降低该时段的资源需用量。

对于两项平行作业的工作 *m* 和工作 *n* 来说,为了降低相应时段的资源需用量,现将工作 *n* 安排在工作 *m* 之后进行(如图 2-93 所示),则网络计划的工期增量为:

$$\Delta T_{m,n} = EF_m + D_n - LF_n = EF_m - (LF_n - D_n) = EF_m - LS_n \tag{2-45}$$

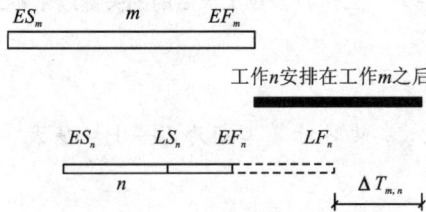

图 2-93　工作 *n* 安排在工作 *m* 之后

这样,在有资源冲突的时段中,对平行作业的工作进行两两排序,即可得出若干个 $\Delta T_{m,n}$,选择其中最小的 $\Delta T_{m,n}$,将相应的工作 *n* 安排在工作 *m* 之后进行,既可降低该时段的资源需用量,又使网络计划的工期增量最小。

122

④对调整后的网络计划安排,重新计算每个时间单位的资源需用量。

⑤重复上述②~④,直至网络计划任意时间单位的资源需用量均不超过资源限量。

(2)优化示例。

**【应用案例2-21】** 已知某工程双代号网络计划如图2-94所示,图中箭线上方【】内数字为工作的资源强度,箭线下方数字为工作持续时间。假定资源限量$R_a = 12$,试对其进行"资源有限-工期最短"的优化。

**解:**(1)计算网络计划每个时间单位的资源需用量,绘出资源需用量分布曲线,即图2-94下方所示曲线。

(2)从计划开始日期起,经检查发现第一个时段[1,3]存在资源冲突,即资源需用量超过资源限量,故应首先对该时段进行调整。

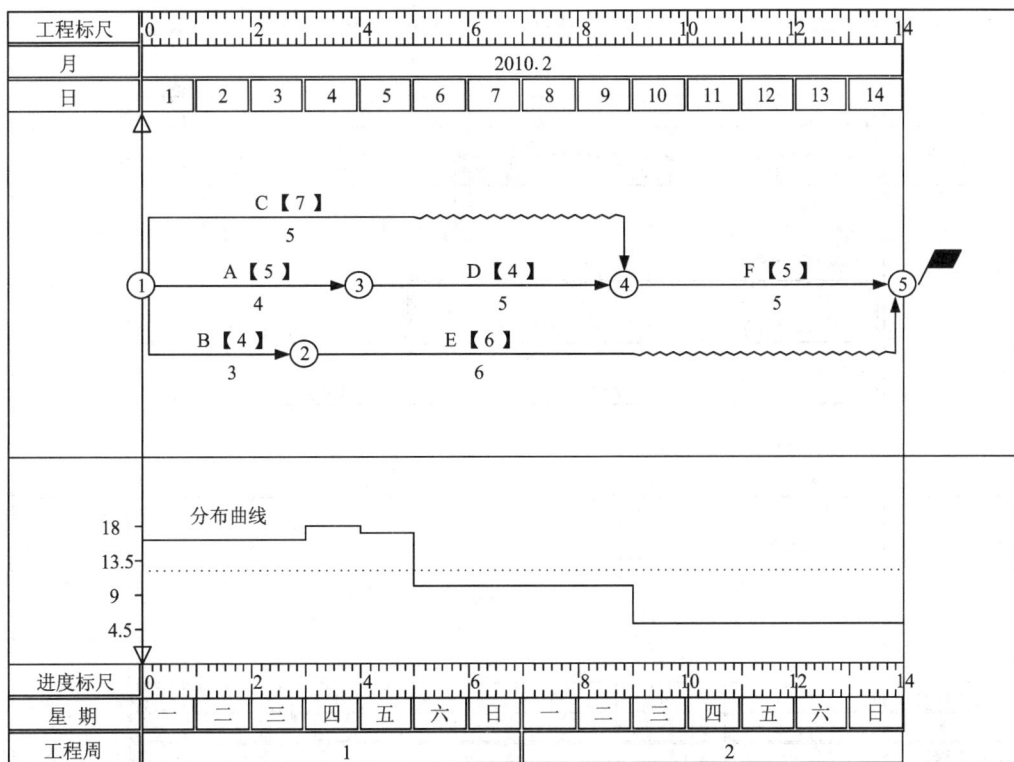

图2-94 初始网络计划

(3)在时段[1,3]有工作 $C$、工作 $A$ 和工作 $B$ 三项工作平行作业,利用式(2-45)计算 $\Delta T$ 值,其计算结果见表2-15。

表 2 –15　在时段[1，3]中计算 $\Delta T$ 值

| 工作<br>名称 | 工作<br>序号 | 最早完成<br>时间($EF$) | 最迟开始<br>时间($LS$) | $\Delta T_{1,2}$ | $\Delta T_{1,3}$ | $\Delta T_{2,1}$ | $\Delta T_{2,3}$ | $\Delta T_{3,1}$ | $\Delta T_{3,2}$ |
|---|---|---|---|---|---|---|---|---|---|
| $C$ | 1 | 5 | 4 | 5 | 0 | | | | |
| $A$ | 2 | 4 | 0 | | | 0 | $-1$ | | |
| $B$ | 3 | 3 | 5 | | | | | $-1$ | 3 |

由表 2 –15 可知工期增量 $\Delta T_{2,3} = \Delta T_{3,1} = -1$ 最小，说明将 3 号工作(工作 $B$)安排在 2 号工作(工作 $A$)之后或将 1 号工作(工作 $C$)安排在 3 号工作(工作 $B$)之后工期不延长。但从资源强度来看，应以选择将 3 号工作(工作 $B$)安排在第 2 号工作(工作 $A$)之后进行为宜。因此将工作 $B$ 安排在工作 $A$ 之后，调整后的网络计划如图 2 –95 所示，工期不变。

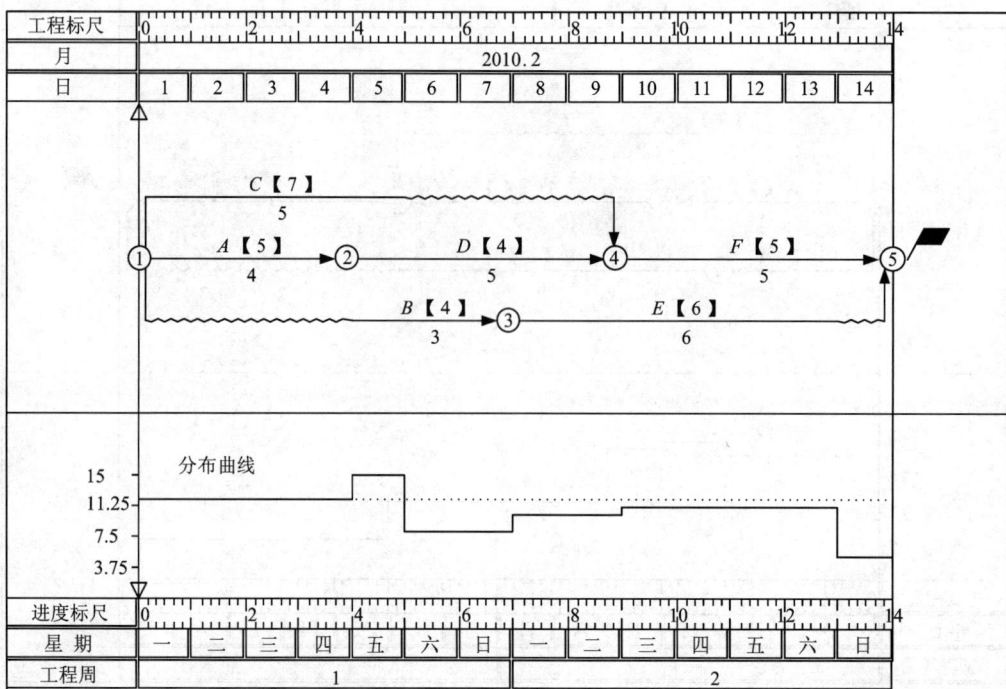

图 2 –95　第一次调整后的网络计划

(4)重新计算调整后的网络计划每个时间单位的资源需用量，绘出资源需用量分布曲线如图 2 –95 下方曲线所示。从图中可知在第二个时段[5]存在资源冲突，故应该调整该时段。工作序号与工作代号见表 2 –16。

(5)在时段[5]有工作 $C$、$D$ 和工作 $B$ 三项工作平行作业。对平行作业的工作进行两两排序，可得出 $\Delta T_{m,n}$ 的组合数为 $3 \times 2 = 6$ 个，见表 2 –16。选择其中最小的 $\Delta T_{m,n}$，即 $\Delta T_{1,3} = 0$，故将相应的工作 $B$ 移到工作 $C$ 后进行，因 $\Delta T_{1,3} = 0$，工期不延长，如图 2 –96 所示。

表 2 – 16　时段[5]的 $\Delta T_{m,n}$ 表

| 工作代号 | 工作序号 | 最早完成时间($EF$) | 最迟开始时间($LS$) | $\Delta T_{1,2}$ | $\Delta T_{1,3}$ | $\Delta T_{2,1}$ | $\Delta T_{2,3}$ | $\Delta T_{3,1}$ | $\Delta T_{3,2}$ |
|---|---|---|---|---|---|---|---|---|---|
| C | 1 | 5 | 4 | 1 | 0 | | | | |
| D | 2 | 9 | 4 | | | 5 | 4 | | |
| B | 5 | 7 | 5 | | | | | 3 | 3 |

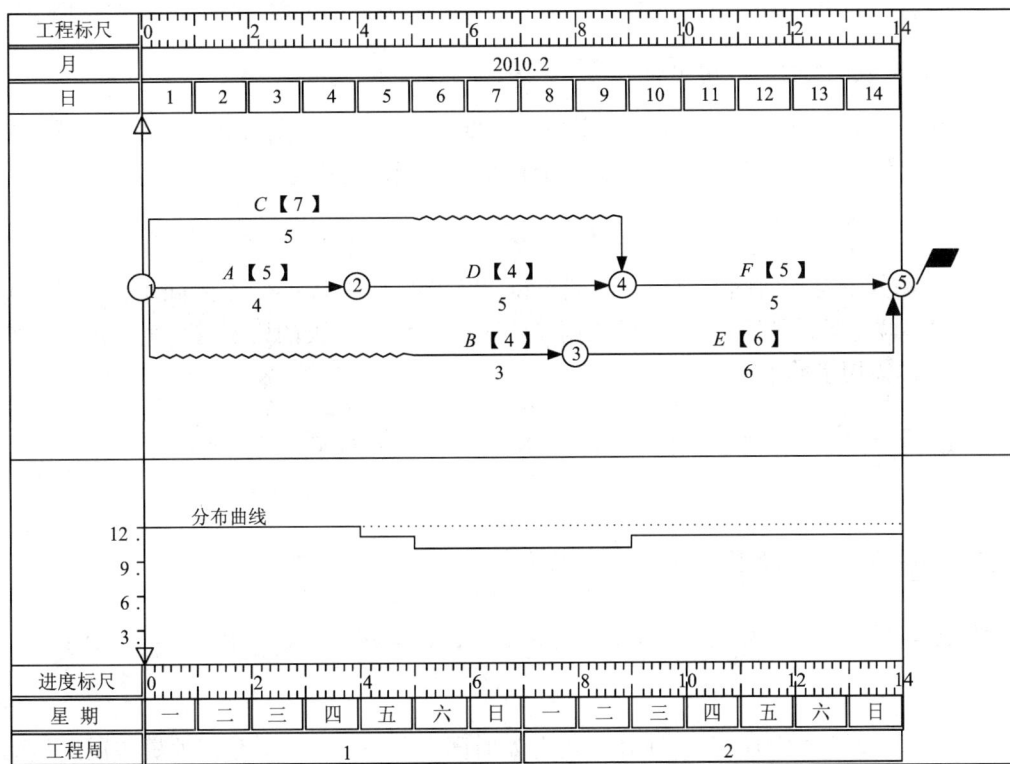

图 2 – 96　第二次调整后的网络计划(最终优化结果)

(6)重新计算调整后的网络计划每个时间单位的资源需用量,并绘出资源需用量分布曲线,如图 2 – 96 下方曲线所示。由于此时整个工期范围内的资源需用量均未超过资源限量,因此图 2 – 96 所示网络计划即为优化后的最终网络计划,其最短工期为 14 天。

2)工期固定 – 资源均衡的优化

在工期不变的条件下,尽量使资源需用量保持均衡。这样既有利于工程施工组织与管理,又有利于降低工程施工费用。

工期固定 – 资源均衡的优化方法有多种,这里仅介绍方差值最小法。

(1)方差值最小法。

对于某已知网络计划的资源需用量,其方差为

$$\sigma^2 = \frac{1}{T}\sum_{t=1}^{T}(R_t - R_m)^2 \qquad (2-46)$$

式中：$\sigma^2$——资源需用量方差；

　　　$T$——网络计划的计算工期；

　　　$R_t$——第 $t$ 个时间单位的资源需用量；

　　　$R_m$——资源需用量的平均值。

对式(2-46)进行简化可得：

$$\sigma^2 = \frac{1}{T}\sum_{t=1}^{T}(R_t - R_m)^2 = \frac{1}{T}\sum_{t=1}^{T}R_t^2 - R_m^2 \qquad (2-47)$$

显然，若要使资源需用量尽可能地均衡，必须使 $\sigma^2$ 为最小。而工期 $T$ 和资源需用量的平均值 $R_m$ 均为常数，故而可以得出应为 $\sum_{t=1}^{T}R_t^2$ 为最小。

对于网络计划中某项工作 $K$ 而言，其资源强度为 $\gamma_K$。在调整计划前，工作 $K$ 从第 $i$ 个时间单位开始，到第 $j$ 个时间单位完成，则此时网络计划资源需用量的平方和为

$$\sum_{t=1}^{T}R_{t0}^2 = R_1^2 + R_2^2 + \cdots R_i^2 + R_{i+1}^2 + \cdots + R_j^2 + R_{j+1}^2 + \cdots + R_T^2 \qquad (2-48)$$

若将工作 $K$ 的开始时间右移一个时间单位，即工作 $K$ 从第 $i+1$ 个时间单位开始，到第 $j+1$ 个时间单位完成，则第 $i$ 天的资源需用量将减少，第 $j+1$ 天的资源需用量将增加。此时网络计划资源需用量的平方和为：

$$\sum_{t=1}^{T}R_{t1}^2 = R_1^2 + R_2^2 + \cdots(R_i - \gamma_K)^2 + R_{i+1}^2 + \cdots + R_j^2 + (R_{j+1} + \gamma_K)^2 + \cdots + R_T^2$$

$$\qquad (2-49)$$

将右移后的 $\sum_{t=1}^{T}R_{t1}^2$ 减去移动前的 $\sum_{t=1}^{T}R_{t0}^2$ 得

$$\sum_{t=1}^{T}R_{t1}^2 - \sum_{t=1}^{T}R_{t0}^2 = (R_i - \gamma_K)^2 - R_i^2 + (R_{j+1} + \gamma_K)^2 - R_{j+1}^2 = 2\gamma_K(R_{j+1} + \gamma_K - R_i)$$

$$\qquad (2-50)$$

如果式(2-50)为负值，说明工作 $K$ 的开始时间右移一个时间单位能使资源需用量的平方和减小，也就使资源需用量的方差减小，从而使资源需用量更均衡。因此，工作 $K$ 的开始时间能够右移的判别式是：

$$\sum_{t=1}^{T}R_{t1}^2 - \sum_{t=1}^{T}R_{t0}^2 = 2\gamma_K(R_{j+1} + \gamma_K - R_i) \leqslant 0 \qquad (2-51)$$

由于 $\gamma_K > 0$，因此上式可简化为

$$\Delta = R_{j+1} + \gamma_K - R_i \leqslant 0 \qquad (2-52)$$

式中：$\Delta$——资源变化值，显然，$\Delta = \dfrac{\sum_{t=1}^{T}R_{t1}^2 - \sum_{t=1}^{T}R_{t0}^2}{2\gamma_K}$。

在优化过程中，使用判别式(2-52)的时候应注意以下几点：

①如果工作右移 1 天的资源变化值 $\Delta \leqslant 0$，即 $R_{j+1} + \gamma_K - R_i \leqslant 0$，说明可以右移；

②如果工作右移 1 天的资源变化值 $\Delta > 0$，即 $R_{j+1} + \gamma_K - R_i > 0$，并不说明工作不可以右

移,可以在时差范围内尝试继续右移 $n$ 天:

a. 当右移第 $n$ 天的资源变化值 $\Delta_n < 0$,且总资源变化值 $\sum \Delta \leq 0$,即 $(R_{j+1} + \gamma_K - R_i) +$ $(R_{j+2} + \gamma_K - R_{i+1}) + \cdots + (R_{j+n} + \gamma_K - R_{i+n-1}) \leq 0$ 时,可以右移 $n$ 天。

b. 当右移 $n$ 天的过程中始终是总资源变化值 $\sum \Delta > 0$,即 $\sum \Delta > 0$ 时,不可以右移。

(2)工期固定 – 资源均衡的优化步骤和方法。

①绘制时标网络计划,计算资源需用量。

②计算资源均衡性指标,用均方差值来衡量资源均衡程度。

③从网络计划的终点节点开始,按非关键工作最早开始时间的先后顺序进行调整。

④绘制调整后的网络计划。

(3)优化示例(初始时标网络图见图 2 – 97)。

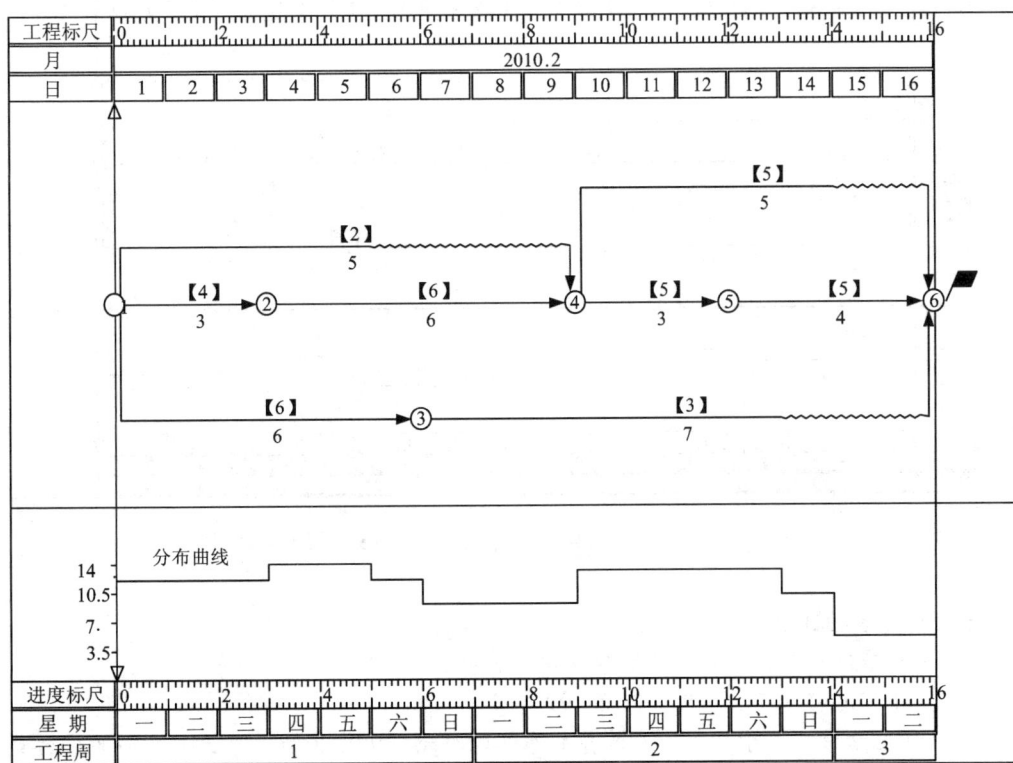

图 2 – 97 初始时标网络图

为了清晰地说明工期固定 – 资源均衡优化的应用方法,这里通过表格来反映优化过程,如表 2 – 17 所示。

表 2-17　工期固定、资源均衡优化计算判别表

| 工 作 | 计算参数 | 判别式结果 | 能否右移 |
|---|---|---|---|
| 4—6 | $R_{j+1} = R_{14+1} = 5$<br>$\gamma_{4,6} = 5$<br>$R_i = R_{10} = 13$ | $\Delta_1 = 5 + 5 - 13 < 0$ | 可右移 1 天 |
| | $R_{j+1} = R_{15+1} = 5$<br>$\gamma_{4,6} = 5$<br>$R_i = R_{11} = 13$ | $\Delta_2 = 5 + 5 - 13 < 0$ | 可右移 1 天 |
| 结论 | | 该工作可右移 2 天 | |

工作 4—6 右移 2 天后的优化结果，如图 2-98 所示。

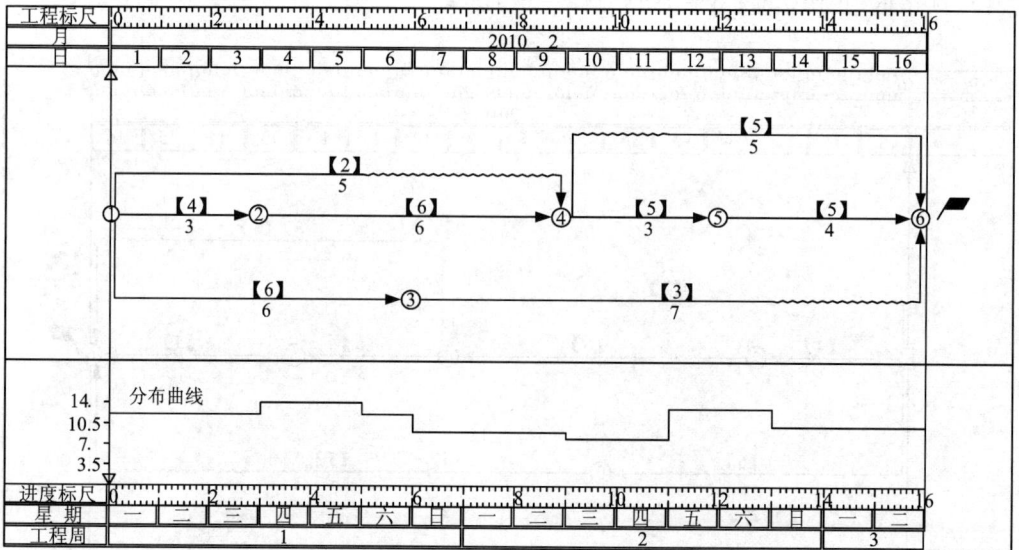

图 2-98　工作 4—6 右移 2 天后的进度计划及资源消耗计划

同理，对于其他工作，可判别结果如下：

工作 3—6 不可移动，原网络计划不变化，如图 2-99 所示；

工作 1—4 可右移 4 天，结果如图 2-99 所示。

第一轮优化结束后，可以判断不再有工作可以移动，优化完毕，图 2-99 即为最终的优化结果。

最后，比较优化前、后的方差值。

$$R_m = (12 \times 3 + 14 \times 2 + 12 \times 1 + 9 \times 3 + 13 \times 4 + 10 \times 1 + 5 \times 2) \div 16 = 10.9$$

优化前

$$\sigma^2 = \frac{1}{T} \sum_{t=1}^{T} R_t^2 - R_m^2$$

$$= (12^2 \times 3 + 14^2 \times 2 + 12^2 \times 1 + 9^2 \times 3 + 13^2 \times 4 + 10^2 \times 1 + 5^2 \times 2) \div 16 - 10.9^2$$

$$= 127.31 - 118.81$$

$$= 8.5$$

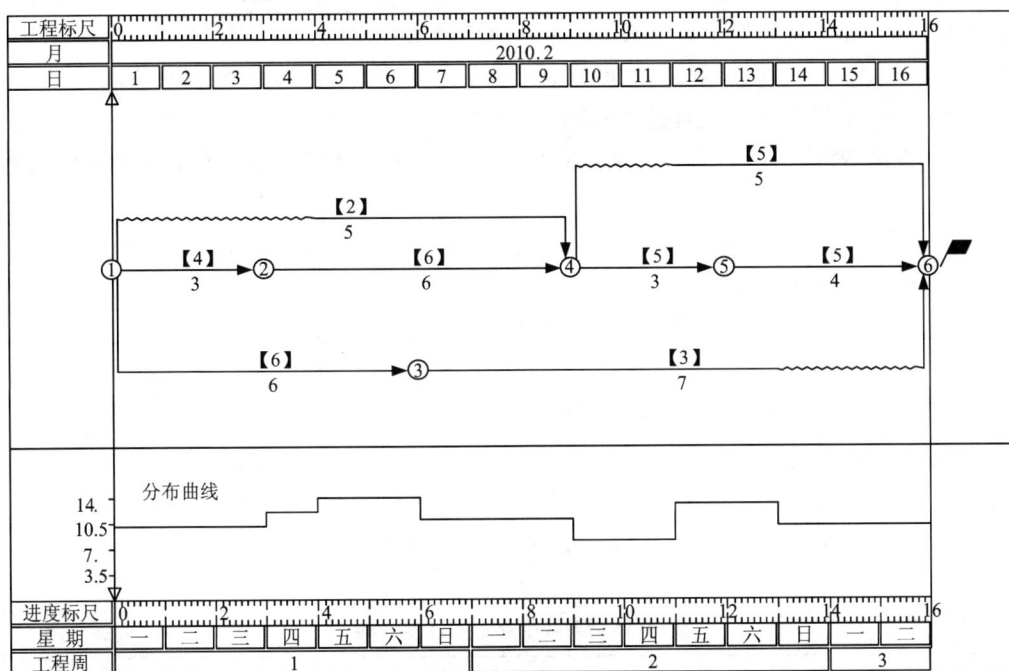

图 2 - 99 工作 1 - 4 右移 4 天后的进度计划及资源消耗计划(最终结果)

优化后

$$\sigma^2 = \frac{1}{T} \sum_{t=1}^{T} R_t^2 - R_m^2$$

$$= (10^2 \times 3 + 12^2 \times 1 + 14^2 \times 2 + 11^2 \times 3 + 8^2 \times 2 + 13^2 \times 2 + 10^2 \times 3) \div 16 - 10.9^2$$

$$= 112.81 - 118.81$$

$$= 4.0$$

方差降低率为 $\dfrac{8.5 - 4.0}{8.5} \times 100\% \approx 52.9\%$。

3. 费用优化

(1) 费用优化的概念。

一项工程的总费用包括直接费用和间接费用。在一定范围内,直接费用随工期的延长而减少,而间接费用则随工期的延长而增加,总费用最低点所对应的工期($T_o$)就是费用优化所要追求的最优工期。

(2) 费用优化的步骤和方法。

①确定正常作业条件下工程网络计划的工期、关键线路和总直接费、总间接费及总费用。

②计算各项工作的直接费率。直接费率的计算公式可按下式计算

$$\Delta D_{i-j} = \frac{CC_{i-j} - CN_{i-j}}{DN_{i-j} - DC_{i-j}} \tag{2-53}$$

式中:$\Delta D_{i-j}$——工作 $i$—$j$ 的直接费率;

$CC_{i-j}$——工作 $i$—$j$ 的持续时间为最短时，完成该工作所需直接费用；

$CN_{i-j}$——在正常条件下，完成工作 $i$—$j$ 所需直接费用；

$DC_{i-j}$——工作 $i$—$j$ 的最短持续时间；

$DN_{i-j}$——工作 $i$—$j$ 的正常持续时间。

③选择直接费率（或组合直接费率）最小并且不超过工程间接费率的关键工作作为被压缩对象。

④将被压缩关键工作的持续时间适当压缩，当被压缩对象为一组工作（工作组合）时，将该组工作压缩同一数值，并找出关键线路。

⑤重新确定网络计划的工期、关键线路和总直接费、总间接费、总费用。

⑥重复上述第③—⑤步骤，直至找不到直接费率或组合直接费率不超过工程间接费率的压缩对象为止。此时即求出总费用最低的最优工期。

⑦绘制出优化后的网络计划。

**【应用案例 2 - 22】** 根据表 2 - 18 所示资料求最低成本与相应最优工期。间接费：工期在 25 天内完成为 60 万，若工期超过 25 天，每天增加 5 万元。

**表 2 - 18  某网络计划的基本资料表**

| 工　序 | 正常工作时间 | | 极限工作时间 | |
|---|---|---|---|---|
| | 持续时间/天 | 直接费/万元 | 持续时间/天 | 直接费/万元 |
| 1—2 | 20 | 60 | 17 | 72 |
| 1—3 | 25 | 20 | 20 | 30 |
| 2—3 | 10 | 30 | 8 | 44 |
| 2—4 | 12 | 40 | 6 | 70 |
| 3—4 | 5 | 30 | 2 | 42 |
| 4—5 | 10 | 30 | 5 | 60 |

**解**：1. 计算各工作直接费费用率，见表 2 - 19。

**表 2 - 19  各工作费用率计算表**

| 工　序 | 正常工作时间 | | 极限工作时间 | | 费用率 $\Delta C_{i-j}$ /(万元·天$^{-1}$) |
|---|---|---|---|---|---|
| | 持续时间/天 $D_N$ | 直接费/万元 $C_N$ | 持续时间/天 $D_M$ | 直接费/万元 $C_M$ | |
| 1—2 | 20 | 60 | 17 | 72 | 4 |
| 1—3 | 25 | 20 | 20 | 30 | 2 |
| 2—3 | 10 | 30 | 8 | 44 | 7 |
| 2—4 | 12 | 40 | 6 | 70 | 5 |
| 3—4 | 5 | 30 | 2 | 42 | 4 |
| 4—5 | 10 | 30 | 5 | 60 | 6 |

2. 分别找出正常作业时间和最短持续时间网络计划中的关键线路并求出相应的计算工期，分别见图 2 – 100 和图 2 – 101 所示。

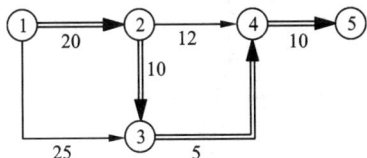

图 2 – 100　正常持续时间网络图

$$\sum C_N = 60 + 20 + 30 + 40 + 30 + 30$$
$$= 210(万元)$$

$$T_{CN} = 45(天)$$

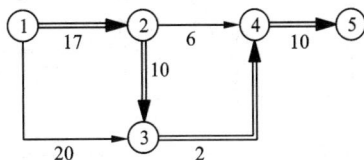

图 2 – 101　最短持续时间网络图

$$\sum C_M = 72 + 30 + 44 + 70 + 42 + 60$$
$$= 318(万元)$$

$$T_{cm} = 32(天)$$

3. 进行工期缩短，选直接费费用率最少的关键工作优先缩短。

从表 2 – 19 可以看出，1—2 和 3—4 工作的直接费费用率最小，故选其中一个工作进行缩短。若缩短 1—2 工作 3 天，则工期变为 $T_{CN1} = 45 - 3 = 42(天)$，增加的直接费为 $\Delta C1 = 4 \times 3 = 12(万元)$，总直接费为 $\sum C_{N1} = 210 + 12 = 222(万元)$，第一次压缩后的网络图如图 2 – 102 所示。

4. 由图 2 – 102 可知第一次压缩后关键线路没有发生变化，在余下的关键线路中 3—4 工作的直接费费用率取小，故压缩 3—4 工作 3 天，则工期变为 $T_{CN2} = 42.3.2 - 3 = 39(天)$，增加的直接费为 $\Delta C2 = 4 \times 3 = 12(万元)$，总直接费为 $\sum C_{N2} = 222 + 12 = 234(万元)$，第二次压缩后的网络图如图 2 – 103 所示。

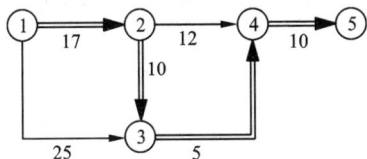

图 2 – 102　第一次压缩后的网络图

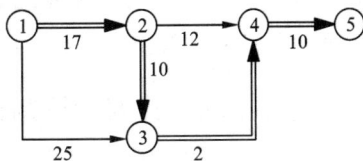

图 2 – 103　第二次压缩后的网络图

5. 由图 2 – 103 可知，第二次压缩后增加了一条关键线路，故应进行方案组合。

(1) 压缩 2—3 和 2—4 工作，组合费用率为 7 + 5 = 12(万元/天)；

(2) 压缩 4—5 工作，费用率为 6 万元/天；

故选方案 (2)，即压缩 4—5 工作 5 天，则工期变为 $T_{CN3} = 39 - 5 = 34(天)$，增加的直接费为 $\Delta C3 = 6 \times 5 = 30(万元)$，总直接费为 $\sum C_{N3} = 234 + 30 = 264(万元)$，第三次压缩后的网络图如图 2 – 104 所示。

6. 由图 2 – 104 可知第三次压缩后关键线路没有发生变化，只有一个方案可压缩，即压缩 2—3 和 2—4 工作各 2 天，则工期变为 $T_{CN4} = 34 - 2 = 32(天)$，已经达到了最短工期，故网络图不能再压缩，第四次压缩增加的直接费为 $\Delta C4 = 12 \times 2 = 24(万元)$，总直接费为 $\sum C_{N4} = $

$264 + 24 = 288($万元$)$，第四次压缩后的网络图如图 $2-105$ 所示。

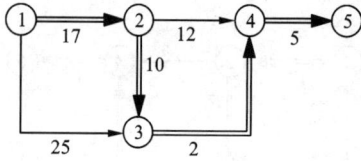

图 2 - 104　第三次压缩后的网络图　　　　图 2 - 105　第四次压缩后的网络图

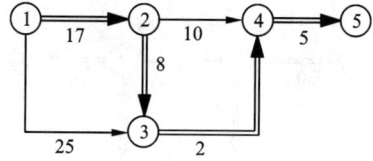

7. 将上述工期和总费用计算如表 $2-20$ 所示。

表 2 - 20　工期与费用汇总表

| 工期/天 | 直接费/万元 | 间接费/万元 | 总费用/万元 |
|---|---|---|---|
| 45 | 210 | $60 + 20 \times 5 = 160$ | 370 |
| 42 | 222 | $60 + 17 \times 5 = 145$ | 365 |
| 39 | 234 | $60 + 14 \times 5 = 120$ | 364 |
| 34 | 264 | $60 + 9 \times 5 = 105$ | 369 |
| 32 | 288 | $60 + 7 \times 5 = 95$ | 383 |

由表可知：

（1）总费用最低时所对应的总工期为 39 天，即最优工期为 39 天。

（2）工期共缩短 $45 - 32 = 13$ 天，增加的直接费为 $288 - 210 = 78$ 万元，而全部采用最短持续时间的工期也为 32 天，但所需的直接费为 318 万元，采用优化方案所需直接费为 288 万元，可节约 $318 - 288 = 30$ 万元。

### 2.3.4　施工进度计划的编制内容和步骤

#### 2.3.4.1　划分施工过程

编制单位工程施工进度计划时，首先必须研究施工过程的划分，再进行有关内容的计算和设计。施工过程划分应考虑以下要求。

1. 施工过程划分的粗细程度的要求

对于控制性施工进度计划，其施工过程的划分可以粗一些，一般可按分部工程划分施工过程。对于指导性施工进度计划，其施工过程的划分可以细一些，要求每个分部工程所包括的主要分项工程均应一一列出，起到指导施工的作用。

2. 对施工过程进行适当合并，达到简明清晰的要求

为了使计划简明清晰、突出重点，一些次要的施工过程应合并到主要施工过程中去，如基础防潮层可合并到基础施工过程内；有些虽然重要但工程量不大的施工过程也可与相邻的施工过程合并，如油漆和玻璃安装可合并为一项；同一时期由同一工种施工的施工项目也可

合并在一起。

3. 施工过程划分的工艺性要求

现浇钢筋混凝土施工,一般可分为支模、绑扎钢筋、浇筑混凝土等施工过程,是合并还是分别列项,应视工程施工组织、工程量、结构性质等因素研究确定。一般现浇钢筋混凝土框架结构的施工应分别列项,而且可分得细一些,如绑扎柱钢筋、安装柱模板、浇捣柱混凝土、安装梁板模板、绑扎梁板钢筋、浇捣梁板混凝土、养护、拆模等施工过程。但在现浇钢筋混凝土工程量不大的工程中,一般不再细分,可合并为一项。例如:砌体结构工程中的现浇雨篷、圈梁等,即可列为一项,由施工班组的各工种互相配合施工。

抹灰工程一般分内、外墙抹灰,外墙抹灰工程可能有若干种装饰抹灰的做法要求,一般情况下合并为一项,也可分别列项。室内的各种抹灰应按楼地面抹灰、顶棚及墙面抹灰、楼梯间及踏步抹灰等分别列项,以便组织施工和安排进度。

施工过程的划分,应考虑所选择的施工方案。如厂房基础采用敞开式施工方案时,柱基础和设备基础可合并为一个施工过程;而采用封闭式施工方案时,则必须列出柱基础、设备基础这两个施工过程。

住宅建筑的水、暖、煤、卫、电等房屋设备安装是建筑工程的重要组成部分,应单独列项;工业厂房的各种机电等设备安装也要单独列项,但不必细分,可由专业队或设备安装单位单独编制其施工进度计划。土建施工进度计划中列出设备安装的施工过程,表明其与土建施工的配合关系。

4. 明确施工过程对施工进度的影响程度

根据施工过程对工程进度的影响程度可分为三类。第一类为资源驱动的施工过程,这类施工过程直接在拟建工程上进行作业,占用时间、资源,对工程的完成与否起着决定性的作用,在条件允许的情况下,可以缩短或延长它的工期。第二类为辅助性施工过程,它一般不占用拟建工程的工作面,虽需要一定的时间和消耗一定的资源,但不占用工期,故可不列入施工计划内,如交通运输、场外构件加工或预制等。第三类施工过程虽直接在拟建工程上进行作业,但它的工期不以人的意志为转移,随着客观条件的变化而变化,应根据具体情况将它列入施工计划,如混凝土的养护等。

施工过程划分和确定之后,应按前述施工顺序列出施工过程(分部分项工程)一览表,如表 2 – 21。

表 2 – 21 分部分项工程一览表

| 序号 | 分部分项工程名称 | 序号 | 分部分项工程名称 |
|---|---|---|---|
| 一 | 基础工程 | 二 | 主体工程 |
| 1 | 挖土 | 5 | 模板 |
| 2 | 混凝土垫层 | … | … |
| 3 | 砌砖基础 | | |
| 4 | 回填土 | | |

### 2.3.4.2 计算工程量

当确定了施工过程之后，应计算每个施工过程的工程量。工程量应根据施工图样、工程量计算规则及相应的施工方法进行计算。即按工程的几何形状进行计算，计算时应注意以下几个问题。

1. 注意工程量的计量单位

每个施工过程的工程量的计量单位应与采用的施工定额的计量单位相一致。这样，在计算劳动量、材料消耗量及机械台班量时就可直接套用施工定额，不需再进行换算。

2. 注意采用的施工方法

计算工程量时，应与采用的施工方法相一致，以便计算的工程量与施工的实际情况相符合。

3. 正确取用预算文件中的工程量

如果编制单位工程施工进度计划时，已编制出预算文件(施工图预算或施工预算)，则工程量可从预算文件中抄出并汇总。但是，施工进度计划中某些施工过程与预算文件的内容不同或有出入时(如计量单位、计算规则、采用的定额等)，则应根据施工实际情况加以修改、调整或重新计算。

### 2.3.4.3 套用建筑工程施工定额

确定了施工过程及其工程量之后，即可套用建筑工程施工定额(当地实际采用的劳动定额及机械台班定额)，以确定劳动量和机械台班量。

在套用国家或当地颁布的定额时，必须注意结合本单位工人的技术等级、实际操作水平、施工机械情况和施工现场条件等因素，确定定额的实际水平，使计算出来的劳动量、机械台班量等符合实际需要。

### 2.3.4.4 确定劳动量和机械台班量

劳动量和机械台班数量可根据各分部分项工程的工程量、施工方法和施工定额来确定。一般计算公式为

$$P_i = \frac{Q_i}{S_i} = Q_i H_i \tag{2-54}$$

式中：$P_i$——某分项工程的劳动量或机械台班数量(工日或台班)；

$Q_i$——某分项工程的工程量($m^3$，$m^2$，$m$，$t$等)；

$S_i$——某分项工程计划产量定额[$m^3$/工日(台班)等]；

$H_i$——某分项工程计划时间定额[工日(台班)/$m^3$等]。

当某一施工过程是由两个或两个以上不同分项工程合并而成时，其总劳动量应按以下公式计算：

$$P_总 = \sum_{i=1}^{n} P_i = P_1 + P_2 + \cdots + P_n \tag{2-55}$$

当某一施工过程是由同一一种，但不同做法、不同材料的若干个分项工程合并组成时，应按以下公式计算其综合产量定额，再求其劳动量。

$$\overline{S} = \frac{\sum\limits_{i=1}^{n} Q_i}{\sum\limits_{i=1}^{n} P_i} = \frac{Q_1 + Q_2 + \cdots + Q_n}{P_1 + P_2 + \cdots + P_n} = \frac{Q_1 + Q_2 + \cdots + Q_n}{\dfrac{Q_1}{S_1} + \dfrac{Q_2}{S_2} + \cdots + \dfrac{Q_n}{S_n}} \qquad (2-56)$$

$$\overline{H} = \frac{1}{\overline{S}} \qquad (2-57)$$

式中：$\overline{S}$——某施工过程的综合产量定额[$m^3$/工日(台班)等]；

$\overline{H}$——某施工过程的综合时间定额[工日(台班)/$m^3$等]；

$\sum\limits_{i=1}^{n} P_i$——总劳动量(工日)；

$\sum\limits_{i=1}^{n} Q_i$——总工程量($m^3$，$m^2$，m，t 等)；

$Q_1$，$Q_2$，$\cdots$，$Q_n$——同一施工过程的各分项工程的工程量；

$S_1$，$S_2$，$\cdots$，$S_n$——与 $Q_1$，$Q_2$，$\cdots$，$Q_n$ 相对应的产量定额。

【应用案例 2-23】 某基础工程土方开挖总量为 10 000 $m^3$，计划用两台挖掘机进行施工，挖掘机台班定额为 100 $m^3$/台班。计算挖掘机所需的台班量。

解：$P_{机械} = \dfrac{Q_{机械}}{S_{机械}} = \dfrac{10\ 000}{2 \times 100} = 50$(台班)

【应用案例 2-24】 某分项工程依据施工图计算的工程量为 1 000 $m^3$，该分项工程采用的施工时间定额为 0.4 工日/$m^3$。计算完成该分项工程所需的劳动量。

解：$P_i = Q_i H_i = 1\ 000 \times 0.4 = 400$(工日)

【应用案例 2-25】 某砖混结构浇筑基础钢筋混凝土圈梁，划分为 2 个施工段，其工序为支模板、绑钢筋、浇筑混凝土，其工程量分别为 160 $m^2$、1.5 t、19.8 $m^3$，所采用的时间定额分别为 1.97 工日/10 $m^2$、10.8 工日/t、1.79 工日/$m^3$，试计算某基础钢筋混凝土圈梁每一段的劳动量。

解：$P = (Q_1 H_1 + Q_2 H_2 + Q_3 H_3)/M$
$= [(160/10) \times 1.97 + 1.5 \times 10.8 + 19.8 \times 1.79]/2$
$= 41.6$(工日)

#### 2.3.4.5 确定各施工过程的持续时间

施工过程持续时间的确定方法有三种：经验估算法、定额计算法和倒排计划法。

1. 经验估算法

经验估算法先估计出完成该施工过程的最乐观时间、最悲观时间和最可能时间三种施工时间，再根据公式计算出该施工过程的持续时间。这种方法适用于新结构、新技术、新工艺、新材料等无定额可循的施工过程。

计算公式为

$$D = \frac{A + 4B + C}{6} \qquad (2-58)$$

式中：$D$——施工过程的持续时间；

　　　　　A——最乐观的时间估算（最短的时间）；

　　　　　B——最可能的时间估算（正常的时间）；

　　　　　C——最悲观的时间估算（最长的时间）。

　　2. 定额计算法

　　定额计算法是根据施工过程需要的劳动量或机械台班量，以及配备的劳动人数或机械台数，确定施工过程持续时间。

　　计算公式为：

$$D = \frac{P}{N \times R} \qquad\qquad (2-59)$$

$$D_{机械} = \frac{P_{机械}}{N_{机械} \times R_{机械}} \qquad\qquad (2-60)$$

式中：$D$——某手工操作为主的施工过程持续时间（天）；

　　　　　$P$——该施工过程所需的劳动量（工日）；

　　　　　$R$——该施工过程所配备的施工班组人数（人）；

　　　　　$N$——每天采用的工作班制（班）；

　　　　　$D_{机械}$——某机械施工为主的施工过程持续时间（天）；

　　　　　$P_{机械}$——该施工过程所需的机械台班数（台班）；

　　　　　$R_{机械}$——该施工过程所配备的机械台数（台）；

　　　　　$N_{机械}$——每天采用的工作台班数（台班）。

　　在实际工作中，确定施工班组人数或机械台数，必须结合施工现场的具体条件、最小工作面与最小劳动组合人数的要求及机械施工的工作面大小、机械效率、机械必要的停歇维修与保养时间等因素，才能确定出符合实际和要求的施工班组数及机械台数。

　　3. 倒排计划法

　　倒排计划法是根据施工的工期要求，先确定施工过程的持续时间、工作班制，再确定施工班组人数或机械台数。计算公式为

$$R = \frac{P}{N \times D} \qquad\qquad (2-61)$$

$$R_{机械} = \frac{P_{机械}}{N_{机械} \times D_{机械}} \qquad\qquad (2-62)$$

式中参数意义同上。


### 2.3.4.6　编制施工进度计划的初步方案

　　下面以横道图为例来说明。上述各项计算内容确定之后，即可编制施工进度计划的初步方案，一般的编制方法如下。

　　1. 根据施工经验直接安排的方法

　　这种方法是根据经验资料及有关计算，直接在进度表上画出进度线。其一般步骤是：首先安排主导施工过程的施工进度，然后安排其余施工过程。它应尽可能配合主导施工过程并最大限度地搭接，形成施工进度计划的初步方案。总的原则是使每个施工过程尽可能早地投入施工。

2. 按工艺组合组织流水的施工方法

这种方法就是先按各施工过程(即工艺组合流水)初排流水进度线,然后将各工艺组合最大限度地搭接起来。

无论采用上述哪一种方法编排进度,都应注意以下问题:

(1)每个施工过程的施工进度线都应用横道粗实线段表示(初排时可用铅笔细线表示,待检查调整无误后再加粗);

(2)每个施工过程的进度线所表示的时间(天)应与计算确定的持续时间一致;

(3)每个施工过程的施工起止时间应根据施工工艺顺序及组织顺序确定。

#### 2.3.4.7 检查与调整施工进度计划

施工进度计划初步方案编制以后,应根据与建设单位和有关部门的要求、合同规定及施工条件等,先检查各施工过程之间的施工顺序是否合理、工期是否满足要求、劳动力等资源消耗是否均衡,然后再进行调整,直至满足要求,正式形成施工进度计划。

总的要求是:在合理的工期下尽可能地使施工过程连续施工,这样便于资源的合理安排。

### 2.3.5 各项资源需用量计划的编制

单位工程施工进度计划编制确定以后,便可编制劳动力需用量计划,主要材料、预制构件、门窗等的需用量和加工计划,施工机具及周转材料的需用量和进场计划。它们是做好劳动力与物资的供应、平衡、调度、落实的依据,也是施工单位编制施工作业计划的主要依据之一。

#### 2.3.5.1 劳动力需用量计划

劳动力需用量计划是安排劳动力的均衡、调配和衡量劳动力耗用指标的依据,它反映单位工程施工中所需要的各种技术工人、普工人数。一般要求按月分旬编制计划,主要根据确定的施工进度计划编制,其方法是按进度表上每天需要的施工人数,分工种进行统计,得出每天所需工种及人数,按时间进度要求汇总编出,形式见表 2 – 22。

表 2 – 22 劳动力需用量计划

| 序号 | 专业工种 | | 劳动量 | | 需要时间 | | | | | | 备注 |
| --- | --- | --- | --- | --- | --- | --- | --- | --- | --- | --- | --- |
| | 名称 | 级别 | 单位(工日) | 数量 | ××月 | | | ××月 | | | |
| | | | | | 上旬 | 中旬 | 下旬 | 上旬 | 中旬 | 下旬 | |
| | | | | | | | | | | | |
| | | | | | | | | | | | |

#### 2.3.5.2 主要材料需用量计划

主要材料需用量计划是备料、供料和确定仓库、堆场面积大小及组织运输的依据。根据施工预算、材料消耗定额和施工进度计划来编制,形式见表 2 – 23。

表 2 – 23　主要材料需用量计划

| 序号 | 材料名称 | 规格 | 需用量 | | 供应时间 | 备注 |
|---|---|---|---|---|---|---|
| | | | 单位 | 数量 | | |
| | | | | | | |
| | | | | | | |

### 2.3.5.3　构件和半成品需用量计划

构件和半成品需用量计划是根据施工图、施工方案及施工进度计划要求编制，主要反映施工中各种预制构件的需用量及供应日期，并作为落实加工单位及按所需规格、数量和使用时间组织构件进场的依据，形式见表 2 – 24。

表 2 – 24　构件和半成品需用量计划

| 序号 | 构件、半成品名称 | 规格 | 图号、型号 | 需用量 | | 使用部位 | 加工单位 | 供应日期 | 备注 |
|---|---|---|---|---|---|---|---|---|---|
| | | | | 单位 | 数量 | | | | |
| | | | | | | | | | |
| | | | | | | | | | |

### 2.3.5.4　施工机械需用量计划

施工机械需用量计划主要用于确定施工机具类型、数量和进场时间，形式见表 2 – 25。

表 2 – 25　施工机械需用量计划

| 序号 | 机械名称 | 类型、型号 | 需要量 | | 货源 | 使用起止时间 | 备注 |
|---|---|---|---|---|---|---|---|
| | | | 单位 | 数量 | | | |
| | | | | | | | |

## 2.3.6　实训项目

**综合实训**

1. 给出一个主体工程分部工程，要求学生按提供的资料和要求计算工期，并合理选择流水施工方式，绘制横道图和网络图。

2. 利用周末时间参加社会实践，了解目前常用施工进度计划编制计算机软件的使用情况。

单位工程施工进度计划编制的步骤与方法

# 2.4　施工现场平面图编制

## 2.4.1　单位工程施工平面图设计概述

单位工程施工平面图即一幢建筑物(或构筑物)的施工现场平面布置图。

单位工程施工平面布置图简介

它的内容十分丰富,可分阶段绘制,分为基础、主体和装修(水电应放在同一张图上);它是施工组织设计的重要组成部分,是布置施工现场的依据,是施工准备工作的一项重要内容,也是实现有组织有计划进行文明施工的先决条件。

1.单位工程施工平面布置图的内容

单位工程施工平面图的内容主要包含以下几点:

(1)施工现场的范围,已建及拟建建筑物、管线(煤气、水、电)和高压线等的位置关系和尺寸。

(2)材料、加工半成品、构件和机具的仓库或堆场的位置和尺寸。

(3)一切安全和消防设施的位置,如消防栓位置等。

(4)水源、电源、变压器的位置,临时供电线路、临时供水管网、泵房、通信线路布置等。

(5)塔式起重机或起重机轨道和行驶路线,塔轨的中线距建筑物的距离、轨道长度、塔式起重机型号、立塔高度、回转半径、最大与最小起重量,以及固定垂直运输工具或井架的位置。

(6)临建办公室、围墙、传达室、现场出入口等。

(7)生产、生活用临时设施的面积和位置,如钢筋加工厂、木工房、工具房、混凝土搅拌站、砂浆搅拌站、化灰池等,工人生活区宿舍、食堂、开水房、小卖部等。

(8)场内施工道路的位置、尺寸及其与场外交通的联系。

(9)测量轴线及定位线标识,永久性水准点位置和土方取弃场地。

(10)必要的图例、比例、方向及风向标记,如指北针、风向频率玫瑰图等。

2.设计步骤

单位工程施工平面图设计的步骤如图2-106所示。

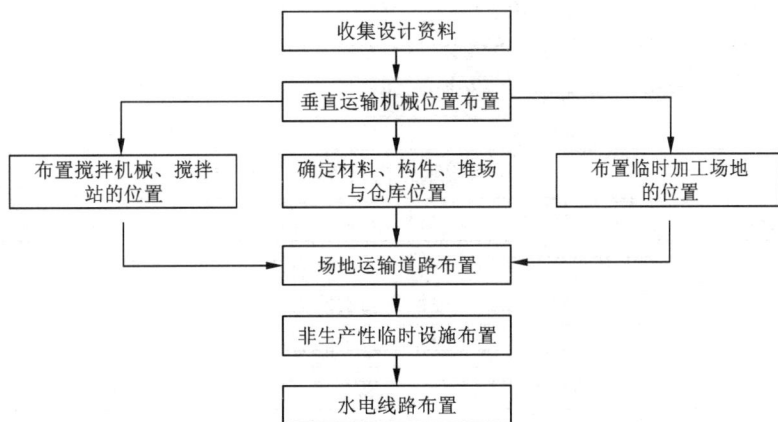

图2-106 单位工程施工平面图的设计步骤

3.绘制单位工程施工平面图的要求

绘制施工平面图,总的要求是:比例准确,图例规范,线条粗细分明、标准,字迹端正,图面整洁、美观。

(1)图幅一般可选用1号图纸(841 mm×594 mm)或2号图纸(594 mm×420 mm),比例一般采用1:200~1:500,具体应视工程规模大小而定。

(2)施工平面图应有比例,应能明确区分原有建筑及各类暂设(中粗线)、拟建建筑(粗线)、尺寸线(细线),应有指北针、图框及图签。

(3)将拟建单位工程置于平面图的中心位置,各项设施围绕拟建工程设置。

### 2.4.2 垂直运输机械的布置

常用的垂直运输机械有建筑电梯、塔式起重机、井架、门架等,选择时主要根据机械性能、建筑物平面形状和大小、施工段划分情况、起重高度、材料和构件的重量、材料供应和已有运输道路等情况来确定。其目的是充分发挥起重机械的能力,做到使用安全、方便,便于组织流水施工,并使地面与楼面的水平运输距离最短。一般来讲,多层房屋施工中,多采用轻型塔吊、井架等;而高层房屋施工,一般采用建筑电梯和自升式或爬升式塔吊等作为垂直运输机械。

#### 2.4.2.1 起重机械数量的确定

起重机械的数量应根据工程量大小和工期要求,考虑到起重机的生产能力,按经验公式进行确定:

$$N = \frac{1}{TCK} \times \sum \frac{Q_i}{S_i} \qquad (2-63)$$

式中:$N$——起重机台数;

$T$——工期/天;

$C$——每天工作班次;

$K$——时间利用参数,一般取 $0.7 \sim 0.8$;

$Q_i$——各构件(材料)的运输量;

$S_i$——每台起重机械每班运输产量。

常用起重机械的台班产量见表 2-26。

表 2-26 常用起重机械台班产量一览表

| 起重机械名称 | 工作内容 | 台班产量 |
|---|---|---|
| 履带式起重机 | 构件综合吊装,按每吨起重能力计 | 5~10 t |
| 轮胎式起重机 | 构件综合吊装,按每吨起重能力计 | 7~14 t |
| 汽车式起重机 | 构件综合吊装,按每吨起重能力计 | 8~18 t |
| 塔式起重机 | 构件综合吊装 | 80~120 吊次 |
| 卷扬机 | 构件提升,按每吨牵引力计 | 30~50 t |
| | 构件提升,按提升次数计(四、五层楼) | 60~100 次 |

#### 2.4.2.2 起重机械的布置

起重运输机械的位置直接影响搅拌站、加工厂、各种材料和构件的堆场或仓库位置、道路、临时设施及水电管线的布置等,因此,它是施工现场全局的中心环节,应首先确定。由于各种起重机械的性能不同,其布置位置也不相同。

### 1. 塔式起重机

#### 1)轨道式塔式起重机的布置

轨道式塔式起重机的轨道一般沿建筑物的长向布置,其位置和尺寸取决于建筑物的平面形状和尺寸、构件自重、起重机的性能及四周施工场地的条件。

轨道塔式起重机的平面布置,通常有以下四种布置方案,如图 2 – 107 所示。

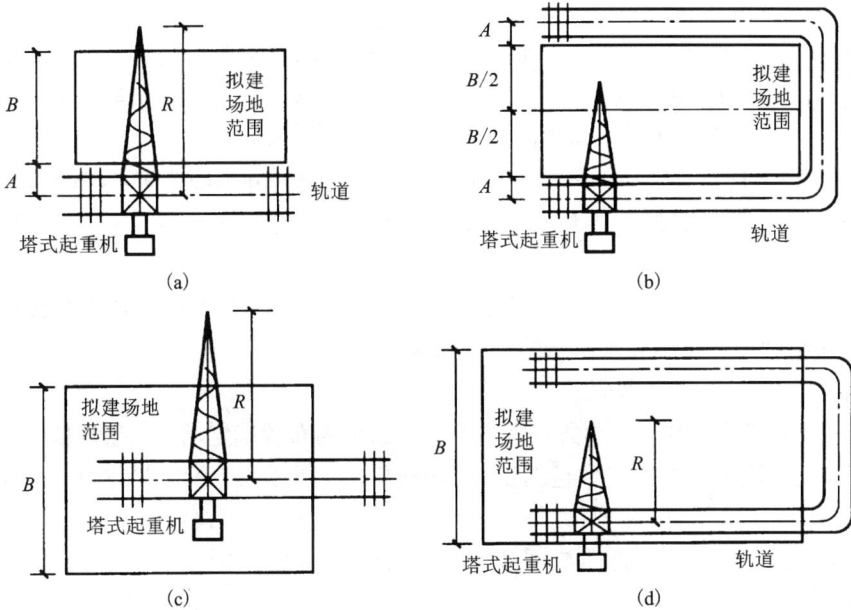

**图 2 – 107　轨道式塔吊平面布置方案**
(a)单侧布置;(b)双侧布置;(c)跨内单行布置;(d)跨内环形布置

第一种情况:单侧布置。

当建筑物宽度较小,可在场地较宽的一面沿建筑物的长向布置,其优点是轨道长度较短,并有较宽的场地堆放材料和构件。其起重机半径 $R$ 应满足

$$R \geqslant B + A \qquad\qquad (2 - 64)$$

式中: $R$——塔式起重机的最大回转半径/m;

$\quad\quad B$——建筑物平面的最大宽度/m;

$\quad\quad A$——塔轨中心线至外墙外边线的距离/m。

一般当无阳台时, $A$ = 安全网宽度 + 安全网外侧至轨道中心线距离;

当有阳台时, $A$ = 阳台宽度 + 安全网宽度 + 安全网外侧至轨道中心线距离。

第二种情况:双侧布置(或环形布置)。

当建筑物较宽,构件重量较重时,可采用双侧布置(或环形布置)。起重机半径 $R$ 应满足

$$R \geqslant \frac{B}{2} + A \qquad\qquad (2 - 65)$$

第三种情况:跨内单行布置。

当建筑物周围场地狭窄,或建筑物较宽,构件较重时,采用跨内单行布置。其起重机半

径 $R$ 应满足

$$R \geqslant \frac{B}{2} \tag{2-66}$$

第四种情况：跨内环形布置。

当建筑物较宽，采用跨内单行布置不能满足构件吊装要求，且不可能跨外布置时，应选择跨内环形布置。

2）固定式塔式起重机的布置

固定式塔式起重机的布置主要根据机械性能、建筑物的平面形状和尺寸、施工段划分的情况、材料来向和已有运输道路情况而定。其布置原则是：充分发挥起重机械的能力，并使地面和楼面的水平运距最小。其布置时应考虑以下几个方面。

（1）当建筑物各部位的高度相同时，应布置在施工段的分界线附近；当建筑物各部位的高度不同时，应布置在高低分界线较高部位一侧，以使楼面上各施工段的水平运输互不干扰。

（2）塔式起重机的装设位置应具有相应的装设条件。如具有可靠的基础并设有良好的排水措施，可与结构可靠拉结和水平运通通道条件等。

3）塔式起重机布置注意事项

（1）复核塔式起重机的工作参数。塔式起重机的平面布置确定后，应当复核其主要工作参数，使其满足施工需要。主要参数包括工作幅度（$R$）、起重高度（$H$）、起重量（$Q$）和起重力矩（$M$）。

①工作幅度（$R$）：为塔式起重机回转中心至吊钩中心的水平距离。最大工作幅度 $R_{max}$ 为最远吊点至回转中心的距离。

塔式起重机的工作幅度（回转半径）要满足式 2-64 的要求。

②起重高度（$H$）：应不小于建筑物总高度加上构件（或吊斗料笼）、吊索（吊物顶面至吊钩）和安全操作高度（一般为 2~3 m）。当塔式起重机需要超越建筑物顶面的脚手架、井架或其他障碍物时，其超越高度一般不小于 1 m。

塔式起重机的起重高度 $H$ 应满足

$$H \geqslant H_0 + h_1 + h_2 + h_3 \tag{2-67}$$

式中：$H_0$——建筑物的总高度；

　　　$h_1$——吊运中的预制构件或起重材料与建筑物之间的安全高度（安全间隙高度，一般不小于 0.3 m）；

　　　$h_2$——预制构件或起重材料底边至吊索绑扎点（或吊环）之间的高度；

　　　$h_3$——吊具、吊索的高度。

③起重量（$Q$）：包括吊物（包括笼斗和其他容器）、吊具（铁扁担、吊架）和索具等作用于塔机起重吊钩上的全部重量，起重力矩为起重量乘以工作幅度。因此，塔机的技术参数中一般都给出最小工作幅度时的最大起重量和最大工作幅度时的最大起重量。应当注意，塔式起重机一般宜控制在其额定起重力矩的 75% 以下，以保证塔吊本身的安全，延长使用寿命。

④塔式起重机的起重力矩（$M$）：要大于或等于吊装各种预制构件时所产生的最大力矩 $M_{max}$，其计算公式为

$$M \geqslant M_{max} = \max\{(Q_i + q) \times R_i\} \tag{2-68}$$

式中：$Q_i$——某一预制构件或起重材料的自重；

　　$R_i$——该预制构件或起重材料的安装位置至塔机回转中心的距离；

　　$q$——吊具、吊索的自重。

（2）绘出塔式起重机服务范围。以塔基中心点为圆心，以最大工作幅度为半径画一个圆，该图形所包围的部分即为塔式起重机的服务范围。

塔式起重机布置的最佳状况应使建筑物平面尺寸均在塔式起重机服务范围之内，以保证各种材料与构件直接运到建筑物的设计部位上，尽可能不出现死角。建筑物处于塔式起重机服务范围以外的阴影部分称为死角。有轨式塔式起重机服务范围及死角如图 2-108 所示。如果难以避免，则要求死角越小越好，且使最重、最大、最高的构件不出现在死角，有时配合龙门架以解决死角问题。并且在确定吊装方案时，提出具体的技术和安全措施，以保证处于死角的构件顺利安装。此外，在塔式起重机服务范围内应考虑有较宽的施工场地，以便安排构件堆放、搅拌设备出料后能直接起吊，主要施工道路也应处于塔式起重机服务范围内。

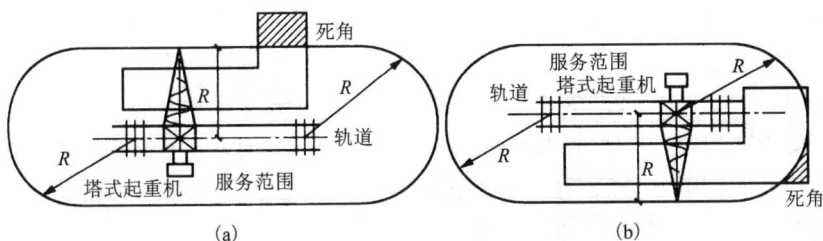

图 2-108　有轨式塔式起重机服务范围及死角示意图

(a)南边布置方案：(b)北边布置方案

（3）当采用两台或多台塔式起重机，或采用一台塔式起重机，一台井架(或龙门架、施工电梯)时，必须明确规定各自的工作范围和二者之间的最小距离，并制定严格的切实可行的防止碰撞的措施。

（4）在高空有高压电线通过时，高压线必须高出塔式起重机，并保证规定的安全距离，否则应采取安全防护措施。

特别提示：塔式起重机各部分(包括臂架放置空间)距低压架空路线不应小于 3 m，距离高压架空输电线路不应小于 6 m。

（5）固定式塔式起重机安装前应制定安装和拆除施工方案，塔式起重机位置应有较宽的空间，可以容纳两台汽车吊安装或拆除塔机吊臂的工作需要。

2.井字架、龙门架的布置

井字架和龙门架是固定式垂直运输机械，它的稳定性好、运输量大，是施工中最常用的，也是最为简便的垂直运输机械，采用附着式可搭设超过 100 m 的高度。井架内设吊盘(也可在吊盘下加设混凝土料斗)，井架截面尺寸 1.5~2.0 m，可视需要设置拔杆，其起重量一般为 0.5~1.5 t，回转半径可达 10 m。

井字架和龙门架的布置，主要是根据机械性能、工程的平面形状和尺寸、流水段划分情况、材料来向和已有运输道路情况而定。布置的原则是：充分发挥起重机械的能力，并使地面和楼面的水平运输最短。布置时应考虑以下几个方面的因素。

（1）当建筑物呈长条形，层数、高度相同时，一般布置在流水段分界处或长度方向居中位置。

（2）当建筑物各部位高度不同时，应布置在高低分界线较高部位一侧。

（3）其布置位置以窗口处为宜，以避免砌墙留槎和减少井架拆除后的修补工作。

（4）一般考虑布置在现场较宽的一面，因为这一面便于堆放材料和构件，以达到缩短运距的要求。

（5）井架的高度应视拟建工程屋面高度和井架型式确定。一般不带悬臂拔杆的井架应高出屋面 3 ~ 5 m。

（6）井架的方位一般与墙面平行，当有两条进楼运输道路时，井架也可按与墙面呈 45°的方位布置。

（7）井字架、龙门架的数量要根据施工进度、提升的材料和构件数量、台班工作效率等因素计算确定，其服务范围一般为 50 ~ 60 m。

（8）卷扬机应设置安全作业棚，其位置不应距起重机械太近，以便操作人员的视线能看到整个升降过程，一般要求此距离大于建筑物高度，且最短距离不小于 10 m，水平距外脚手架 3 m 以上（多层建筑不小于 3 m，高层建筑宜不小于 6 m）。

（9）井架应立在外脚手架之外并有一定距离为宜，一般为 5 ~ 6 m。

（10）缆风设置，高度在 15 m 以下时设一道，15 m 以上时每增高 10 m 增设一道，宜用钢丝绳，与地面夹角以 30° ~ 45°为宜，不得超过 60°；当附着于建筑物时可不设缆风。

3. 建筑施工电梯的布置

建筑施工电梯（也称施工升降机、外用电梯）是高层建筑施工中运输施工人员及建筑器材的主要垂直运输设施，它附着在建筑物外墙或其他结构部位上，随着建筑物升高，架设高度可达 200 m 以上（最高记录为 645 m）。

在确定建筑施工电梯的位置时，应考虑便于施工人员上下和物料集散；由电梯口至各施工处的平均距离应最短；便于安装附墙装置；接近电源，有良好的夜间照明。

4. 自行无轨式起重机械

自行无轨式起重机械分履带式、汽车式和轮胎式三种起重机，它移动方便灵活，能为整个工地服务，一般专作构件装卸和起吊之用。适用于装配式单层工业厂房主体结构的吊装。其吊装的开行路线及停机位置主要取决于建筑物的平面布置、构件重量、吊装高度和吊装方法等。

5. 混凝土泵和泵车

高层建筑施工中，混凝土的垂直运输量十分巨大，通常采用泵送方法进行。混凝土泵是在压力推动下沿管道输送混凝土的一种设备，它能一次连续完成水平运输和垂直运输，配以布料杆或布料机还可以有效地进行布料和浇筑。在泵送混凝土的施工中，混凝土泵和泵车的停放布置是一个关键，不仅影响混凝土输送管的配置，同时也影响到泵送混凝土的施工能否按质按量完成，其布置要求如下：

（1）混凝土泵设置处的场地应平整坚实，具有重车行走条件，且有足够的场地、道路畅通，使供料调车方便。

（2）混凝土泵应尽量靠近浇筑地点。

（3）其停放位置接近排水设施，供水、供电方便，便于泵车清洗。

（4）混凝土泵作业范围内，不得有障碍物、高压电线，同时要有防范高空坠物的措施。

（5）当高层建筑采用接力泵泵送混凝土时，其设置位置应使上、下泵的输送能力匹配，且验算其楼面结构部位的承载力，必要时采取加固措施。

### 2.4.3　临时建筑设施的布置

临时建筑设施可分为行政、生活用房，临时仓库及加工厂等。

#### 2.4.3.1　临时行政、生活用房的布置

1. 临时行政、生活用房分类

（1）行政管理和辅助用房：包括办公室、会议室、门卫、消防站、汽车库及修理车间等。

（2）生活用房，包括职工宿舍、食堂、卫生设施、工人休息室、开水房。

（3）文化福利用房，包括医务室、浴室、理发室、文化活动室、小卖部等。

2. 临时行政、生活房屋的布置原则

（1）办公生活临时设施的选址首先应考虑与作业区相隔离，保持安全距离。

【特别提示】　安全距离是指在施工坠落半径和高压线放电距离之外。建筑物高度2～5 m，坠落半径为2 m；高度30 m，坠落半径为5m（如因条件限制，办公和生活区设置在坠落半径区域内，必须有保护措施）。1 kV以下裸露电线，安全距离为4 m；330～550 V裸露输电线，安全距离为15 m（最外线的投影距离）。

（2）临时行政、生活用房的布置应利用永久性建筑、现场原有建筑、采用活动式临时房屋，或可根据施工不同阶段利用已建好的工程建筑，应视场地条件及周围环境条件对所设临时行政、生活用房进行合理的取舍。

（3）在大型工程和场地宽松的条件下，工地行政管理用房宜设在工地入口处或中心地区。现场办公室应靠近施工地点，生活区应设在工人较集中的地方和工人出入必经地点，工地食堂和卫生设施应设在不受施工影响且有利于文明施工的地点。

在市区内的工程，往往由于场地狭窄，应尽量减少临时建设项目，且尽量沿场地周边集中布置，一般只考虑设置办公室、工人宿舍或休息室、食堂、门卫和卫生设施等。

3. 临时行政、生活用房设计规定

《施工现场临时建筑物技术规范》（JGJ/T 188—2009）对临时建筑物的设计规定如下。

1）总平面

（1）办公区、生活区和施工作业区应分区设置。

（2）办公区、生活区宜位于塔吊等机械作业半径外面。

（3）生活房宜集中建设、成组布置，并设置室外活动区域。

（4）厨房、卫生间宜设置在主导风向的下风侧。

2）建筑设计

（1）办公室的人均使用面积不宜小于4 $m^2$，会议室使用面积不宜小于30 $m^2$。

（2）办公用房室内净高不应低于2.5 m。

（3）餐厅、资料室、会议室应设在底层。

（4）宿舍人均使用面积不宜小于2.5 $m^2$，室内净高不应低于2.5 m，每间宿舍居住人数不宜超过16人。

（5）食堂应设在厕所、垃圾站的上风侧，且相距不宜小于 15 m。

（6）厕所蹲位男厕每 50 人一位，女厕每 25 人一位。男厕每 50 人设 1 m 长小便槽。

（7）文体活动室使用面积不宜小于 50 m²。

4. 临时行政、生活用房建筑面积计算

在工程项目施工时，必须考虑施工人员的办公、生活用房及车库、修理车间等设施的建设。这些临时性建筑物建筑面积需要数量，应视工程项目规模大小、工期长短、施工现场条件、项目管理机构设置类型等因素而定，依据建筑工程劳动定额，先确定工地年（季）高峰平均职工人数，然后根据现行定额或实际经验数值，按下式计算：

$$S = N \cdot P \tag{2-69}$$

式中：$S$——建筑面积/m²；

$N$——人数；

$P$——建筑面积指标，见表 2-27。

表 2-27　行政、生活、福利临时建筑面积参考指标

| 序号 | 临时建筑物名称 | 指标使用方法 | 参考指标 |
|---|---|---|---|
| 一 | 办公室 | 按使用人数 | 3~4 m²/人 |
| 二 | 宿舍 | — | — |
| 1 | 单层通铺 | 按高峰年（季）平均人数 | 2.5~3.0 m²/人 |
| 2 | 双层床 | （扣除不在工地住的人数） | 2.0~2.5 m²/人 |
| 3 | 单层床 | （扣除不在工地住的人数） | 3.5~4.0 m²/人 |
| 三 | 家属宿舍 | — | 16~25 m²/户 |
| 四 | 食堂 | 按高峰年（季）平均人数 | 0.5~0.8 m²/人 |
|  | 食堂兼礼堂 | 按高峰年（季）平均人数 | 0.6~0.9 m²/人 |
| 五 | 其他 | — | — |
| 1 | 医务所 | 按高峰年（季）平均人数 | 0.05~0.07 m²/人 |
| 2 | 浴室 | 按高峰年（季）平均人数 | 0.07~0.1 m²/人 |
| 3 | 理发室 | 按高峰年（季）平均人数 | 0.01~0.03 m²/人 |
| 4 | 俱乐部 | 按高峰年（季）平均人数 | 0.1 m²/人 |
| 5 | 小卖部 | 按高峰年（季）平均人数 | 0.03 m²/人 |
| 6 | 招待所 | 按高峰年（季）平均人数 | 0.06 m²/人 |
| 7 | 托儿所 | 按高峰年（季）平均人数 | 0.05~0.06 m²/人 |
| 8 | 子弟学校 | 按高峰年（季）平均人数 | 0.06~0.08 m²/人 |
| 9 | 其他公共用房 | 按高峰年（季）平均人数 | 0.05~0.10 m²/人 |
| 10 | 开水房 | 每个项目设置一处 | 10~40 m² |
| 11 | 厕所 | 按工地平均人数 | 0.02~0.07 m²/人 |
| 12 | 工人休息室 | 按工地平均人数 | 0.15 m²/人 |
| 13 | 会议室 | 按高峰年（季）平均人数 | 0.6~0.9 m²/人 |

注：家属宿舍应以施工期长短和离基地情况而定，一般可按高峰平均职工人数的 10%~30% 考虑。

#### 2.4.3.2　临时仓库、堆场的布置

1. 仓库的类型

（1）转运仓库：是设置在货物的转载地点（如火车站、码头和专用线卸货物）的仓库。

（2）中心仓库：是专供储存整个建筑工地所需材料、构件等物资的仓库，一般设在现场附近或施工区域中心。

（3）现场仓库：是为某一工程服务的仓库，一般在工地内或就近布置。

通常单位工程施工组织设计仅考虑现场仓库布置，施工组织总设计则需对中心仓库和转运仓库做出设计布置。

2. 现场仓库的形式

现场仓库按其储存材料的性质和重要程度，可采用露天堆场、半封闭式（棚）或封闭式（仓库）三种形式。

（1）露天堆场，用于不受自然气候影响而损坏质量的材料。如砂、石、砖、混凝土构件。

（2）半封闭式（棚），用于储存需防止雨、雪、阳光直接侵蚀的材料。如堆放油毡、沥青、钢材等。

（3）封闭式（库），用于受气候影响易变质的制品、材料等。如水泥、五金零件、器具等。

3. 仓库和材料、构件的堆放与布置

（1）材料的堆放和仓库应尽量靠近使用地点，减少或避免二次搬运，并考虑到运输及卸料方便。基础施工用的材料可堆放在基坑四周，但不宜离基坑（槽）太近，一般不小于 0.5 m，以防压塌土壁。

（2）如用固定式垂直运输设备，则材料、构件堆场应尽量靠近垂直运输设备，以减少二次搬运，或布置在塔吊起重半径之内。

（3）预制构件的堆放位置要考虑到吊装顺序。先吊的放在上面，吊装构件进场时间应密切与吊装进行配合，力求直接卸到就位位置，避免二次搬运。

（4）砂石应尽可能布置在搅拌站后台附近，石子的堆场更应靠近搅拌机一些，并按石子的不同粒径分别设置。如用袋装水泥，要设专门干燥、防潮的水泥库房；采用散装水泥时，则一般设置圆形贮罐。

（5）石灰、淋灰池要接近灰浆搅拌站布置。沥青堆放和熬制地点均应布置在下风向，要离开易燃、易爆库房。

（6）模板、脚手架等周转材料，应选择在装卸、取用、整理方便和靠近拟建工程的地方布置。

（7）钢筋应与钢筋加工厂统一考虑布置，并应注意进场、加工和使用的先后顺序，应按型号、直径、用途分门别类堆放。

（8）油库、氧气库和电石库，危险品库宜布置在避静、安全之处。

（9）易燃材料的仓库设在拟建工程的下风方向。

4. 各种仓库及堆场所需面积的确定

（1）转运仓库和中心仓库面积的确定。转运仓库和中心仓库面积可按系数估算仓库面积，其计算公式为

$$F = \varPhi \times m \qquad (2-70)$$

式中：$F$——仓库总面积/$m^2$；

$\Phi$——系数，见表 2-28；

$m$——计算基数（生产工人数或全年计划工作量），见表 2-28。

表 2-28 按系数计算仓库面积表

| 序号 | 名称 | 计算基数 $m$ | 单位 | 系数 $\Phi$ |
|---|---|---|---|---|
| 1 | 仓库（综合） | 按全员（工地） | $m^2$/人 | 0.7~0.8 |
| 2 | 水泥库 | 按当年水泥用量的40%~50% | $m^2$/t | 0.7 |
| 3 | 其他仓库 | 按当年工作量 | $m^2$/万元 | 2~3 |
| 4 | 五金杂品库 | 按年建安工作量<br>按在建建筑面积 | $m^2$/100 $m^2$ | 0.2~0.3<br>0.5~1 |
| 5 | 土建工具库 | 按高峰年（季）平均人数 | $m^2$/人 | 0.1~0.2 |
| 6 | 水暖器材库 | 按年在建筑面积 | $m^2$/100 $m^2$ | 0.2~0.4 |
| 7 | 电器器材库 | 按年在建筑面积 | $m^2$/100 $m^2$ | 0.3~0.5 |
| 8 | 化工油漆危险品库 | 按年建安工作量 | $m^2$/万元 | 0.1~0.15 |
| 9 | 三大工具库<br>（脚手架、跳板、模板） | 按在建建筑面积<br>按年建安工作量 | $m^2$/人 | 1~2<br>0.5~1 |

（2）现场仓库及堆场面积的确定：各种仓库及堆场所需的面积，可根据施工进度、材料供应情况等，确定分批分期进场，并根据下式计算：

$$F = \frac{Q}{nqk} \qquad (2-71)$$

式中：$F$——仓库或材料堆场需要面积/$m^2$；

$Q$——各种材料在现场的总用量/$m^3$；

$n$——该材料分期分批进场的次数；

$q$——该材料每平方米储存定额；

$k$——堆场、仓库面积利用系数。

常用材料仓库或堆场面积计算，参考指标见表 2-29。

表 2-29 常用材料仓库或堆场面积计算参考指标

| 序号 | 材料、半成品名称 | 单位 | 每平方米储存定额 $q$ | 面积利用系数 $k$ | 备注 | 库存或堆场 |
|---|---|---|---|---|---|---|
| 1 | 水泥 | t | 1.2~1.5 | 0.7 | 堆高12~15袋 | 封闭库存 |
| 2 | 生石灰 | t | 1.0~1.5 | 0.8 | 堆高1.2~1.7 m | 露天 |
| 3 | 砂子（人工堆放） | $m^3$ | 1.0~1.2 | 0.8 | 堆高1.2~1.7 m | 露天 |
| 4 | 砂子（机械堆放） | $m^3$ | 2.0~2.5 | 0.8 | 堆高2.4~2.8 m | 露天 |
| 5 | 石子（人工堆放） | $m^3$ | 1.0~1.2 | 0.8 | 堆高1.2~1.5 m | 露天 |
| 6 | 石子（机械堆放） | $m^3$ | 2.0~2.5 | 0.8 | 堆高2.4~2.8 m | 露天 |

**续表 2 - 29**

| 序号 | 材料、半成品名称 | 单位 | 每平方米储存定额 q | 面积利用系数 k | 备 注 | 库存或堆场 |
|------|------------------|------|---------------------|-----------------|--------|------------|
| 7 | 块石 | m³ | 0.8 ~ 1.0 | 0.7 | 堆高 1.0 ~ 1.2 m | 露天 |
| 8 | 卷材 | 卷 | 45 ~ 50 | 0.7 | 堆高 2.0 m | 库 |
| 9 | 木模板 | m² | 4 ~ 6 | 0.7 | —— | 露天 |
| 10 | 红砖 | 千块 | 0.8 ~ 1.2 | 0.8 | 堆高 1.2 ~ 1.8 m | 露天 |
| 11 | 泡沫混凝土 | m³ | 1.5 ~ 2.0 | 0.7 | 堆高 1.5 ~ 2.0 m | 露天 |

### 2.4.3.3 加工厂的布置

1. 工地加工厂类型及结构形式

工地加工厂类型主要有钢筋混凝土预制加工厂、木材加工厂、钢筋加工厂、金属结构构件加工厂和机械修理厂。

各种加工厂的结构形式应根据使用期限长短和建设地区的条件而定。一般使用期限较短者，宜采用简易结构，如油毡、铁皮屋面的竹木结构；使用期限较长者，宜采用瓦屋面的砖木结构，砖石或装拆式活动房屋等。

2. 工地加工厂面积确定

现场加工作业棚主要包括各种料具仓库、加工棚等，其面积大小参考表 2 - 30 确定。

**表 2 - 30 现场作业棚面积计算基数和计算指标表**

| 序号 | 名称 | 面积 | 堆场占地面积 | 序号 | 名称 | 面积 | 堆场占地面积 |
|------|------|------|---------------|------|------|------|---------------|
| 1 | 木作业棚 | 2 m²/人 | 棚的 3 ~ 4 倍 | 8 | 电工房 | 15 m² | |
| 2 | 电锯房 | 40 ~ 80 m² | | 9 | 钢筋对焊 | 15 ~ 24 m² | 棚的 3 ~ 4 倍 |
| 3 | 钢筋作业棚 | 3 m²/人 | 棚的 3 ~ 4 倍 | 10 | 油漆工房 | 20 m² | —— |
| 4 | 搅拌棚 | 10 ~ 18 m²/台 | —— | 11 | 机钳工修理 | 20 m² | —— |
| 5 | 卷扬机棚 | 6 ~ 12 m²/台 | —— | 12 | 立式锅炉房 | 5 ~ 10 m² | —— |
| 6 | 烘炉房 | 30 ~ 40 m²/台 | | 13 | 发电机房 | 0.2 ~ 0.3 m²/kW | |
| 7 | 焊工房 | 20 ~ 40 m²/台 | | 14 | 水泵房 | 3 ~ 8 m²/台 | |

常用各种临时加工厂的面积参考指标，见表 2 - 31。

表 2-31 临时加工厂所需面积参考指标

| 序号 | 加工厂名称 | 年产量 | | 单位产量所需建筑面积 | 占地总面积 /m² | 备注 |
|---|---|---|---|---|---|---|
| | | 单位 | 数量 | | | |
| 1 | 混凝土搅拌站 | m³ | 3 200 | 0.022 m²·m⁻³ | 按砂石堆场考虑 | 400 L 搅拌机 2 台 |
| | | m³ | 4 800 | 0.021 m²·m⁻³ | | 400 L 搅拌机 3 台 |
| | | m³ | 6 400 | 0.020 m²·m⁻³ | | 400 L 搅拌机 4 台 |
| 2 | 临时性混凝土预制厂 | m³ | 1 000 | 0.25 m²·m⁻³ | 2 000 | 生产屋面板和中小型梁柱板等,配有蒸养设施 |
| | | m³ | 2 000 | 0.20 m²·m⁻³ | 3 000 | |
| | | m³ | 3 000 | 0.15 m²·m⁻³ | 4 000 | |
| | | m³ | 5 000 | 0.125 m²·m⁻³ | 小于 6 000 | |
| 3 | 半永久性混凝土预制厂 | m³ | 3 000 | 0.6 m²·m⁻³ | 9 000 ~ 12 000 | 生产屋面板和中小型梁柱板等,配有蒸养设施 |
| | | m³ | 5 000 | 0.4 m²·m⁻³ | 12 000 ~ 15 000 | |
| | | m³ | 10 000 | 0.3 m²·m⁻³ | 15 000 ~ 20 000 | |
| 4 | 木材加工厂 | m³ | 15 000 | 0.024 4 m²·m⁻³ | 1 800 ~ 3 600 | 进行原木、木方加工 |
| | | m³ | 24 000 | 0.019 9 m²·m⁻³ | 2 200 ~ 4 800 | |
| | | m³ | 30 000 | 0.018 m²·m⁻³ | 3 000 ~ 5 500 | |
| | 综合木工加工厂 | m³ | 200 | 0.30 m²·m⁻³ | 100 | 加工木窗、模板、地板、屋架等 |
| | | m³ | 500 | 0.25 m²·m⁻³ | 200 | |
| | | m³ | 1 000 | 0.20 m²·m⁻³ | 300 | |
| | | m³ | 2 000 | 0.15 m²·m⁻³ | 420 | |
| | 粗木加工厂 | m³ | 5 000 | 0.12 m²·m⁻³ | 1 350 | 加工屋架、模板 |
| | | m³ | 10 000 | 0.10 m²·m⁻³ | 2 500 | |
| | | m³ | 15 000 | 0.09 m²·m⁻³ | 3 750 | |
| | | m³ | 20 000 | 0.08 m²·m⁻³ | 4 800 | |
| | 细木加工厂 | 万 m³ | 5 | 0.014 0 m²·m⁻³ | 7 000 | 加工门窗、地板 |
| | | 万 m³ | 10 | 0.011 4 m²·m⁻³ | 10 000 | |
| | | 万 m³ | 15 | 0.010 6 m²·m⁻³ | 14 000 | |
| | 钢筋加工厂 | t | 200 | 0.35 m²·t⁻¹ | 280 ~ 560 | 加工、成型、焊接 |
| | | t | 500 | 0.25 m²·t⁻¹ | 380 ~ 750 | |
| | | t | 1 000 | 0.20 m²·t⁻¹ | 400 ~ 800 | |
| | | t | 2 000 | 0.15 m²·t⁻¹ | 450 ~ 900 | |

续表 2－31

| 序号 | 加工厂名称 | 年产量 | | 单位产量所需建筑面积 | 占地总面积/m² | 备 注 |
|---|---|---|---|---|---|---|
| | | 单位 | 数量 | | | |
| 5 | 钢筋调直或<br>接直场<br>卷扬机棚<br>钢筋时效场 | 所需场地（长×宽）<br>(70~80)m×(3~4)m<br>(15~20)m²<br>(30~40)m×(6~8)m | | | | 包括材料和<br>成品堆放 |
| | 钢筋对焊<br>对焊场地<br>对焊棚 | 所需场地（长×宽）<br>(30~40)m×(4~5)m<br>(15~24)m² | | | | 包括材料和<br>成品堆放 |
| | 钢筋冷加工<br>冷拔冷轧机<br>剪断机 | 所需场地/(m²·台⁻¹)<br>40~50<br>30~40 | | | | 按一批加工数量<br>计算 |
| | 弯曲机 φ10 以下<br>弯曲机 φ40 以下 | 50~60<br>60~70 | | | | |
| 6 | 金属结构加工<br>（包括一般铁件） | 所需场地/(m²·t⁻¹)<br>年产 500 t 为 10<br>年产 1 000 t 为 8<br>年产 2 000 t 为 6<br>年产 3 000 t 为 5 | | | | 按一批加工数量<br>计算 |
| 7 | 石灰<br>消化 | 贮灰池 | 5×3 = 15 m² | | | 每两个贮灰池配一<br>个淋灰池 |
| | | 淋灰池 | 4×3 = 12 m² | | | |
| | | 淋灰槽 | 3×2 = 6 m² | | | |
| 8 | 沥青锅场地 | 20 m²~24 m² | | | | 台班产量 1~1.5 t/台 |

### 3. 工地加工厂布置原则

通常工地设有钢筋、混凝土、木材（包括模板、门窗等）、金属结构等加工厂，加工厂布置时应使材料及构件的总运输费用最小，减少进入现场的二次搬运量，同时使加工厂有良好的生产条件，做到加工与施工互不干扰。一般情况下，把加工厂布置在工地的边缘。

这样既便于管理，又能降低铺设道路、动力管线及给排水管道的费用。

（1）钢筋加工厂的布置，应尽量采用集中加工布置方式。

（2）混凝土搅拌站的布置，可采用集中、分散、集中与分散相结合三种方式。集中布置通常采用二阶式搅拌站。当要求供应的混凝土有多种标号时，可配置适当的小型搅拌机，采用集中与分散相结合的方式。当在城市内施工，采用商品混凝土时，现场只需布置泵车及输送管道位置。

（3）木材加工厂的布置，在大型工程中，根据木料的情况，一般要设置原木、锯材、成材、粗细木等集中联合加工厂，布置在铁路、公路或水路沿线。对于城市内的工程项目，木材加工宜在现场外进行或购入成材，现场的木加工厂布置只需考虑门窗、模板的制作。木加工厂的布置还应考虑远离火源及残料锯屑的处理问题。

（4）金属结构、锻工、机修等车间，相互密切联系，应尽可能布置在一起。

（5）产生有害气体和污染环境的加工厂，如熬制沥青、石灰熟化等，应位于场地下风向。

4. 工地加工厂面积的确定

加工厂建筑面积的确定，主要取决于设备尺寸、工艺过程及设计、加工量、安全防火等，通常可参考有关经验指标等资料确定。

钢筋混凝土构件预制厂、锯木车间、模板车间、细木加工车间、钢筋加工车间（棚）等所需建筑面积可按下式计算：

$$S = \frac{K \times Q}{T \times D \times a} \qquad\qquad (2-72)$$

式中：$S$——所需确定的建筑面积/$m^2$；

$Q$——加工总量/$m^3$ 或 t，依加工需要量计划而定；

$K$——不均匀系数，取 $1.3 \sim 1.5$；

$T$——加工总工期（月）：

$D$——每平方米场地月平均产量定额，查表 $2-31$；

$a$——场地或建筑面积利用系数，取 $0.6 \sim 0.7$。

### 2.4.3.4 搅拌站的布置

砂浆及混凝土的搅拌站位置，要根据房屋的类型、场地条件、起重机和运输道路的布置来确定。在一般的砖混结构中，砂浆的用量比混凝土用量大，要以砂浆搅拌站位置为主。在现浇混凝土结构中，混凝土用量大，因此要以混凝土搅拌站为主来进行布置。搅拌站的布置要求如下：

（1）搅拌站应有后台上料的场地，尤其是混凝土搅拌机，要与砂石堆场、水泥库一起考虑布置，既要互相靠近，又要便于材料的运输和装卸；

（2）搅拌站应尽可能布置在垂直运输机械附近或其服务范围内，以减少水平运距；

（3）搅拌站应设置在施工道路近旁，使小车、翻斗车运输方便；

（4）搅拌站场地四周应设置排水沟，以有利于清洗机械和排泄污水，避免造成现场积水：

（5）混凝土搅拌台所需面积约 25 $m^2$，砂浆搅拌台所需面积约 15 $m^2$。

当现场较窄、混凝土需求量大或采用现场搅拌泵送混凝土时，为保证混凝土供应量和减少砂石料的堆放场地，宜建置双阶式混凝土搅拌站，骨料堆于扇形贮仓。

### 2.4.3.5 运输道路的布置

施工运输道路应按材料和构件运输的需要，沿着仓库和堆场进行布置，使之畅通无阻。

1. 施工道路的技术要求

（1）道路的最小宽度和转弯半径见表 $2-32$ 和表 $2-33$。

架空线及管道下面的道路，其通行空间宽度应大于道路宽度 0.5 m，空间高度应大于4.5 m。

（2）道路的做法。

一般砂质土可采用碾压土路方法。当土质粘或泥泞、翻浆时，可采用加骨料碾压路面的方法，骨料应尽量就地取材，如碎砖、卵石、碎石及大石块等。

表 2－32 施工现场道路最小宽度

| 序号 | 车辆类别及要求 | 道路宽度/m |
|---|---|---|
| 1 | 汽车单行道 | ≥3.0(消防车道≥4.0) |
| 2 | 汽车双行道 | ≥6.0 |
| 3 | 平板拖车单行道 | ≥4.0 |
| 4 | 平板拖车双行道 | ≥8.0 |

表 2－33 施工现场道路小转弯半径

| 序号 | 通行车辆类别 | 路面内侧最小曲率半径/m | | |
|---|---|---|---|---|
| | | 无拖车 | 有一辆拖车 | 有两辆拖车 |
| 1 | 小客车、三轮汽车 | 6 | | |
| 2 | 二轴载重汽车 三轴载重汽车 重型载重汽车 | 单车道9 双车道7 | 12 | 15 |
| 3 | 公共汽车 | 12 | 15 | 18 |
| 4 | 超重型超重汽车 | 15 | 18 | 21 |

为了排除路面积水，保证正常运输，道路路面应高出自然地面 0.1～0.2 m，雨量较大的地区，应高出 0.5 m 左右，道路两侧设置排水沟，一般沟深和底宽不小于 0.4 m。

2.施工道路的布置要求

(1)应满足材料、构件等的运输要求，使道路通到各个仓库及堆场，并距离其装卸区越近越好，以便装卸。

(2)应满足消防的要求，使道路靠近建筑物、木料场等易发生火灾的地方，以便车辆能开到消防栓处。消防车道宽度不小于 3.5 m。

(3)为提高车辆的行驶速度和通行能力，应尽量将道路布置成环路。如不能设置环形路，则应在路端设置掉头场地。

(4)应尽量利用已有道路或永久性道路。根据建筑总平面图上永久性道路的位置，先修筑路基作为临时道路，临时道路路面要求见表 2－34。工程结束后，再修筑路面。

(5)施工道路应避开拟建工程和地下管道等地方。否则工程后期施工时，将切断临时道路，给施工带来困难。

表 2－34 临时道路路面种类和厚度表

| 路面种类 | 特点及其使用条件 | 路基土 | 路面厚度/cm | 材料配合比 |
|---|---|---|---|---|
| 级配砾石路面 | 雨天照常通车，可通行较多车辆，但材料级配要求严 | 砂质土 | 10～15 | 体积比 粘土:砂子:石子 = 1:0.7:3.5 重量比 (1)面层:粘土 13%～15%，砂石料 85%～87 (2)底层:粘土 10%，砂石混合料 90% |
| | | 粘质土或黄土 | 14～18 | |

| 路面种类 | 特点及其使用条件 | 路基土 | 路面厚度/cm | 材料配合比 |
|---|---|---|---|---|
| 碎(砾)石路面 | 雨天照常通车,碎(砾)石本身含土较多,不加砂 | 砂质土 | 10～18 | 碎(砾)石＞65%,当土地含量≤35% |
| | | 砂质土或黄土 | 15～20 | |
| 碎砖路面 | 可维持雨天通车,通行车辆较少 | 砂质土 | 13～15 | 垫层:砂或炉渣4～5 cm<br>底层:7～10 cm碎石<br>面层:2～5 cm |
| | | 砂质土或黄土 | 15～18 | |
| 炉渣或矿渣路面 | 雨天可通车,通行车较少 | 一般土 | 10～15 | 炉渣或矿渣75%,当土地25% |
| | | 较松软时 | 15～30 | |
| 砂石路面 | 雨天停车,通行车辆少,附近不产石,只有砂 | 砂质土 | 15～20 | 粗砂50%,细砂、砂粉和黏质土50% |
| | | 黏质土 | 15～30 | |
| 风化石屑路面 | 雨天不通车,通行车辆少,附近有石料 | 一般土 | 10～15 | 石屑90%,粘土10% |
| 石灰土路面 | 雨天停车,通过车辆少,附近产石灰 | 一般土 | 10～13 | 石灰10%,当地土90% |

表 2－35　路边排水沟最小尺寸

| 沟边形状 | 最小尺寸/m | | 边坡宽度 | 适用范围 |
|---|---|---|---|---|
| | 深 | 底宽 | | |
| 梯形 | 0.4 | 0.4 | 1:1～1:1.5 | 土质路基 |
| 三角形 | 0.3 | — | 1:1～1:1.3 | 岩石路基 |
| 方形 | 0.4 | 0.3 | 1:0 | 岩石路基 |

#### 2.4.3.6　围挡的设计布置

根据《施工现场临时建筑物技术规范》(JGJ/T188—2009),工地现场围挡的设计应遵循以下规定。

(1)围挡宜选用彩钢板、砌体等硬质材料搭设。禁止使用彩条布、竹笆、安全网等易变质材料,做到坚固、平稳、整洁、美观。

(2)围挡高度:

市区主要路段、闹市区　　$h \geqslant 2.5$ m

市区一般路段　　$h \geqslant 2.0$ m

市郊或靠近市郊　　$h \geqslant 1.8$ m

(3)围挡的设置必须沿工地四周连续进行,不能留有缺口。

（4）彩钢板围挡应符合下列规定：

①围挡的高度不宜超过 2.5 m；

②当高度超过 1.5 m 时，宜设置斜撑，斜撑与水平地面的夹角宜为 45°；

③立柱的间距不宜大于 3.6 m。

（5）砌体围挡不应采用空斗墙砌筑方式，墙厚度大于 200 mm，并应在两端设置壁柱，柱距小于 5.0 m，壁柱尺寸不宜小于 370 mm×490 mm，墙柱间设置拉结钢筋中 $\phi6@500$ mm，伸入两侧墙 $L\geq1\,000$ mm。

（6）砌体围挡长度大于 30 m 时，宜设置变形缝，变形缝两侧应设置端柱。

#### 2.4.3.7　施工现场标牌的布置

（1）施工现场的大门口应有整齐明显的"五牌一图"。

【特别提示】　"五牌"：工程概况牌、组织机构牌、消防保卫牌、安全生产牌、文明施工牌。"一图"：施工现场总平面布置图。

（2）门头及大门应设置企业标识。

（3）在施工现场显著位置，设置必要的安全施工内容的标语。

（4）宜设置读报栏、宣传栏和黑板报等宣传园地。

### 2.4.4　临时供水设计

在建筑施工中，临时供水设施是不可少的。为了满足生产、生活及消防用水的需要，要选择和布置适当的临时供水系统。

#### 2.4.4.1　用水量计算

建筑工地的用水包括生产、生活和消防用水三个方面，其计算如下。

1. 施工用水量计算

施工用水量（$q_1$）是指施工高峰的某一天或高峰时期内平均每天需要的最大用水量。可按下式计算：

$$q_1 = k_1\sum \frac{Q_1\times N_1}{T_1\times t}\times\frac{k_2}{8\times3\,600} \qquad(2-73)$$

式中：$q_1$——施工用水量/（L·s$^{-1}$）；

　　$k_1$——未预见的施工用水系数，取 1.05~1.15；

　　$Q_1$——年（季、月）度工程量（以实物计量单位表示）；

　　$T_1$——年（季、月）度有效工作日；

　　$N_1$——施工用水定额，见表 2-36；

　　$t$——每天工作班数；

　　$k_2$——用水不均衡系数，见表 2-37。

【特别提示】　$\frac{Q_1}{T_1}$：指最大用水时，白天一个班所完成的实物工程量；

$Q_1\times N_1$：指在最大用水日那一天各施工项目的工程量与其相应用水定额的乘积之和。

表 2 – 36　施工用水参考定额

| 序号 | 用水对象 | 单位 | 耗水量($N_1$) | 备　注 |
|---|---|---|---|---|
| 1 | 浇筑混凝土全部用水 | L/m³ | 1 700 ~ 2 400 | |
| 2 | 搅拌普通混凝土 | L/m³ | 250 | |
| 3 | 搅拌轻质混凝土 | L/m³ | 300 ~ 350 | |
| 4 | 搅拌泡沫混凝土 | L/m³ | 300 ~ 400 | |
| 5 | 搅拌热混凝土 | L/m³ | 300 ~ 350 | |
| 6 | 混凝土养护(自然养护) | L/m³ | 200 ~ 400 | |
| 7 | 混凝土养护(蒸汽养护) | L/m³ | 500 ~ 700 | |
| 8 | 冲洗模板 | L/m³ | 5 | |
| 9 | 搅拌机清洗 | L/台班 | 600 | |
| 10 | 人工冲洗石子 | L/m³ | 1 000 | 3% > 含泥量 > 2% |
| 11 | 机械冲洗石子 | L/m³ | 600 | |
| 12 | 洗砂 | L/m³ | 1 000 | |
| 13 | 砌砖工程全部用水 | L/m³ | 150 ~ 250 | |
| 14 | 砌石工程全部用水 | L/m³ | 50 ~ 80 | |
| 15 | 抹灰工程全部用水 | L/m³ | 30 | |
| 16 | 耐水砖砌体工程 | L/m³ | 100 ~ 150 | 包括砂浆搅拌 |
| 17 | 浇砖 | L/千块 | 200 ~ 250 | |
| 18 | 浇硅酸盐砌块 | L/m³ | 300 ~ 350 | |
| 19 | 抹面 | L/m² | 4 ~ 6 | 不包括调制用水 |
| 20 | 楼地面 | L/m² | 190 | 主要是找平层 |
| 21 | 搅拌砂浆 | L/m³ | 300 | |
| 22 | 石灰消化 | L/t | 3 000 | |
| 23 | 上水管道工程 | L/m | 98 | |
| 24 | 下水管道工程 | L/m | 1 130 | |
| 25 | 工业管道工程 | L/m | 35 | |

表 2 – 37　施工用水不均衡系数

| 编号 | 用水名称 | 系　数 |
|---|---|---|
| $k_2$ | 现场施工用水<br>附属生产企业用水 | 1.5<br>1.25 |
| $k_3$ | 施工机械、运输机械用水<br>动力设备用水 | 2.00<br>1.05 ~ 1.10 |
| $k_4$ | 施工现场生活用水 | 1.30 ~ 1.50 |
| $k_5$ | 生活区生活用水 | 2.00 ~ 2.50 |

**2. 施工机械用水量计算**

$$q_2 = k_1 \sum Q_2 N_2 \times \frac{k_3}{8 \times 3\,600} \qquad (2-74)$$

式中：$q_2$——机械用水量/$(\mathrm{L \cdot s^{-1}})$；

$k_1$——未预计施工用水系数，取 1.05 ~ 1.15；

$Q_2$——同一种机械台数/台；

$N_2$——施工机械台班用水定额，见表 2 – 38；

$k_3$——施工机械用水不均衡系数，见表 2 – 37。

表 2 – 38 机械用水量参考定额

| 序号 | 用水名称 | 单位 | 耗水量 | 备注 |
|---|---|---|---|---|
| 1 | 内燃挖土机 | L/(台班·m³) | 200 ~ 300 | 以斗容量 m³ 计 |
| 2 | 内燃起重机 | L/(台班·t) | 15 ~ 18 | 以起重 t 计 |
| 3 | 蒸汽起重机 | L/(台班·t) | 300 ~ 400 | 以起重 t 计 |
| 4 | 蒸汽打桩机 | L/(台班·t) | 1 000 ~ 1 200 | 以锤重 t 计 |
| 5 | 蒸汽压路机 | L/(台班·t) | 100 ~ 150 | 以压路机 t 计 |
| 6 | 内燃压路机 | L/(台班·t) | 12 ~ 15 | 以压路机 t 计 |
| 7 | 拖拉机 | L/(昼夜·台) | 200 ~ 300 | |
| 8 | 汽车 | L/(昼夜·台) | 400 ~ 700 | |
| 9 | 标准轨蒸汽机车 | L/(昼夜·台) | 10 000 ~ 20 000 | |
| 10 | 窄轨蒸汽机车 | L/(昼夜·台) | 4 000 ~ 7 000 | |
| 11 | 空气压缩机 | L/[台班·$(\mathrm{m^{-3} \cdot min^{-1}})$] | 40 ~ 80 | 以空压机排气量/$(\mathrm{m^3 \cdot min^{-1}})$ |
| 12 | 内燃机动力装置 | L/(台班·马力) | 120 ~ 300 | 直流水 |
| 13 | 内燃机动力装置 | L/(台班·马力) | 25 ~ 40 | 循环水 |
| 14 | 锅驼机 | L/(台班·马力) | 80 ~ 160 | 不利用凝结水 |
| 15 | 锅炉 | L/(h·t) | 1 000 | 以小时蒸发量计 |
| 16 | 锅炉 | L/(h·m²) | 15 ~ 30 | 以受热面积计 |

**3. 施工现场生活用水量计算**

生活用水量是指施工现场人数最多时，职工及民工的生活用水量。其计算公式如下：

$$q_3 = \frac{P_1 \times N_3 \times k_4}{t \times 8 \times 3\,600} \qquad (2-75)$$

式中：$q_3$——施工现场生活用水量/$(\mathrm{L \cdot s^{-1}})$；

$P_1$——施工现场高峰昼夜人数/人；

$N_3$——施工现场生活用水定额，取 20 ~ 60 L/人班；

$k_4$——施工现场用水不均衡系数，见表 2 – 37；

$t$——每天工作班数。

4. 生活区生活用水量计算

$$q_4 = \frac{P_2 \times N_4 \times k_5}{24 \times 3\,600} \quad\quad (2-76)$$

式中：$q_4$——生活区生活用水/(L·s$^{-1}$)；

$P_2$——生活区居民人数/人；

$N_4$——生活区生活用水定额，见表2-39；

$k_5$——生活区用水不均衡系数，见表2-37。

表2-39　生活用水量($N_3$、$N_4$)定额

| 用水名称 | 单位 | 耗水量/L | 用水名称 | 单位 | 耗水量/L |
|---|---|---|---|---|---|
| 盥洗、饮用水 | L/(人·日) | 20~40 | 学校 | L/(学生·日) | 10~30 |
| 食堂 | L/(人·日) | 10~20 | 幼儿园、托儿所 | L/(幼儿·日) | 75~100 |
| 淋浴带大池 | L/(人·次) | 50~60 | 医院 | L/(病床·日) | 100~150 |
| 洗衣房 | L/(kg·干衣) | 40~60 | 施工现场生活用水 | L/(人·班) | 20~60 |
| 理发室 | L/(人·次) | 10~25 | 生活区全部生活用水 | L/(人·日) | 80~120 |

5. 消防用水量计算

消防用水主要是满足发生火灾时消火栓用水的要求，其用水量见表2-40。

表2-40　消防用水量($q_5$)

| 序号 | 用水名称 | 火灾同时发生次数 | 单位 | 用水量 |
|---|---|---|---|---|
| 1 | 居民区消防用水<br>5 000人以内<br>10 000人以内<br>25 000人以内 | 一次<br>二次<br>三次 | L/s<br>L/s<br>L/s | 10<br>10~15<br>15~20 |
| 2 | 施工现场消防用水<br>施工现场在25公顷以内<br>每增加25公顷 | 一次<br>一次 | L/s<br>L/s | 10~15<br>5 |

6. 总用水量计算($Q$)

(1)当 $q_1 + q_2 + q_3 + q_4 \leqslant q_5$ 时，则 $Q = q_5 + \dfrac{q_1 + q_2 + q_3 + q_4}{2}$

(2)当 $q_1 + q_2 + q_3 + q_4 > q_5$ 时，则 $Q = q_1 + q_2 + q_3 + q_4$。

(3)当工地面积小于5公顷，且 $q_1 + q_2 + q_3 + q_4 < q_5$ 时，则 $Q = q_5$。

最后计算出的总用水量，还应增加10%，以补偿不可避免的水管漏水损失，即

$$Q_总 = 1.1Q \quad\quad (2-77)$$

【特别提示】　总用水量计算并不是所有用水量的总和，因为施工用水是间断的，生活用水时多时少，而消防用水又是偶然的。

### 2.4.4.2　水源选择及临时给水系统

1. 水源选择

建筑工程的临时供水水源有如下几种形式：已有的城市或工业供水系统，自然水域（如江、河、湖、蓄水库等），地下水（如井水、泉水等），利用运输器具（如供水运输车）。

水源的确定应首先利用已有的供水系统，并注意其供水量能否满足工程用水需要。减少或不建临时供水系统，在新建区域若没有现成的供水系统时，应尽量先建好永久性的给水系统，至少是能使该系统满足工程用水及部分生产用水的需要。当前述条件不能实现或因工程要求（如工期、技术、经济条件）无必要先建永久性给水系统时，应设立临时性给水系统，即利用天然水源，但其给水系统的设计应注意与永久性给水系统相适应，如供水管网的布置。

选择水源应考虑下列因素：水量要能满足最大用水量的需要；生活饮用水质应符合国家及当地的卫生标准，其他生活用水及施工用水中的有害及侵蚀性物质的含量不得超过有关规定的限制，否则，必须经软化及其他处理后，方可使用；与农业、水利综合利用；蓄水、取水、输水、净水、贮水设施要安全经济；施工、运转、管理、维修方便。

2. 临时给水系统

临时给水系统包括取水设施、净水设施、贮水构筑物（水池、水塔、水箱）、输水管和配水管网。

1）地面水源取水设施

取水设施一般由进水装置、进水管及水泵组成。取水口距河底（或井底）不得小于 $0.2 \sim 0.9$ m，在冰层下部边缘的距离也不得小于 $0.25$ m。给水工程所用的水泵有离心泵、隔膜泵及活塞泵三种。所用的水泵要有足够的抽水能力和扬程。

水泵应具有的扬程按下列公式计算。

（1）将水送至水塔时的扬程：

$$H_p = (Z_t - Z_p) + H_t + a + h + h_s \qquad (2-78)$$

式中：$H_p$——水泵所需的扬程/m；

　　　$Z_t$——水塔所处的地面标高/m；

　　　$Z_p$——水泵中心的标高/m；

　　　$H_t$——水塔高度/m；

　　　$a$——水塔的水箱高度/m；

　　　$h$——从水泵到水塔间的水头损失/m；

　　　$h_s$——水泵的吸水高度/m。

水头损失可用下式计算：

$$h = h_1 + h_2$$

式中：$h_1$——沿程水头损失/m，$h_1 = i \times L$；

　　　$h_2$——局部水头损失/m；

　　　$i$——单位管长水头损失/（mm·m$^{-1}$）；

　　　$L$——计算管段长度/km。

注：$V$——流束速/（m·s$^{-1}$）；$i$——压力损失（m·km$^{-1}$或 mm·m$^{-1}$）。

实际工程中，局部水头损失一般不做详细计算，按沿程水头损失的 15%～20% 估计即可，即 $h = 1.15h_1 \sim 1.2h_1 = 1.15iL \sim 1.2iL$。

（2）将水直接送到用户时的扬程：

$$H_p = (Z_y - Z_p) + H_y + h + h_s \qquad (2-79)$$

式中：$Z_y$——供水对象（即用户）最不利处之标高/m；

$Z_p$——供水对象最不利处的自由水头，一般为 8 ~ 10 m；

其他符号意义同前。

2）净水设施

自然界中未经过净化的水，含有许多杂质，需要进行净化处理后，才可用作生产、生活用水。在这个过程中，要经过使水软化、去杂质（如水中含有的盐、酸、石灰质等）、沉淀、过滤和消毒等工程。

生活饮用水必须经过消毒后方可使用。消毒可通过氯化，在临时供水设施中，可以加入漂白粉使水氯化。其用量可参考表 2-41，氯化时间夏季 0.5 小时、冬季 1 ~ 2 小时。

表 2-41　消毒用漂白粉及漂白液用量参考

| 水源及水质 | 不同消毒剂的用量 | |
| --- | --- | --- |
| | 漂白粉（含 25% 的有效氯）/（kg·L$^{-1}$） | 1% 漂白粉液/（L·m$^{-3}$） |
| 自流井水、清净的水 | — | — |
| 河水、大河过滤水 | 4 ~ 6 | 0.4 ~ 0.6 |
| 河、湖的天然水 | 8 ~ 12 | 0.6 ~ 1.2 |
| 透明井水和小河过滤水 | 6 ~ 8 | 0.6 ~ 0.8 |
| 浑浊井水和池水 | 12 ~ 20 | 1.2 ~ 2.0 |

3）贮水构筑物

贮水构筑物系水池、水塔和水箱。在临时供水中，只有在水泵非昼夜工作时才设置水塔。水箱的容量，以每小时消防用水量决定，但容量一般不小于 10 ~ 20 m³。

水塔高度与供水范围、供水对象及水塔本身的位置关系有关，即

$$H_t = (Z_y - Z_t) + H_y + h \qquad (2-80)$$

式中符号意义同前。

4）配水管网布置

（1）布置方式。临时供水管网布置一般有三种方式，即环状管网、枝状管网和混合式管网，如图 2-109 所示。

环状管网能保证供水的可靠性，当管网某处发生故障时，水仍能由其他管路供应。但管线长、造价高、管材消耗大。它适用于要求供水可靠的建设项目或建筑群工程。

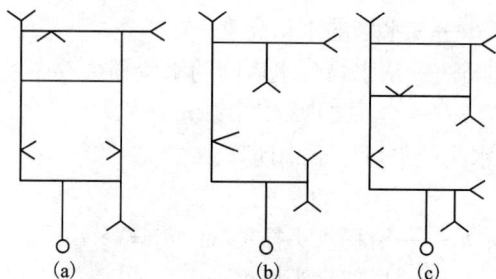

图 2-109　临时供水管网布置

(a)环状式；(b)枝状式；(c)混合式

枝状管网由干管及支管组成，管线短、造价低，但供水可靠性差，若在管网中某一处发

生故障时,会造成断水,故适用于一般中小型工程。

混合式管网可兼有上述两种管网的优点,总管采用环状、支管采用枝状,一般适用于大型工程。

管网的铺设可采用明管或暗管。一般宜优先采用暗铺,以避免妨碍施工,影响运输。在冬季施工中,水管宜埋置在冰冻线下或采取防冻措施。

(2)供水管网的布置要求:

①应尽量提前修建并充分利用拟建的永久性供水管网作为工地临时供水系统,节约修建费用;在保证供水要求的前提下,新建供水管线的长度越短越好,并应适当采用胶皮管、塑料管作为支管,使其具有可移动性,以便于施工。

②供水管网的铺设要与土方平整规划协调一致,以防重复开挖;管网的布置要避开拟建工程和室外管沟的位置,以防二次拆迁改建。

③有高层建筑的施工工地,一般要设置水塔、蓄水池或高压水泵,以便满足高空施工与消防用水的要求。临时水塔或蓄水池应设置在地势较高处。

④供水管网应按防火要求布置室外消防栓。室外消防栓应靠近十字路口、工地出入口,并沿道路布置,距路边应不大于 2 m,距建筑物的外墙应不小于 5 m,为兼顾拟建工程防火而设置的室外消防栓与拟建工程的距离也不应大于 25 m,消防栓之间的间距不应超过 120 m;工地室外消防栓必须设有明显标志,消防栓周围 3 m 范围内不准堆放建筑材料、停放机具和搭设临时房屋等;消防栓供水管的直径不得小于 100 mm。

3.管径的选择

1)计算法

$$d = \sqrt{\frac{4\,000Q}{\pi v}} \qquad\qquad (2-81)$$

式中: $d$——配水管直径/m;

$Q$——管段的用水量/$(L \cdot s^{-1})$;

$v$——管网中水流速度/$(m \cdot s^{-1})$,临时水管经济流速范围参见表 2-42,一般生活及施工用水取 1.5 m/s,消防用水取 2.5 m/s。

2)查表法

为了减少计算工作,只要确定管段流量和流速范围,可直接查表 2-43、表 2-44 和表 2-45,选取管径。

【特别提示】　查表时,可依"输水量"和流速查表确定,其中,输水量 $Q$ 是指供给有关使用点的供水量。

表 2-42　临时水管经济流速参考表

| 管径 d/mm | 流速/$(m \cdot s^{-1})$ | |
| --- | --- | --- |
| | 正常时间 | 消防时间 |
| <100 | 0.5~1.2 | — |
| 100~300 | 1.0~1.6 | 2.5~3.0 |
| >300 | 1.5~2.5 | 2.5~3.0 |

表 2 – 43　施工常用管材表

| 管材 | 介绍参数 | | 使用范围 |
|---|---|---|---|
| | 最大工作压力/MPa | 温度范围/℃ | |
| 硬聚氯乙烯管<br>铝塑复合管 | 0.25 ~ 0.6 | − 15 ~ 60 | 给水 |
| 聚乙烯管 | 0.25 ~ 1.0 | 40 ~ 60 | 室内、外给水 |
| 镀锌钢管 | ≤ 1 | < 100 | 室内、外给水 |

表 2 – 44　临时给水铸铁管计算表

| 项次 | 管径 $d$/mm | 75 | | 100 | | 150 | | 200 | | 250 | |
|---|---|---|---|---|---|---|---|---|---|---|---|
| | 流量 $q$/$(\text{L·s}^{-1})$ | $i$ | $v$ | $i$ | $v$ | $i$ | $v$ | $i$ | $v$ | $i$ | $v$ |
| 1 | 2 | 7.98 | 0.46 | 1.94 | 0.26 | | | | | | |
| 2 | 4 | 28.4 | 0.93 | 6.69 | 0.52 | 0.91 | 0.23 | | | | |
| 3 | 6 | 61.5 | 1.39 | 14.0 | 0.78 | 1.87 | 0.34 | | | | |
| 4 | 8 | 109 | 1.86 | 23.9 | 1.04 | 3.14 | 0.46 | 0.77 | 0.26 | | |
| 5 | 10 | 171 | 2.33 | 36.5 | 1.30 | 4.69 | 0.57 | 1.13 | 0.32 | 0.38 | 0.2 |
| 6 | 12 | 246 | 2.79 | 52.6 | 1.56 | 6.55 | 0.69 | 1.58 | 0.39 | 0.59 | 0.25 |
| 7 | 14 | | | 71.6 | 1.82 | 8.71 | 0.80 | 2.08 | 0.45 | 0.69 | 0.29 |
| 8 | 16 | | | 93.5 | 2.08 | 11.1 | 0.92 | 2.64 | 0.51 | 0.87 | 0.33 |
| 9 | 18 | | | 118 | 2.34 | 13.9 | 1.03 | 3.28 | 0.58 | 1.09 | 0.37 |
| 10 | 20 | | | 146 | 2.60 | 16.9 | 1.15 | 3.97 | 0.64 | 1.32 | 0.41 |
| 11 | 22 | | | 177 | 2.86 | 20.2 | 1.26 | 4.73 | 0.71 | 1.57 | 0.45 |
| 12 | 24 | | | | | 24.1 | 1.38 | 5.56 | 0.77 | 1.83 | 0.49 |
| 13 | 26 | | | | | 28.3 | 1.49 | 6.44 | 0.84 | 2.12 | 0.53 |
| 14 | 28 | | | | | 32.8 | 1.61 | 7.38 | 0.90 | 2.42 | 0.57 |
| 15 | 30 | | | | | 37.7 | 1.72 | 8.4 | 0.96 | 2.75 | 0.62 |
| 16 | 32 | | | | | 42.8 | 1.84 | 9.46 | 1.03 | 3.09 | 0.66 |
| 17 | 34 | | | | | 48.4 | 1.95 | 10.6 | 1.09 | 3.45 | 0.70 |
| 18 | 36 | | | | | 54.2 | 2.06 | 11.8 | 1.16 | 3.83 | 0.74 |
| 19 | 38 | | | | | 60.4 | 2.18 | 13.0 | 1.22 | 4.23 | 0.78 |

注：$v$——流速$(\text{m·s}^{-1})$，$i$——单位管长水头损失$(\text{m·km}^{-1}$或$\text{mm·m}^{-1})$。

表 2－45 临时给水钢管计算表

| 项次 | 管径 d/mm | 75 | | 100 | | 150 | | 200 | | 250 | |
|---|---|---|---|---|---|---|---|---|---|---|---|
| | 流量 q/(L·s$^{-1}$) | $i$ | $v$ | $i$ | $v$ | $i$ | $v$ | $i$ | $v$ | $i$ | $v$ |
| 1 | 0.1 | | | | | | | | | | |
| 2 | 0.2 | 21.3 | 0.38 | | | | | | | | |
| 3 | 0.4 | 74.8 | 0.75 | 8.89 | 0.32 | | | | | | |
| 4 | 0.6 | 159 | 1.13 | 18.4 | 0.48 | | | | | | |
| 5 | 0.8 | 279 | 1.51 | 31.4 | 0.64 | 12.9 | 0.47 | 3.76 | 0.28 | 1.61 | 0.20 |
| 6 | 1.0 | 437 | 1.88 | 47.3 | 0.80 | 18.0 | 0.56 | 5.18 | 0.34 | 2.27 | 0.24 |
| 7 | 1.2 | 629 | 2.26 | 66.3 | 0.95 | 23.7 | 0.66 | 6.83 | 0.40 | 2.97 | 0.28 |
| 8 | 1.4 | 856 | 2.64 | 88.4 | 1.11 | 30.4 | 0.75 | 8.70 | 0.45 | 3.96 | 0.32 |
| 9 | 1.6 | 1118 | 3.01 | 114 | 1.27 | 37.8 | 0.85 | 10.70 | 0.51 | 4.66 | 0.36 |
| 10 | 1.8 | | | 144 | 1.43 | 46.0 | 0.94 | 13.00 | 0.57 | 5.62 | 0.40 |
| 11 | 2.0 | | | 178 | 1.59 | 74.9 | 1.22 | 21.00 | 0.74 | 9.03 | 0.52 |
| 12 | 2.6 | | | 301 | 2.07 | 99.8 | 1.41 | 27.44 | 0.85 | 11.70 | 0.60 |
| 13 | 3.0 | | | 400 | 2.39 | 144 | 1.69 | 38.40 | 1.02 | 16.30 | 0.72 |
| 14 | 3.6 | | | 577 | 2.86 | 177 | 1.88 | 46.80 | 1.13 | 19.80 | 0.81 |
| 15 | 4.0 | | | | | 235 | 2.17 | 61.20 | 1.30 | 25.70 | 0.93 |
| 16 | 4.6 | | | | | 277 | 2.35 | 72.30 | 1.42 | 30.00 | 1.01 |
| 17 | 5.0 | | | | | 348 | 2.64 | 90.70 | 1.59 | 37.00 | 1.13 |
| 18 | 5.6 | | | | | 399 | 2.82 | 104.00 | 1.70 | 42.10 | 1.21 |
| 19 | 6.0 | | | | | | | | | | |

注：$v$——流速/($m·s^{-1}$)，$i$——单位管长水头损失/($m·km^{-1}$ 或 $mm·m^{-1}$)。

3）经验法

单位工程施工供水也可以根据经验进行安排，一般 5 000～10 000 m² 的建筑物，施工用水的总管管径为 100 mm，支管管径为 40 mm 或 25 mm。直径 100 mm 管能够供一个消防龙头的水量。

4.管材的选择

（1）工地输水主干管常用铸铁管和钢管；一般露出地面用钢管，埋入地下用铸铁管；支管采用钢管。

（2）为了保证水的供给，必须配备各种直径的给水管。施工常用管材如表 2－43 所示。

硬聚氯乙烯管、铝塑复合管、聚乙烯管、镀锌钢管的公称直径 15 mm、20 mm、25 mm、32 mm、40 mm、50 mm、70 mm、80 mm、100 mm 的管使用比较普遍。铸铁管有 125 mm、150 mm、200 mm、250 mm、300 mm。

5. 水泵的选择

可根据管段的计算流量 $Q$ 和总扬程 $H$，从有关手册的水泵工作性能表中查出需要的水泵。

【应用案例 2 - 25】 某项目占地面积为 15 000 $m^2$，施工现场使用面积为 12 000 $m^2$，总建筑面积为 7 845 $m^2$，所用混凝土和砂浆均采用现场搅拌，现场拟分生产、生活、消防三路供水，日最大混凝土浇筑量为 400 $m^3$，施工现场高峰昼夜人数为 180 人，请计算用水量和选择供水管径。

**解**：1. 用水量计算

(1)计算现场施工用水量 $q_1$：

$$q_1 = k_1 \sum \frac{Q_1 \times N_1}{T_1 \times t} \times \frac{k_2}{8 \times 3\,600} = \frac{1.15 \times 250 \times 400 \times 1.5}{8 \times 3\,600 \times 1} \text{L/s} = 5.99 \text{ L/s}$$

式中：$k_1 = 1.15$，$k_2 = 1.5$，$\frac{Q_1}{T_1} = 400$ $m^3/d$，$t = 1$，$N_1$ 查表取 250 $L/m^3$

(2)计算施工机械用水量 $q_2$：因施工中不使用特殊机械，因此 $q_2 = 0$。

(3)计算施工现场生活用水量 $q_3$：

$$q_3 = \frac{P_1 \times N_3 \times K_4}{t \times 8 \times 3\,600} = \frac{180 \times 40 \times 1.5}{1 \times 8 \times 3\,600} \text{L/s} = 0.375 \text{ L/s}$$

式中：$k_4 = 1.5$，$P_1 = 180$ 人，$t = 1$；

$N_3$ 按生活用水和食堂用水计算，得

$N_3 = 0.025$ $m^3/(人 \cdot d) + 0.015$ $m^3/(人 \cdot d) = 0.04$ $m^3/人 \cdot d = 40$ $L/(人 \cdot d)$。

(4)计算生活区生活用水量：因现场不设生活区，故不计算 $q_4$；

(5)计算消防用水量 $q_5$：1 ha $= 10^4$ $m^2$（ha 表示公顷）

本工程现场使用面积为 12 000 $m^2$，即 1.2 ha $< 25$ ha，故 $q_5 = 10$ L/s。

(6)计算总用水量 $Q$：

$$Q_1 = q_1 + q_2 + q_3 + q_4 = (5.99 + 0.375) \text{L/s} = 6.365 \text{ L/s} < q_5 = 10 \text{ L/s}$$

因工地面积：1.2 ha $< 5$ ha，并且 $Q_1 < q_5$，因此 $Q = q_5 = 10$ L/s

$$Q_总 = 1.1 \times 10 \text{ L/s} = 11 \text{ L/s}$$

即本工程用水量为 11 L/s

2. 供水管径的计算

$$d = \sqrt{\frac{4\,000Q}{\pi v}} = \sqrt{\frac{4\,000 \times 11}{3.14 \times 1.5}} \text{ mm} = \sqrt{\frac{44\,000}{4.71}} \text{ mm} = \sqrt{9\,341.83} \text{ mm} = 97 \text{ mm}(v = 1.5 \text{ m/s}),$$

取管径为 100 mm 的上水管。

## 2.4.5 临时供电设计

施工现场安全用电的管理，是安全生产文明施工的重要组成部分，临时用电施工组织设计也是施工组织设计的组成部分。

### 2.4.5.1 临时用电施工组织设计的内容和步骤

(1)现场勘探。

(2)确定电源进线、变电所、配电室、总配电箱、分配电箱等的位置及线路走向。

（3）进行荷载计算。

（4）选择变压器容量、导线截面和电器的类型、规格。

（5）绘制电器平面图、立面图和接线系统图。

（6）制定安全用电技术措施和电器防火措施。

#### 2.4.5.2 施工现场临时用电计算

在施工现场临时用电设计中应按照 l 临电负荷进行现场临电的负荷验算，校核业主所提供的电量是否能够满足现场施工所需电量，如何合理布置现场临电的系统。通过计算确定变压器规格、导线截面、各级电箱规格和系统图。

1. 用电量计算

建筑工地临时供电，包括施工用电和照明用电两个方面，其用量可按下式计算：

$$P_{计} = (1.05 \sim 1.1)\left(\frac{k_1}{\cos\varphi}\sum P_1 + k_2\sum P_2 + k_3\sum P_3 + k_4\sum P_4\right) \quad (2-82)$$

式中：$P_{计}$——计算用电量/W；

1.05 ~ 1.1——用电不均衡系数；

$\sum P_1$——全部施工用电设备中电动机额定容量之和；

$\sum P_2$——全部施工用电设备中电焊机额定容量之和；

$\sum P_3$——室内照明设备额定容量之和；

$\sum P_4$——室外照明设备额定容量之和；

$\cos\varphi$——电动机的平均功率因素（在施工现场最高为 0.75 ~ 0.78，一般为 0.65 ~ 0.75）；

$k_1$，$k_2$，$k_3$，$k_4$——需要系数，见表 2-46。

表 2-46 $k_1$，$k_2$，$k_3$，$k_4$ 系数表

| 用电名称 | 数量 | 需要系数 | | 备注 |
|---|---|---|---|---|
| | | $k$ | 数值 | |
| 电动机 | 3 ~ 10 台 | $k_1$ | 0.7 | 1. 为使计算结果切合实际，式（2-82）中各项动力和照明用电，应根据不同工作性质分类计算；<br>2. 单班施工时，用电量计算可不考虑照明用电；<br>3. 由于照明用电比动力用电要少得多，故在计算总用电时，只在动力用电量式（2-82）括号内第1、2项之外再加10%作为照明用量即可 |
| | 11 ~ 30 台 | | 0.6 | |
| | 30 台以上 | | 0.5 | |
| 工厂动力设备 | | | 0.5 | |
| 电焊机 | 3 ~ 10 台 | $k_2$ | 0.6 | |
| | 10 台以上 | | 0.5 | |
| 室内照明 | | $k_3$ | 0.8 | |
| 室外照明 | | $k_4$ | 1.0 | |

综合考虑施工用电约占总电量的90%，室内外照明用电约占10%，则上式可进一步简化为

$$P_{计} = 1.1(k_1 \sum P_c + 0.1P_{计} = 1.24k_1 \sum P_c \qquad (2-83)$$

式中：$P_c$——全部施工用电设备额定容量之和。

计算用电量时，可从以下各点考虑。

(1)在施工进度计划中施工高峰期同时用电机械设备最高数量，设备定额可参考表2-47。

(2)各种机械设备在施工过程中的使用情况。

(3)现场施工机械设备及照明灯具的数量。

表2-47 施工机械设备用电定额参考表

| 机械名称 | 型号 | 功率/kW | 机械名称 | 型号 | 功率/kW |
|---|---|---|---|---|---|
| 塔式起重机 | 红旗11—16 整体拖运 | 19.5 | 塔式起重机 | 法国 POTAIN 厂产 TOPKTTF O/25（135 t·m） | 160 |
| | QT40 TQ2—6 | 48 | | 法国 B.P.R 厂产 GTA91—83（450 t·m） | 160 |
| | TQ60/80 | 55.5 | 混凝土搅拌站 | HL80 | 41 |
| | 自升式 TQ90 | 58 | 混凝土输送泵 | HB—15 | 32.2 |
| | 算升式 QJ100 | 63 | 混凝土喷射机（回转式） | HPH6 | 7.5 |
| | 法国 PDTAIN 厂产，H5—56B5P（235 t·m） | 150 | 混凝土喷射机（罐式） | HPG4 | 3 |
| | | | 插入式振捣器 | ZX25 | 0.8 |
| | | | | ZX35 | 0.8 |
| | 法国 PDTAIN 厂产 H5—56B（235 t·m） | 137 | | ZX50 | 1.1 |
| | | | | ZX50C | 1.1 |
| | | | | ZX70 | 1.5 |
| 平板式振动器 | ZB5 | 0.5 | 蛙式夯实机 | HW—32 | 1.5 |
| | ZB11 | 1.1 | | HW—60 | 3 |
| 冲击式钻孔机 | YKC—20C | 20 | 钢筋调直切断机 | GT4/14 | 4 |
| | YKC—22M | 20 | | GT6/14 | 11 |
| | YKC—30M | 40 | | GT6/8 | 5.5 |
| 螺旋式钻孔机 | BQ—2400 | 22 | | GT3/9 | 7.5 |
| 螺旋式钻孔机 | ZKL400 | 40 | 钢筋切断机 | QJ40 | 7 |
| | ZKL600 | 55 | | QJ40—1 | 5.5 |
| | ZKL800 | 90 | | QJ32—1 | 3 |

166

续表 2-47

| 机械名称 | 型号 | 功率/kW | 机械名称 | 型号 | 功率/kW |
|---|---|---|---|---|---|
| 振动打拔桩机 | DZ45 | 45 | 塔式起重机 | 德国 PEINE 生产 SK280—055 (307.314 t·m) | 150 |
| | DZ45Y | 30 | | | |
| | DZ55Y | 55 | | | |
| | DZ90B | 90 | | 德国 PEINE 生产 SK560—05(675 t·m) | 170 |
| | DZ90A | 90 | | | |
| 附着式振动器 | ZW4 | 0.8 | 自落式混凝土搅拌机 | JDL150 | |
| | ZW5 | 1.1 | | JD200 | |
| | ZW7 | 1.5 | | JD250 | |
| | ZW10 | 1.1 | | JD350 | 15 |
| | ZW30—5 | 0.5 | | JD500 | 18.5 |
| 混凝土振动台 | ZT—1×2 | 7.5 | 卷扬机 | JJK0.5 | 3 |
| | ZT—1.5×6 | 30 | | JJK—0.5B | 2.8 |
| | ZT—2.4×6.2 | 55 | | JJK—1A | 7 |
| 真空吸水器 | HZX—40 | 4 | | JJK—5 | 40 |
| | HZX—60A | 4 | | JJZ—1 | 7.5 |
| | 改型泵 1 号 | 5.5 | | JJZ—1 | 7 |
| | 改型泵 2 号 | 5.5 | | JJK—3 | 28 |
| 预应力拉伸机油泵 | ZB1/630 | 1.1 | | JJK—5 | 3 |
| | ZB2X2/500 | 3 | | JJM—5 | 11 |
| | ZB4/49 | 3 | | JJM—10 | 22 |
| | ZB10/49 | 11 | | | |
| 振动式夯实机 | HZD250 | 4 | 强制式混凝土搅拌机 | JW250 | 11 |
| | | | | JW500 | 30 |
| 钢筋弯曲机 | GW40 | 3 | 电动弹涂机 | DT120A | 8 |
| | WJ40 | 3 | 液压升降机 | YSF25—50 | 3 |
| | GW32 | 2.2 | | | |
| 交流电焊机 | BX3—120—1 | 9 | 泥浆泵 | 红星 30 | 30 |
| | | | | 红星 75 | 60 |
| | BX3—300—2 | 23.4 | 液压控制台 | YKT—36 | 7.5 |
| | BX—500—2 | 38.6 | 自动控制、调平液压控制台 | YZKT—56 | 11 |
| | BX2—100(BC—1000) | 76 | 静电触探车 | ZJYY—20A | 10 |

167

| 机械名称 | 型号 | 功率/kW | 机械名称 | 型号 | 功率/kW |
|---|---|---|---|---|---|
| 直流电焊机 | AX4—300—1（AG—300） | 10 | 混凝土沥青地割机 | BC—D1 | 5.5 |
| | | | 小型砌块成型机 | GC—1 | 6.7 |
| | AX1—165（AB—165） | 6 | 载货电梯 | JT1 | 7.5 |
| | | | 建筑施工外用电梯 | SCD100/100A | 114 |
| | AX—320（AT—320） | 14 | 木工电刨 | MIB2—80/1 | 0.7 |
| | | | 木工刨板机 | MB1043 | 3 |
| | AX5—500 AX3—500（AG—500） | 26 | 木工圆锯 | MJ104 | 3 |
| | | | | MJ114 | 3 |
| | | | | MJ106 | 5.5 |
| 纸筋麻刀搅拌机 | ZMB—10 | 3 | 脚踏截锯机 | MJ217 | 7 |
| 灰浆泵 | UB3 | 4 | 单面木工压刨床 | MB103 | 3 |
| 挤压式灰浆泵 | UBJ2 | 2.2 | | MB103A | 4 |
| 粉碎淋灰机 | UB76—1 | 5.5 | | MB106 | 7.5 |
| 单盘水磨石机 | FL—16 | 4 | | MB104A | 4 |
| 单盘水磨石机 | SF—D | 2.2 | 双面木工压刨床 | MB106A | 4 |
| 双盘水磨石机 | SF—S | 4 | 木工平刨床 | MB503A | 3 |
| 侧式磨光机 | CM2—1 | 1 | 木工平刨床 | MB504A | 3 |
| 立面水磨石机 | MQ—1 | 1.65 | 普通木工车床 | MCD616B | 3 |
| 墙面水磨石机 | YM200—1 | 0.55 | 单头直榫开榫机 | MX2112 | 9.8 |
| 地面磨光机 | DM—60 | 0.4 | 灰浆搅拌机 | UJ325 | 3 |
| 套丝切管机 | TQ—3 | 1 | 灰浆搅拌机 | UJ100 | 2.2 |
| 电动液压弯管机 | WYQ | 1.1 | 反循环钻孔机 | BDM—1 型 | 22 |

现场室内照明用电定额可参考表 2－48。

表 2－48　室内照明用电定额参考表

| 序号 | 用电名称 | 定额/(W·m⁻²) | 序号 | 用电名称 | 定额/(W·m⁻²) |
|---|---|---|---|---|---|
| 1 | 混凝土圾灰浆搅拌站 | 5 | 13 | 学校 | 6 |
| 2 | 钢筋室外加工 | 10 | 14 | 招待所 | 5 |
| 3 | 钢筋室内加工 | 8 | 15 | 医疗所 | 6 |

续表 2 - 48

| 序号 | 用电名称 | 定额/(W·m⁻²) | 序号 | 用电名称 | 定额/(W·m⁻²) |
|---|---|---|---|---|---|
| 4 | 木材加工(锯木及细木制作) | 5 ~ 7 | 16 | 托儿所 | 9 |
| 5 | 木材加工(模板) | 8 | 17 | 食堂或娱乐场所 | 5 |
| 6 | 混凝土预制构件厂 | 6 | 18 | 宿舍 | 3 |
| 7 | 金属结构及机电维修 | 12 | 19 | 理发店 | 10 |
| 8 | 空气压缩机及泵房 | 7 | 20 | 淋浴间及卫生间 | 3 |
| 9 | 卫生技术管道加工 | 8 | 21 | 办公楼、试验室 | 6 |
| 10 | 设备安装加工厂 | 8 | 22 | 棚仓库及仓库 | 2 |
| 11 | 变电所及发电站 | 10 | 23 | 锅炉房 | 3 |
| 12 | 机车或汽车停放库 | 5 | 24 | 其他文化福利场所 | 3 |

室外照明用电可参考表 2 - 49。

表 2 - 49　室外照明用电参考表

| 序号 | 用电名称 | 容量 | 序号 | 用电名称 | 容量 |
|---|---|---|---|---|---|
| 1 | 安装及铆焊工程 | 2.0 W·m⁻² | 6 | 行人及车辆主干道 | 2 000 W·km⁻¹ |
| 2 | 卸车场 | 1.0 W·m⁻² | 7 | 行人及非车辆主干道 | 1 000 W·km⁻¹ |
| 3 | 设备存放、砂、石、木材、钢材、半成品存放 | 0.8 W·m⁻² | 8 | 打桩工程 | 0.6 W·m⁻² |
| | | | 9 | 砖石工程 | 1.2 W·m⁻² |
| 4 | 夜间运料(或不运料) | 0.8(0.5) W·m⁻² | 10 | 混凝土浇筑工程 | 1.0 W·m⁻² |
| | | | 11 | 机械挖土工程 | 1.0 W·m⁻² |
| 5 | 警卫照明 | 1 000 W·km⁻¹ | 12 | 人工挖土载程 | 0.8 W·m⁻² |

● 白天施工且没有夜班时可不考虑灯光照明。

**2. 变压器容量计算**

工地附近有 10 kV 或 6 kV 高压电源时,一般多采取在工地设小型临时变电所,装设变压器将二次电源降至 380 V/220 V,有效供电半径一般在 500 m 以内。大型工地可在几处设变压器(变电所)。

需要变压器容量(W)可按下式计算:

$$P_0 = \frac{1.05P_{计}}{\cos \varphi} \approx 1.4P_{计} \tag{2 - 84}$$

式中:$P_0$——变压器容量/kV·A;

1.05——功率损失系数;

$P_{计}$——变压器服务范围内的总用电量/kW;

$\cos \varphi$——用电设备功率因数,一般建筑工地取 0.7 ~ 0.75。

求得 W 值,可查表 2 - 50 选择变压器容量和型号。

表 2 - 50　常用电力变压器性能表

| 型号 | 额定容量 /W | 额定电压/kV | | 耗损/W | | 总质量 /kg |
| --- | --- | --- | --- | --- | --- | --- |
| | | 高压 | 低压 | 空载 | 短路 | |
| SL7—30/10 | 30 | 6；6.3；10 | 0.4 | 150 | 800 | 317 |
| SL7—50/10 | 50 | 6；6.3；10 | 0.4 | 190 | 1 150 | 480 |
| SL7—63/10 | 63 | 6；6.3；10 | 0.4 | 220 | 1 400 | 525 |
| SL7—80/10 | 80 | 6；6.3；10 | 0.4 | 270 | 1 650 | 590 |
| SL7—100/10 | 100 | 6；6.3；10 | 0.4 | 320 | 2 000 | 685 |
| SL7—125/10 | 125 | 6；6.3；10 | 0.4 | 370 | 2 450 | 790 |
| SL7—160/10 | 160 | 6；6.3；10 | 0.4 | 460 | 2 850 | 945 |
| SL7—200/10 | 200 | 6；6.3；10 | 0.4 | 540 | 3 400 | 1 070 |
| SL7—250/10 | 250 | 6；6.3；10 | 0.4 | 640 | 4 000 | 1 235 |
| SL7—315/10 | 315 | 6；6.3；10 | 0.4 | 760 | 4 800 | 1 470 |
| SL7—400/10 | 400 | 6；6.3；10 | 0.4 | 920 | 5 800 | 1 790 |
| SL7—500/10 | 500 | 6；6.3；10 | 0.4 | 1 080 | 6 900 | 2 050 |
| SL7—630/10 | 630 | 6；6.3；10 | 0.4 | 1 300 | 8 100 | 2 760 |
| SL7—50/35 | 50 | 35 | 0.4 | 265 | 1 250 | 830 |
| SL7—100/35 | 100 | 35 | 0.4 | 370 | 2 250 | 1 090 |
| SL7—125/35 | 125 | 35 | 0.4 | 420 | 2 650 | 1 300 |
| SL7—160/35 | 160 | 35 | 0.4 | 470 | 3 150 | 1 465 |
| SL7—200/35 | 200 | 35 | 0.4 | 550 | 3 700 | 1 695 |
| SL7—280/35 | 280 | 35 | 0.4 | 640 | 4 400 | 1 890 |
| SL7—315/35 | 315 | 35 | 0.4 | 760 | 5 300 | 2 185 |
| SL7—400/35 | 400 | 35 | 0.4 | 920 | 6 400 | 2 510 |
| SL7—500/35 | 500 | 35 | 0.4 | 1 080 | 7 700 | 2 810 |
| SZL7—630/35 | 630 | 35 | 0.4 | 1 300 | 9 200 | 3 225 |
| SZL7—200/10 | 200 | 10 | 0.4 | 540 | 3 400 | 1 260 |
| SZL7—250/10 | 250 | 10 | 0.4 | 640 | 4 000 | 1 450 |
| SZL7—350/10 | 315 | 10 | 0.4 | 760 | 4 800 | 1 695 |
| SZL7—400/10 | 400 | 10 | 0.4 | 920 | 5 800 | 1 975 |
| SZL7—500/10 | 500 | 10 | 0.4 | 1 080 | 6 900 | 2 200 |
| SZL7—630/10 | 630 | 10 | 0.4 | 1 400 | 8 500 | 3 140 |
| S6—10/10 | 10 | 10 | 0.433 | 60 | 270 | 245 |

**续表 2-50**

| 型号 | 额定容量/W | 额定电压/kV | | 耗损/W | | 总质量/kg |
|---|---|---|---|---|---|---|
| | | 高压 | 低压 | 空载 | 短路 | |
| S6—30/10 | 30 | 10 | 0.4 | 125 | 600 | 140 |
| S6—50/10 | 50 | 10 | 0.433 | 175 | 870 | 540 |
| S6—80/10 | 80 | 6～10 | 0.4 | 250 | 1 240 | 685 |
| S6—100/10 | 100 | 6～10 | 0.4 | 300 | 1 470 | 740 |
| S6—125/10 | 125 | 6～10 | 0.4 | 360 | 1 720 | 855 |
| S6—160/10 | 160 | 6～10 | 0.4 | 430 | 2 100 | 990 |
| S6—200/10 | 200 | 6～11 | 0.4 | 500 | 2 500 | 1 240 |
| S6—250/10 | 250 | 6～10 | 0.4 | 600 | 2 900 | 1 330 |
| S6—315/10 | 315 | 6～10 | 0.4 | 720 | 3 450 | 1 495 |
| S6—400/10 | 400 | 6～10 | 0.4 | 870 | 4 200 | 1 750 |
| S6—500/10 | 500 | 6～10.5 | 0.4 | 1 030 | 4 950 | 2 330 |
| S6—630/10 | 630 | 6～10 | 0.4 | 1 250 | 5 800 | 3 080 |

3.配电导线截面积计算

导线截面积一般根据用电量计算允许电流进行选择,然后再以允许电压降及机械强度加以校核。

1)按允许电流强度选择导线截面积

配电导线必须能承受负荷电流长时间通过所引起的温升,而其最高温升不超过规定值。

电流的计算:

(1)三相四线制线路上的电流可按下式计算:

$$I = \frac{1\,000P}{\sqrt{3}U_{线}\cos\varphi} \tag{2-85}$$

式中:$I$——某一段线路上的电流/A;

$P$——该段线路上的总用电量/kW;

$U_{线}$——线路工作电压值/V,三相四线制低压时,$U_{线}=380$ V;

$\cos\varphi$——功率因数,临时电路系统时,取 $\cos\varphi=0.7\sim0.75$(一般取0.75)。

将三相四线制低压线时,$U_{线}=380$ V 值代入,式(2-85)可简化为

$$I_{线} = 2P \tag{2-86}$$

即表示1 kW 耗电量时线路上的电流为2 A。

(2)二线制线路上的电流可按下式计算:

$$I = \frac{1\,000P}{U\cos\varphi} \tag{2-87}$$

式中:$U$——线路工作电压值/V,二相制低压时,$U=220$ V。

其余符号同前。

求出线路电流后,可根据导线持续允许电流,按表2-51初选导线截面,使导线中通过的电流控制在允许范围内。

表 2-51　配电导线持续允许电流(A)(空气温度 25 ℃时)

| 序号 | 导线标称截面/mm² | 裸线 | | | 橡皮或塑料绝缘线(单芯 500 V) | | | |
|---|---|---|---|---|---|---|---|---|
| | | TJ 型导线 | 钢芯铝绞线 | LJ 型导线 | BX 型(铜橡) | BLX 型(铝橡) | BV 型(铜、塑) | BLV 型(铝、塑) |
| 1 | 0.75 | — | — | — | 18 | — | 16 | — |
| 2 | 1 | — | — | — | 21 | — | 19 | — |
| 3 | 1.5 | — | — | — | 27 | 19 | 24 | 18 |
| 4 | 2.5 | — | — | — | 35 | 27 | 32 | 25 |
| 5 | 4.0 | — | — | — | 45 | 35 | 45 | 32 |
| 6 | 6 | — | — | — | 58 | 45 | 55 | 42 |
| 7 | 10 | — | — | — | 85 | 65 | 75 | 50 |
| 8 | 16 | 130 | 105 | 105 | 110 | 85 | 105 | 80 |
| 9 | 25 | 180 | 135 | 135 | 145 | 110 | 138 | 105 |
| 10 | 35 | 220 | 170 | 170 | 180 | 138 | 170 | 130 |
| 11 | 50 | 270 | 215 | 215 | 230 | 175 | 215 | 165 |
| 12 | 70 | 340 | 265 | 265 | 285 | 220 | 265 | 205 |
| 13 | 95 | 415 | 325 | 325 | 345 | 265 | 325 | 250 |
| 14 | 120 | 485 | 375 | 375 | 400 | 310 | 375 | 285 |
| 15 | 150 | 570 | 440 | 440 | 470 | 360 | 430 | 325 |
| 16 | 185 | 645 | 500 | 500 | 540 | 420 | 490 | 380 |
| 17 | 240 | 770 | 610 | 610 | 600 | 510 | — | — |

2)按机械强度要求选择导线截面积

配电导线必须具有足够的机械强度,以防止受拉或机械损伤时折断。在各种不同敷设方式下,导线按机械强度要求所必须达到的最小截面积应符合表 2-52 的规定。

表 2-52　导线按机械强度要求所必须达到的最小截面

| 导线用途 | 导线最小截面积/mm² | |
|---|---|---|
| | 铜线 | 铝线 |
| 照明装置用导线: | | |
| 户内用 | 0.5 | 2.5 |
| 户外用 | 1.0 | 2.5 |

**续表 2 - 52**

| 导线用途 | 导线最小截面积/mm² | |
| --- | --- | --- |
| | 铜线 | 铝线 |
| 双芯软电线: | | |
| 用于吊灯 | 0.35 | — |
| 用于移动式生产用电设备 | 0.5 | — |
| 多芯软电线及软电缆: | | |
| 用于移动式生产用电设备 | 1.0 | — |
| 绝缘导线:固定架设在户内支持件上,其间距为 | | |
| 2 m 及以下 | 1.0 | 2.5 |
| 6 m 及以下 | 2.5 | 4 |
| 25 m 及以下 | 4 | 10 |
| 裸导线: | | |
| 户内用 | 2.5 | 4 |
| 户外用 | 6 | 16 |
| 绝缘导线: | | |
| 穿在管内 | 1.0 | 2.5 |
| 设在木槽板内 | 1.0 | 2.5 |
| 绝缘导线: | | |
| 户外沿墙敷设 | 2.5 | 4 |
| 户外其他方式敷设 | 4 | 10 |

3)按导线允许电压降选择配电导线截面

配电导线上的电压降必须限制在一定限度之内,否则距变压器较远的机械设备会因电压不足而难以启动,或经常停机而无法正常使用;即使能够使用,也由于电动机长期处在低压运转状态,会造成电动机电流过大,升温过高而过早地损坏或烧毁。

按导线允许电压降选择配电导线截面的计算公式为

$$S = \frac{\sum PL}{C \cdot [\varepsilon]} = \frac{\sum M}{C \cdot [\varepsilon]} \qquad (2 - 88)$$

式中:$S$——配电导线的截面积/mm²;

$P$——线路上所负荷的电功率(即电动机额定功率之和)或线路上所输送的电功率(即用电量)/kW;

$L$——用电负荷至电源(变压器)之间的送电线路长度/m;

$M$——每一次用电设备的负荷距/(kW·m⁻¹);

$[\varepsilon]$——配电线路上允许的相对电压降(即以线路的百分数表示的允许电压降),一般为 2.5% ~ 5%;

$C$——系数,是由导线材料、线路电压和输电方式等因素决定的输电系数,见表 2 - 53。

表2-53 按允许电压降计算时的C值

| 线路额定电压/V | 线路系统及电流种类 | 系数C值 | |
|---|---|---|---|
| | | 铜线 | 铝线 |
| 380/220 | 三相四线 | 77 | 46.3 |
| 380/220 | 二相三线 | 34 | 20.5 |
| 220 | | 12.8 | 7.75 |
| 110 | | 3.2 | 1.9 |
| 36 | 单线或直流 | 0.34 | 0.21 |
| 24 | | 0.153 | 0.092 |
| 12 | | 0.038 | 0.023 |

以上通过计算或查表所选择的配电导线截面积，必须同时满足以上三项要求，并以求得的三个导线截面积中最大者为准，作为最后确定选择配电导线的截面积。

实际上，配电导线截面积计算与选择的通常方法是：当配电线路比较长，线路上的负荷比较大时，往往以允许电压降为主确定导线截面积；当配电线路比较短时，往往以允许电流为主确定导线截面积；当配电线路上的负荷比较小时，往往以导线机械强度要求为主选择导线截面积。当然，无论以哪一种为主选择导线截面积，都要同时符合其他两种要求，以求无误。

根据实践，一般建筑工地配电线路较短，导线截面积可由允许电流选定；而在道路工程和给排水工程，工地作业线比较长，导线截面积由电压降确定。

### 2.4.6 变压器及供电线路的布置

1.变压器的选择与布置要求

（1）当施工现场只需设置一台变压器时，供电线路可按枝状布置，变压器应设置在引入电源的安全区域内。

（2）当工地较大，需要设置多台变压器时，应先用一台主降压变压器，将工地附近的110 kV或35 kV的高压电网上的电压降至10 kV或6 kV，然后再通过若干个分变压器将电压降至380/220 V。主变压器与各分变压器之间采用环状连接布置；每个分变压器到该变压器负担的各用电点的线路可采用枝状布置，分变电器应设置在用电设备集中、用电量大的地方或该变压器所负担区域的中心地带，以尽量缩短供电线路的长度；低压变电器的有效供电半径为400～500 m。

实际工程中，单位工程的临时供电系统一般采用枝状布置，并尽量利用原有的高压电网和已有的变压器。

2.供电线路的布置要求

（1）工地上的3 kV，6kV或10 kV的高压线路，可采用架空裸线，其电杆距离为40～

60 m，也可采用地下电缆；户外 380/220 V 的低压线路，可采用架空裸线，与建筑物、脚手架等距离相近时，必须采用绝缘架空线，其电杆距离为 25～40 m。分支线或引入线均必须从电杆处连接，不得从两杆之间的线路上直接连接。电杆一般采用钢筋混凝土电杆，低压线路也可采用木杆。

（2）为了维修方便，施工现场一般采用架空配电线路，并尽量使其线路最短。要求现场架空线与施工建筑物水平距离不小于 1 m，线与地面距离不小于 4 m，跨越建筑物或临时设施时，垂直距离不小于 2.5 m，线间距不小于 0.3 m。

（3）各用电点必须配备与用电设备功率相匹配的、由闸刀开关、熔断保险、漏电保护器和插座等组成的配电器，其高度与安装位置应以操作方便、安全为准；每台用电机械或设备均应分设闸刀开关和熔断器，实行单机单闸，严禁一闸多机。

（4）设置在室外的配电箱应有防雨措施，严防漏电、短路及触电事故的发生。

（5）线路应布置在起重机的回转半径之外。否则应搭设防护栏，其高度要超过线路 2 m，机械运转时还应采取相应措施，以确保安全。现场机械较多时，可采用埋地电缆，以减少互相干扰。

（6）新建变压器应远离交通要道口处，布置在现场边缘高压线接入处，离地高度应大于 3 m，四周设有高度大于 1.7 m 的铁丝网防护栏，并设置明显标志。

【应用案例 2 - 26】　施工工地施工机具设备用电量及供电线路布置如图 2 - 110 所示，试进行施工供电设计。

解：（1）工地用电量计算。

全部电动机总功率：

$$\sum P_1 = P_a + P_b + P_c$$
$$= (15.5 + 42 + 31)\text{kW}$$
$$= 88.5 \text{ kW}$$

取 $k_1 = 0.7$（因浇筑混凝土时，搅拌机、塔式起重机、振动器等都需同时工作，取 $\cos \varphi = 0.75$，取照明用电为动力用电的 10%，则）

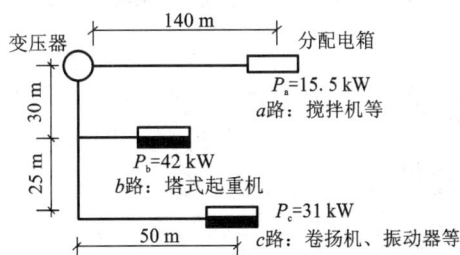

图 2 - 110　施工供电线路及设备用电量简图

$$P = 1.05 \times 1.1 \times k_1 \frac{\sum P_1}{\cos \varphi} = 1.05 \times 1.1 \times 0.7 \times \frac{88.5}{0.75} \text{ kW} = 95.40 \text{ kW}$$

（2）变压器容量计算。

$$P_0 = \frac{1.05P}{\cos \varphi} = \frac{1.05 \times 95.4}{0.75} \text{ kV} \cdot \text{A} = 133.56 \text{ kV} \cdot \text{A}$$

输入工地的高压电源为 10 kV，查表 2 - 50，选用 SL7—160/10 型电力变压器，额定容量 160 kV·A > 133.56 kV·A。

（3）配电导线截面选择。

① a 路：按导线的允许电流选择

$$I_1 = 2P = 2 \times 15.5 \text{ A} = 31 \text{ A}$$

查表 2 -51，选用 4 mm² 塑料绝缘铝芯线(BLV 型)。

按导线允许电压降选择

$$S = \frac{\sum PL}{C[\varepsilon]} = \frac{15.5 \times 140}{46.3 \times 7} \, \text{mm}^2 = 6.7 \, \text{mm}^2$$

按机械强度选择：查表 2 -52，得塑料绝缘铝芯线户外敷设，最小截面积为 10 mm²。

三者中选择最大值，故选择 10 mm² 塑料绝缘铝芯线。

②b 路与 c 路交界到变压器段导线，因距离短，可按导线允许电流选择

$$I_1 = 2P = 2 \times (42 + 31) \, \text{A} = 146 \, \text{A}$$

查表 2 -52，选用 50 mm² 塑料绝缘铝芯线，中线则选用小一号的 35 mm² 即可。

③b 路：选用塔式起重机电源馈电电缆 YHC(3 × 16 + 1 × 6)，YHC 型为移动式铜芯软电缆，3 × 16 + 1 × 6 即三芯 16 mm²，第四芯供接地接零保护用，截面积为 6 mm²。

$$I_1 = 2P = 2 \times 42 \, \text{A} = 84 \, \text{A}$$

④c 路：$P_c = 31$ kW；

按导线的允许电流选择：

$$I_1 = 2P = 2 \times 31 \, \text{A} = 62 \, \text{A}$$

查表 2 -51，选 16 mm² 塑料绝缘铝芯线，符合允许电压降和机械强度要求。

### 2.4.7 单位工程施工现场布置图绘制

斑马·梦龙软件介绍

1. CAD 绘制单位工程施工平面图

近年来，随着计算机及 CAD 软件的普及，施工平面图也可以采用 CAD 软件来绘制，用 CAD 软件来绘制施工平面图的特点是：绘制速度快，各部分尺寸准确，绘制质量高，便于调整各部分之间的相对关系。

单位工程施工平面图一般由图例和场地布置图两部分组成。

1)图例

施工平面图中的临时水路、临时电路、垂直起重设备，砂浆搅拌机，围墙、施工道路、电源，消防栓、水源等都有专门的图例表示，可详见本书附录一施工平面图图例。

2)场地布置图

围绕拟建建筑，在拟建建筑轮廓外，场地围墙之间将图中各项临时设施准确地布置在场地平面上，形成场地布置图，同时，将水电管网和临时道路、砂石堆场等在图中一一标明。

如本书 P217 ~ 218 施工平面图图系采用的是 CAD 软件绘制的。

【特别提示】 施工现场平面设计步骤：

①确定起重机械的位置；②确定搅拌站、加工棚、仓库、材料及构件堆场的尺寸和位置；③布置运输道路；④布置临时设施；⑤布置临时管网；⑥布置安全消防设施；⑦调整优化。

2. 广联达 BIM 施工现场布置软件绘制单位工程施工平面图

1)应用背景

传统模式下的施工场地布置策划，是由编制人员依据现场情况及自己的施工经验指导现

场的实际布置。一般在施工前很难分辨其布置方案的优劣，更不能在早期发现布置方案中可能存在的问题，施工现场活动本身是一个动态变化的过程，施工现场对材料、设备、机具等的需求也是随着项目施工的不断推进而变化的。随着项目的进行，布置方案很有可能变得不适应项目施工的需求。这样一来，就得重新对场地布置方案进行调整，再次布置必然会需要更多的拆卸、搬运等程序，需要投入更多的人力、物力，进而增加施工成本，降低项目效益，布置不合理的施工场地甚至会产生施工安全问题。所以，随着工程项目的大型化、复杂化，传统的静态的二维的施工场地布置方法（CAD 绘制法）已经难以满足实际需要。

基于 BIM 的场地布置策划运用三维信息模型技术表现建筑施工现场，运用 BIM 动画技术形象地模拟建筑施工过程，将现场的施工情况、周边环境和各种施工机械等运用三维仿真技术形象地表现出来，并通过模拟进行合理性、安全性、经济性评估，实现施工现场场地布置的合理、合规。

2）软件系统

市面上可以得到的主要软件有广联达 BIM 施工现场布置软件、Revit、犀牛软件、3DMax、草图大师（Sketchup）等，该类系统的典型功能如下。

（1）基于 BIM 的场地布置规划主要用于对施工现场进行可视化信息模型描述，可参数化设计施工现场的围墙，大门及场区道路。

（2）可设计标识企业的 UI 展示，并可生成施工现场各种生产要素与主体结构，包括主体、基坑、塔吊、水电线路、围栏、模板体系、脚手架体系、临时板房、加工棚、料堆等，可置入各种工程机械、绿植、地形。

（3）在规划过程中，可自动检测现场 BIM 布置与相关规范的符合性，当绘制构件与相关规范不符时，系统出现提示框告知违反规范的名称、条目及正确的规范内容及合理性建议。

（4）基于 BIM 的施工现场布置策划完成后，可以自由设置成 360°任意视角、任意路径的场地漫游，输出漫游视频动画，可以根据进度计划或设置时间节点输出施工模拟动画。

3）广联达 BIM 施工现场布置软件

下面以广联达 BIM 施工现场布置软件为例进行介绍。BIM 施工现场布置软件提供多种临建 BIM 模型构件，可以通过绘制或者导入 CAD 电子图纸、GCL 文件快速建立模型，同时还可以导出自定义构件和导出构件。软件按照规范进行场地布置的合理性检查，支持导出和打印三维效果图片，导出 DXF，IGMS，3DS 等多种格式文件，软件还提供场地漫游、录制视频等功能，使现场临时规划工作更加轻松、更形象直观、更合理、更加快速。

（1）应用流程

①首先，利用广联达 BIM 施工现场布置软件导入二维施工总平面图，通过菜单栏进行临建平面布置构件二维或三维绘图，此部分由 BIM 施工现场组依据图纸及现场实际进行绘制。

②通过绘制好的三维场地模型，查看或导出临建工程各构件工程量，商务人员能够利用三维模型进行工程量查询及分包对量工作。

③最后，导入广联达 GCL 土建模型，将土建模型定位到施工总平面图拟建位置，通过漫游操作进行施工现场三维漫游，形象、直观地了解项目布置情况，通过进度关联模型进行进度模拟。

通过建立建筑模型库，在 BIM 现场布置软件中导入 DWG、GCL、OBJ、SKP 等格式的建筑设计文件，可实现现场构件库的快速完善。系统提供便捷的模型绘制能力，可自由建立相编辑特殊构件模型，补充构件库。

基于总平面，确定围墙和拟建物位置，以及场区围墙与拟建物的位置关系，系统可自动生成围墙、大门、并支持编辑不同企业的 UI 标识，以及墙面材质、大门样式。在施工过程中，根据地基与基础施工、主体结构施工、装饰装修施工，设置不同的时间阶段与各构件的施工工序进行动态施工模拟，检查可能出现的碰撞或者安全隐患，生成的方案如图 2 −111 所示。

图 2 −111　基于 BIM 的场地布置效果图

利用广联达 BIM 场地布置软件绘制临时三维模型，一键提取临建需要的临水、临电、活动板房及临时道路等工程量，解决了传统手算工程量无法追踪的问题，方便商务人员后期对量等工作。通过软件的应用，在商务工作临建计量方面提升了效率约 50%。

（2）应用价值

利用该软件进行施工现场合理布置临建及施工机具，可优化资源配置，提高施工效率，节约施工成本，在施工现场三维可视化应用方面，方便施工各参与方直观了解施工布置，优化各临时建筑的间距，保证临建的规范性；在施工计量方面，通过软件计量提升商务人员计量效率约 50%，确保数据的准确性和可追溯性，在模拟施工方面，通过项目的应用，保证进度计划合理性，依据施工进度的动态模拟，可对现场各类施工资源的规划布置、互相关系进行优化，确保资源的布局、工程量计算、逻辑关系的准确性，预见计划执行中可能存在的问题。

4）广联达 BIM 施工现场布置软件应用案例

软件操作流程如下图 2 −112 所示。

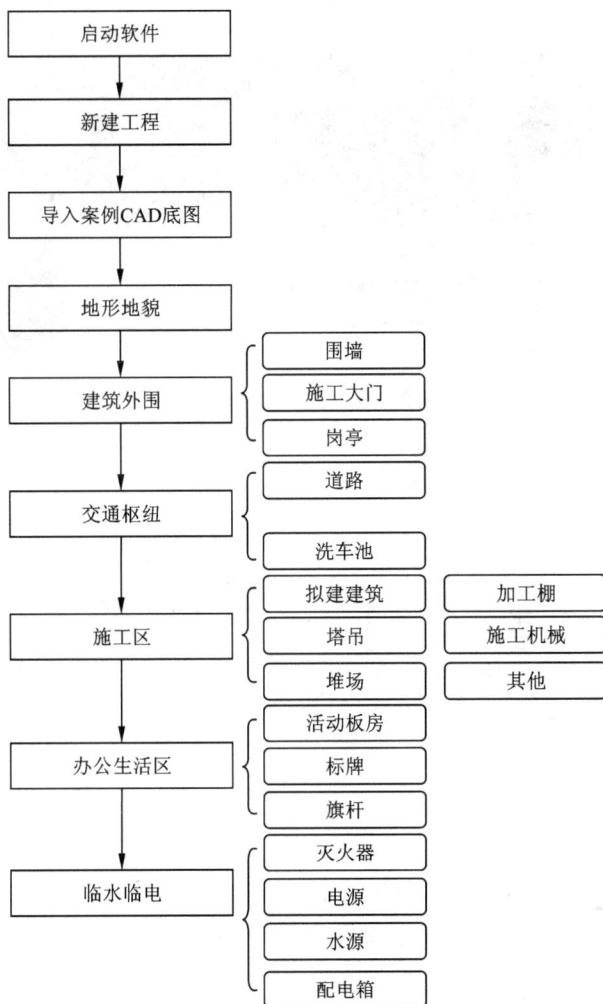

图 2 - 112　案例工程绘制流程图

（1）启动软件　两种方法启动软件。

方法 1：通过开始菜菜单启动软件，界面如图 2 - 113 所示。

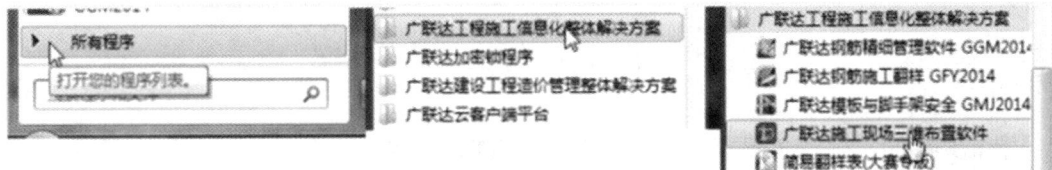

图 2 - 113　启动软件界面

方法2：通过点击快捷图标启动，界面如图2-114所示

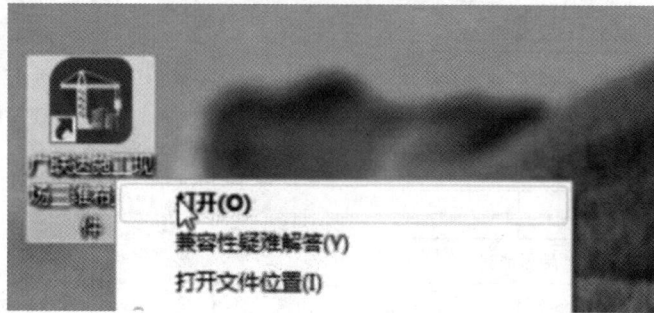

图2-114　启动软件界面

（2）新建工程，界面如图2-115所示。

图2-115　新建工程界面

（3）导入案例CAD底图　选择"工程项目"中"文件导入"，如图2-116所示。

图2-116　文件导入

操作步骤如图2-117所示。导入案例CAD底图后的效果如图2-118所示。

（4）地形地貌　如图2-119所示。

①地形参数设置　如图2-120所示。

②平面地形　选择平面地形如图2-121所示，采用直线的绘制方法，把地形轮廓线围合起来，形成闭合的线路，地形绘制完成效果如图2-122所示。

```
┌─────────────────────┐
│     点击导入DWG      │
└──────────┬──────────┘
           │
┌──────────▼──────────┐
│   鼠标左键指定图纸插入点   │
└──────────┬──────────┘
           │
┌──────────▼──────────┐
│    弹出文件路径窗体    │
└──────────┬──────────┘
           │
┌──────────▼──────────┐
│  选择文件(*.dwg)打开即可  │
└─────────────────────┘
```

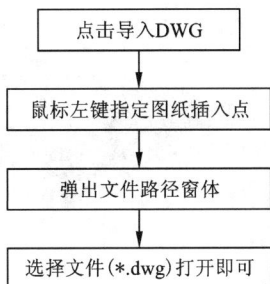

图 2 − 117 导入案例 CAD 底图流程

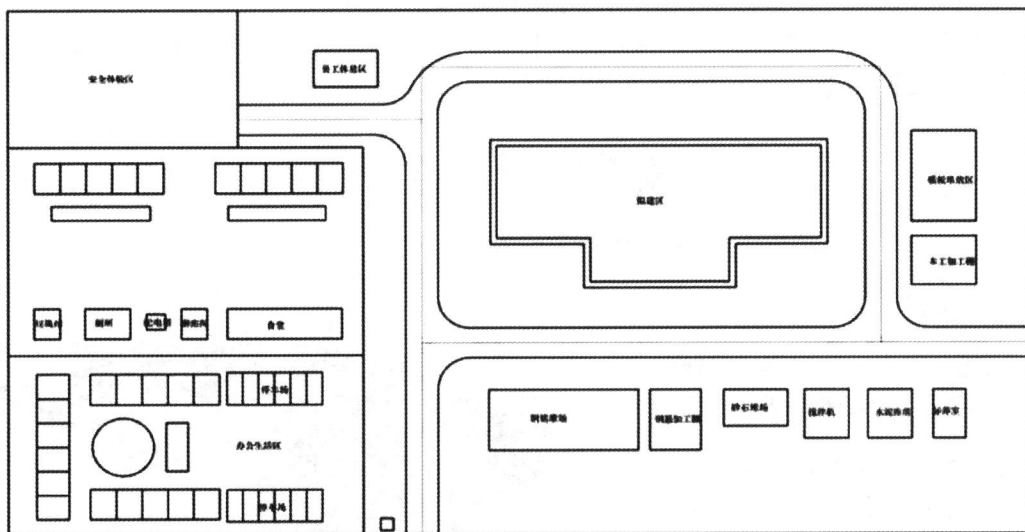

图 2 − 118 导入案例 CAD 底图后的效果

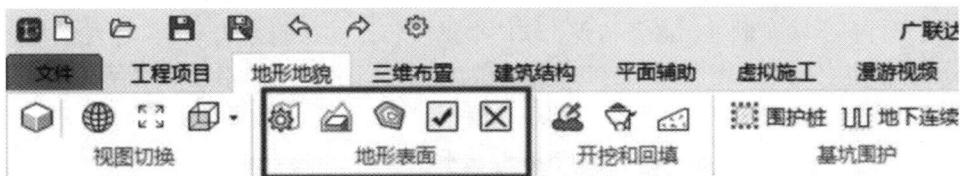

图 2 − 119 选择地形地貌

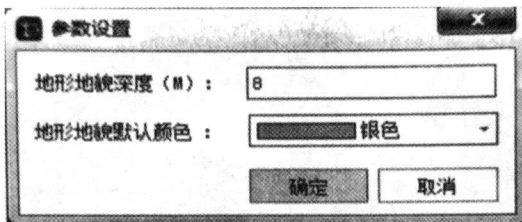

图 2 − 120 参数设置

181

图 2 - 121　选择平面地形

图 2 - 122　地形绘制完成效果

（5）建筑外围

①围墙　围墙是施工现场的一种常见维护构件，软件提供两种绘制方法。

可以采用直线绘制方式、起点→终点→中点弧线绘制方式、起点→中点→终点弧线绘制方式、矩形绘制方式、圆形绘制方式。如图 2 - 123 所示。

图 2 - 123　绘制方式

利用 CAD 识别，选择 CAD 线，选择时可连续点击实现多选 CAD 线，选择后点击【识别围墙线】，即可快速生成围墙。可以点击围墙，通过围墙属性栏，选择墙主体材质，"更多"可以为其选择其他材质，绘制完成后效果如图 2 - 124 所示。

图 2 - 124　围墙绘制完成效果

②施工大门　施工大门是供人员、施工机械和材料运输车辆进出必备构件，软件提供旋转点的绘制方式，用鼠标左键指定大门的插入点，指定大门的角度即可绘制完成。一般施工大门是与围墙相互依附存在，因此绘制施工大门时在围墙上点击插入点，大门即可依附围墙绘制，完成效果如图 2 - 125 所示。

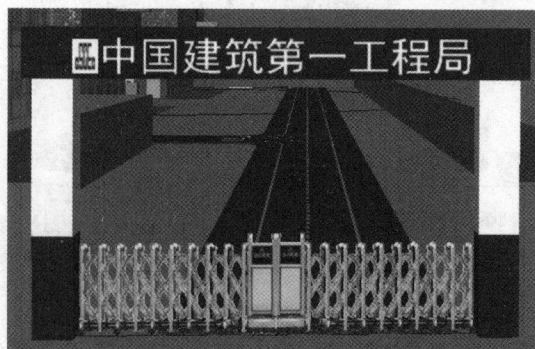

图 2 - 125　施工大门绘制完成效果

（6）交通枢纽

①道路 道路是供各种车辆和行人等通行的工程设施，施工现场主要有现有永久道路、拟建永久道路、施工临时道路、场地内道路、施工道路几种类型。绘制方法主要有直线、起点→终点→中点画弧、起点→中点→终点画弧三种绘制方式。对于道路的转弯路口、交叉路口或者 T 字形路口，软件在绘制过程中能自动生成，不用重复绘制。

②洗车池 为了不污染社会道路，规范要求在施工出入口处设置洗车池，因此可以依附于道路绘制，选择洗车池，在施工道路上点击，即可绘制完成。绘制完成后效果如图 2 - 126 所示。

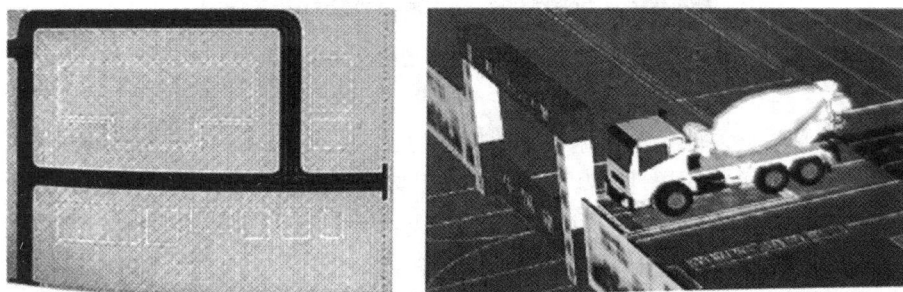

图 2 - 126 道路及洗车池绘制完成效果

（7）施工区

①基础阶段 基础阶段的基坑是通过底部标高以及放坡角度的设置，实现开挖。点击 按钮。绘制时，绘制的开挖轮廓线是指开挖底部的轮廓线，若是角度小于 90°，基坑上部的范围要更大一些，在绘制时，若是锐角注意顶部的范围不能超出地形的范围，否则会无法生成。绘制时通过连续绘制封闭区域。基坑开挖绘制完成效果如图 2 - 127 所示。

图 2 - 127 基坑开挖绘制完成效果

②主体阶段 对于主体阶段中的拟建建筑，软件只采用外轮廓线简易处理，可以采用以下两种方式。

a. 选择直线多边形绘制方式，选择拟建建筑，按鼠标左键指点直线的第一个端点，按鼠标左键指点直线的下一个端点，绘制时必须指定的端点数是 3 个以上，在绘制的过程中若指定端点错误，可按 U 键退回一步。

b. 导入 CAD 的情况下，选择封闭的 CAD 线，选择后点击【识别拟建物轮廓】即可快速绘制完成拟建建筑，如图 2 – 128 所示。

图 2 – 128　主体结构模型绘制完成效果

③脚手架

a. 智能布置脚手架　软件会根据绘制的拟建物自动绘制脚手架，依附于建筑物，然后在脚手架的属性栏中简单修改属性，就可以得到脚手架。

b. 手动布置　在绘制脚手架的时候选择直线或者弧形布置，可以不依附于建筑物，绘制完成后选择布置方向即可。绘制完成后效果如图 2 – 129 所示。

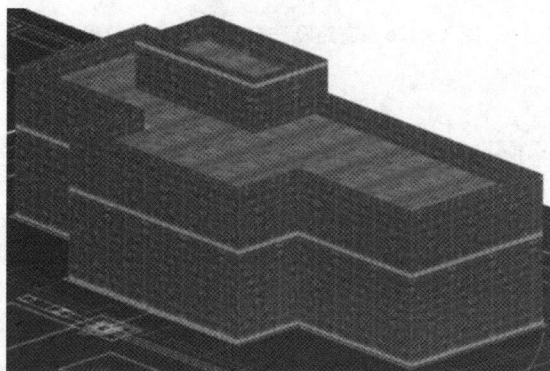

图 2 – 129　脚手架绘制完成效果

④安全通道　施工现场的安全通道，通常是指在建筑物的出入口位置用脚手架、安全网及硬质木板搭设的，目的是避免上部掉落物伤人。因为安全通道常常依附脚手架绘制，软件默认提供点式绘制方式。当安全通道插入点在拟建建筑物或者脚手架附近时，安全通道能自动依附脚手架绘制，绘制完成后效果如图 2 – 130 所示。

图 2 – 130　安全通道绘制完成效果

⑤装修阶段　装修阶段，为了美化装修模型，可以采用以下两种方式对模型进行美化。

a. 设置外墙材质，选择更多，在材质包中，选择材质替换当前材质。

b. 采用导入外部模型的方式，点击 🔲🔲🔲 图标，在软件中导入 DWG，GCL，GGJ，OBJ，SKP 等格式的建筑设计文件，达到美化装修模型的目的，如图 2 – 131 所示。

图 2 – 131　导入外部装修模型效果

⑥塔吊　塔吊为施工现场内常见的运输工具，软件绘制方式为点式和旋转点绘制。选择塔吊，按鼠标左键指定插入点，按右键终止或者 ESC 即可绘制完成。选择旋转点绘制时，用鼠标左键指定塔吊的插入点，指定塔吊的角度即可绘制完成，如图 2 – 132 所示。

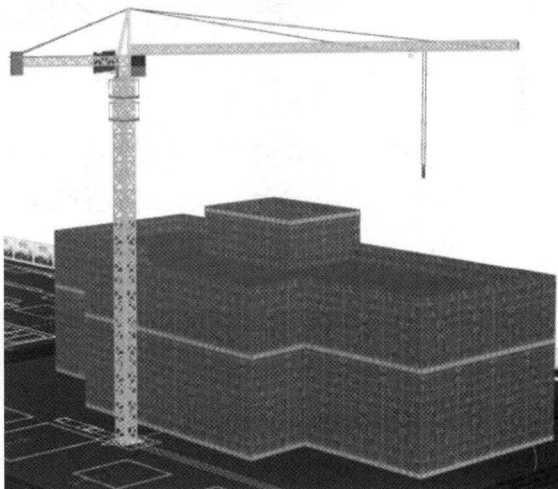

图 2 – 132　塔吊绘制完成效果

⑦堆场　软件提供十多种施工现场常见的材料堆场，如脚手架、钢筋堆、模板堆等，可以采用多种方式绘制堆场。堆场根据不同的施工阶段，材料品种及存放场地做适当调整，如图 2 – 133 所示。

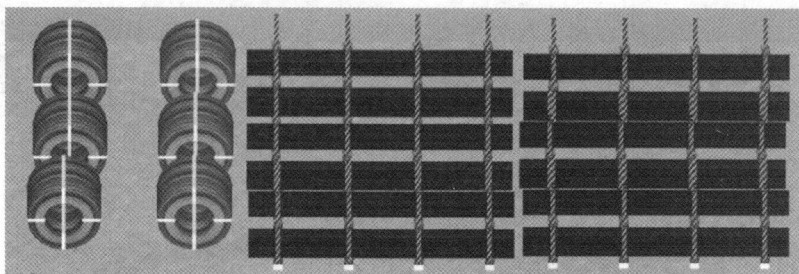

图2-133 材料堆场绘制完成效果

⑧加工棚 同理，大家可以完成"模板堆场""脚手架堆场""木工棚""砌块堆场"等图示绘制，如图2-134所示。

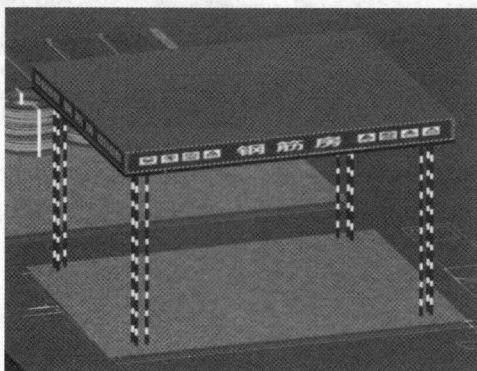

图2-134 加工棚绘制完成效果

⑨施工机械 软件提供多种常用的施工机械，如汽车吊、混凝土罐车、挖掘机等，这些施工机械为内置的obj构件，绘制方式为点式和旋转点绘制。绘制完成效果如图2-135所示。

图2-135 施工机械完成效果

186

（8）办公生活区

①活动板房　对于施工现场常见的办公室、民工宿舍、食堂等，软件提供活动板房构件绘制。活动板房的绘制方式为直线拖拽的方式绘制。绘制完成后可以自由修改房建的间数、层高等属性。活动板房绘制完成效果如图 2－136 所示。

图 2－136　活动板房绘制完成效果

②公告牌　公告牌主要体现工地安全文明施工，有"五牌一图"等。软件中提供了直线绘制的方法，绘制完成后，在属性栏可以对公告牌的内容进行修改，如图 2－137 所示。

图 2－137　标牌绘制完成效果

③旗杆　选择旗杆，默认点式绘制，按鼠标左键指定插入点，按鼠标右键确认或 ESC 取消；选择旋转点绘制，选择旗杆，按鼠标左键指定插入点，拖动鼠标选择合适的角度，鼠标右键确认或 ESC 取消。完成效果如图 2－138 所示。

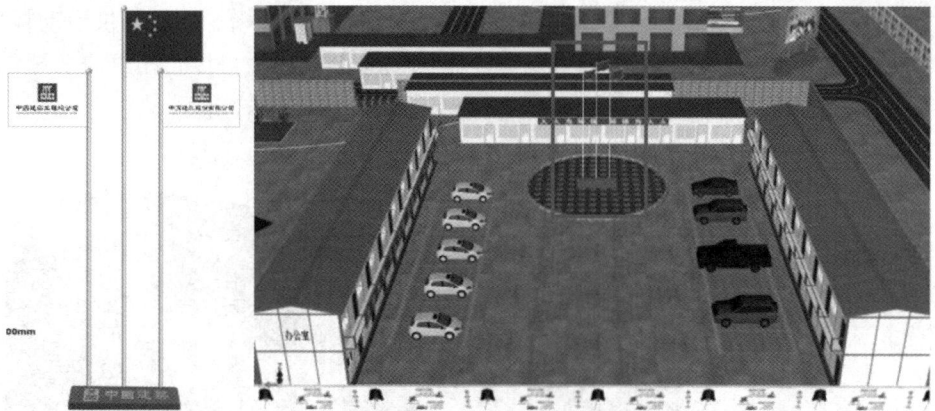

图 2－138　旗杆绘制完成效果

（9）临水临电　施工现场的临水临电采用外部引入，软件提供了施工水源 ，施工电源 。在布置图中根据策划方案进行绘制即可。消防设施也是通过点式绘制和旋转点的绘制方法完成的。

施工现场配电系统应设置配电柜或总配电箱、分配电箱、开关箱，实行三级配电。软件中采用点式绘制和旋转点绘制两种方式，绘制完成效果如图 2－139 所示。

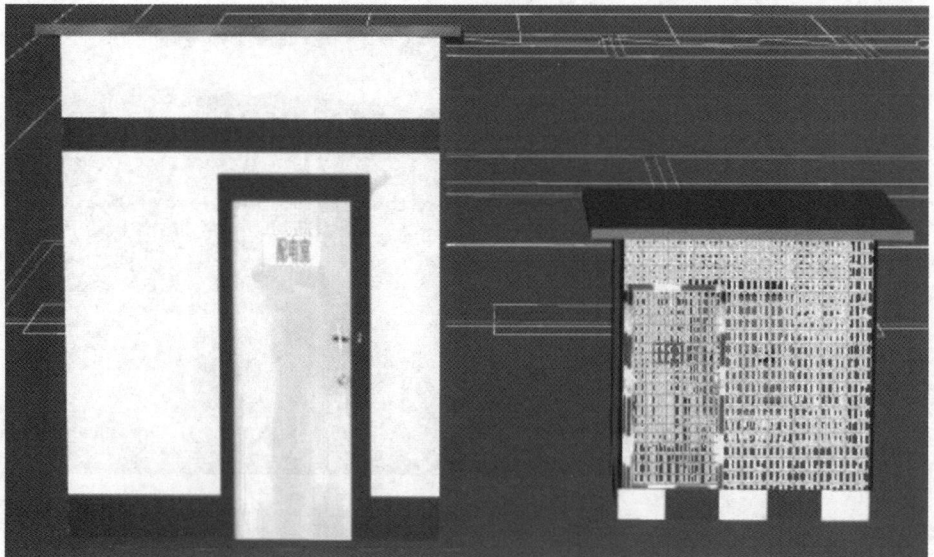

图 2－139　配电室、配电箱绘制完成效果

（10）单位工程 BIM 施工现场布置图。

①基础工程施工阶段布置图见图 2 - 140 所示。

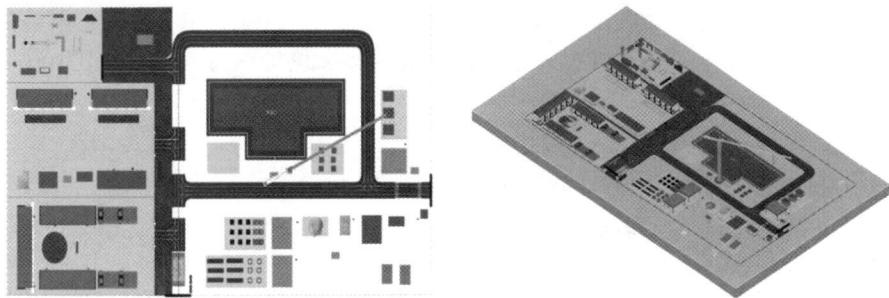

**图 2 - 140　基础工程施工阶段布置图**

②主体结构施工阶段布置图见图 2 - 141 所示。

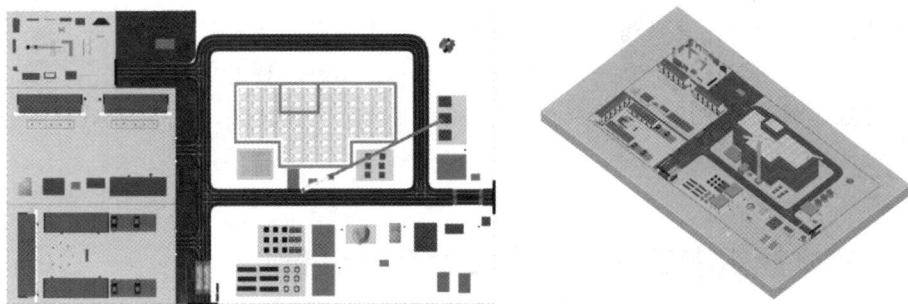

**图 2 - 141　主体结构施工阶段布置图**

③装饰装修施工阶段布置图见图 2 - 142 所示。

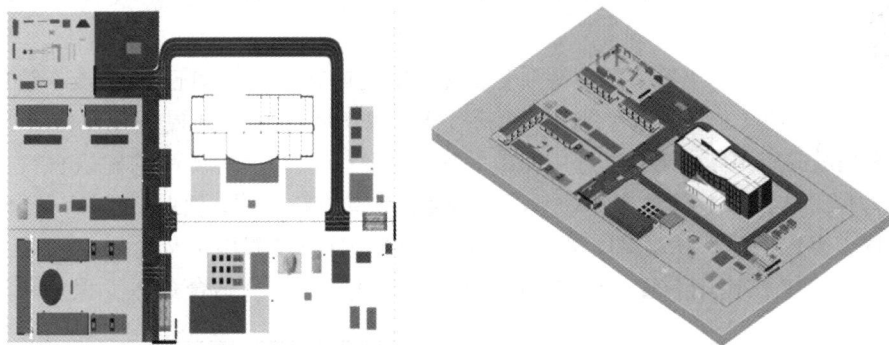

**图 2 - 142　装饰装修施工阶段布置图**

### 2.4.8　实训任务

**绘制某住宅楼工程施工现场平面布置图**

1. 实训任务

教师自选某住宅区总平面布置图，进行设计绘制施工现场平面图，比例 1∶100

2. 任务要求

(1)绘出在建工程的平面形状及周围现状。

(2)选择垂直运输设备并确定其平面位置。

(3)设计并绘制现场临时道路。

(4)设计并布置临时水、电线路。

(5)绘制各种材料堆场和临时办公、生产、生活设施。

3. 推荐阅读材料

(1)中华人民共和国国家标准《建筑施工组织设计规范》(GB/T50502—2009)。

(2)《施工现场临时建筑物技术规范》(JGJ/T188—2009)。

(3)《建筑施工手册(施工组织设计)》第 5 版，中国建筑工业出版社。

(4)《建筑施工组织设计数据手册》周海涛主编，山西科学技术出版社。

(5)《建筑施工组织设计计算手册》梁敦维主编，山西科学技术出版社。

(6)《建筑工程施工组织设计编制手册》潘全祥主编，中国建筑工业出版社。

(7)《施工组织设计》卢青主编，机械工业出版社。

## 2.5　技术组织措施的制定及技术经济分析

### 2.5.1　技术组织措施的制定

技术与组织措施是建筑安装企业的施工组织设计的一个重要组成部分，它的目的是通过技术与组织措施确保工程的进度、质量、投资和安全目标的实现。

各种保障措施简介

技术措施主要包括质量措施、安全措施、进度措施、降低成本措施、季节性施工措施和文明施工措施等，其主要项目有：怎样提高项目施工的机械化程度；采用先进的施工技术方法；选用简单的施工工艺方法和廉价质高的建筑材料；采用先进的组织管理方法提高劳动效率；减少材料消耗，节省材料费用；确保工程质量，防止返工等。各项技术组织措施最终效果反映在加快施工进度、保证节省施工费用上。

单位工程的技术组织措施，应根据施工企业施工组织设计，结合具体工程条件，参照表 2-54 逐项拟订。

表 2-54 技术组织措施计划

| 施工项目和内容 | 措施涉及的工程量 | | 经济效果 | | | | | | 执行单位及负责人 |
|---|---|---|---|---|---|---|---|---|---|
| | 单位 | 数量 | 劳动量节约/工日 | 降低成本额/元 | | | | | |
| | | | | 材料费 | 工资 | 机械台班费 | 间接费 | 节约总额 | |
| | | | | | | | | | |
| | | | | | | | | | |

1. 技术措施

对新材料、新结构、新工艺、新技术的应用，对高耸、大跨度、重型构件以及深基础、设备基础、水下和软弱地基项目，均应编制相应的技术措施，其内容如下：

(1)需要表明的平面、剖面示意图以及工程量一览表。

(2)施工方法的特殊要求和工艺流程。

(3)水下及冬、雨期施工措施。

(4)技术要求和质量安全注意事项。

(5)材料、构件和机具的特点、使用方法及需用量。

2. 质量保证措施

保证质量的措施主要有以下几方面：

(1)确保定位放线、标高测量等准确无误的措施。

(2)确保地基承载力及各种基础、地下结构施工质量的措施。

(3)主要材料的质量标准、检验制度、保管方法和使用要求，不合格的材料及半成品一律不准用于工程上，破损构件未经设计单位及技术部门鉴定不得使用。

(4)主要工种的技术要求、质量标准和检验评定标准。如按国家施工验收规范组织施工，按建筑安装工程质量检验评定标准检查和评定工程质量，施工操作按照工艺标准执行。

(5)对施工中可能出现的技术问题或质量通病采取主动措施。

(6)认真做好自检、互检、交接检，隐蔽项目未经验收不得进行下道工序施工。

(7)认真组织中间检查、施工组织设计中间检查和文明施工中间检查，并做好检查验收记录。

(8)各分部分项工程施工前，应进行认真的书面交底，严格按图纸及设计变更要求施工，发现问题及时上报，待技术部门和设计单位核定后再处理。

(9)加强试块试样管理，按规定及时制作，取样送试。有关资料的收集要完整、准确和及时。

(10)质量通病的防治措施要落实到位。

(11)保证质量的组织措施，如人员培训、编制工艺卡及质量检查验收制度等。

工程检查与验收是不同的概念。

质量通病是指施工中容易出现的质量问题，如地面空鼓、地面起砂、窗角裂缝、墙面裂缝、厨房卫生间渗漏、屋面渗漏等等。容易出现质量通病的工程部位应有针对性的预防措施。

3. 安全保证措施

保证安全的措施主要有以下几点：

（1）保证土石方边坡稳定的措施。

（2）脚手架、吊篮、安全网的设置及各类洞口、临边防止人员坠落的措施。

（3）外用电梯、井架及塔式起重机等垂直运输机具拉结要求和防倒塌措施。

（4）安全用电和机电设备防短路、防触电的措施。

（5）易燃易爆有毒作业场所的防火、防爆、防毒、防坠落、防冻害、防坍塌措施。

（6）季节性安全措施，如雨期的防洪、防雨，夏期的防暑降温，冬期的防滑、防火等措施。

（7）高空作业、主体交叉作业的安全措施。

（8）各工种工人须经安全培训和考核合格后方准进行施工作业。

（9）现场周围通行道路及居民的保护隔离措施。

（10）保证安全施工的组织措施，如安全宣传、教育及检查制度等。

"三宝""四口""五临边"，是安全管理中的基本法宝。

（1）安全帽。进入施工现场必须按照规定戴好安全帽，每顶安全帽必须有检验部门批量验证和工厂检验合格证。

（2）安全网。为了防止落物和减少污染，采用密目安全网对建筑物进行封闭；每张安全网出厂前，必须有国家指定的监督检验部门批量验证和工厂检验合格证。

（3）安全带。工地内从事独立悬空作业的人员，必须按照规定佩戴安全带，安全带应符合相应质量标准。

（4）预留洞口。预留洞口有以下4个要求：

①边长或直径在 20～25 cm 的洞口，可利用混凝土板内钢筋或固定盖板防护。

②60～150 cm 的洞口，可用混凝土板内钢筋贯穿洞径，网格一般不得大于 20 cm。

③150 cm 以上的洞口，四周应设护栏，洞口下张安全网，按栏高 1 m 设两道水平杆。

④预制构件的洞口（包括缺件临时形成的洞口），参照上述规定防护或架设脚手板、满铺竹笆，固定防护。

（5）楼梯口。要求如下：

①分层施工楼梯口应装临时防护。

②梯段边设临时防护栏杆（用钢管）。

③顶层楼梯口应随施工安装正式栏杆或临时防护栏杆。

④临边防护经有关部门验收后，方可使用。

4.进度保证措施

（1）建立进度控制目标体系，明确建设工程现场组织机构中进度控制人员及其职责分工。

（2）建立工程进度报告制度及进度信息沟通网络。

（3）建立进度计划审核制度和进度计划实施中的检查分析制度；建立进度协调会议制度，包括协调会议举行的时间、地点、参加人员等；建立图纸审查、工程变更和设计变更管理制度。

（4）编制进度控制工作细则。

（5）采用网络计划技术及其他科学适用的计划方法，并结合电子计算机的应用，对建设工程进度实施动态控制。

5.降低成本措施

由于建设工程的投资主要发生在施工阶段，在这一阶段需要投入大量的人力、物力、资金等，是工程项目建设费用消耗最多的时期，浪费投资的可能性比较大。所以精心地组织施工，挖掘各方面潜力，节约资源消耗，仍可以收到降低成本的明显效果，主要措施如下。

(1)合理进行土方平衡，以节约土方运输及人工费用。

(2)综合利用吊装机械，减少吊次，以节约台班费。

(3)提高模板精度，采用整装整拆，加速模板周转，以节约木材或钢材。

(4)混凝土、砂浆中掺外加剂或掺和料(如粉煤灰、硼泥等)，以节约水泥。

(5)采用先进的钢筋焊接技术(如气压焊)以节约钢筋。

(6)构件及半成品采用预制拼装、整体安装的方法，以节约人工费、机械费等。

(7)保证工程质量，减少返工损失。

(8)保证安全生产，减少事故频率，避免意外工伤事故带来的损失。

(9)增收节支，减少施工管理费的支出。

(10)工程建设提前完工，以节省各项费用开支。

【特别提示】 降低工程成本严禁偷工减料，应在确保工程质量的前提下科学降低成本。降低成本的组织管理措施也不容忽视。

(1)在项目管理班子中落实从降低成本角度进行施工跟踪的人员、任务分工和职能分工。

(2)编制单位工程成本控制工作计划和详细的工作流程图。

(3)编制资金使用计划，确定、分解成本控制目标，并对成本目标进行风险分析，制定防范性对策。

(4)进行工程计量。

(5)在施工过程中进行成本跟踪控制，定期地进行投资实际支出值与计划目标值的比较；发现偏差，分析原因，采取纠偏措施。

(6)认真做好施工组织设计，对主要施工方案进行技术经济分析。

6.文明施工措施

(1)施工现场围栏与标牌设置，出入口交通安全，道路畅通，场地平整，安全与消防设施齐全。

(2)临时设施的规划与搭设，办公室、宿舍、更衣室、食堂、厕所的安排与环境卫生。

(3)各种材料、半成品、构件的堆放与管理。

(4)散碎材料、施工垃圾的运输及防止各种环境污染，严禁随意凌空抛洒。

(5)成品保护及施工机械保养。

(6)拆除旧的装饰物时，要随时洒水，减少扬尘污染。

(7)施工现场注意噪声的控制，应制定降噪制度和措施。

### 2.5.2 建筑施工组织技术经济分析

任何一个分部分项工程，都会有多种施工方案，技术经济分析的目的，就是论证施工组织设计在技术上是否先进、经济上是否合理。通过计算、分析比较，从诸多施工方案中选出一个工期短、质量好、材料省、劳动力安排合理、工程成本低的最优方案，为不断改进施工组织设计提供信息，为施工企业提高经济效益、加强企业竞争能力提供途径。对施工方案进行技术经济分析，是选择最优施工方案的重要环节之一，对不断提高建筑业技术、组织和管理水平，提高基本建设投资效益大有益处。

1.技术经济分析的基本要求

(1)全面分析。对施工技术方法、组织手段和经济效果进行分析，对施工具体环节及全过程进行分析。

（2）做技术经济分析时，应重点抓住"一案、一图、一表"三大重点，即施工方案、施工平面图和施工进度表，并以此建立技术经济分析指标体系。

（3）在做技术经济分析时，要灵活运用定性方法和有针对性的定量方法。在做定量分析时，应针对主要指标、辅助指标和综合指标区别对待。

（4）技术经济分析应以设计方案的要求、有关国家规定及工程实际需要为依据。

2. 技术经济分析的重点

技术经济分析应围绕质量、工期、成本、安全4个主要方面，即在保证质量安全的前提下，使工期合理、费用最少、效益最好。单位工程施工组织设计的技术经济分析重点是工期，质量，安全，成本，劳动力安排，场地占用，临时设施，节约材料，新技术、新设备、新材料、新工艺的采用，但是在进行单位工程施工组织设计时，要针对不同的设计内容有不同的技术经济分析重点。

（1）基本工程以土方工程、现浇钢筋混凝土施工、打桩、排水和降水、土坡支护为重点。

（2）结构工程以垂直运输机械选择、划分流水施工段组织流水施工、现浇钢筋混凝土工程（钢筋工程、模板工程、混凝土工程）、脚手架选用、特殊分项工程的施工技术措施及各项组织措施为重点。

（3）装饰阶段应以安排合理的施工顺序，保证工程质量，组织流水施工，节省材料，缩短工期为重点。

3. 技术经济分析的方法

技术经济分析的方法有定性分析和定量分析两种方法。

定性分析是结合工程实际经验，对每一个施工方案的优缺点进行分析比较，主要考虑：工期是否符合要求，技术上是否先进可行，施工操作上的难易程度，施工安全可靠性如何，劳动力和施工机械能否满足，保证工程质量措施是否完善可靠，是否能充分发挥施工机械的作用，为后续工程提供有利施工的可能性，能否为现场文明施工创造有利条件，对冬雨季施工带来的困难等等。评价时受评价人的主观因素影响较大，因此只用于施工方案的初步评价。

定量分析是通过计算各施工方案中的主要技术经济指标，进行综合分析比较，从中选择技术经济指标最优的方案。由于定量分析是直接进行计算、对比，用数据说话，因此比较客观，是方案评价的主要方法。

4. 技术经济分析指标

单位工程施工方案的主要技术经济分析指标有单位面积建筑造价、降低成本指标、施工机械化程度、单位面积劳动消耗量、工期指标，另外还包括质量指标、安全指标、三大材料节约指标、劳动生产率指标等。一般通过一系列指标体系来表示。

（1）工期指标。工期是从施工准备工作开始到产品交付用户所经历的时间。它反映国家一定时期的和当地的生产力水平。选择某种施工方案时，在确保工程质量和安全施工的前提下，应当把缩短工期放在首要位置来考虑。工期长短不仅严重影响着企业的经济效益，还涉及建筑工程能否及早发挥作用。在考虑工期指标时，要把上级的指令工期、建设单位要求的工期和工程承包协议中的合同工期有机地结合起来，根据施工企业的实际情况，确定一个合理的工期指标，作为施工企业在施工进度方面的努力方向，并与国家规定的工期或建设地区同类型建筑物的平均工期进行比较。

（2）单位面积建筑造价。建筑造价是建筑产品一次性的综合货币指标，其内容包括人工、材料、机械费用和施工管理费等。为了正确评价施工方案的经济合理性，在计算单位面积建筑造价时，应采用实际的施工造价。

$$单位面积建筑造价(元/m^2) = \frac{建筑实际总造价}{建筑总面积}$$

（3）降低成本指标。降低成本指标是工程经济中的一个重要指标，它综合反映了工程项目或分部工程由于采用施工方案的不同，而产生不同的经济效果。其指标可采用降低成本额或降低成本率表示。

$$降低成本额 = 预算成本 - 计划成本$$

$$降低成本率 = \frac{降低成本额}{预算成本} \times 100\%$$

预算成本是根据施工图按预算价格计算的成本。计划成本是按采用的施工方案所确定的施工成本。

（4）施工机械化程度。提高施工机械化程度是建筑施工的发展趋势。根据中国的国情，采用土洋结合、积极扩大机械化施工范围，是施工企业努力的方向。在工程招投标中，也是衡量施工企业竞争实力的主要指标之一。

（5）单位面积劳动消耗量。指完成单位工程合格产品所消耗的活劳动。它包括完成该工程所有施工过程主要工种、辅助工种及准备工作的全部劳动。单位面积劳动消耗量的高低，标志着施工企业的技术水平和管理水平，也是企业经济效益好坏的主要指标。其中劳动工日数包括主要工种用工、辅助用工和准备工作用工。

$$单位面积劳动消耗量(工日/m^2) = \frac{完成该工程的全部劳动工日数}{总建筑面积}$$

（6）劳动生产率。劳动生产率标志一个单位在一定时间内平均每人所完成的产品数量或价值的能力，反映了一个单位（单位、行业、地区、国家等）的生产技术水平和管理水平。具体有两种表达形式。

①实物数量法：

$$全员劳动生产率(m^2/人) = \frac{折合全年自行完成建筑面积总数}{折合全年在职人员平均人数}$$

②货币价值法：

$$全员劳动生产率(元/人年均) = \frac{折合全年自行完成建筑安装投资总数}{折合全年在职人员平均人数}$$

不同的施工方案进行技术经济指标比较，往往会出现某些指标较好，而另一些指标较差，所以评价或选择某一种施工方案不能只看某一项指标，应当根据具体的施工条件和施工项目。

【应用案例2-27】 表2-55为某框架综合楼土建工程技术经济指标实例分析。

### 2.5.3 实训项目

**综合实训**

调查一建筑工地，收集、分析并体会其采取的主要技术组织措施及其技术分析，并完成调查报告的编写。

表2-55 某框架综合楼土建工程技术经济指标实例分析

## 工程特征

| 项目 | 内容 | 项目 | 内容 |
|---|---|---|---|
| 建筑功能 | 食堂，公寓 | 结构类型 | 框架结构 |
| 建筑面积 | 11 177.90 m² | 建筑物高度 | 21.15 m |
| 总层数 | 5层，地上主体5层 | | |
| 基础类型 | 桩承台（桩基础另计） | 砌体类型 | 外墙KP1多孔砖，内墙砌块砌体 |
| 门窗类型 | 防火门（玻璃幕墙另计） | 地下室 | 无地下室 |
| 土方类型 | 机械土方 | 屋面防水 | DWD120高分子卷材防水 |
| 装饰工程 | 外墙面砖+保温，外墙涂料，内墙乳胶漆 | 楼地面工程 | 水磨石楼地面 |

## 工程经济指标

| 工程造价/万元 | 单方造价/元 | 分部分项工程费用/元 | 措施项目费用/元 | 其他项目费用/元 | 规费/元 | 税金/元 |
|---|---|---|---|---|---|---|
| 1 246.04 | 1 114.74 | 9 733 608.05 | 9 759.48 | 1 883 628.41 | 428 676.02 | 414 499.85 |

### 分部分项工程

| 分部分项工程 | 工程量 | 分部分项造价/万元 | 单方造价/万元 | 占总造价比例 |
|---|---|---|---|---|
| 土石方工程/m³ | 3 349.68 | 4.95 | 4.43 | 0.40% |
| 砌筑工程/m³ | 3 617.63 | 80.81 | 72.29 | 6.49% |
| 钢筋工程/t | 593.07 | 170.92 | 152.91 | 13.72% |
| 混凝土工程/m³ | 3 075.23 | 326.89 | 292.44 | 26.23% |
| 屋面防水工程/m² | 3 498.97 | 53.50 | 47.86 | 4.29% |
| 楼地面工程/m² | | 99.19 | 88.74 | 7.96% |
| 墙柱面装饰工程/m² | 25 106.41 | 167.35 | 149.72 | 13.43% |
| 天棚工程/m² | 0.00 | 0.00 | 0.00 | 0.00% |
| 门窗工程/m² | 519.04 | 21.70 | 19.41 | 1.74% |
| 油漆涂料工程/10 m² | 23 498.97 | 36.33 | 32.50 | 2.92% |
| 模板工程/10 m² | 2 709.44 | 89.16 | 79.76 | 7.16% |
| 脚手架工程/10 m² | 3 830.22 | 31.45 | 28.14 | 2.52% |
| 垂直运输机械费用/m³ | 200.00 | 11.73 | 10.49 | 0.94% |

### 每百平方米建筑面积主要技术指标

| 项目 | 指标值 | 项目 | 指标值 | 项目 | 指标值 |
|---|---|---|---|---|---|
| 现浇楼梯/m² | 3.22 | 土石方/m³ | 29.97 | 天棚吊顶/m² | 0.00 |
| 散水/m² | 1.63 | 砖基础/m³ | 1.41 | 喷刷涂料/m² | 210.23 |
| 钢筋/t | 5.32 | 实心砖柱/m³ | 0.00 | 柱模板/m² | 38.3 |
| 刚性防水屋面/m² | 27.51 | 空心砖/m³ | 20.17 | 梁模板/m² | 9.75 |
| 屋面卷材防水/m² | 27.51 | 满堂基础/m³ | 0.00 | 板模板/m² | 165.23 |
| 涂膜防水/m² | 0.00 | 矩形柱/m³ | 5.91 | 墙模板/m² | 0.00 |
| 墙体保温/m² | 52.45 | 矩形梁/m³ | 1.47 | 砌筑脚手架/m² | 138.34 |
| 挤塑板屋面/m² | 27.51 | 有梁板/m³ | 15.44 | 满堂脚手架/m² | 204.32 |
| 细石砼楼地面/m² | 0.00 | 平板/m³ | 0.00 | 抹灰脚手架/m² | 0.00 |
| 楼地面/m² | 87.31 | 现浇沟/m³ | 0.13 | 基础模板/m² | 15.72 |
| 墙柱面一般抹灰/m² | 224.61 | 现浇雨棚/m³ | 0.39 | 垂直运输机械/天 | 1.79 |
| 天棚一般抹灰/m² | 0.00 | 直形墙/m³ | 0.00 | 人工/工日 | 388.86 |
| | | 圈过梁/m³ | 0.38 | 砂石/t | 21.49 |

# 2.6　单位工程施工组织设计编制实例

（完整版见本教材配套的电子课件）

## 2.6.1　编制说明

蕙馨楼工程施工组织设计是根据施工图纸、我国现行的技术标准、施工验收规范及操作规程、有关文件和类似工程的施工经验，以 ISO9000 系列标准为指南进行编制的。

## 2.6.2　编制依据

（1）施工图纸：蕙馨楼工程各专业施工图纸（见配套教材《建筑施工图集》）。
（2）主要规范规程。

表 2－56

| 序号 | 类别 | 规范、规程名称 | 编　号 |
|:---:|:---:|:---|:---:|
| 1 | 国家 | 混凝土结构工程施工质量验收规范 | GB50204—2002 |
| 2 | 国家 | 工程测量规范 | GB50026—2007 |
| 3 | 国家 | 砌体工程施工质量验收规范 | GB50203—2011 |
| 4 | 国家 | 屋面工程质量验收规范 | GB50207—2002 |
| 5 | 国家 | 建筑地面工程施工质量验收规范 | GB50209—2010 |
| 6 | 国家 | 建筑装饰装修工程质量验收规范 | GB50210—2001 |
| 7 | 国家 | 建筑给水排水及采暖工程施工质量验收规范 | GB50242—2002 |
| 8 | 国家 | 建筑电气工程施工质量验收规范 | GB50303—2002 |
| 9 | 国家 | 建设工程资料归档整理规范 | GB/T50328—2001 |
| 10 | 国家 | 建设工程项目管理规范 | GB/T50326—2006 |
| 11 | 国家 | 建设施工现场供电安全规范 | GB50194—1993 |
| 12 | 行业 | 工程网络计划技术规程 | JGJ/T121—1999 |
| 13 | 行业 | 钢筋焊接及验收规范 | JGJ18—2003 |
| 14 | 行业 | 钢筋机械连接通用技术规程 | JGJ107—2010 |
| 15 | 行业 | 混凝土泵送施工技术规程 | JGJ/T10—1995 |
| 16 | 行业 | 建筑工程冬期施工规程 | JGJ104—1997 |
| 17 | 行业 | 混凝土泵送施工技术规程 | JGJ/T10—1995 |
| 18 | 行业 | 建筑施工扣件式钢管脚手架安全技术规程 | JGJ130—2011 |
| 19 | 行业 | 建筑机械使用安全技术规程 | JGJ33—2001 |
| 21 | 行业 | 墙饰面砖施工及验收规程 | JGJ126—2000 J23—2000 |
| 22 | 行业 | 建设工程施工安全技术操作规程 | 2004 年 8 月第 1 版 |

（3）主要图集。

表 2－57

| 序号 | 类别 | 图 集 名 称 | 编 号 |
|---|---|---|---|
| 1 | 国家 | 混凝土结构施工图平面整体表示方法制图规则和构造详图 | 03G101 |
| 2 | 地区 | 中南地区建筑标准设计建筑图集 | 1/2/3/4 |
| 3 | 地区 | 中南地区建筑标准设计结构图集 | 1/2/3 |
| 4 | 国家 | 建筑电气安装工程图集 | JD0 |

（4）主要标准。

表 2－58

| 序号 | 类别 | 标 准 名 称 | 编 号 |
|---|---|---|---|
| 1 | 国家 | 建筑工程施工质量验收统一标准 | GB50300—2001 |
| 2 | 国家 | 工程建设标准强制性条文（房屋建筑部分） | 2002 年版 |
| 3 | 国家 | 混凝土强度检验评定标准 | GB50107—2010 |
| 4 | 国家 | 房屋建筑制图统一标准 | GB/T50001—2010 |
| 5 | 国家 | 房屋建筑 CAD 制图统一规则 | GB/T18112—2000 |
| 6 | 行业 | 建筑施工安全检查标准 | JGJ59—1999 |
| 7 | 行业 | 建筑施工现场环境与卫生标准 | JGJ146—2004 |

（5）主要法规。

表 2－59

| 序号 | 类别 | 法 规 名 称 | 编 号 |
|---|---|---|---|
| 1 | 国家 | 中华人民共和国建筑法 | 主席令第 46 号（2011 年） |
| 2 | 国家 | 中华人民共和国环境保护法 | 主席令第 22 号（1989 年） |
| 3 | 国家 | 中华人民共和国安全生产法 | 主席令第 70 号（2009 年） |
| 4 | 国家 | 建设工程质量管理条例 | 国务院令第 279 号（2000 年） |
| 5 | 国家 | 建设工程安全生产管理条例 | 国务院令第 393 号（2003 年） |
| 6 | 行业 | 关于建筑业进一步应用推广 10 项新技术的通知 | 建［1998］200 号 |
| 7 | 企业 | 建筑安全法规及文件汇编 | |

（6）合同及其他。

表 2－60

| 序号 | 类别 | 名 称 | 编 号 |
|---|---|---|---|
| 1 | 企业 | 公司质量、环境、职业健康安全管理体系程序文件 | |
| 2 | 企业 | 企业拥有的科技成果、工法成果、类似经验 | |
| 3 | | 本工程施工总承包合同文件 | |
| 4 | | 地质勘察资料 | |
| 5 | | 设计交底及有关图纸答疑文件 | |

## 2.6.3　工程概况

1. 总体简介

蕙馨楼位于××市韶山中路，韶山路西侧，××教育设备处院内，该项目总的建筑面积 17 543.97 m²，一层架空面位 990.1 m²，地下室面积 2 197.3 m²，本工程地上 18 层，地下 1 层，建筑总高 55.55 m，地下室为 4.3 m，标准层高 3 m。本工程地下室为附建式人防工程，地下负一层建筑面积为 2 197.3 m²，人工挖孔灌注桩基础（共计 158 根，桩长约 15 m/根，总长 2 293 m），框剪结构，6 度抗震设防烈度，建筑耐火等级为二级，建筑结构安全等级二级，屋面防水等级Ⅱ级。

表 2－61

| 工程名称 | 蕙馨楼 | 工程地址 | ××市韶山中路 |
|---|---|---|---|
| 建设单位 | ×××置业开发有限公司 | 地勘单位 | ×××勘察设计院 |
| 设计单位 | ×××建筑规划设计院 | 监理单位 | ×××监理有限公司 |
| 安全监督单位 | ××市工程质量安全监督站 | 施工单位 | ×××建筑工程公司 |
| 主要分包单位 | | 合同工期 | 355 天 |

承包范围：土方、基础、主体、装饰装修、给排水、强电、弱电、消防、附属工程等（具体以工程量清单为准）。

2. 结构概况

1）地基基础

(1) 水文地质情况：场地西侧地势较低，地下室以下地层为强透水层，可以不考虑抗浮，开挖时注意采取有效的排水措施。场地原始地貌为湘江冲积高级阶地，后经人工建筑用地整平，目前场地平整。场地土地类型为中硬土，建筑场地等级为二级。

(2) 建筑采用桩基方案，桩型为人工挖孔灌注桩，桩径 800、900、1 000、1 100、1 200 mm，桩长约 7 m，桩端持力层为圆砾。人工挖孔桩终孔时，其桩底下 3 d（d 为扩大头尺寸）或 5 m 范围内应无空洞、破碎带、软弱夹层等不良地质条件。施工完成后的桩应进行质量检测，检测方式为钻孔抽芯法或声波透射法或可靠的动测法，检测桩数不得少于总桩数的 10%。

2）主要结构材料

(1) 混凝土。

表 2－62

| 项目名称 | 构件部位 | 混凝土强度等级 | 备注 |
|---|---|---|---|
| 地下室 | 外墙、基础梁板、地下室顶梁板 | C35 | S8 抗渗混凝土 |
| | 其他所有构件 | C35 | |
| | 后浇带 | C40 | 膨胀混凝土 |
| | 桩 | C30 | |

| 项目名称 | 构件部位 | 混凝土强度等级 | 备注 |
|---|---|---|---|
| 地上一～十八层 | 一～三层柱、墙 | C35 | |
| | 三～八层柱、墙 | C30 | |
| | 八层以上柱、墙 | C25 | |
| | 一层梁、板、楼梯 | C35 | |
| | 二层梁、板、楼梯 | C30 | |
| | 三层以上梁、板、楼梯 | C25 | |
| | 基础垫层 | C15 | |
| | 圈梁、构造柱、现浇过梁 | C25 | |
| | 标准构件 | | 按标准图要求 |

（2）砌体。

表 2－63

| | 构件部位 | 砖、砌块强度等级 | 砂浆强度等级 | 备注 |
|---|---|---|---|---|
| 外 墙 | 填充墙 | 200 mm 厚 MU10 粘土多孔砖 | M7.5 | 容重 <14 kN/m³ |
| 所有项目 | 填充墙 | 200 mm 厚 MU10 加气混凝土砌块 | M7.5 | 容重 <10 kN/m³ |

3. 建筑概况

1）建筑墙体

（1）外墙采用 240 mm 厚 MU10 粘土多孔砖，用 M5.0 混合砂浆砌筑；需要基础的隔墙除另有要求外，均随混凝土垫层做基础，上底宽 500 mm，下底宽 300 mm，高 300 mm，位于楼层的隔墙可直接安装于结构梁（板）上。

（2）墙身防潮层：在室内地坪下约 60 mm 处做 20 mm 厚 1:2 水泥砂浆内加 3% ～5% 防水剂的防潮层（在此标高为钢筋混泥土搞槽，或下为砌石构造时可不做），室内地坪标高变化处防潮层应重叠搭接，并在有高低差埋土一侧的墙身做 20 mm 厚 1:2 水泥砂浆防潮层。如埋土一侧，还应刷水泥基渗透结晶型防水涂料。

（3）预留洞的封堵：混凝土留洞见结构施工图，于砌筑墙留洞待管道设备安装完毕后，用 C20 细石混凝土填实，变形缝处双墙留洞的封堵，应在双墙分别增设套管，套管与穿墙管之间应嵌堵密实，防火墙上留洞的封堵应为非燃料体材料。

2）屋面工程

本工程的屋面未上人有保温卷材防水屋面，具体做法参见屋顶平面图。

屋面排水组织见屋面平面图，外排雨水斗、雨水管采用 PVC 雨水管，女儿墙、高低跨及其管井屋面等处均涉及泛水，泛水高度为 360 mm。

3）地下室防水工程

地下室防水工程执行《地下室防水技术规范》和地方的有关规程和规定；根据地下室施工功能，防水等级为一级，设防做法为结构自防水和水泥基舌头结晶型涂料防水，并做 BPS 涂料防水层。临空且具有厚覆土层的地下室顶板，排水坡度为 0.3% ～0.5%，覆土层大于等于规定厚度时可取消保温层。

防水混凝土的施工缝，穿墙管道预留洞。转角、坑槽、后浇带等部位和变形缝等地下工程薄弱环节建筑构造做法应按《地下防水工程质量验收规范》处理。

4)门窗工程

建筑外门抗风压性能等级为Ⅰ级,气密性能分级为4级,水密性能分级为Ⅰ级,保温性能分级为5级,隔声性能分级为4级。

门窗立樘:外门窗立樘详见墙身节点图,内门窗立樘除图中另有标明者外,立樘位置距轴线均为250 mm,管道竖井门设门槛高300 mm。

5)内装修工程

凡设有地漏房间就应做防水层,图中未注明整个房间做坡度者,均在地漏周围1 m范围内做1%~2%坡度坡向地漏,有水房间的楼地面应低于相邻房间30 mm,有大量排水的应设排水沟和集水坑;防水混凝土中采用低掺量抗裂、防渗建筑纤维材料新技术。

内装修选用的各项材料,均由施工单位制作样板和选样,经确认后进行封样,并据此进行验收。

6)油漆涂料工程

内木门油漆选用清漆。楼梯、平台、护窗钢栏杆选用黑色调和漆,做法为05ZJ001涂12;钢构件除锈后先刷两遍防锈漆。

室内外露明金属件的油漆为刷防锈漆两遍后再做同室内外部位相同颜色的磁漆。

各种油漆涂料均由施工单位制作样板,经确认后进行封样,并据此进行验收。

7)施工中其他注意事项

(1)图中所选用标准图中有对结构工种的预埋件、预留洞,如楼梯、平台钢栏杆、门窗、建筑配件等;

(2)两种材料的墙体交接处,应根据饰面材质在做饰面前加金属网或在施工中加贴玻璃丝网格布,防止裂缝;

(3)预埋木砖及贴邻墙体的木质面均做防腐处理,露明铁件均做防锈处理;

(4)楼板留洞待设备管线安装完毕后,用C20细石混凝土封堵密实,管道井每三层进行封堵。

8)建筑节能

本住宅朝向:南偏东15°　体形:条式建筑,体形系数:0.3

本住宅外墙采用面砖饰面胶粉颗粒保温浆料外墙保温系统。

围护结构保温体系基本组成:

外墙类型:饰面砖+镀锌钢丝网抗裂砂浆(锚固件固定)(5 mm)+胶粉聚苯颗粒保温浆料(40 mm)+粘土多孔砖(200 mm)+混合砂浆(20 mm)

架空层楼板类型:(20 mm)+挤塑聚苯板(20 mm)+钢筋混凝土(120 mm)+混合砂浆(20 mm)

屋顶类型:细石混凝土(40 mm)+水泥砂浆(20 mm)+挤塑聚苯板(40 mm)+防水卷材(不计入)+水泥砂浆(20 mm)+钢筋混凝土(120 mm)+混合砂浆(20 mm)

外窗类型:铝合金中空玻璃窗(5 mm+6A+5 mm)

外门类型:双层金属门板,中间填充15 mm厚玻璃棉板

## 2.6.4　施工部署

1.施工组织管理

为实施本工程,我项目部将调集优秀的管理人员成立项目经理部,实行项目经理负责制,全面履行对业主的承诺和本工程的施工总承包合同。考虑专业性与阶段性相结合,全力为项目经理部提供动态的、必需的生产要素。

项目经理部的管理体现集中指挥、统一协调、各负其责的原则。项目经理对整个项目的合同、方案、质量、安全、财务和进度全面负责。委派的项目商务经理、总工程师协助项目经理管理项目部。项目部下设工程施工部、技术管理部、质安管理部、材料供应部、合约商务部、综合办公室、财务室等职能部门。

项目经理部的组织机构管理网络见图 2 - 143。

2. 职能分工及职责

项目建立完善的岗位责任制，明确领导班子成员的责任，确定每个部门的职责，最后落实到项目每个管理人员，并签订相应的岗位责任状。

1）项目领导层

由一名项目经理、一名项目生产副经理、一名项目技术负责人组成，其中：

（1）项目经理为工程的总负责人，全面负责本工程的各项管理工作。

（2）项目生产副经理负责土建与安装工程的生产调度、机械设备管理、材料供应与劳动力调动、安全生产和文明施工管理等。

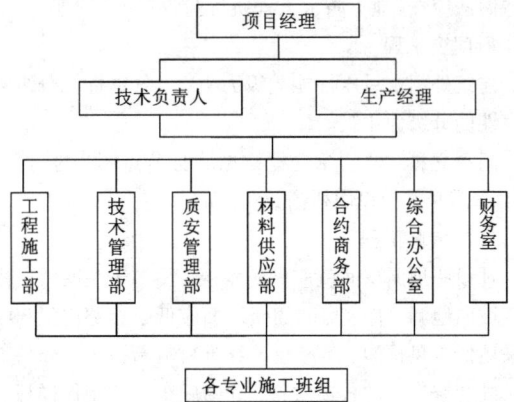

图 2 - 143  项目组织机构图

（3）项目技术负责人负责技术攻关、内业资料、预结算、工程质量管理等。

2）项目管理层（略）

3）项目作业层（略）

3. 施工总体设想

根据本工程特点，我项目部拟将惠馨楼三个单元划分为三个施工段组织流水施工。

施工关键线路为土方开挖→人工挖孔桩→地下室施工→主体结构施工→砌体工程→主体验收→外立面装饰工程→屋面工程→建筑给排水、电气施工→内装饰施工→竣工验收。

施工组织将优先安排关键线路上的分部分项工程施工，合理调配作业资源。本工程土建工程量较大，特别是钢筋砼结构房屋工程，施工时需投入大量的土建施工设备和人员。围绕以土建为中心安排施工，遵循先地下后地上的原则，分专业组织流水施工。先主体后装修，水电安装工程随施工条件的具备情况插入施工。施工过程中，装修工程随主体进度安排插入施工。管线、设备安装、电气仪表等配套工程，配合土建施工协调进行。

1）施工阶段划分

根据各阶段的施工特点制定阶段节点目标，充分考虑各工序主要工种人力、工程材料和施工材料、关键机械设备的流水节拍和施工的均衡性，分析出各方面达标重点和技术难点，通过集益思广，提出实施目标的办法和途径。根据现场地质条件，以及施工方法的不同，结合工程设计图纸，我们将本工程按进度划分为 4 个阶段。

第一阶段：施工准备阶段。调集人、材、物等施工力量，进行平面布置、图纸会审、办理开工有关手续，开展技术、质量交底工作，目标是充分做好开工前的各项准备工作，以满足开工要求。

第二阶段：土方、基础结构施工阶段。

第三阶段：上部结构施工阶段，在本阶段内适时插入安装工程，该阶段为工程的高峰期。

第四阶段：装饰、安装阶段。该阶段前半部分以装饰为主，安装跟进，后半部分转换为以安装为主，装饰配合，其他各专业也全面展开，此为工程竣工的关键阶段，是文明施工和安全生产较难控制的阶段，重点是做好各方的协调工作，特别是垂直运输设备的使用协调。

2）七通一平规划

（1）临时用水用电接驳点由业主接至施工现场，再按施工总平面布置图进行临电临水的安装。现场布设排水沟和沉淀池。

（2）临时设施布置合理，生活区、生产区分离。

（3）按照施工总平面布置图的安排，尽量布设环形施工道路，地基碾压密实，面层做 20 cm 厚 C25 混凝土。道路表面向排水沟找坡。

（4）为保证信息的及时沟通，项目部每个管理人员配备手机，项目部安装传真机、ADSL 宽带网、施工现场内建立局域网，保证信息联络畅通。

3）工程重点、难点分析

工程的重点及难点主要表现在以下几个方面：

（1）工期较紧，对各分部工程施工的合理安排、时间的搭接和穿插是本工程重点；

（2）工地现场狭窄，楼层高，材料、机械等的平面布置显得尤其重要，是工程的难点；

（3）长沙市四季分明，天气变化明显，工程跨冬季和雨季，且时间较长，与天气赛跑，是本工程的重点控制点；

（4）本工程业主另行招标确定专业分包的内容较多，涉及专业分包的内容包括机电安装、电梯供应与安装、场区绿化，总包项目经理部如何统一协调、统一指挥、统一管理好各专业分包是本工程的又一重点。

（5）本工程外围边框线变化大，不规整，极其复杂，如何控制好轴线保证外边框，做好分块的控制点是本工程施工的难点之一。

（6）施工投入的人员较多，人员的素质及技术水平不一，应特别加强对人员的 HSE 管理及质量控制。

（7）减少扰民噪声、降低环境污染、对地下管线及其他地上地下设施的保护加固措施同样重要。

4）新技术应用（略）

## 2.6.5　施工方案的确定

1.施工测量方案（略）

2.土方开挖回填工程

1）土方开挖

（1）工艺流程。

高程、轴线引测→放基坑开挖灰线→分层分段挖土→清槽

（2）高程轴线引测（略）。

（3）土方开挖。

①施工机械选择：本工程的基坑开挖选用国产反铲挖掘机一台，配 4 台东风渣土汽车外运土方。

②施工顺序：由西向东分层开挖，分层厚度 1.5 m，由于土质较好，可以在东向预留坡道供渣土车进出运土，待机械开挖到位后退回来将东向坡道处开挖至设计标高。机械挖土挖至设计标高以上 15 cm 处，以下采用人工开挖。

③开挖中应边开挖边测量，严格控制标高。开始挖土到基底时应将标高引测至槽底，边挖土边复核坑底开挖尺寸及标高，按每个承台基底标高控制。严禁机械扰动基底原土。

④将开挖土方运至指定堆土场。

⑤基底边线应与挖土同步测放至基坑，根据灰线随时调整挖土部位，以保证基坑几何尺寸。

⑥采用反铲挖掘机开挖时，挖土过程中，应注意检查坑底是否有古墓、洞穴、暗沟或裂缝，如发现迹象应立即停止，并进行探察处理。为防止坑底扰动，基坑挖好后应尽量减少暴露时间，及时进行下一道工序的施工。

⑦基坑开挖至设计标高后及时通知勘察和设计单位、监理单位、建设单位、监督单位以及公司技术管理部门共同参加验槽，合格方可进行基础施工。

2）土方回填施工

（1）施工准备（略）。

（2）施工工艺：

①工艺流程：坑底清理→检验土质→分层铺土→夯打密实→检验密实度→修整找平验收。

②回填时间：在基础完工并验收合格后方可进行回填。

③回填要求：选择符合设计要求的土料，严格控制含水量。

④回填方法：在基础砼强度达到80%后，沿建筑物四周对称回填，分层压实，每层厚度不超过300 mm。

⑤压实方法：先对填土初步整平，采用打夯机依次夯打，均匀分布，不留间隙。每层均仔细夯实，对每层回填土采用环刀取样检验填土压实后的干密度、压实系数等，应符合设计要求。

(3)质量标准(略)。

(4)安全技术措施(略)。

3. 人工挖孔桩

1)施工流程

场地整平→放线、定桩位→挖第一节桩孔土方→支模浇灌第一节混凝土护壁→在护壁上二次投测标高及桩位十字轴线→设置垂直运输架、安装电动葫芦(或卷扬机)、吊土桶、根据现场实际安装潜水泵、鼓风机、照明设施等→第二节桩身挖土→清理桩孔四壁、校核桩孔垂直度和直径→拆上节模板、支第二节模板、浇灌第二节混凝土护壁→重复第二节挖土、支模、浇灌混凝土护壁工序，循环作业直至设计深度、检查持力层后进行扩底→对桩孔直径、深度、扩底尺寸、持力层进行全面检查验收→清理虚土、排除孔底积水→吊放钢筋笼就位→浇灌桩身混凝土。

2)施工方法

(1)挖孔方法。

当桩净距小于2倍桩径且小于2.5 m时，应采用间隔开挖。排桩跳挖的最小施工净距不得小于4.5 m。

挖土由人工从上到下逐层用镐、锹进行，遇坚硬土层用锤、钎破碎，挖土次序为先挖中间部分后周边，按设计桩直径加2倍护壁厚度控制截面，允许尺寸误差3 cm。每节的高度根据土质好坏、操作条件而定，一般以0.5~1.0 m为宜。扩底部分采取先挖桩身圆柱体，再按扩底尺寸从上到下削土修成扩底形。弃土装入活底吊桶或箩筐内。垂直运输，在孔上口安支架、工字轨道、电葫芦，用1~2 t慢速卷扬机提升。吊至地面上后用机动翻斗车或手推车运出。逐层往下循环作业，将桩孔挖至设计深度，清除虚土，检查土质情况，桩底应支承在设计所规定的持力层上。

(2)护壁施工(略)。

3)常见质量问题处理(略)

4)安全措施(略)

4. 混凝土工程

1)混凝土施工工艺流程

钢筋、模板、预埋件验收→作业准备→混凝土搅拌、运输→混凝土浇筑与振捣→混凝土表面找平压实→混凝土养护。

2)混凝土浇捣总体要求(略)

3)混凝土养护

混凝土表面沁水和浮浆应排除，待表面无积水时，宜进行二次压实抹光。泵送混凝土一般掺有缓凝剂，宜在混凝土终凝后才浇水养护，并应加强早期养护。

为了保证新浇的砼有适宜的硬化条件，防止早期由于干缩产生裂缩，砼浇注完12 h后应覆盖洒水养护；并视气温变化情况每间隔一定时间浇水养护，养护频次视砼表面湿润为准。基础承台部分必须覆盖麻袋。

普通混凝土浇水养护的时间不得少于7 d；防水砼养护不得少于14 d；后浇带砼养护不得少于28 d；掺外加剂的泵送砼养护时间不少于14昼夜，砼强度达到1.2 N/mm² 前，不得在其上踩踏或安拆模板支撑。

4)混凝土试块取样与留置(略)

5)混凝土裂缝控制(略)

5. 钢筋工程

1)钢筋加工

(1)配筋工作由负责土建施工的分包专职配筋人员严格按照国家、地方及行业的规范和各设计要求执行。结构中所有大于 200 mm 的洞口，全部在配筋时，按照洞口配筋全部留置出来，不允许出现现场割筋留洞的现象。

（2）加工工艺：钢筋除锈、除污→钢筋调直→钢筋切断→钢筋成型。

（3）钢筋加工质量要求（略）。

2）钢筋定位、间距、保护层控制

墙体、柱在底板中插筋定位措施：墙体的钢筋采用定距框保证墙柱主筋间距位置准确，墙、柱侧面钢筋保护层采用塑料卡具，墙体结构放在外侧的水平钢筋上，柱结构放在箍筋上。底板、楼板、梁、其余柱使用砂浆垫块，砂浆垫块可以根据钢筋规格做成凹槽，使垫块和钢筋牢固连在一起，保证不偏位。

除采用垫块控制保护层以外，还采取双重控制保护层的厚度。

保护层厚度确定须满足以下五个条件：

（1）主筋保护层≥主筋；

（2）梁、柱中箍筋和构造钢筋的保护层厚度不得小于 15 mm；

（3）墙、板中分布筋的保护层厚度不得小于 10 mm；

（4）梁、柱主筋的保护层≥25 mm。

（5）详情参见设计图纸结构总说明 10.1 条。

3）绑扎、锚固（略）

4）绑扎搭接质量标准（略）

6. 砌体工程

1）加气混凝土砌块砌体工程工艺流程（略）

2）操作工艺

（1）墙体放线：墙体施工前，应将基础顶面或楼层结构面按标高找平，依据图纸放出第一皮砌块的轴线、砌体的边线及门窗洞口位置线。

（2）砌块提前 2 d 进行浇水湿润，浇水时把砌块上的浮尘冲洗干净。

（3）根据砌块砌体标高要求立好皮数杆，皮数杆立在砌体的转角处，纵向长度一般不应大于 15 m 立一根。

（4）配制砂浆：按设计要求的砂浆品种、强度等级进行砂浆配置，配合比应由实验室确定。采用重量比，计量精度为水泥 ±2%，砂、石灰膏控制在 ±5% 以内，应采用机械搅拌，搅拌时间不少于 2 min。

（5）砌块的排列：应根据工程设计施工图纸，结合砌块的品种规格、绘制砌体砌块的排列图，经审核无误后，按图进行排列。

（6）排列应从基础顶面或楼层面进行，排列时应尽量采用主规格的砌块，砌体中主规格砌块应占总量的80% 以上。

（7）砌块排列上下皮应错缝搭砌，搭砌长度一般为砌块长度的 1/3，也不应小于 150 mm。

（8）外墙转角处及纵横墙交接处，应将砌块分皮咬槎、交错搭砌，砌体砌至门窗洞口边非整块时，应用同品种的砌块加工切割成。不得用其他砌块或砖镶砌。

（9）砌体水平灰缝厚度一般为 15 mm，如果加网片筋的砌体水平灰缝的厚度为 20～25 mm，垂直灰缝的厚度为 20 mm，大于 30 mm 的垂直灰缝应用 C20 级细石混凝土灌实。

（10）铺砂浆：将搅拌好的砂浆通过吊斗或手推车运至砌筑地点，在砌块就位前用大铁锹、灰勺进行分块铺灰，最大铺灰长度不得超过 1 500 mm。

（11）砌块砌体与结构位置有矛盾时，应先满足构件要求。

（12）砌块就位与校正：砌块砌筑前应把表面浮尘和杂物清理干净，砌块就位应先远后近、先下后上、先外后内，应从转角处或定位砌块处开始，砌一皮校正一皮。

（13）砌块就位应避免偏心，使砌块底面水平下落，拉线控制砌体标高和墙面平整度，用托线板挂直，校正为止。

(14)竖缝灌砂浆：每砌一皮砌块就位后，用砂浆灌实直缝，随后进行灰缝的勒缝(原浆勾缝)，深度一般为 3~5 mm。

7.脚手架工程

本工程一至十二层采用落地式钢管脚手架，十三层以上使用型钢悬挑脚手架。

1)材质要求(略)

2)落地式钢管脚手架

搭设工艺：场地平整、夯实→基础承载力实验、材料配备→定位设置通长脚手板、底座→纵向扫地杆→立杆→横向扫地杆→小横杆→大横杆(搁栅)→剪刀撑→连墙件→铺脚手板→扎防护栏杆→扎安全网。

定距定位：根据构造要求在建筑物四角用尺量出内、外立杆离墙距离，并做好标记；用钢卷尺拉直，分出立杆位置，并用小竹片点出立杆标记；垫板、底座应准确地放在定位线上，垫板必须铺放平整，不得悬空。

在搭设首层脚手架过程中，沿四周每框架格内设一道斜支撑，拐角处双向增设，待该部位脚手架与主体结构的连墙件可靠拉结后方可拆除。当脚手架操作层高出连墙件以上两步时，宜先立外排，后立内排。其余按以下构造要求搭设。

3)普通型钢悬挑脚手架

搭设工艺：水平悬挑→纵向扫地杆→立杆→横向扫地杆→小横杆→大横杆(搁栅)→剪刀撑→连墙件→铺脚手板→扎防护栏杆→扎安全网。

8.模板工程

1)材料要求(略)

2)工艺流程

(1)梁模板。

弹出梁轴线及水平线并进行复核→搭设梁模板支架→安装梁底楞→安装梁底模板→梁底起拱→绑扎钢筋→安装梁侧模板→安装另一侧模板→安装上下锁品楞、斜撑楞、腰楞和对拉螺栓→复核梁模尺寸、位置→与相邻模板连接牢固→办预检。

(2)柱模板。

搭设安装脚手架→沿模板边线贴密封条→立柱子片模→安装柱箍→校正柱子方正、垂直和位置→全面检查校正→群体固定→办预检。

(3)板模板。

搭设支架→安装横纵大小龙骨→调整板下皮标高及起拱→铺设顶板模板→检查模板上皮标高、平整度→办预检。

3)施工方法

(1)在保障安全可靠的前提下，须兼顾施工操作简便、统一、经济、合理等要求，因此梁与板整体支撑体系设计的一般原则是：立柱步距要一致，便于统一搭设；立柱纵或横距尽量一致或成倍数，便于立柱纵横向水平杆件拉通设置；构造要求规范设置，保证整体稳定性和满足计算前提条件。

(2)柱模板搭设完毕经验收合格后，先浇捣柱砼，然后再绑扎梁板钢筋，梁板支模架与浇好并有足够强度的柱和原已做好的主体结构拉结牢固。经有关部门对钢筋和模板支架验收合格后方可浇捣梁板砼。

(3)浇筑时按梁中间向两端对称推进浇捣，由标高低的地方向标高高的地方推进。事先根据浇捣砼的时间间隔和砼供应情况设计施工缝的留设位置。

(4)根据本公司当前模板工程工艺水平，结合设计要求和现场条件，决定采用柱模板、梁侧模板、扣件式钢管架作为本模板工程的支撑体系。

(5)一般规定(略)。

(6)立柱及其他杆件(略)。

9.防水工程

1)水泥基渗透结晶型涂料防水

（1）工艺流程。

基层处理→基面湿润→制浆→涂水泥基渗透结晶型防水涂料→检验→养护→验收。

（2）施工方法。

①基层处理。

检查混凝土基面有无病害或缺陷，有无钢筋头、有机物、油漆等其他粘结物等，对存在的部位进行认真清理，对混凝土出现裂缝的部位用钢丝刷进行重点打毛，如：裂缝大于0.4 mm的则需要开U形槽15 mm×20 mm，用钢丝刷、凿子或高压水枪打毛混凝土基面，清理处理过的混凝土基面，不准残存任何的悬浮物质

②基面湿润。

用水充分湿润处理过的待施工的施工基面，保持混凝土结构得到充分的湿润、润透，但不宜有明水。

③制浆。

Ⅰ．水泥基渗透结晶型防水涂料、粉料与干净的水调和（水内要求无盐、无有害成分），混合时可用手电钻装上有叶片的搅拌棒或戴上胶皮手套用手及抹子搅拌。

Ⅱ．水泥基渗透结晶型防水涂料、粉料与水的调和比：按照容积比，涂刷时用5 份料2.5 份水调和。

Ⅲ．水泥基渗透结晶型防水涂料灰浆的调制：将计量过的粉料与水倒入容器内，用搅拌物充分搅拌3~5 min，使料拌和均匀；一次调料不宜过多（调成后不准再加水及粉料，一次成型），要在20 min 内用完。

④涂刷。

Ⅰ．水泥基渗透结晶型防水涂料涂刷时要用专用半硬的尼龙刷。

Ⅱ．涂刷时要注意来回用力，确保凹凸处满涂，并厚薄均匀。

Ⅲ．在平面或台阶处进行施工时须注意将水泥基渗透结晶型防水涂料涂刷均匀，阴阳角处要涂刷均匀，不能有过厚的沉积，防止在过厚处出现开裂。

Ⅳ．裂缝大于0.4 mm 时应先开槽，后湿润，再涂刷水泥基渗透结晶型防水涂料浓缩剂浆料，1.5 h后用水泥基渗透结晶型防水涂料浓缩剂半干料团夯实，继续用水泥基渗透结晶型防水涂料浓缩剂浆料涂刷，用量不变。

Ⅴ．一般要求涂刷2 道，即在第1 层涂料达到初步固化（大约1~2 h）后，进行第2 道涂料涂刷。当第1 道涂料干燥过快时，应浇水湿润后再进行第2 道涂料涂刷。

⑤检验。

Ⅰ．水泥基渗透结晶型防水涂料涂层施工完毕后，须检查涂层是否均匀，如有不均匀处，须进行修补。

Ⅱ．水泥基渗透结晶型防水涂料涂层施工完毕后，须检查涂层是否有暴皮现象，如有，暴皮部位需要清除，并进行基面再处理后，再次用水泥基渗透结晶型防水涂料涂刷。

Ⅲ．水泥基渗透结晶型防水涂料涂层的返工处理：返工部位的基面，均需潮湿，如发现有干燥现象，则需喷洒水后再进行水泥基渗透结晶型防水涂料涂层的施工，但不能够有明水出现。

⑥养护。

Ⅰ．水泥基渗透结晶型防水涂料终凝后3~4 h 或根据现场湿度而定，采用喷雾式洒水养护，每天喷水养护3~5 次，连续2~3 天，无遮盖施工时要注意避免雨水冲坏涂层。

Ⅱ．施工过程中48 h 内避免雨淋、霜冻、日晒、沙尘暴、污水及40 ℃的高温。

Ⅲ．养护期间不得碰撞防水层。

⑦验收（略）。

⑧特殊部位处理（略）。

2）卷材防水（略）

10.门窗工程

1）镀锌彩板门窗安装

（1）安装前准备（略）。

（2）安装步骤。

安装形式分两种：一种是有附框，另一种是无附框。

（1）带附框门窗的安装。

首先在施工现场组装好附框，将连接件用自攻螺钉固定在附框上。将附框放进门窗用木楔临时固定校正门窗位置，将连接件与墙身预埋铁焊牢，或用膨胀栓将附框固定在洞口。然后用1:3水泥砂浆嵌实缝隙，待室内外饰面施工结束并干燥后，再将门窗放入框内，进行适当调整，用自攻螺钉将门窗紧固在附框上。附框与门窗框安装缝隙处用建筑密封胶密封。最后剥去门窗表面保护层。

（2）不带附框门窗的安装。

此种方法对门窗的洞口及洞口装修质量要求严格。采用此种方法，施工单位订货时要与生产厂家洽商门窗与洞口配合尺寸。要求门窗在安装前，室内外及洞口内外墙面均粉刷完毕，且洞口宽高尺寸略大于门窗外形尺寸。高度尺寸：洞口大于门窗3~5 mm，宽度尺寸：洞口大于门窗5~8 mm。然后根据门窗定位，在墙上钻膨胀螺栓孔，将门窗固定在洞口内，在门窗与洞口的接合缝隙填充密封胶，剥去门窗构件表面的塑料保护膜。

Ⅰ.涂色镀锌钢板门窗安装带副框或不带副框的安装位置、开启方向必须符合设计要求。

Ⅱ.涂色镀锌钢板门窗安装必须牢固，预埋件的数量、位置、埋设连接方法必须符合设计要求(略)。

Ⅲ.涂色镀锌钢板门窗安装的允许偏差限值和检验方法(略)。

2）防火防盗门安装

（1）工艺流程。

划线→立门框→安装门扇附件

（2）操作工艺。

①画线

按设计要求尺寸、标高和方向，画出门框框口位置线。

②立门框

先拆掉门框下部的固定板，凡框内高度比门扇的高度大于30 mm者，洞口两侧地面须设留凹槽。门框一般埋入±0.00标高以下20 mm，须保证框口上下尺寸相同，允许误差<1.5 mm，对角线允许误差<2 mm。

将门框用木楔临时固定在洞口内，经校正合格后，固定木楔，门框铁脚与预埋铁板焊牢。然后在框两上角墙上开洞，向框内灌注M10水泥素浆，待其凝固后方可装配门扇，冬季施工应注意防寒，水泥素浆浇筑后的养护期为21 d。见图2-144、图2-145。

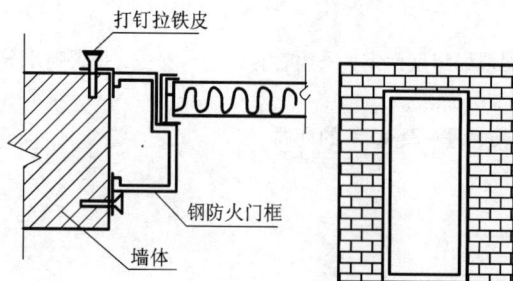

图2-144　钢、木质防火门结构安装图

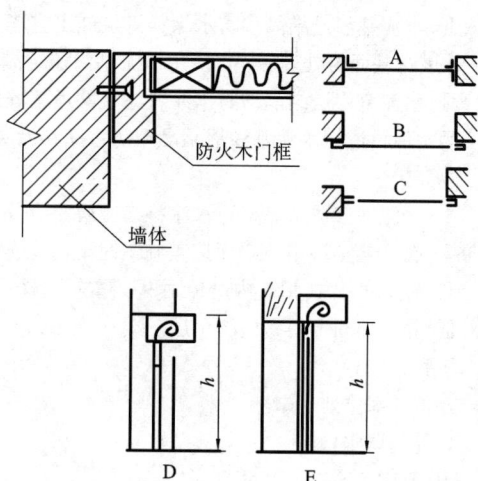

图2-145　高度安装方式

③安装门扇附件

门框周边缝隙，用1:2的水泥砂浆或强度不低于10 MPa的细石混凝土嵌缝牢固，应保证与墙体结成整体；经养护凝固后，再粉刷洞口及墙体。

粉刷完毕后，安装门扇、五金配件及有关防火、防盗装置。门扇关闭后，门缝应均匀平整，开启自由轻便，不得有过紧、过松和反弹现象。

（3）质量标准（略）。

3）塑料门窗安装

（1）工艺流程。

清理→安装固定片→确定安装位置→安装

（2）操作工艺。

①将不同型号、规格的塑料门窗搬到相应的洞口旁竖放。当有保护膜脱落时，应补贴保护膜，并在框上下边画中线。

②如果玻璃已安装在门窗上，应卸下玻璃，并做好标记。

③在门窗的上框及边框上安装固定片，其安装应符合下列要求（略）。

④根据设计图纸及门窗扇的开启方向，确定门窗框的安装位置，并把门窗框装入洞口，并使其上下框中线与洞口中线对齐。安装时应采取防止门窗变形的措施。无下框平开门应使两边框的下脚低于地面标高线30 mm。带下框的平开门或推拉门应使下框低于地面标高线10 mm。然后将上框的一个固定片固定在墙体上，并应调整门框的水平度、垂直度和直角度，用木楔临时固定。当下框长度大于0.9 m时，其中间也用木楔塞紧。然后调整垂直度、水平度及直角度。

⑤当门窗与墙体固定时，应先固定上框，后固定边框。（固定方法略）

（3）质量标准（略）。

（4）成品保护。

①门窗在安装过程中，应及时清除其表面的水泥砂浆。

②已安装门窗框、扇的洞口，不得再作运料通道。

③严禁在门窗框扇上支脚手架、悬挂重物；外脚手架不得压在门窗框、扇上，并严禁蹬踩门窗或窗撑。

④应防止利器划伤门窗表面，并应防止电、气焊火花烧伤面层。

⑤立体交叉作业时，门窗严禁碰撞。

4）木质门安装

（1）工艺流程。

放样 → 配料、截料 → 画线 → 打眼 → 开榫、拉肩 → 裁口与倒角 → 拼装

（2）操作工艺（略）。

（3）成品保护。

①安装过程中，须采取防水防潮措施。在雨季或湿度大的地区应及时油漆门窗。

②调整修理门窗时不能硬撬，以免损坏门窗和小五金。

③安装工具应轻拿轻放，以免损坏成品。

④已装门窗框的洞口，不得再作运料通道，如必须用作运料通道时，必须做好保护措施。

11.装饰装修工程

1）水泥砂浆地面

（1）基本规定（略）。

（2）施工准备（略）。

（3）工艺流程。

检验水泥、砂子质量→配合比试验→技术交底→准备机具设备→基底处理→找标高→贴饼冲筋→搅拌

→铺设砂浆面层→搓平→压光→养护→检查验收

(4)操作工艺。

①基层处理：把沾在基层上的浮浆、落地灰等用錾子或钢丝刷清理掉，再用扫帚将浮土清扫干净，应在抹灰的前一天洒水湿润后，刷素水泥浆或界面处理剂，随刷随铺设砂浆，避免因间隔时间过长而风干形成空鼓。

②找标高：根据水平标准线和设计厚度，在四周墙、柱上弹出面层的上平标高控制线。

③按线拉水平线抹找平墩(60 mm×60 mm 见方，与面层完成面同高，用同种砂浆)，间距双向不大于 2 m。有坡度要求的房间应按设计坡度要求拉线，抹出坡度墩。

④面积较大的房间为保证房间地面平整度，还要做冲筋，以做好的灰饼为标准抹条形冲筋，高度与灰饼同高，形成控制标高的"田"字格，用刮尺刮平，作为砂浆面层厚度控制的标准。

⑤搅拌：

Ⅰ.砂浆的配合比应根据设计要求通过试验确定。

Ⅱ.投料必须严格过磅，精确控制配合比或体积比。应严格控制用水量，搅拌要均匀。砂浆的稠度不应大于 35 mm，水泥石屑砂浆的水灰比宜控制为 0.4。

⑥铺设：铺设前应将基底湿润，并在基底上刷一道素水泥浆或界面结合剂，将搅拌均匀的砂浆从房间内退着往外铺设。

⑦搓平：用大杠依冲筋将砂浆刮平，立即用木抹子搓平，并随时用 2 m 靠尺检查平整度。

⑧压光：

第一遍抹压：在搓平后立即用铁抹子轻轻抹压一遍直到出浆为止，面层均匀，与基层结合紧密牢固。

第二遍抹压：当面层砂浆初凝后(上人有脚印但不下陷)，用铁抹子把凹坑、砂眼填实抹平，注意不得漏压，以消除表面气泡、孔隙等缺陷。

第三遍抹压：当面层砂浆终凝前(上人有轻微脚印)，用铁抹子用力抹压。把所有抹纹压平压光，达到面层表面密实光洁。

⑨养护：应在施工完成后 24 h 左右覆盖和洒水养护，每天不少于 2 次，严禁上人，养护期不得少于 7 d。

⑩冬季施工时，环境温度不应低于 5 ℃。如果在 0 ℃下施工时，所掺抗冻剂必须经过试验室试验合格后方可使用。不宜采用氯盐、氨等作为抗冻剂，不得不使用时掺量必须严格按照规范规定的控制量和配合比通知单的要求加入。

(5)质量标准(略)。

2)外墙面砖施工

(1)工艺流程。

基层处理→吊垂直、套方、找规矩→贴灰饼→抹底层砂浆→弹线分隔→排砖→浸砖→镶贴面砖→面砖勾缝及擦缝

(2)操作工艺(略)。

(3)质量标准(略)。

(4)成品保护。

①要及时清擦干净残留在门框上的砂浆，特别是铝合金门窗、塑料门窗宜粘贴保护膜，预防污染、锈蚀，施工人员应加以保护，不得碰坏。

②认真贯彻合理的施工顺序，少数工种(水、电、通风、设备安装等)的活应做在前面，防止损坏面砖。

③油漆粉刷不得将油漆喷滴在已完的饰面砖上，如果面砖上部为外涂料墙面，宜先做外涂料，然后贴面砖，以免污染墙面。若需先做面砖时，完工后必须采取贴纸或塑料薄膜等措施，防止污染。

④各抹灰层在凝结前应防止风干、暴晒、水冲和震动，以保证各层有足够的强度。

⑤拆架子时注意不要碰撞墙面。

⑥装饰材料和饰件以及饰面的构件，在运输、保管和施工过程中，必须采取措施防止损坏。

3)外墙保温施工

(1)工艺流程。

基层处理→湿润、做灰饼→砂浆找平→抹保温砂浆→铺压玻璃纤维网→涂抹面砂浆→特殊部位处理→验收

(2)操作工艺。

①基层墙体处理:基层墙体表面不得有油污、脱模剂、浮尘等污染物,墙面不平整处可用角磨机打磨,松动或风化的部分可用水泥砂浆填实后找平。基层墙面若太干燥,应适当洒水润湿。

②根据保温层厚度在处理完毕的基层墙面上采用保温浆料做灰饼,做灰饼时应注意横竖交圈,5 cm见方,以便操作。

③抹保温砂浆(略)

④铺压耐碱玻纤网格布

网格布搭接时,应用上沿网格布压下沿网格布,搭接宽度应为分格缝宽度。网布之间搭接宽度不应小于 100 mm,先压入一侧,再抹一些抗裂砂浆再压入另一侧,搭接处要饱满,严禁干搭。最后要沿网格布纵向用铁抹子再压一遍收光,消除面层的抹子印。网格布压入程度以可见暗露网眼,但表面不到裸露网格布为宜。直至网格布埋在两道抗裂砂浆的中间,通常完工后厚度为 3~5 mm。

(3)质量标准(略)。

4)室内仿瓷涂料施工

(1)施工工艺。

清理基层→满刮白乳胶水泥腻子一遍→表面打磨平整→刮第二遍白乳胶水泥腻子→第二次表面打磨→满刮腻子并压光

(2)操作工艺。

①施涂前应先将基层表面上的灰尘、污垢、砼和浮浆清除干净,基体或基层的缺棱掉角处用水泥加胶修平,表面麻面及缝隙应用腻子填补齐平。

②基层处理的同时,户内顶棚统一弹 50 mm 下返水平线,并粘贴好胶带纸。

③待填补的腻子干燥后,用细砂纸将其打磨平,然后进行第一次满刮腻子。第一次满刮腻子要求将墙面及顶棚的各阴阳角刮平、刮顺直。

④待第一遍腻子干燥后,即用细砂纸打磨,重点打磨各阴阳角及大面凹凸不平处,然后用腻子满刮第二遍。

⑤待第二遍腻子干燥后,即用细砂纸打磨,重点打磨各阴阳角及大面凹凸不平处,然后再用腻子满刮第三遍,并随即压光。

⑥待面层腻子干后将胶带纸撕除,并清理好现场卫生。

(3)质量标准(略)。

12.安装工程(略)

## 2.6.6　施工进度计划

本工程总工期控制在 355 天内完工。

工程进度计划详见蕙馨楼建安工程进度计划时标网络图及横道图(图 2-146、图 2-147)。

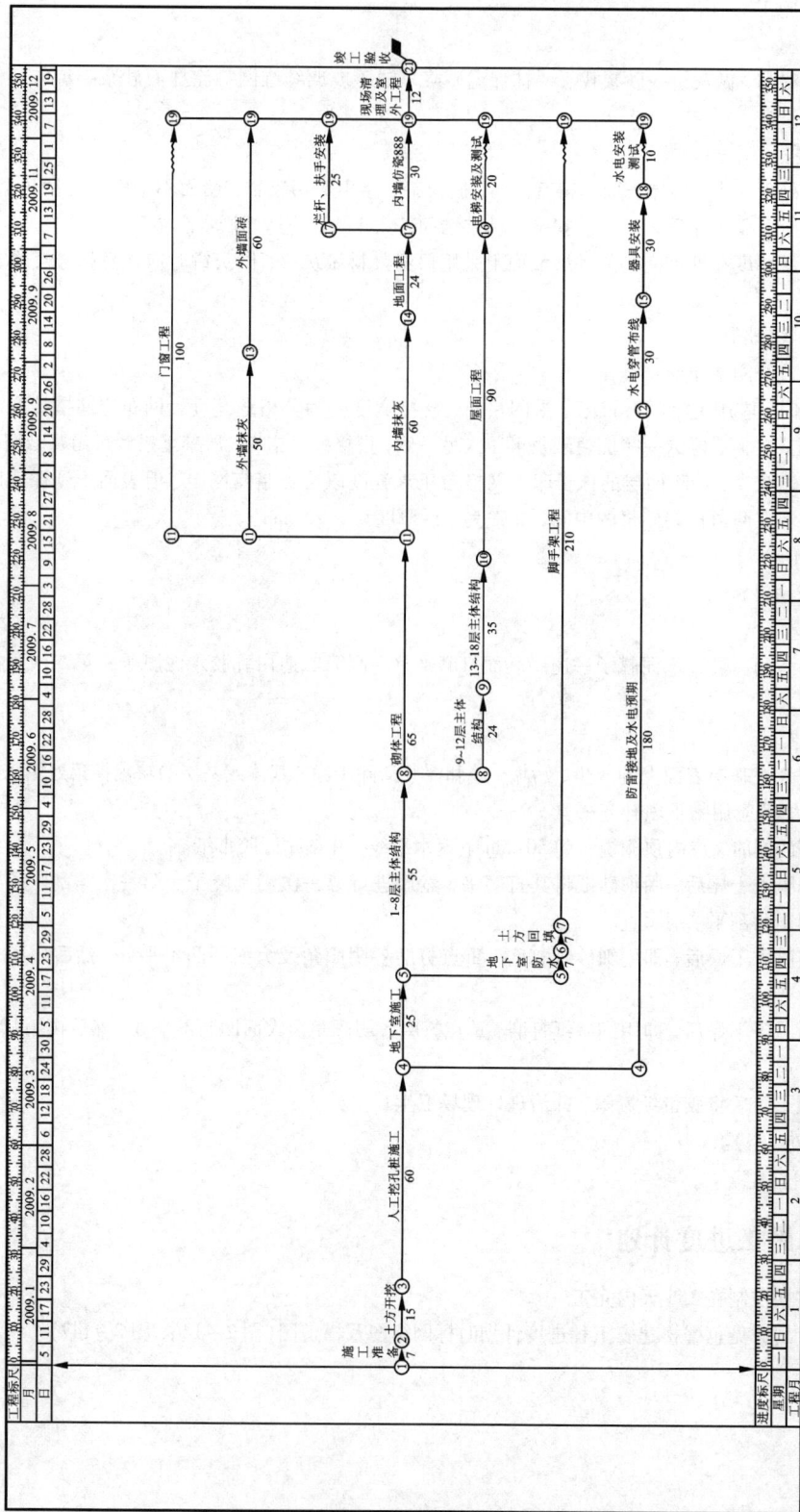

图2-146 董馨楼项目进度计划时标网络图

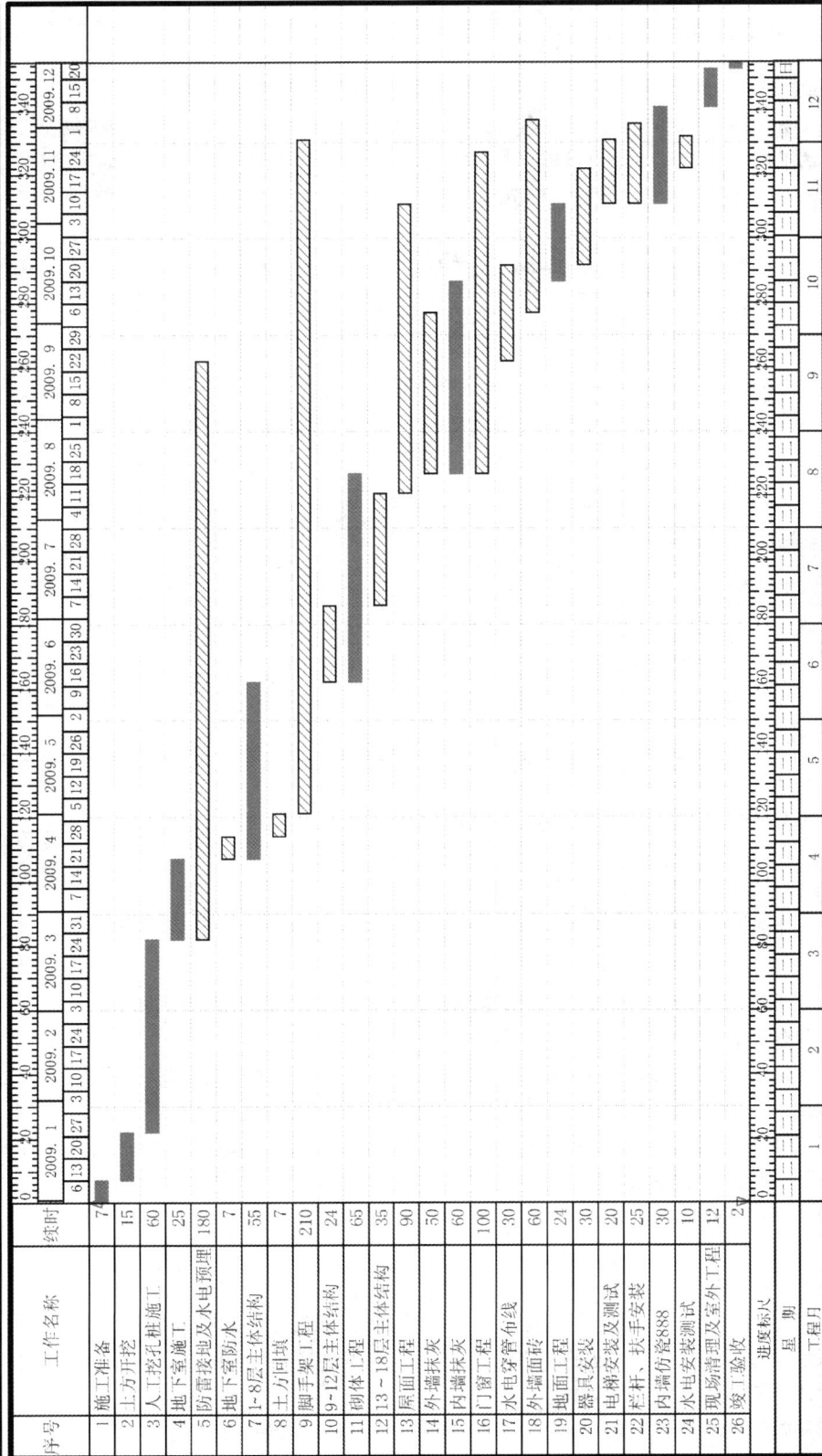

图2-147　董馨楼项目进度计划横道图

### 2.6.7 施工准备

**1.施工准备工作计划**

施工准备是整个施工生产的前提，根据本工程的工程内容和实际情况，公司与项目部共同制订施工准备工作计划，为工程顺利进展打下良好基础。由于本工程现场狭窄、楼层高、工期紧，根据其特点，对施工前准备工作必须细致、认真的进行，否则可能造成人力、物力的浪费及耽误工程进度。具体计划见表2-64。

表2-64 施工准备工作计划表

| 序号 | 施工准备工作内容 | 负责单位 | 涉及单位 | 要求完成时间 |
|------|------------------|----------|----------|--------------|
| 1 | 施工组织设计编制 | 项目部 | 公司、监理、业主 | 2009.1.10 |
| 2 | 建立施工组织机构 | 公司 | 项目部 | 2008.12.15 |
| 3 | 现场定位放线 | 项目部 | 监理单位、业主 | 2008.12.20 |
| 4 | 现场平面布置设计 | 项目部 | 项目部 | 2008.12.20 |
| 5 | 主要材料计划 | 项目部 | 公司 | 2008.12.30 |
| 6 | 构配件加工计划 | 项目部 | 公司 | 2009.1.15 |
| 7 | 大型机具计划 | 项目部 | 公司 | 按需用进场 |
| 8 | 劳动力计划 | 项目部 | 公司 | 分阶段 |
| 9 | 专项施工方案编制及审核 | 项目部 | 公司、监理、业主 | 分阶段 |
| 10 | 编制施工预算 | 项目部 | 公司 | 分阶段 |
| 11 | 图纸会审 | 业主 | 公司、项目部、监理 | 2009.1.5 |

以上各项准备工作可分为施工技术准备、物质条件准备、现场施工准备、场外组织与管理准备等几个部分。

**2.施工技术准备**

1）做好调查工作

（1）气象、地形和水文地质的调查。

①认真做好调查工作，对地质情况、水文情况、地下管线情况都必须有较为详细的了解，为顺利组织全过程均衡施工创造条件。

②由于本工程所在地雨水多，可能对施工带来十分不利的影响，所以必须制定必要的泄洪、排水措施。

（2）各种物质资源和技术条件的调查。

①由于施工所需物质资源品种多、数量大，故应对各种物质资源的生产和供应情况、价格、品种等进行详细调查，以便及早进行供需联系，落实供需要求。

②对水源、电源的供应情况应做详细调查，包括给水的水源、水量、压力、接管地点，供电的能力、线路距离等。

2）做好图纸会审工作

组织各专业人员熟悉图纸，对图纸进行自审，熟悉和掌握施工图纸的全部内容和设计意图。土建、安装各专业相互联系对照，若发现问题，应提前与建设单位、设计单位协商，参加由建设单位、监理单位和设计单位组织的设计交底和图纸综合会审。

3）认真编制施工组织设计

（1）开工前，根据工程特点，制定需要编制的施工组织设计和施工方案清单，明确时间和责任人。施工组织设计和方案在定稿前都要召开专题讨论会,充分参考有关部门和作业班组的意见。每个方案的实施都要通过方案提出→讨论→编制→审核→修改→定稿→交底→实施几个步骤进行。作为工程施工生产的指导性文件,方案一旦确定就不得随意更改。专项施工方案编制计划见表2-65。

表2-65 专项施工方案编制计划表

| 序号 | 计划名称 | 责任部门 | 截止日期 | 审批单位 |
|---|---|---|---|---|
| 1 | 测量施工方案 | 技术管理部 | 2009.1.5 | 项目技术负责人 |
| 2 | 钢筋施工方案 | 技术管理部 | 2009.1.5 | 项目技术负责人 |
| 3 | 模板施工方案 | 技术管理部 | 2009.1.5 | 公司总工程师 |
| 4 | 脚手架施工方案 | 技术管理部 | 2009.1.5 | 公司总工程师 |
| 5 | 内装饰施工方案 | 技术管理部 | 2009.7.1 | 项目技术负责人 |
| 6 | 外墙装饰方案 | 技术管理部 | 2009.7.1 | 项目技术负责人 |
| 7 | 水电安装施工组织设计 | 机电管理部 | 2009.1.5 | 项目技术负责人 |
| 8 | 冬季施工方案 | 技术管理部 | 2009.1.5 | 项目技术负责人 |
| 9 | 人货电梯施工方案 | 技术管理部 | 2009.4.10 | 公司总工程师 |
| 10 | 临时施工用电、用水方案 | 机电管理部 | 2009.1.5 | 公司总工程师 |
| 11 | 安全施工方案 | 安全管理部 | 2009.1.5 | 公司总工程师 |
| 12 | 门窗安装方案 | 技术管理部 | 2009.7.15 | 项目技术负责人 |
| 13 | 塔吊安装拆除方案 | 技术管理部 | 2009.1.10 | 公司总工程师 |
| 14 | 计量与试验方案 | 技术管理部 | 2009.1.5 | 项目技术负责人 |

(2)施工中有了完备的施工组织设计和可行的工程方案,以及可操作性强的技术交底,就要严格按方案施工,从而保证全部工程整体部署有条不紊,施工现场整洁规矩,机械配备合理,人员编制有序,施工流水不乱,分部分项工程施工方案科学合理,施工操作严格执行规范、标准的要求,从而保证工程的质量和进度。

(3)编制施工预算。

编制施工预算,根据施工图纸,计算分部分项工程量,按规定套用施工定额,计算所需要材料的详细数量、人员的工种和数量、大型机械台班数,以便做出详尽的进度计划和供应计划,更好地控制成本,减少消耗。

(4)做好技术交底工作。

本工程每一道工序开工前,均需进行技术交底。技术交底各专业均采用四级制,即项目部技术负责人→责任工程师→劳务分包商(专业分包商)→工人。技术交底均有书面文字及图表,级级交底签字,工程技术负责人向专业工长进行交底要求细致、齐全、完善,并要结合具体操作部位、关键部位的质量要求,操作要点及注意事项等进行详细的讲述交底,工长接受后,应反复详细地向作业班组进行交底,班组长在接受交底后,应组织工人进行认真讨论,全面理解施工意图,确保工程的质量和进度。

3.材料设备准备(略)

4.劳动力准备

项目部在劳动力选择时,除劳务单位必须具备营业执照、资质等级外,重点对下列各项进行选择:

(1)劳务单位的信誉,人员配套情况及近阶段的实际表现。

(2)劳务单位的技术素质,施工能力和施工质量能否满足需要。

（3）劳务单位以往完成的施工对象和合同履行能力表现。

5.现场施工准备

1）施工现场测量控制网点

项目部进场后，会同有关单位做好现场的移交工作，包括测量控制以及有关技术资料，并复核控制点。根据给定的控制点测设现场内的永久性标桩，并做好保护，作为工程测量的依据。

2）现场场地

（1）施工现场平整与硬化

视业主移交现场情况进行清理平整，现场道路、操作棚地面用混凝土硬化，其余场地用水泥砂或混凝土硬化，地面排水坡度为 1.5‰。

（2）施工道路

尽量布置环形道路，宽 4 m，上铺 20 cm 厚 C20 混凝土。

（3）现场排水

现场修建排水沟、截水沟、沉淀池，保证场区内排水顺畅。

## 2.6.8 施工总平面布置及管理

1.施工平面布置原则

表 2－66

| 序号 | 内　容 |
|---|---|
| 1 | 根据工程特点和现场周边环境的特征，充分利用现有施工场地，做好平面布置规划，满足生产、文明施工要求 |
| 2 | 做好现场平面布置和功能分区，对现有临建及管线进行调整 |
| 3 | 加强现场平面布置的分阶段调整，科学确定施工区域和场地平面布置，尽量减少专业工种之间交叉作业，提高劳动效率 |
| 4 | 加强平面施工检查及监督整改，在保证场内材料堆放、运输通畅和满足施工的前提下，最大限度地减少场内运输二次倒运 |
| 5 | 满足生产、生活、安全防火、环境保护和劳动保护要求 |
| 6 | 根据各阶段施工需要，及时调整现场平面布置 |
| 7 | 现场场地狭小，必须合理布置现场交通路线，同时考虑排水措施等 |

2.施工现场平面布置介绍

（1）由于本工程场地狭小，所以必须根据施工进度及时调整现场平面布置。

（2）项目现场不设置生活区，管理人员办公住宿、职工生活住宿均在附近租赁房屋。

（3）现场布置塔吊一台，输送泵一台，施工电梯两台，砂浆搅拌站两个，钢筋棚、木工棚各一个，施工出入口两个，同时配有厕所、门卫室、工具间、农民工学校等临时设施，满足生产要求。

3.临时用水用电

本工程临时用水用电均由甲方指定点接入，装表单独计量，现场设置消防栓、消防水池、配电房。

具体详情参见临时用水用电专项施工方案。

4.附图

（1）基础施工阶段现场平面布置图（图 2－148）

（2）主体及装饰施工阶段现场平面布置图（图 2－149）

图2-148 基础施工阶段现场平面布置图

图例

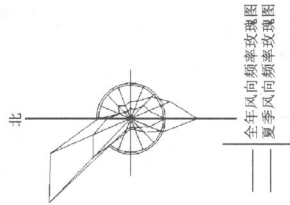

| 临时围墙 | | 灭火器 |
| --- | --- | --- |
| 砼输送泵 | | 临时用水线路 |
| 拟建建筑物 | | 临时用电线路 |
| 洗车台 | | |

说明:
1. 本平面图为基础施工阶段现场平面布置图。
2. 在现场设置钢筋加工区及木工加工区各1个。
3. 现场布置1台HBT80砼输送泵,负责砼的输送;现场设置塔吊1台(第一次安装高度30 m),负责材料的水平及垂直运输。
4. 临时用水用电采用指定地点接入,装表单独计量使用。
5. 生产区设置男女厕所各一个,采用预制式构件制作。
6. 由于现场狭小,管理人员办公、居住及职工居住均在场外租赁房屋。

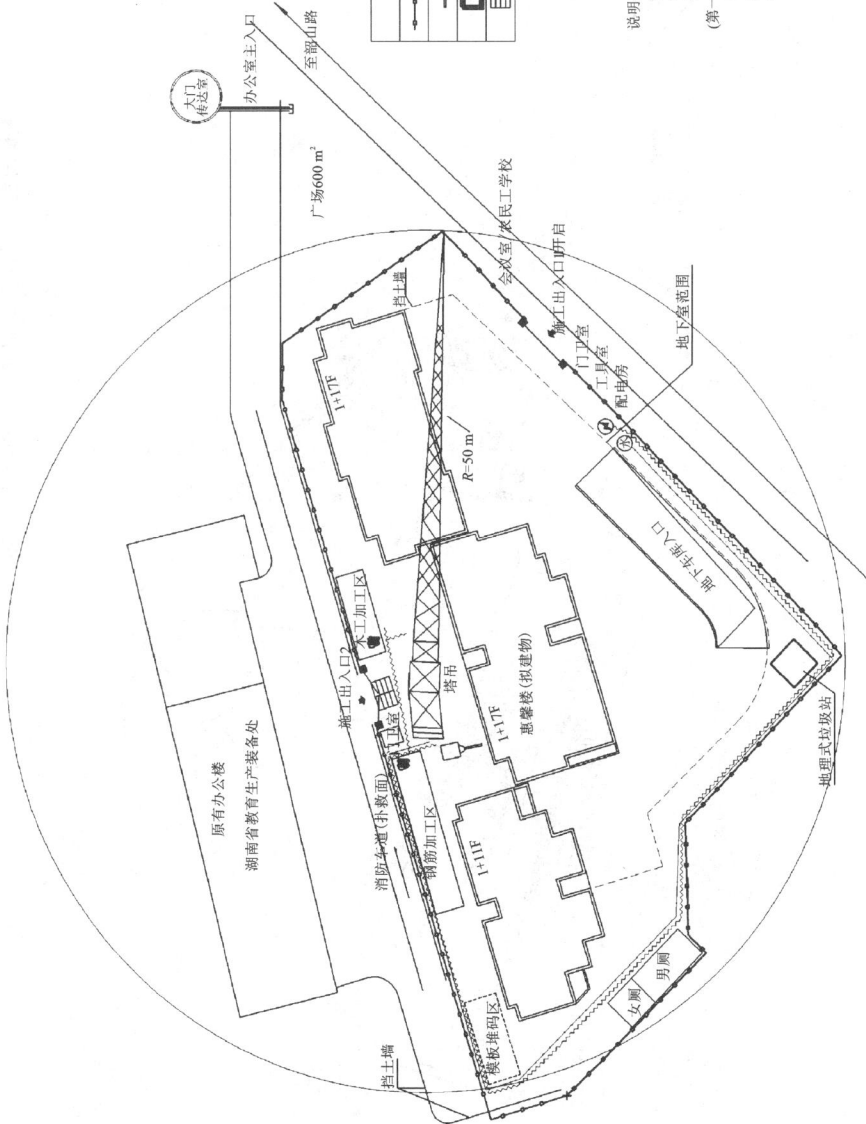

全年风向频率玫瑰图
夏季风向频率玫瑰图

北

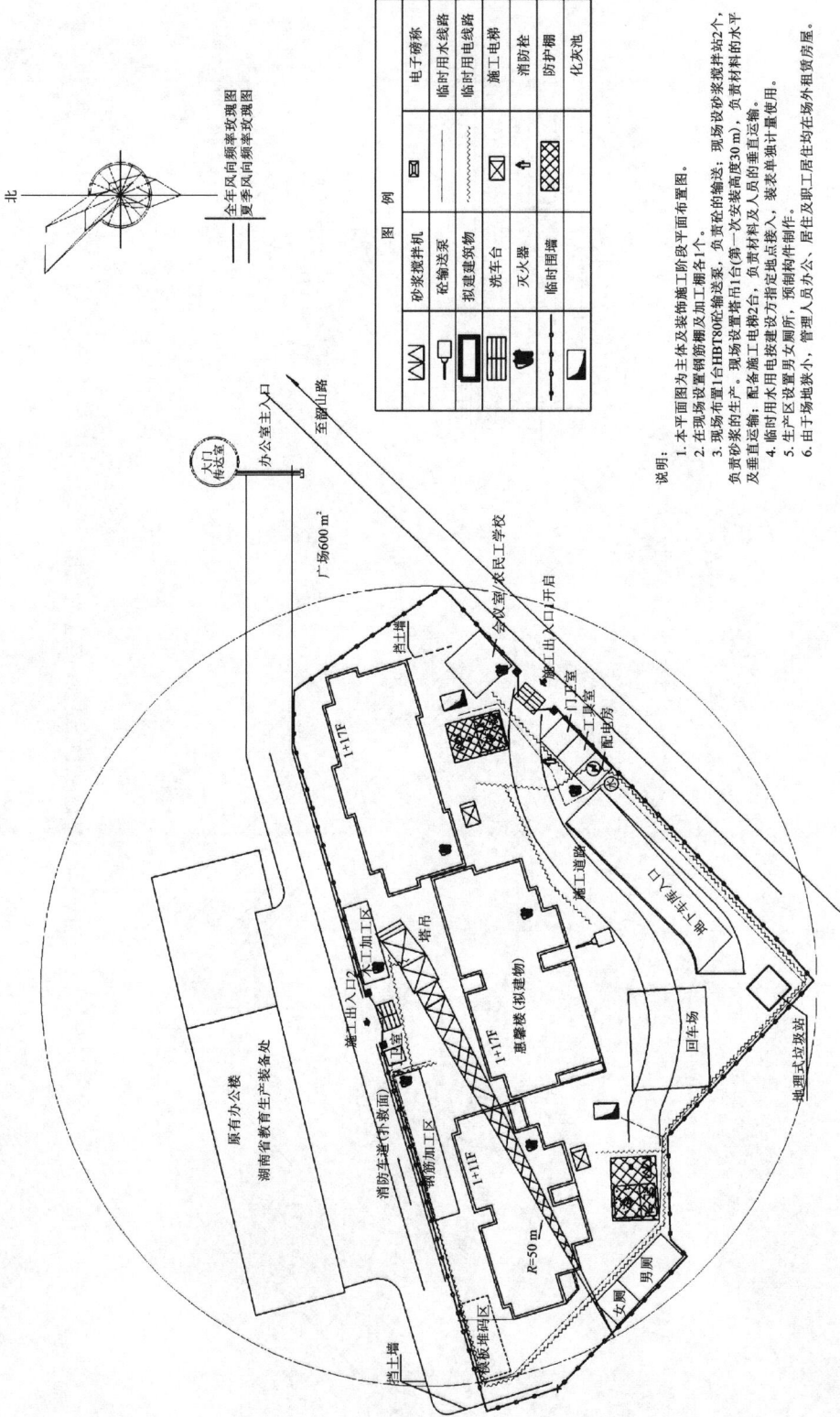

图2-149 主体及装饰施工阶段现场平面布置图

218

## 2.6.9 质量保证措施

1. 项目质量管理体系的组成

1）质量保证体系框图（见项目组织机构图）

2）质量管理机构

(1)成立以技术负责人为组长的质量管理领导小组，负责本项目质检机构的组建，人员安排以及各项规章制度的制定，组织各项工程的检查验收和质量检查评比，处理重大质量事故。

(2)质量管理领导小组成员：

组长：技术负责人

组员：技术员、质量员、材料员、试验员、施工员、各施工班组班长。

(3)质量员负责对各种规章制度的执行情况进行检查，处理质检方面的日常工作。

(4)工地试验员负责项目的试验规程规范及制度的执行，制定试验方案，负责质量检查和试验工作，提供监理工程师所需的试验数据。

(5)所有质检人员和试验人员均选派具有相应技术职称和多年工程实践经验，工作认真负责，并获得上岗证的人员担任，配备先进的完整的检测和试验设备，独立地行使质量一票否决。

2. 质量目标及其分解

在本工程的施工质量上，我单位制定如下目标：达到国家验收的合格标准，力争省优工程。为了确保以上质量目标的实现，特制定各节点、各分部工程的质量分目标计划，以保证工程总的施工质量目标计划的实现。详见表 2-67。

表 2-67 各节点各分部工程质量分目标计划表

| 序号 | 各分部工程 | 一次交验质量目标 |
|---|---|---|
| 1 | 地基与基础工程 | 一次验收通过 |
| 2 | 主体结构工程 | 一次验收通过 |
| 3 | 建筑装饰装修工程 | 一次验收通过 |
| 4 | 屋面工程 | 一次验收通过 |
| 5 | 建筑给排水 | 一次验收通过 |
| 6 | 建筑电气 | 一次验收通过 |
| 7 | 单位工程 | 一次验收通过 |

3. 组织措施

为保证按合同要求保质保期完成施工任务，本工程将全面推行 GB50430 标准，认真贯彻执行公司《质量手册》和《程序文件》，并结合本工程的实际情况，组织项目管理人员编制本工程项目《质量保证计划》，建立健全项目质量管理和质量保证体系，并通过《质量保证计划》在施工生产中的贯彻实施和运行，不断提高工作质量和工程施工质量，确保本工程严格按国家现行规范和操作规程施工。在本工程施工中采用科学管理，大力推广应用科技成果，严格按施工规范和操作规程施工，组织合理的施工程序，确保本工程优质高速地完成。

1）工程质量管理体系

由项目经理部经理、技术负责人及工程质量职能部门的有关人员组成项目质量管理领导小组，实施对工程质量管理工作的统一领导，对施工质量的重大措施进行决策，同时也对分包单位质量控制和保证体系进行检查和监督。

项目经理及技术负责人对整个的施工质量进行控制与管理，并设专职质量员进行日常事务的处理，建立质量经理—质量管理职能部门—施工专业队的质检员—班组兼职质检员组成的四级质量管理网络，负责对工程施工的质量进行检查、监督与管理。贯彻"谁管生产，谁管质量；谁施工，谁负责质量；谁操作，谁保证质量"的原则，实行工程质量岗位责任制，并采取奖罚的经济手段来辅助保证工程质量岗位责任制的实施。

2）工程质量保证措施

（1）贯彻执行各级技术岗位责任制，在熟悉图纸的基础上，认真搞好图纸会审、施工组织设计、施工作业设计和作业指导书等技术基础工作。分部分项工程施工前，技术人员要认真做好技术准备工作，分层分级做好技术交底工作。在施工过程中密切配合与建设单位、设计单位和质检单位的检查，共同抓好现场施工质量技术管理工作。

（2）严格把好原材料进场质量关，材料进场必须有出厂合格证或材质证明，并应按要求做好原材料的送检试验工作。并做好成品、半成品的保护工作，所有原材料、成品、半成品都须经检验合格后方能使用，同时还应做好产品标识和可追溯性记录。

（3）现场设专职质检员，严格质量检查制度，实行质量一票否决权，质检员对整个工程质量有严格把关的责任，对关键部位、隐蔽工程应重点检查，并随时检查各道工序，发现问题及时限期整改或停工处理。

（4）施工过程中应严格按图纸设计要求和施工验收规范对施工全过程进行质量控制，贯彻以自检为基础的自检、互检、专职检的"三检"制，每道工序经检查合格后，方可进行下道工序施工。对于特殊工序应编制作业指导书，并对施工过程进行连续监控。施工工长应认真及时办理各种隐蔽工程的验收和签证。

（5）加强施工技术的控制。做到轴线、标高控制准确，组织专业测量小组施测，并做好标志，应严格按测量的结果进行轴线、标高的控制施工。安装的各类预埋管件，应严格控制位置准确，固定牢靠，一次性按图预埋准确，不准事后打眼凿洞。

（6）为保证混凝土的施工质量，改善混凝土的泵送性能及避免早期混凝土表面裂缝和温度贯穿裂缝，根据气温及施工需要保证混凝土坍落度、流动性、初凝时间等技术参数，在混凝土中掺入外加剂和掺合料，由具有资质的试验室试验得出混凝土配合比，并派专人负责监督混凝土配合比的执行情况。

（7）组织高素质的专业施工队伍，对参加施工的人员必须进行进场教育和技术交底，对特殊工作人员，还必须持证上岗。

4．机械、材料控制（略）

5．试验、计量控制（略）

6．施工过程控制（略）

7．质量通病防治措施（略）

## 2.6.10　工期保证措施

1．施工进度计划保证措施

工期是工程建设控制的关键，但在实际工程施工过程中，由于种种原因，可能会出现设备供货延误、设备缺陷、重大技术变更以及自然灾害等对工程进度造成影响的不利因素。

为确保本工程施工按要求如期完成，主要是通过"可靠准确计划，及时衡量进度，果断定量调节，有效纠正偏差"的不断循环，并在循环中通过调整资源，实现对工程进度的有效控制，实现预期的工期目标。

1）采取四级计划管理体系

为主动控制工程的施工进度，避免施工过程中的盲目性，项目部建立四级计划管理体系，从总体到各专业的施工计划、从各专业到工程整体的流水施工和交叉作业的作业计划，然后从每周落实到每天的施工计划。按照从全局到具体的系统逐步控制施工进度。

（1）一级总体控制计划。

确定各专业工程的各阶段目标，即里程碑事件的计划目标，将工程整体施工计划划分为基础阶段、主体施工阶段、装修阶段及联合验收阶段，从宏观角度分阶段控制工程的施工进度计划。前一阶段的施工进度对后一阶段的施工进度的影响，以及对整体工程工期的影响，确定出各阶段关键工作的施工进度。

(2)二级进度控制计划。

以各安装专业、土建工程的阶段目标为指导,分解成各专业工程的具体实施步骤,以达到满足一级总体控制计划的要求,使一级总体计划得到具体化,从各专业的施工准备、施工工艺等所分解的具体步骤对工程的具体施工体系进行细化控制,便于对该专业工程进度进行组织、安排和落实,有效控制工程进度。

(3)三级进度计划。

施工过程中分解二级进度控制计划,将各安装专业、土建专业进行流水施工和交叉施工的计划安排,以月进度计划的形式提供给业主和监理单位,具体控制每一个分项工程在各个流水段的工序工期。

(4)四级进度计划。

以文本格式和横道图的形式安排施工作业计划,随工程例会下发,并进行检查、分析和计划安排。通过日计划确保周计划、周计划确保月计划、月计划确保阶段计划、阶段计划确保总体控制计划的控制手段,使阶段目标计划考核分解到每一日、每一周。

2.施工组织措施

(1)对各类不利因素的协调处理措施。

①对设备材料交付延误,项目部除及时向公司有关部门书面汇报外,将积极主动与相关单位加强协调和催交,必要时项目部将根据情况尽最大努力帮助有关方面承担部分工作。

②对于设备缺陷,无论是在开箱过程中,还是在安装过程中发现的问题,项目部将尽快提出设备缺陷报告并主动提出消除缺陷的建议,在供货方设备缺陷报告答复后,在现场条件允许的情况下,尽快组织人员消除缺陷,确保工程进度。

③对设计变更,项目部将在工程开工和每个系统工程开工前,按照《图纸会审管理程序》和《设计变更管理程序》的要求,由各级技术人员组织图纸会审,及时发现设计文件中出现的问题,将有可能出现的问题提出变更要求和变更建议,使问题消除在萌芽状态。

④对施工过程中出现的自然灾害,造成对工期的影响,我公司将听从业主的安排,协助业主调整二级进度计划,并根据二级进度计划的要求,调整我公司的三级进度计划,在业主的总体计划安排下,按时完成。

⑤对雨季造成的对工程施工的停滞状态,我公司将采取有效的雨季施工措施,减少天气原因造成的施工停滞。

⑥针对夏季气温较高的情况,我们可采取夜间施工、白天休息的办法或适当调整作息时间,在保证不影响周边居民休息的情况下,合理安排施工,从而保证施工生产正常进行。

(2)优先主体结构施工,缩短关键线路工期。

(3)装修阶段与安装专业的墙体配管,土建与给排水、电气安装、消防安装等各专业之间的配合,在施工前组织各专业负责人根据各自的设计要求做好空间与时间的协调与安排,避免因工序安排的问题造成返工,从总体上保证工程的施工进度。

(4)对外装修贴面砖、门窗工程与内装修抹灰、地面等工作合理安排时间,外装修及门窗安装从上向下进行,内装修先进行墙面抹灰工作。不使外装修及门窗安装影响到内装修中地面、顶棚、涂料等的工作,先行安排施工,确保工程的交叉作业和各工种之间的流水作业能够顺利进行。

(5)样板引路,充分做好施工准备工作,尽量减少变更项目。提前提出各分项工程施工准备要求,使施工方、监理、业主都做好准备工作;对有变更意向的做法,提前准备,可先提出各种方案,然后从中选择,确定出最佳的方案,确定方案的时间赶在各分项工程大面积展开前。装修施工中各分项工程均先做样板,经各有关单位认可后,再大面积施工。这样尽量减少已施工项目的变更和避免因变更影响工程的施工进度。这项工作需要业主、监理方的密切配合。

3.人、财、机、料的保障(略)

4.技术工艺的保障(略)

5.抓好质量验收工作

分部分项工程验收是保证下一分部分项工程尽早插入的关键,为此项目部工程、质安部门在安排施工任务和质量检查过程中严格要求施工操作人员确保一次验收合格，同时加大施工过程中质量监督力度，尽量避免返修问题的出现，保证工程的施工进度按计划进行。

虚心接受建设单位监理、质监、设计对施工全过程验收，及时填写各项技术资料，做到一次合格，缩短分部分项工程间歇时间。

按分部组织分阶段验收，是确保施工进度的措施之一。质量验收需要施工方、业主、监理方、设计方和质量监督部门密切配合。

6. 根据不同阶段加强现场平面布置管理

我们将根据基础、主体结构、样板房施工、装饰装修等不同阶段的特点和需求调整现场平面布置图，平面图涉及现场循环道路的布置、各阶段大型机械的布置、各阶段材料堆场等方面的布置。各阶段的现场平面布置图和物资采购、设备订货、资源配备等辅助计划相配合，对现场进行宏观调控，在施工紧张的情况下，保持现场秩序井然。现场秩序井然是施工顺利进行和保证工期的重要保证之一。

## 2.6.11 安全文明保证措施

文明施工目标：实行现场标准化管理和创"省安全质量标准化示范工程"活动，施工现场和临时设施整洁、美观、卫生，施工过程中有序、低噪、无尘。确保本工程达到省级安全质量标准化示范工程。

1. 现场围挡

（1）根据现场情况在工地四周设置连续、密闭的砖砌围墙，高 2.5 m。

（2）不得在工地围墙外堆放材料、垃圾。

（3）在工地四周围墙、宿舍外墙等地方，张挂、书写反映企业精神、时代风貌的醒目宣传标语。

2. 道路、场地硬化及绿化

1）道路、场地硬化

（1）施工现场临时道路应进行硬化，采用砼路面，道路宽度不小于 3.5 m。

（2）现场临时道路应尽量形成环形道路，对不能形成环路的应设不小于 12 m × 12 m 的回车坪，回车坪地面做法同道路。

（3）场地硬化应尽量选取可循环利用的材料，减少对环境的污染。

2）场地绿化

施工现场生产区、生活区、办公区空旷地带应视情况进行绿化，绿化宜种植草皮、灌木等易成活花木。

3. 施工现场排水系统

1）施工现场排水设施

（1）施工现场应设置良好的排水系统和相应的排水设施，保持排水畅通、地面无积水。工程施工的废水、泥浆应经流水槽或管道流到工地集水池统一沉淀处理，不得随意排放和污染施工区域以外的河道、路面。

（2）基坑四周应修建排水沟和集水井，用水泵将水抽入基坑顶排水沟中。

2）洗车槽

（1）施工现场大门口应设置车胎冲洗设施，并派专人清洗，车辆车胎应冲洗后才允许出现场。冲洗后的水需经过沉淀池再循环利用或进入市政污水系统。

（2）洗车槽参考做法（略）

3）沉淀池

（1）施工现场搅拌站、输送泵、洗车槽等区域应设置沉淀池，严禁将污水直接排入城市排水管道和河流中。

（2）沉淀池内侧及底部均须抹面。

（3）沉淀池的大小应根据具体情况确定，并应定期进行清掏。

4. 材料堆放（略）

5. 员工生活环境（略）

## 2.6.12　环境保护措施

1. 现场管理

(1)施工现场平面管理制度，各类临时施工设施、施工便道、加工场、堆物场和生活设施均按经审定的施工组织设计和总平面布置图实施。

(2)施工区域或危险区域应有醒目的安全警示标志，并定期组织专人检查。

(3)工地主要出入口设置交通指令标志和示警灯，保证车辆和行人的安全。

(4)施工现场设置以排水管、地上集水池为主的临时排水系统，施工污水经集水池沉淀滤清后，间接排入下水道；同时落实"雨季防涝"措施。

(5)工程材料、制品构件分门别类、有条不紊地堆放整齐；机具设备定机定人保养，保持运行整洁，运转正常。

(6)加强土方施工管理，挖出的湿土使用经专门改装的带密封车斗的自卸卡车装运，防止湿土如泥浆沿途滴漏污染马路。

(7)设立专职的"环境责任工程师"，负责检查、清除出场车辆上的污泥，清扫受污染的马路，做好工地内外的环境保洁工作。

(8)为美化环境，在办公区和围墙边进行绿化。

(9)围墙按公司CI手册要求进行统一粉刷，大门口明显处设置七牌两图。

(10)工人着统一工作服，进入施工区域佩戴好工作牌。

2. 工地卫生

(1)生活区应设置醒目的环境卫生宣传标牌责任区包干图。现场"五小"设施齐全、设置合理。

(2)除四害要求。防止蚊蝇滋生，同时要落实各项除四害措施，控制四害滋生。生活区内做到排水畅通，无污水外流或堵塞排水沟现象。

(3)宿舍日常生活用品力求统一放置整齐，现场办公室、更衣室、厕所等应经常打扫，保持整齐、清洁。

(4)生活垃圾要有容器放置并有规定的地点，有专人定时(每天两次)管理，定时清除。

(5)食堂内应整齐清洁，食堂四周应做到场地平整、清洁、没有积水；食堂要设空调间和配置纱罩。食物盛器要有生熟标记；现场茶水供应，茶具消毒，要符合卫生要求；炊事员必须体检和持有健康证和卫生上岗证后才能上岗；炊事人员必须做到"四勤"、"三白"，保持良好的个人卫生习惯；达不到"三专一严"及无地区卫生防疫站许可证的食堂，一律不准供应冷食。

(6)现场设置医务室。

3. 污水与垃圾处理

1)施工废水的控制措施

(1)施工排水系统。

根据施工现场排放废水的水质情况，采用以排水管、地上集水池、明沟为主的临时三级排放系统。

一级排放系统：生活用水较清洁，可直接排入市政污水管，主要布置在生活、办公区。

二级排放系统：以排放雨水为主，水中含泥量较少，可直接排入市政污水管，但必须在出口端设置集水井，拦截水中垃圾。

三级排放系统：排放含泥量较多的水应流入布置在基坑、施工便道旁的沉淀池内，必须经过二次沉淀处理后才可排入市政污水管，严禁直接排入市政污水管。

(2)生活污水。

各施工项目在现场均应建立厕所，以收集粪便污水；厕所应设立化粪池，同时派专人维护厕所的清洁，并定期消毒。

(3)运输车辆清洗废水。

各类土方、建筑材料运输车辆在离开施工现场时，为保持车容应清洗车辆轮胎及车厢，清洗废水应接入施工现场临时排水系统。

（4）其他施工废水。

①散料堆场四周应设置防冲墙，防止散料被雨水冲刷流失，而堵塞下水道或污染附近水体及土壤。

②施工活动中开挖所产生的泥浆水及泥浆，必须用密封的槽车外运，送到指定地点处置。

2）排水设施维护

定期派专人对临时排水设置进行疏通工作。

3）其他管理要求

在施工现场禁止以下行为：

（1）施工废水未经任何处理，直接排入城市雨水管道；

（2）任何堵塞排水管道的行为；

（3）擅自占压、拆卸、移动排水设施；

（4）向排水管道倾倒垃圾、粪便；

（5）向排水管道倾倒渣土、施工泥浆、污水处理后的污泥等废物；

（6）向排水管道排放有毒有害、易燃易爆等物质。

4. 施工废气、扬尘控制

1）施工扬尘控制

（1）在施工作业现场按照《项目经理部文明施工标准》的要求，对施工现场进行分隔。

（2）加强建筑材料的存放管理，各类建材及混凝土拌合处应定点定位，禁止水泥露天堆放，并采取防尘抑尘措施，如在大风天气对散料堆放采用水喷淋防尘。安装移动式喷水管道，利用喷头对准拆除墙面喷洒水珠降尘。

（3）运输车辆进出的主干道应定期洒水清扫，保持车辆出入口路面清洁，以减少由于车辆行驶引起的地面扬尘污染。

（4）由于施工产生的扬尘可能影响周围正常居民生活、道路交通安全的，应设置防护网，以减少扬尘及施工渣土的影响。如防护网发生破损，应及时对其进行修补；首层地面、楼层清扫及运输道路派专人淋水保持湿润，保证不起尘；应每天清洗一次安全网上浮尘。

（5）施工现场的建筑垃圾、工程渣土临时储运场地四周应设置 1 米以上且不低于堆土高度的遮挡围栏，并有防尘、灭蝇和防污水外流等防污染措施。

（6）禁止在人口集中地区焚烧沥青、油毡、橡胶、塑料、皮革以及其他产品有毒有害烟尘和恶臭气体的物资；

（7）散体运输采用专用散体运输车辆，不得超量运载，运载土方最高点不得超过车辆槽帮上沿 50 cm，边缘低于车辆槽帮上沿 10 cm；装载建筑渣土或其他散装材料不得超过槽帮上沿。

（8）楼层施工垃圾使用封闭的专用垃圾道，严禁随意凌空抛洒造成扬尘。

（9）施工现场的搅拌设备，必须搭设封闭式围挡及安装喷雾除尘装置。

（10）石灰采用熟化石灰油，斗车运输石灰油时，不得超过槽帮，斗车运走石灰油前必须将槽帮和车轮清洗干净。

（11）在进入装修期间，对装修工艺发尘量较大的采用移动式局部吸尘过滤装置进行局部处理。

（12）电焊粉尘和有害气体的排除：利用移动排风设备。

（13）坚持文明施工及装卸作业，避免由于野蛮作业而造成的施工扬尘。

2）施工废气控制

（1）车辆废气。

①运输、施工作业所使用的车辆均应通过当年机动车尾气检测，并获得合格证。

②运输、施工作业的车辆在离开施工作业场地前，应对车辆的轮胎、车厢、车身进行全面清洗，防止泥

浆在车辆行驶过程对外界道路及空气质量造成影响。

③装有建筑材料、渣土等易扬撒物资的车辆，车厢应覆盖封闭起来，以避免运输过程中的扬撒、飘逸对运输沿线环境的污染。

④加强对施工机械、运输车辆的维修保养，禁止以柴油为燃料的施工机械超负荷工作，减少烟度和颗粒物排放。

⑤配合公安交通管理部门搞好施工期周围道路的交通组织，避免因施工而形成交通堵塞，减少因此产生的车辆废气怠速排放。

⑥加强运输管理，散货车不得超高超载，避免运输途中货物的散落、破损现象。

⑦施工、运输机动车辆应尽可能使用无铅汽油作为动力燃料，限制含铅汽油的使用。

（2）其他废气。

食堂饮食活动产生的油烟气应安装抽排风装置，装置的安装位置应不影响周围居民的生活，油烟气排放应符合当地排放标准。

（3）注意事项。

如施工所在地政府或环境保护主管部门对施工废气有特定的要求，将按照其要求执行。

5. 施工噪声与振动控制

1）施工申报

（1）除紧急抢险、抢修外，不得在夜间 10 时至次日早晨 7 时内，从事危害居民健康的噪声建设施工作业。

（2）由于特殊原因须在夜间 10 时至次日早晨 7 时内从事超标准的、危害居民健康的建设施工作业活动的，必须事先向作业活动所在地的区环境保护主管部门办理审批手续，并向周围居民进行公告。

2）施工噪声及振动的控制

（1）施工噪声的控制。

合理安排施工机械作业，高噪声作业活动尽可能安排在不影响周围居民正常休息的时段进行。在高噪声设备附近加设可移动的简易隔声屏，尽可能减少设备噪声对周围环境的影响。离高噪声设备近距离操作的施工人员应戴耳塞，以降低高噪声机械对人耳造成的伤害。

（2）施工运输车辆噪声。

运输车辆驶入城市禁鸣区域，驾驶员应在相应时段内遵守禁鸣规定。

加强施工区域的交通管理，避免因交通堵塞而增加的车辆鸣号。

（3）其他噪声。

①运输车辆进出口应保持平坦，减少由于道路不平而引起的车辆颠簸噪声和振动。

②施工区域不得用高音喇叭及鸣哨进行生产指挥。

③禁止在施工作业过程中从高空抛掷钢材、铁器等施工材料及工具而造成的人为噪声。

（4）禁止使用唤人喇叭。

3）噪声监测

（1）对承建项目建设期间的建筑施工场界噪声定期监测，并填写"建筑施工产地噪声测量记录表"。

（2）如发现有超标现象，应采取对应措施，减缓可能对周围环境敏感点造成的环境影响。

（3）噪声排放达标值见表 2 - 68。

表 2 - 68　噪声排放标准

| 施工阶段 | 主要噪声源 | 噪声限值/dB | |
|---|---|---|---|
| | | 昼间 | 夜间 |
| 土石方 | 推土机、挖掘机、装载机等 | 75 | 55 |
| 打桩 | 各种打桩机等 | 85 | 禁止施工 |
| 结构 | 混凝土搅拌机、振捣棒、电锯等 | 70 | 55 |
| 装修 | 吊车、升降机、电钻、电锤等 | 65 | 55 |

4)施工光源污染控制

探照灯尽量选用既能满足照明要求又不刺眼的新型灯具，或采取措施，使夜间照明只照射工区而不影响周围社区居民休息。

6. 采用环保经济型活动房屋

现场办公用房摒弃砖混结构，采用全新概念环保经济活动房屋，用标准模数进行各种构配件的生产和组合。主体采用轻钢结构与环保轻质夹芯板材并全部通过螺栓连接，安装无噪音，拆迁无垃圾。可多次周转使用，综合使用成本每平方米每次仅需几十元。采用活动用房，能加快安装速度，提升企业形象，美化社会环境，真正做到节能、环保。

活动板房必须满足国家规定的消防要求。

7. 预防传染病措施

虽然目前在我国大部分地区已不存在传染疫情，但预防传染病是一个长期坚持不懈的工作，特别是近几年新病例不断出现，如非典型肺炎、甲型禽流感等呼吸道传染病，主要通过近距离的空气飞沫和密切接触传播，具有比较强的传染力。预防和治疗传染型疾病是一项长期任务。为了有效地预防传染病的发生，我单位采取了以下有效预防措施。

(1)积极配合当地市政卫生防疫部门有关传染病的预防和治理工作，落实有关传染病预防的措施和制度要求。

(2)在工地成立以项目经理为组长的专项防治小组，对传染病预防进行专管专察。

(3)加强有关传染病认知和预防的教育工作，对所有施工作业人员进行考核，考核不合格的人员不得上岗。同时做好生活区的宣传工作，在生活区和工地醒目位置设置板报和宣传标语，向广大职工及时通报当前传染病的流行和防治情况。

(4)工地实施封闭式管理，职工外出请假；对因工作需要，来往于主要疫区的人员进行登记和常规性预防检查，一经发现疑似病例及时送当地指定医疗部门就诊。

(5)除蚊蝇，灭四害，垃圾及时清理，卫生无死角，生活区实行早、中、晚三次消毒，食堂实行分餐制。

### 2.6.13 实训项目

**综合实训**

由教师给出建筑工程施工图纸、预算书、现场状况、资源配置情况、工程合同等资料，学生完成该工程施工组织编制，教师进行综合评定。

## 2.7 广联达斑马·梦龙软件应用

利用广联达斑马·梦龙软件制定建筑工程项目的施工组织计划。十个步骤如下。

施工组织设计软件介绍

### 2.7.1 新建项目

打开梦龙软件，在左上角点击"新建"按钮，如图2-150新建项目所示；然后在弹出的窗口中输入项目的基本信息，如图图2-151新建项目—基本信息所示，填写完成后点击确定即可创建新项目。

图 2 – 150　新建项目

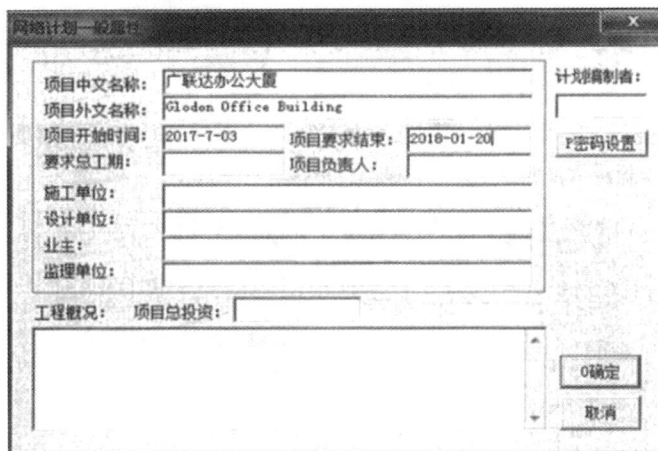

图 2 – 151　新建项目基本信息

### 2.7.2　选择楼层形象进度图

在界面左下角选择"楼层形象进度图"按钮，如图 2 – 152 选择"楼层形象进度图"形式所示；在弹出来的窗口中"插入"楼层，如广联达大厦地下一层，地上 4 层，插入 5 个楼层，双击楼层修改楼层名，结果如图 2 – 153 插入楼层修改楼层名所示。

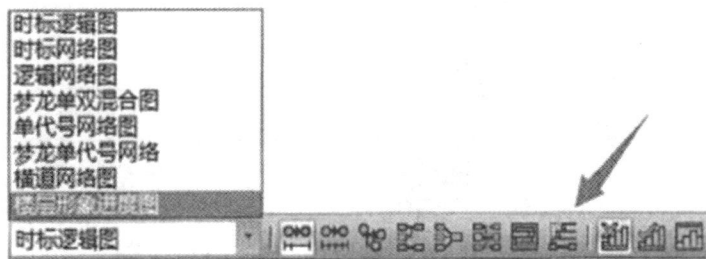

图 2 – 152　选择楼层形象进度图

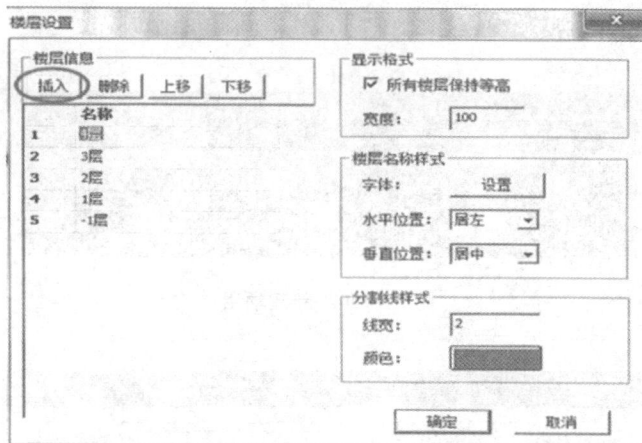

图 2 – 153　插入楼层、修改楼层名

### 2.7.3　设置时间显示形式

因为本项目无法确定具体开工时间，所以可以设置为仅仅显示工程周，点击"设置"—"网络图属性"—"时间设置"，如图 2 – 154 设置时间显示形式所示，选择画工程历、勾选按工程历显示刻度。

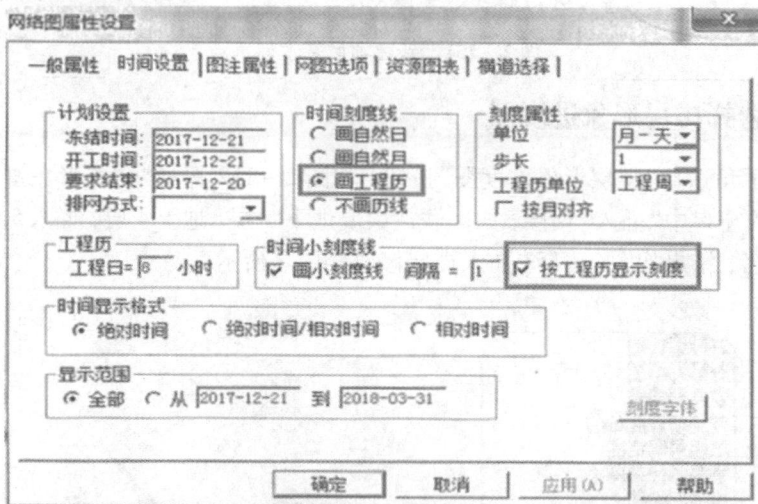

图 2 – 154　设置时间显示形式

### 2.7.4　新建标准层工作

在新建标准层工作前，先新建层基础工作（如图 2 – 155 基础工作所示），然后再新建主体结构标准层工作（如图 2 – 156 新建主体结构标准层工作所示）。新建标准层工作，可以按照专业对标准工序进行颜色、字体、线条粗细等的设置，如图 2 – 157 修改工作颜色、线宽和字体所示。

228

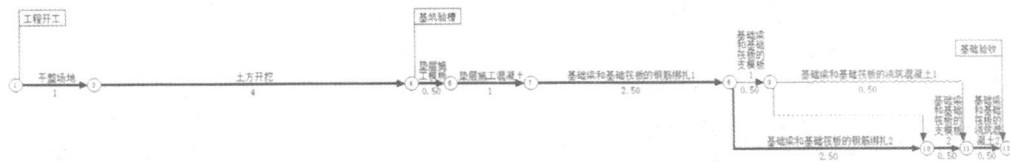

图 2-155　新建基础工作

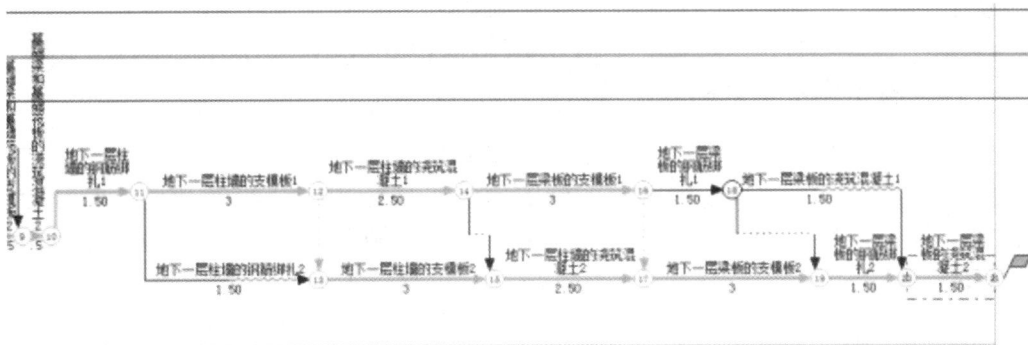

图 2-156　新建主体结构标准层工作

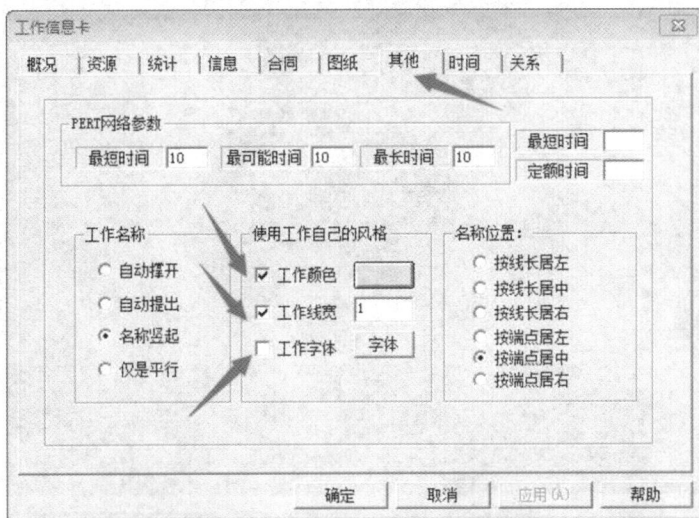

图 2-157　修改工作颜色、线宽和字体

## 2.7.5　优化标准层工作

因为下一步要将标准层工作复制到其它楼层，所以对标准层进行优化，避免重复工作。在上图 2-156 新建主体一次结构标准层工作中可以看到一地下一层柱墙支模板和地下一层梁板支模板工作存在资源冲突，所以将其调整为下图 2-158 标准层。

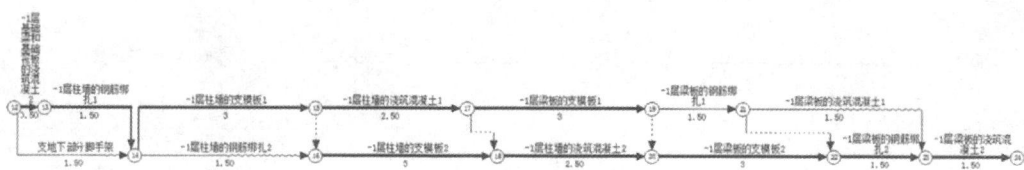

图 2 -158　标准层优化

### 2.7.6　将工作批量复制到楼层

在【添加】状态下，选择标准层工作(按住键盘 CTRL 同时框选需要复制的工作)，然后点击软件工具栏【批量复制到楼层】按钮，如图 2 - 159 批量复制到楼层操作过程所示;设置标准层工作的流水关系和要将工作复制到的楼层，如图 2 - 160 批量复制到楼层效果所示，流水关系选择无。

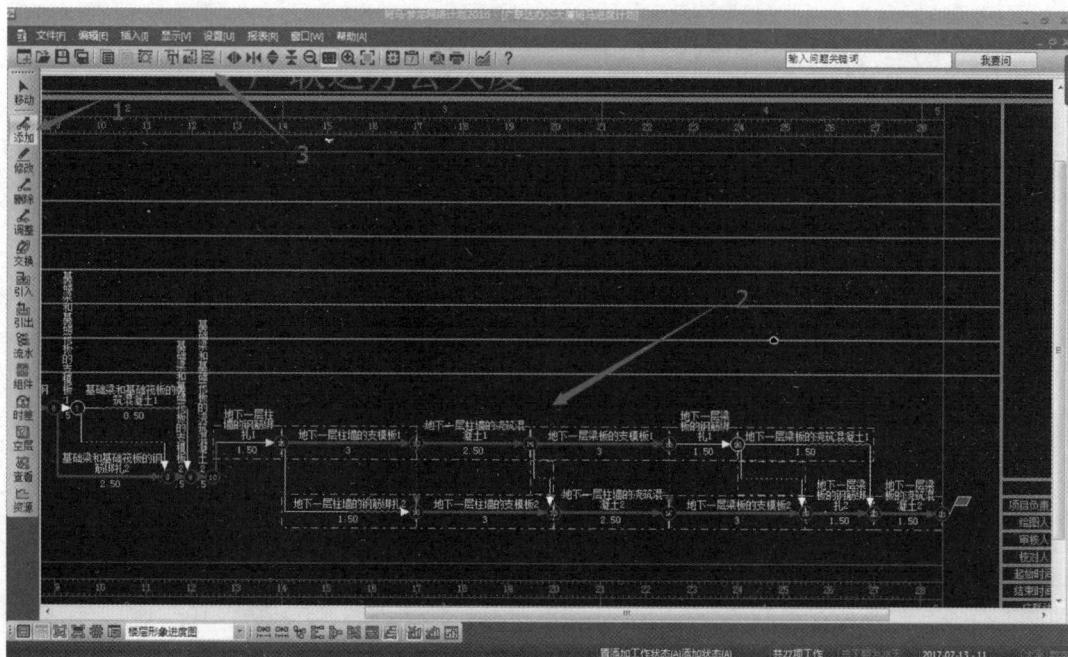

图 2 -159　批量复制到楼层操作过程

### 2.7.7　修改完善工作及工作关系

对局部任务进行调整，比如工作名、逻辑关系、工期等。将每个楼层的开始节点用虚工作连接起来。

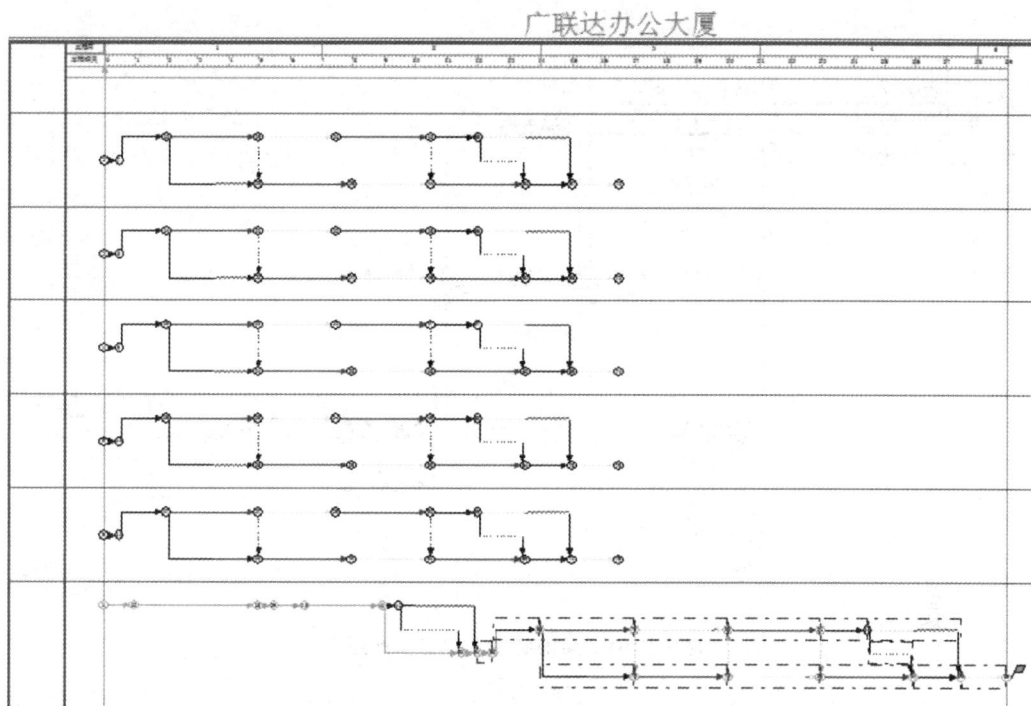

图 2-160 批量复制到楼层效果

### 2.7.8 新建装饰装修工程标准层工作

与建立主体结构标准层工作类似操作，由于装饰装修工程由上到下进行施工，而且不分施工段，所以完成后如图 2-161 装饰装修工程进度计划所示。

### 2.7.9 补充里程碑任务和一些其他任务

在现有进度计划基础上添加工程开工、基坑验槽、基础验收、主体验收、装饰装修工程验收、工程竣工验收等里程碑计划；并在此基础上补充加入脚手架的搭建和拆除、土方回填等工作。

### 2.7.10 插入图片和标注

在现有基础之上插入三维现场平面图、A—A 剖面图以及进度计划说明标注，使得进度计划更加直观，便于理解。点击"插入"—"插入图片"或"插入标注"。

详细操作手册见网址：HTTP：//MANUAL.ZPERT.CC

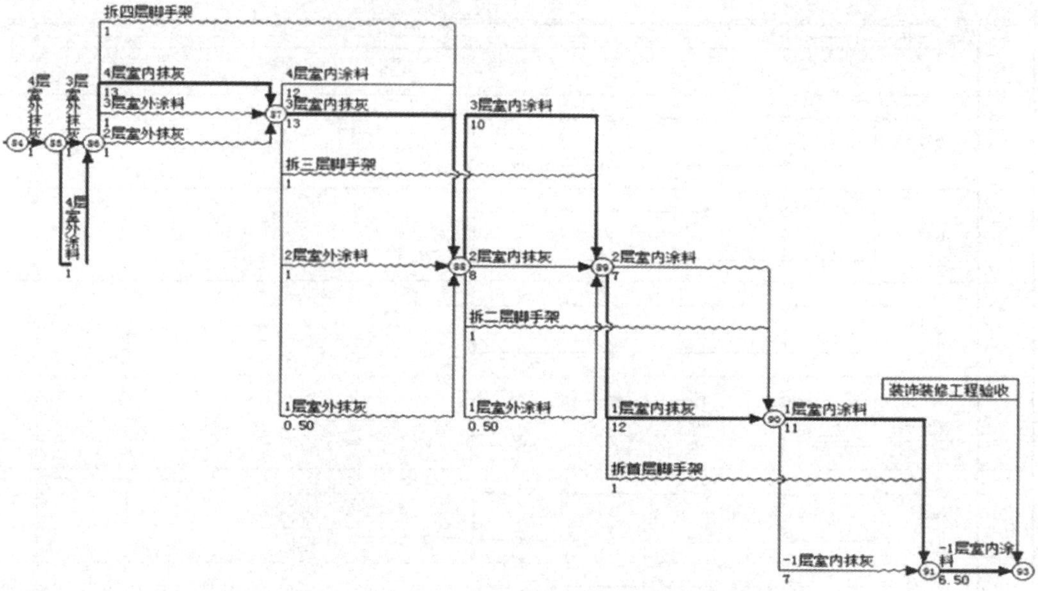

图2-161　装饰装修工程工作计划

## 【知识总结】

本模块介绍了建筑工程施工组织的编制。主要包括工程概况的描述、施工部署与施工方案的确定、流水施工与网络计划技术、施工进度计划的编制、施工现场平面布置、建筑工程施工组织技术组织措施以及技术经济分析等内容，并通过实例帮助学生完成项目任务。

斑马·梦龙软件介绍

## 【练习与作业】

### 一、单选题

1.(　　)是基层施工单位编制季度、月度、旬施工作业计划的主要依据。

A.施工组织总设计　　　　　　　　　B.单位工程施工组织设计

C.局部施工组织设计

2.单位施工组织设计一般由(　　)负责编制。

A.建设单位的负责人　　　　　　　　B.施工单位的工程项目主管工程师

C.施工单位的项目经理　　　　　　　D.施工员

3.单位工程施工组织设计必须在开工前编制完成，并应经(　　)批准方可实施。

A.建设单位　　　　B.项目经理　　　　C.设计单位　　　　D.总监理工程师

4.(　　)是单位工程施工组织设计的重要环节，是决定整个工程全局的关键。

A.工程概况　　　　B.施工方案　　　　C.施工进度计划

D.施工平面布置图　　E.技术经济指标

232

5.单位工程施工方案主要确定(　　)的施工顺序、施工方法和选择适用的施工机械。

A.单项工程　　　　B.单位工程　　　　C.分部分项工程　　　D.施工过程

6.(　　)是选择施工方案首先要考虑的问题。

A.确定施工顺序　　　　　　　　B.确定施工方法

C.划分施工段　　　　　　　　　D.选择施工机械

7.内外装修之间最常用的施工顺序是(　　)。

A.先内后外　　　　B.先外后内　　　　C.同时进行　　　D.没有要求

8.室外装修工程一般采用(　　)的施工流向。

A.自上而下　　　　B.自下而上　　　　C.没有要求

9.室内装修采用(　　)顺序工期较短。

A.顶棚—墙面—地面　　　　　　B.顶棚—地面—墙面

C.地面—墙面—天棚　　　　　　D.地面—天棚—墙面

10.(　　)控制各分部分项工程施工进程及总工期的主要依据。

A.工程概况　　　　B.施工方案　　　　C.施工进度计划

D.施工平面布置图　E.技术经济指标

11.单位工程施工进度计划是(　　)进度计划。

A.控制性　　　　B.指导性　　　　C.有控制性、也有指导性

12.确定劳动量应采用(　　)。

A.预算定额　　　　B.施工定额　　　　C.国家定额　　　　D.地区定额

13.当某一施工过程是由同一工种，但不同做法、不同材料的若干个分项工程合并组成时，应先计算(　　)，再求其劳动量。

A.产量定额　　　　B.时间定额　　　　C.综合产量定额　　　D.综合时间定额

14.劳动力需用量计划一般要求(　　)编制。

A.按年编制　　　　B.按季编制　　　　C.按月分旬编制　　　D.按周编制

15.单位工程施工平面布置图应最先确定(　　)位置。

A.起重机械的位置　　B.搅拌站的位置　　C.仓库的位置

D.材料堆场　　　　E.临时设施位置

16.流水作业是施工现场控制施工进度的一种经济效益很好的方法，相比之下在施工现场应用最普遍的流水形式是(　　)。

A.非节奏流水　　　　　　　　　B.加快成倍节拍流水

C.固定节拍流水　　　　　　　　D.一般成倍节拍流水

17.流水施工组织方式是施工中常采用的方式，因为(　　)。

A.它的工期最短　　　　　　　　B.现场组织、管理简单

C.能够实现专业工作队连续施工　　D.单位时间投入劳动力、资源量最少

18.在组织流水施工时，(　　)称为流水步距。

A.某施工专业队在某一施工段的持续工作时间

B.相邻两个专业工作队在同一施工段开始施工的最小间隔时间

C.某施工专业队在单位时间内完成的工程量

D.某施工专业队在某一施工段进行施工的活动空间

19.下面所表示流水施工参数正确的一组是(　　)。

A. 施工过程数、施工段数、流水节拍、流水步距

B. 施工队数、流水步距、流水节拍、施工段数

C. 搭接时间、工作面、流水节拍、施工工期

D. 搭接时间、间歇时间、施工队数、流水节拍

20. 在组织施工的方式中，占用工期最长的组织方式是(    )施工。

A. 依次 B. 平行 C. 流水 D. 搭接

21. 每个专业工作队在各个施工段上完成其专业施工过程所必需的持续时间是指(    )。

A. 流水强度 B. 时间定额 C. 流水节拍 D. 流水步距

22. 某专业工种所必须具备的活动空间指的是流水施工空间参数中的(    )。

A. 施工过程 B. 工作面 C. 施工段 D. 施工层

23. 有节奏的流水施工是指在组织流水施工时，每一个施工过程的各个施工段上的(    )都各自相等。

A. 流水强度 B. 流水节拍 C. 流水步距 D. 工作队组数

24. 固定节拍流水施工属于(    )。

A. 无节奏流水施工 B. 异节奏流水施工

C. 等节奏流水施工 D. 异步距流水施工

25. 在流水施工中，不同施工过程在同一施工段上流水节拍之间成比例关系，这种流水施工称为(    )。

A. 等节奏流水施工 B. 等步距异节奏流水施工

C. 异步距异节奏流水施工 D. 无节奏流水施工

26. 某二层现浇钢筋混凝土建筑结构的施工，其主体工程由支模板、绑钢筋和浇混凝土 3 个施工过程组成，每个施工过程在施工段上的延续时间均为 5 天，划分为 3 个施工段，则总工期为(    )天。

A. 35 B. 40 C. 45 D. 50

27. 某工程由 4 个分项工程组成，平面上划分为 4 个施工段，各分项工程在各施工段上流水节拍均为 3 天，该工程工期(    )天。

A. 12 B. 15 C. 18 D. 21

28. 某工程由支模板、绑钢筋、浇筑混凝土 3 个分项工程组成，它在平面上划分为 6 个施工段，该 3 个分项工程在各个施工段上流水节拍依次为 6 天、4 天和 2 天，则其工期最短的流水施工方案为(    )天。

A. 18 B. 20 C. 22 D. 24

29. 上题中，若工作面满足要求，把支模板工人数增加 2 倍，绑钢筋工人数增加 1 倍，混凝土工人数不变，则最短工期为(    )天。

A. 16 B. 18 C. 20 D. 22

30. 某一拟建工程有 5 个施工过程，分 4 段组织流水施工，其流水节拍已知见下表。规定施工过程 Ⅱ 完成后，其相应施工段至少要间歇 2 天；施工过程 Ⅳ 完成后，其相应施工段要留有 1 天的准备时间。为了尽早完工，允许施工过程 Ⅰ 和 Ⅱ 之间搭接施工 1 天。按照流水施工，其最短工期为(    )天。

| m \ n | I | II | III | IV | V |
|---|---|---|---|---|---|
| ① | 3 | 1 | 2 | 4 | 3 |
| ② | 2 | 3 | 1 | 2 | 4 |
| ③ | 2 | 5 | 3 | 3 | 2 |
| ④ | 4 | 8 | 5 | 3 | 1 |

A. 26                B. 27                C. 28                D. 33

31. 建设工程组织流水施工时，其特点之一是(    )。

A. 由一个专业队在各施工段上依次施工

B. 同一时间段只能有一个专业队投入流水施工

C. 各专业队按施工顺序应连续、均衡地组织施工

D. 施工现场的组织管理简单，工期最短

32. 加快的成倍节拍流水施工的特点是(    )。

A. 同一施工过程中各施工段的流水节拍相等，不同施工过程的流水节拍为倍数关系

B. 同一施工过程中各施工段的流水节拍不尽相等，其值为倍数关系

C. 专业工作队数等于施工过程数

D. 专业工作队在各施工段之间可能有间歇时间

33. 双代号网络计划中(    )表示前面工作的结束和后面工作的开始。

A. 起始节点        B. 中间节点        C. 终止节点        D. 虚拟节点

34. 网络图中同时存在几条关键线路，则 $n$ 条关键线路的持续时间之和(    )。

A. 相同            B. 不相同          C. 有一条最长的    D. 以上都不对

35. 单代号网络图的起点节点可以(    )。

A. 有1个虚拟       B. 有2个           C. 有多个          D. 编号最大

36. 在时标网络计划中"波折线"表示(    )。

A. 工作持续时间                        B. 虚工作

C. 前后工作的时间间隔                  D. 总时差

37. 时标网络计划与一般网络计划相比，其优点是(    )。

A. 能进行时间参数的计算                B. 能确定关键线路

C. 能计算时差                          D. 能增加网络的直观性

38. (    )为零的工作肯定在关键线路上。

A. 自由时差        B. 总时差          C. 持续时间        D. 以上三者均不是

39. 在工程网络计划中，判别关键工作的条件是该工作(    )。

A. 自由时差最小                        B. 与其紧后工作之间的时间间隔为零

C. 持续时间最长                        D. 最早开始时间等于最迟开始时间

40. 当双代号网络计划的计算工期等于计划工期时，对关键工作的错误提法是(    )。

A. 关键工作的自由时差为零

B. 相邻两项关键工作之间的时间间隔为零

C. 关键工作的持续时间最长

D. 关键工作的最早开始时间与最迟开始时间相等

41. 网络计划工期优化的目的是为了缩短( )。

A. 计划工期　　　　B. 计算工期　　　　C. 要求工期　　　　D. 合同工期

42. 已知某工程双代号网络计划的计划工期等于计算工期,且工作 M 的完成节点为关键节点,则该工作( )。

A. 为关键工作　　　　　　　　　　B. 自由时差等于总时差

C. 自由时差为零　　　　　　　　　D. 自由时差小于总时差

43. 网络计划中工作与其紧后工作之间的时间间隔应等于该工作紧后工作的( )。

A. 最早开始时间与该工作最早完成时间之差

B. 最迟开始时间与该工作最早完成时间之差

C. 最早开始时间与该工作最迟完成时间之差

D. 最迟开始时间与该工作最迟完成时间之差

44. 在工程网络计划执行过程中,如果发现某工作进度拖后,则受影响的工作一定是该工作的( )。

A. 平行工作　　　　B. 后续工作　　　　C. 先行工作　　　　D. 紧前工作

45. 工程网络计划费用优化的目的是为了寻求( )。

A. 资源有限条件下的最短工期安排　　B. 工程总费用最低时的工期安排

C. 满足要求工期的计划安排　　　　　D. 资源使用的合理安排

46. 在双代号时标网络计划中,当某项工作有紧后工作时,则该工作箭线上的波形线表示( )。

A. 工作的总时差　　　　　　　　　B. 工作之间的时距

C. 工作的自由时差　　　　　　　　D. 工作间逻辑关系

47. 在双代号或单代号网络计划中,工作的最早开始时间应为其所有紧前工作( )。

A. 最早完成时间的最大值　　　　　B. 最早完成时间的最小值

C. 最迟完成时间的最大值　　　　　D. 最迟完成时间的最小值

48. 在工程网络计划中,工作的自由时差是指在不影响( )的前提下,该工作可以利用的机动时间。

A. 紧后工作最早开始

B. 后续工作最迟开始

C. 紧后工作最迟开始时间推迟 5 天,并使总工期延长 3 天

D. 本工作最早完成将其后续工作的开始时间推迟 3 天,并使总工期延长 1 天

49. 施工准备工作应该具有( )与阶段性的统一。

A. 综合性　　　　B. 时间性　　　　C. 整体性　　　　D. 分散性

50. 对一项工程所涉及的( )和经济条件等施工资料进行调查研究与收集整理,是施工准备工作的一项重要内容。

A. 社会条件　　　　B. 自然条件　　　　C. 环境条件　　　　D. 人文条件

## 二、多项选择题

1. 单位工程施工组织设计编制的依据有( )。

A.经过会审的施工图　　　　　B.施工现场的勘测资料　　　C.建设单位的总投资计划

D.施工企业年度施工计划　　　E.施工组织总设计

2.单位工程施工组织设计的核心内容是(　　　　　)。

A.工程概况　　　　　　　　　B.施工方案期　　　　　　　C.施工进度计划

D.施工平面布置图　　　　　　E.技术经济指标

3.单位工程施工组织设计的技术经济指标主要包括(　　　　　)。

A.工期指标　　　　B.质量指标　　　　C.安全指标　　　　D.环境指标

4."七通一平"是指(　　　　　)。

A.水通　　　　　　B.路通　　　　　　C.电通

D.平整场地　　　　E.气通

5.确定施工顺序应遵循的基本原则有(　　　　　)。

A.先地下后地上　　　　　　　　　B.先主体后围护

C.先结构后装修　　　　　　　　　D.先土建后设备

6.确定施工顺序的基本要求有(　　　　　)。

A.符合施工工艺　　　　B.与施工方法协调　　　　C.考虑施工成本要求

D.考虑施工质量要求　　　E.考虑施工安全要求

7.室内装修工程一般采用(　　　　)施工流向。

A.自上而下　　　　　　　　　　　B.自下而上

C.自下而中,再自上而中　　　　　D.自下而中,再自中而上

8.室内装修同一楼层顶棚、墙面、地面之间施工顺序一般采用(　　　　　)两种。

A.顶棚—墙面—地面　　　　　　　B.顶棚—地面—墙面

C.地面—墙面—天棚　　　　　　　D.地面—天棚—墙面

9.施工方案中技术组织措施主要包含(　　　　　)。

A.技术措施　　　　B.质量措施　　　　C.降低成本措施　　　　D.安全措施

10.单位工程施工组织设计的表达方式有(　　　　　)。

A.横道图　　　　　B.网络图　　　　　C.斜道图

11.施工过程持续时间的确定方法有(　　　　　)。

A.经验估算法　　　B.定额计算法　　　C.工期倒排法　　　　D.累加数列法

12.编制资源需用量计划包括(　　　　　)。

A.劳动力需用量计划　　　　　　　B.主要材料需用量计划

C.机具名称需用量计划　　　　　　D.预制构件需用量计划

13.组织流水施工时,划分施工段的原则是(　　　　　)。

A.能充分发挥主导施工机械的生产效率

B.根据各专业队的人数随时确定施工段的段界

C.施工段的段界尽可能与结构界限相吻合

D.划分施工段只适用于道路工程

E.施工段的数目应满足合理组织流水施工的要求

14.建设工程组织依次施工时,其特点包括(　　　　　)。

A.没有充分地利用工作面进行施工,工期长

B.如果按专业成立工作队，则各专业队不能连续作业

C.施工现场的组织管理工作比较复杂

D.单位时间内投入的资源量较少，有利于资源供应的组织

E.相邻两个专业工作队能够最大限度地搭接作业

15.建设工程组织流水施工时，相邻专业工作队之间的流水步距不尽相等，但专业工作队数等于施工过程数的流水施工方式是(          )。

A.固定节拍流水施工和加快的成倍节拍流水施工

B.加快的成倍节拍流水施工和非节奏流水施工

C.固定节拍流水施工和一般的成倍节拍流水施工

D.一般的成倍节拍流水施工和非节奏流水施工

16.施工段是用以表达流水施工的空间参数。为了合理地划分施工段，应遵循的原则包括(          )。

A.施工段的界限与结构界限无关，但应使同一专业工作队在各个施工段的劳动量大致相等

B.每个施工段内要有足够的工作面，以保证相应数量的工人、主导施工机械的生产效率，满足合理劳动组织的要求

C.施工段的界限应设在对建筑结构整体性影响小的部位，以保证建筑结构的整体性

D.每个施工段要有足够的工作面，以满足同一施工段内组织多个专业工作队同时施工的要求

E.施工段的数目要满足合理组织流水施工的要求，并在每个施工段内有足够的工作面

17.在网络计划的工期优化过程中，为了有效地缩短工期，应选择(          )的关键工作作为压缩对象。

A.持续时间最长          B.缩短时间对质量影响不大

C.直接费用最小          D.直接费用率最小          E.有充足备用资源

18.在工程网络计划中，关键线路是指(          )的线路。

A.双代号网络计划中总持续时间最长

B.相邻两项工作之间时间间隔均为零

C.单代号网络计划中由关键工作组成

D.时标网络计划中自始至终无波形线

E.双代号网络计划中由关键节点组成

19.在工程双代号网络计划中，某项工作的最早完成时间是指其(          )。

A.开始节点的最早时间与工作总时差之和

B.开始节点的最早时间与工作持续时间之和

C.完成节点的最迟时间与工作持续时间之差

D.完成节点的最迟时间与工作总时差之差

E.完成节点的最迟时间与工作自由时差之差

20.已知网络计划中工作 M 有两项紧后工作，这两项紧后工作的最早开始时间分别为第15 天和第18 天，工作 M 的最早开始时间和最迟开始时间分别为第6 天和第9 天。如果工作 M 的持续时间为9 天，则工作 M(          )。

A.总时差为 3 天      B.自由时差为 0 天      C.总时差为 2 天

D.自由时差为 2 天      E.与紧后工作时间间隔分别为 0 天和 3 天

## 三、计算分析题

1. 某工程有 A、B、C、D 四个施工过程,每个施工过程均划分为 4 个施工段,设 $t_a = 2$ 天,$t_b = 4$ 天,$t_c = 3$ 天,$t_d = 1$ 天,试分别计算依次施工、平行施工及流水施工的工期,并绘出各自的施工进度计划。

2. 已知某工程任务划分为 5 个施工过程,分 5 段进行流水施工,流水节拍均为 2 天,在第二个施工过程结束后有 1 天技术和组织间歇时间。试计算其工期并绘制进度计划。

3. 某混凝土路面道路工程 900 m,每 50 m 为一个施工段,道路路面宽度为 15 m,要求先挖去表层土 0.2 m 并压实一遍,再用砂石三合土回填 0.3 m 并压实两遍;上面为强度等级 C15 的混凝土路面,厚 0.15 m。设该工程可分为挖土、回填、混凝土 3 个施工过程,其产量定额及流水节拍分别为:挖土 5 m³/工日、$t_1 = 2$ 天,回填 3 m³/工日、$t_2 = 4$ 天,混凝土 0.7 m³/工日、$t_3 = 6$ 天。试组织成倍节拍流水施工并绘制横道图和劳动力动态曲线图。

4. 某分部工程,已知施工过程 $n = 4$,施工段数 $m = 4$,各施工过程在各施工段的流水节拍如表 2-69 所示,且在基础和回填之间要求技术间歇为 2 天。试组织流水施工,计算流水步距和工期,并绘出流水施工横道图,且标明流水步距。

表 2-69 各施工段流水节拍

| 序号 | 工序 | 施工段 | | | |
| --- | --- | --- | --- | --- | --- |
| | | ① | ② | ③ | ④ |
| 1 | 挖土 | 3 | 3 | 3 | 3 |
| 2 | 垫层 | 2 | 2 | 2 | 2 |
| 3 | 基础 | 4 | 4 | 4 | 4 |
| 4 | 回填 | 2 | 2 | 2 | 2 |

5. 某分部工程,各施工过程在各施工段的流水节拍见表 2-70,试组织流水施工,计算流水步距和工期,并绘出流水施工横道图,且标明流水步距。

表 2-70 各施工段流水节拍

| 序号 | 工序 | 施工段 | | | | | |
| --- | --- | --- | --- | --- | --- | --- | --- |
| | | ① | ② | ③ | ④ | ⑤ | ⑥ |
| 1 | 挖土 | 2 | 1 | 3 | 4 | 5 | 5 |
| 2 | 垫层 | 2 | 2 | 4 | 3 | 4 | 4 |
| 3 | 基础 | 3 | 2 | 4 | 3 | 4 | 4 |
| 4 | 回填 | 4 | 3 | 3 | 2 | 5 | 4 |

6. 按下列工作的逻辑关系，分别绘制其双代号网络图。

（1）A、B 均完成后做 C、D，C 完成后做 E，D、E 完成后做 F。

（2）A、B 均完成后做 C，B、D 均完成后做 E，C、E 完成后做 F。

（3）A、B、C 均完成后做 D，B、C 完成后做 E，D、E 完成后做 F。

（4）A 完成后做 B、C、D，C、D 完成后做 E，C、D 完成后做 F。

7. 按表 2-71 所示工作的逻辑关系，绘制其双代号网络图，并进行时间参数的计算。

表 2-71 工作逻辑关系

| 施工过程 | A | B | C | D | E | F | G | H | I | J | K |
|---|---|---|---|---|---|---|---|---|---|---|---|
| 紧前工作 | / | A | A | B | B | E | A | C、D | E | F、G、H | I、J |
| 紧后工作 | B、C、G | D、E | H | H | F、I | J | J | J | K | K | / |
| 持续时间 | 3 | 4 | 5 | 2 | 3 | 4 |  | 2 | 1 | 6 | 3 |

8. 按表 2-72 所示工作的逻辑关系，找出各项工作的紧后工作，绘制其双代号网络图，并进行时间参数的计算。

表 2-72 工作逻辑关系

| 施工过程 | A | B | C | D | E | F | G | H | I |
|---|---|---|---|---|---|---|---|---|---|
| 紧前工作 | — | — | — | B | B | A、D | A、D | A、C、D | E、F |
| 持续时间 | 4 | 3 | 6 | 2 | 4 | 7 | 6 | | 3 |

9. 某工程网络计划如图 2-162 所示，图中箭线上数字表示一种资源数，箭线下方数字表示持续时间，试对该计划进行工期固定-资源均衡的优化。

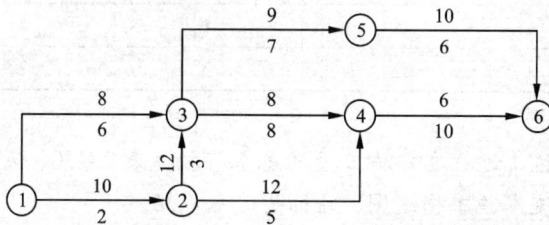

图 2-162 某工程双代号网络图

## 四、技能抽查题

1. 题目：绘制装饰工程双代号时标网络计划。

2. 完成时间：4 小时。

3. 设计条件及要求：

1）某工程为五层办公楼，平面呈一字形，对称建筑，建筑面积 3580 m²，柱下钢筋混凝土独立基础，现浇框架结构，现浇楼板及屋面板，工程位于湖南某地级市市区，场外交通便利，施工采用竹胶合板模板，落地式钢管扣件脚手架，垂直运输机械采用龙门架，现场设混凝土搅拌站。

2）装饰分部工程开工日期为 2011 年 9 月 10 日，完工日期为 2011 年 11 月 30 日（工期可以提前，但必须控制在 10% 以内，工期不能延后）。

3）装饰分部工程必须采用流水施工方式组织施工。

4）采用 AutoCAD 软件（或天正建筑软件）绘制装饰分部工程双代号时标网络计划，A2 号图幅。

5）提供现行《建设工程劳动定额》一套，提供《建筑施工组织》教材一本，A4 白纸每人 2 张。

4. 工程量一览表：（分项工程施工顺序可调整）

表 2-73

| 序号 | 分部分项工程名称 | 工程量 | |
| --- | --- | --- | --- |
| | | 单位 | 数量 |
| | 装饰工程 | | |
| 1 | 外墙面砖 | m² | 1 424 |
| 2 | 楼地面地板砖 | m² | 3 120 |
| 3 | 卫生间地面防滑地板砖 | m² | 480 |
| 4 | 天棚、内墙抹灰 | m² | 6 440 |
| 5 | 卫生间墙面瓷砖 | m² | 482 |
| 6 | 木门/铝合金窗安装 | 樘/m² | 120/592 |
| 7 | 散水、台阶压抹 | m² | 150/28 |

注：上表工程量为一栋建筑物（5 层）的总工程量。

表 2-74　施工条件说明表

| 序号 | 分部分项工程名称 | 施工条件说明 |
| --- | --- | --- |
| | 装饰工程 | |
| 1 | 外墙面砖 | 面砖尺寸 100 mm×100 mm |
| 2 | 楼地面地板砖 | 砼基层铺贴地板砖 |
| 3 | 卫生间地面防滑地板砖 | 铺贴地板砖 |
| 4 | 天棚、内墙抹灰 | 砼基层抹水泥砂浆、砖墙面抹混合砂浆 瓷性涂料两遍 |
| 5 | 卫生间墙面瓷砖 | 墙面瓷砖 200 mm×300 mm |
| 6 | 木门/铝合金窗安装 | 门尺寸 1 000 mm×2 100 mm 推拉窗尺寸 1 800 mm×1 800 mm |
| 7 | 散水、台阶压抹 | 1:3 水泥砂浆 20 mm 厚 |

5.考核内容及评分标准：

抽查项目的评价包括职业素养与操作规范（表2-76）、作品（表2-77）两个方面，总分为100分。其中，职业素养与操作规范占该项目总分的50%，作品占该项目总分的50%。职业素养与操作规范、作品两项考核均需合格，总成绩才能评定为合格。

表2-75　评分总表

| 职业素养与操作规范得分<br>（权重系数0.5） | 作品得分<br>（权重系数0.5） | 总分 |
|---|---|---|
|  |  |  |

表2-76　职业素养与操作规范评分表

| 考核内容 | 评分标准 | 标准分 | 得分 | 备注 |
|---|---|---|---|---|
| 职业素养与操作规范 | 清查给定的资料是否齐全，检查计算机运行是否正常，检查软件运行是否正常，做好工作前准备 | 20 |  | 出现明显失误造成计算机、图纸、工具书和记录工具严重损坏等，严重违反考场纪律，造成恶劣影响的本大项记0分 |
|  | 文字、图表作业应字迹工整、填写规范 | 20 |  |  |
|  | 严格遵守考场纪律 | 20 |  |  |
|  | 不浪费材料和不损坏考试工具及设施 | 20 |  |  |
|  | 任务完成后，整齐摆放图纸、工具书、记录工具、凳子，整理工作台面等 | 20 |  |  |
| 总　分 |  | 100 |  |  |

表2-77　作品评分表

| 序号 | 考核内容 | 评分标准与要求 | 标准分 | 得分 | 备注 |
|---|---|---|---|---|---|
| 1 | 定额使用情况 | 正确使用定额，每错一项扣2分 | 20 |  | 没有完成总工作量的60%以上，本大项记0分 |
| 2 | 劳动量计算 | 计算准确，每错一项扣2分 | 13 |  |  |
| 3 | 施工过程持续时间 | 计算准确，每错一项扣2分 | 12 |  |  |
| 4 | 工艺顺序及逻辑关系 | 工艺顺序正确、逻辑关系合理，每错一项扣2分 | 25 |  |  |
| 5 | 工期 | 满足要求，否则无分 | 10 |  |  |
| 6 | 图形绘制 | 图形清楚、表达规范、比例协调，不清楚和不规范每处扣1分 | 10 |  |  |
| 7 | 工效 | 在规定时间内完成，否则本项无分 | 10 |  |  |
| 总　分 |  |  | 100 |  |  |

# 模块三 建筑工程施工组织实施

**【能力目标】**

能正确建立健全技术管理制度；能正确建立全面质量管理保证体系，能正确选用建筑工程施工进度控制方法及调整方法。

**【知识目标】**

了解质量管理、技术管理的概念、任务和内容。掌握施工进度计划比较及调整方法。

**【思政目标】**

培养学生诚信守时、爱岗敬业、忠于职守的工作作风；培养学生工作严谨、务实创新、追求卓越的工匠精神；培养学生同心协力、共同奋斗、共创辉煌的卓越精神。

**【技能抽查要求】**

要求学生会进行各分部分项工程的质量检查，并分析质量缺陷及产生原因；掌握进度偏差的计算，会分析原因，能制定进度偏差解决方案。

**【企业八大员岗位资格考试要求】**

要求学生掌握图纸会审要点及要求；了解材料、构配件的进场验收及相关制度；掌握检验批、分项工程、（子）分部工程、（子）单位工程施工质量的检查和验收；掌握施工进度计划的检查、分析和调整方法。

## 3.1 建筑工程质量管理

### 3.1.1 全面质量管理

1.建筑工程质量管理概述

建筑企业的产品是建筑工程，建筑工程的质量直接关系到企业的生存与发展。因此，现代建筑施工组织中对质量管理十分重视。质量管理虽然由来已久，但随着现代生产和建设的需要及管理思想的不断发展，质量管理的目的、要求、方法也发生了显著的变化。

1）建筑工程质量管理的特点

建筑工程质量一般体现为设计质量、施工质量和维修服务质量等方面。在设计质量得到保证以后，现场施工质量对建筑工程质量最终形成具有决定性的意义。工程项目施工中，由于建筑产品的一系列特点，建筑工程质量在施工现场形成，要比一般工业产品质量更加难以控制。主要表现在：

(1)影响现场施工质量的因素多。建筑工程是露天作业，不仅项目的决策、设计、材料等影响现场施工质量，而且外界条件如水文、地质、气温、大风、暴雨等也直接影响工程质量。此外，不同的施工工艺、操作方法、技术措施和管理方法等多种因素对现场施工质量也造成重大影响。

(2)现场施工质量容易产生波动。由于现场施工不具备像工厂一样固定的流水线，成套的生成设备及稳定的生成环境，也无法进行批量生产，导致现场施工质量极易产生波动。

(3)施工现场检测方法局限。工程项目由分部分项工程逐项完成，只能边施工、边检测，甚至有时检测还会相对滞后，大部分检测都为抽样检查，而建成后就不能像一般的工业产品可以拆卸、解体来检查，导致现场的检查不能全面和到位。

(4)现场施工质量容易产生判断错误。建筑施工过程中，由于工序交接多，隐蔽工程多，如没及时检查其内在的质量，到全部建成后再看表面，容易产生判断错误，将不合格产品误认为合格产品，甚至优良产品。

2)建筑工程施工质量的影响因素

建筑工程施工质量的影响因素很多，概括起来主要有人(men)、材料(material)、机械(machine)、方法(method)及环境(environment)等五大方面，即4M1E。

(1)人的因素。这里讲的"人"，是指直接参与施工的决策者、管理者和作业者。人的因素影响主要是指上述人员的质量意识及质量活动能力对施工质量造成的影响。在施工质量管理中人的因素起决定性作用，所以施工质量控制应以控制人的因素为基本出发点。作为控制对象，人的工作应避免失误，作为控制动力，又应充分调动人的积极性，发挥人的主导作用。同时必须有效控制参与施工的人员素质，不断提高人的质量活动能力，才能保证施工质量。

(2)材料的因素。材料包括工程材料和施工用料，又包括原材料、半成品、成品、构配件等。各类材料是工程施工的物质条件，材料质量是工程质量的基础，加强材料质量的控制，是保证工程质量的重要基础。

(3)机械的因素。机械设备包括工程设备、施工机械和各类施工工器具。施工机械设备是所有施工方案和工法得以实现的重要物质基础，合理选择和正确使用施工机械设备是保证施工质量的重要措施。

(4)方法因素。施工方法包括技术方案、施工工艺、工法和施工技术措施等。从某种角度上说，技术工艺水平的高低，决定了施工质量的优劣。采用先进合理的工艺、技术，依据规范的工法和作业指导书进行施工，必将对组成质量因素的产品精度、平整度、清洁度、密封性等物理化学特性方面起到良性的推进作用。

(5)环境的因素。环境的因素主要包括现场自然环境、施工质量管理环境和施工作业环境因素。环境因素对工程质量的影响，具有复杂多变和不确定性的特点。良好的环境对施工质量起着不可忽略的作用。

2. 全面质量管理的基本概念与任务

全面质量管理(total quality management，TQM)，就是一个组织以质量为中心，以全员参与为基础，目的在于通过让顾客满意和本组织所有成员及社会受益而达到长期成功的管理途径。全面质量管理的基本原理与其他概念的基本差别在于，它强调为了取得真正的经济效益，管理必须始于识别顾客的质量要求，终于顾客对他手中的产品感到满意。即为了实现这一目标而指导人、机器、信息的协调活动。

1)全面质量管理含义的特点

(1)广义的质量含义:质量管理的重点应该放在提高工作质量上,并努力提高人的素质。

(2)强调管理的全面性:要求做到"三全"管理,即全员、全企业、全过程的管理。

(3)有明确的基本观点,以系统观点看待质量,提出"质量第一"、"为客户说话"、"一切以数据说话"等一系列科学观点。

(4)有一套科学的管理方法。

2)全面质量管理的基本任务

全面质量管理的基本任务,就是建立和健全质量管理体系,用企业的工作质量去保证工程的质量,以较低的成本、合理的工期生产出用户满意的优质建筑产品。为了保证和提高产品质量,既要管理好生产过程,还必须管理好设计和使用的过程,要把所有影响质量的环节和因素控制起来,形成综合性的质量体系。

3. 全面质量管理的基本工作方法——PDCA 循环法

PDCA 计划循环法,是美国管理专家戴明首先提出来的,称为"戴明循环管理法",PDCA是英文 plan(计划)、do(执行)、check(检查)、action(总结处理)四个词的第一个字母的缩写。它的基本原理是:就是做任何一项工作,首先有个设想,根据设想提出一个计划;然后按照计划规定去执行、检查和总结;最后通过工作循环,一步一步地提高水平,把工作越做越好。这是做好一切工作的一般规律。

1)PDCA 循环法的基本工作内容及步骤

PDCA 计划循环法一般可分为四个阶段和八个步骤的循环系统,其内容分述如下。

(1)PDCA 四个阶段的工作循环。如图 3-1 所示。

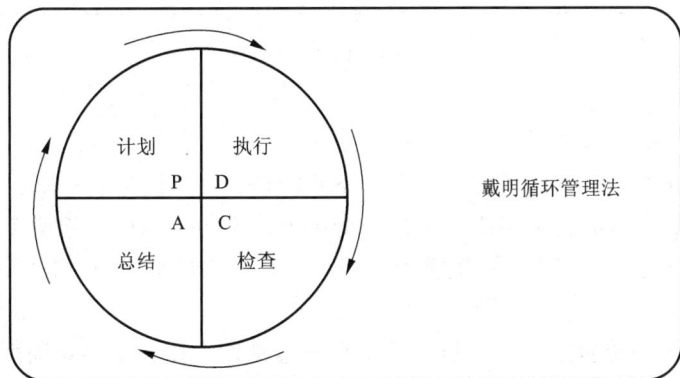

图 3-1 PDCA 循环图

第一阶段是制订计划(P),包括确定方针、目标和活动计划等内容;

第二阶段是执行(D),主要是组织力量去执行计划,保证计划的实施;

第三阶段是检查(C),主要是对计划的执行情况进行检查;

第四阶段是总结处理(A)。

(2)PDCA 八个工作步骤。

①提出工作设想,收集有关资料,进行调查和预测,确定方针和目标。

②按规定的方针目标，进行试算平衡，提出各种决策方案，从中选择一个最理想的方案。

③按照决策方案，编制具体的活动计划下达执行。

以上三个工作步骤是第一阶段计划(P)的具体化。

④根据规定的计划任务，具体落实到各部门和有关人员，并按照规定的数量、质量和时间等标准要求，认真贯彻执行。这是第二阶段执行(D)的具体化。

⑤检查计划的执行情况，评价工作成绩。在检查中，必须建立和健全原始记录和统计资料，以及有关的信息情报资料。

⑥对已发现的问题进行科学分析，从而找出问题产生的原因。

⑦对发生的问题应提出解决办法，好的经验要总结推广，错误教训要防止再发生。

⑧对尚未解决的问题，应转入下一轮 PDCA 工作循环予以解决。

上述⑦⑧两项工作步骤是第四阶段总结(A)的具体化。如图 3-2 所示。

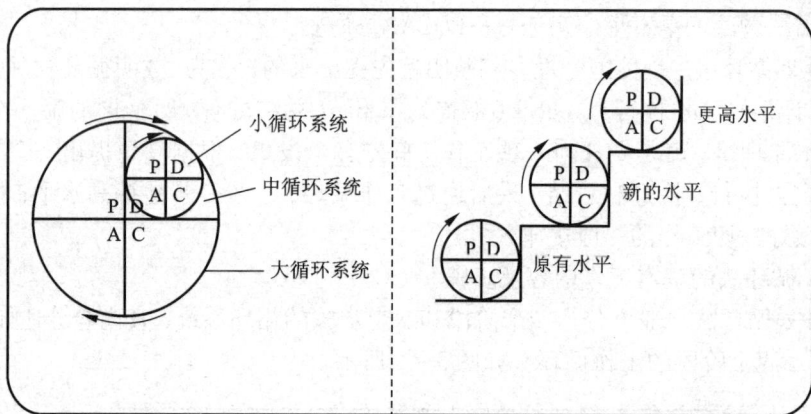

图 3-2

2)PDCA 循环法的基本特点

(1)大循环套中循环，中循环套小循环，环环转动，相互促进。一个企业或单位是一个 PDCA 大循环系统；内部的各部门或处室是一个中循环系统；基层小组或个人是一个小循环系统。这样，逐级分层，环环扣紧，把整个计划工作有机地联系起来，相互紧密配合，协调地共同发展。

(2)每一个循环系统包括计划—执行—检查—总结四个阶段，都要周而复始地运动，中途不得中断。每一件计划指标，都要有保证措施，一次循环解决不了的问题，必须转入下一轮循环解决。这样才能保证计划管理的系统性、全面性和完整性。

(3)PDCA 循环是螺旋式上升和发展的。每循环一次，都要有所前进和有所提高，不能停留在原有水平上。通过每一次总结，都要巩固成绩，克服缺点；通过每一次循环，都要有所创新，从而保证计划管理水平不断提高。

在具体运用 PDCA 循环法的过程中，可以采用有关的数理统计方法，一般比较常用的有主次因素排列图、因果分析图，分层图、控制图，相关图及有关的统计报表等。PDCA 循环中运用数据统计工具示例如表 3-1 所示。

表 3 - 1　PDCA 循环中运用数据统计工具示例

| 阶段 | 步骤 | 应用的统计工具 | 说　明 |
|---|---|---|---|
| P | 1 | 找出存在的质量问题 | | |
| | 2 | 找出存在问题的原因 | |
| | 3 | 研究、制定提高质量的计划和措施 | 对策表<br><br>序号｜问题｜原因｜措施｜限期｜执行人｜效果<br>1｜…｜…｜…｜…｜…｜…<br>2｜…｜…｜…｜…｜…｜… | |
| D | 4 | 采取措施认真执行 | 按拟定的计划和措施,努力实现 | |
| C | 5 | 检查执行情况和实施效果 | 直方图　管理图　UCL CL LCL | |
| A | 6 | 总结经验、巩固措施、提出整改建议 | 制定或修改技术和管理标准 | |

## 3.1.2　质量评定与验收

根据《建筑工程施工质量验收统一标准》(GB50300—2011),所谓"验收",是指建筑工程在施工单位自行质量检查评定的基础上,参与建设活动的有关单位共同对检验批、分项、分部、单位工程的质量进行抽样复验,根据相关标准以书面形式对工程质量达到合格与否做出确认。

正确地进行工程项目质量的检查评定与验收，是施工质量控制的重要手段。施工质量验收包括施工过程质量验收及工程项目竣工质量验收两个部分。

1.施工过程质量验收

进行建筑工程质量验收，应将工程项目划分为单位（子单位）工程、分部（子分部）工程、分项工程和检验批，包括施工过程质量验收及工程项目竣工质量验收两个部分。检验批和分项工程是质量验收的基本单元；分部工程是所含全部分项工程验收的基础上进行验收的，在施工过程中随完工随验收，并留下完整的质量验收记录和资料；单位工程作为具有独立使用功能的完整的建筑产品，进行竣工质量验收。施工过程质量验收包括以下验收环节。

1）检验批质量验收

所谓检验批是指"按同一生产条件或按规定的方式汇总起来供检验用的，由一定数量样本组成的检验体"，"检验批可根据施工及质量控制或专业验收需要按楼层、施工段、变形缝等进行划分"。检验批是工程验收的最小单位，是分项工程乃至整个建设工程质量验收的基础。《建筑工程施工质量验收统一标准》（GB50300—2011）有以下规定。

（1）检验批应由监理工程师（建设单位项目技术负责人）组织施工单位项目专业质量（技术）负责人进行验收。

（2）检验批质量验收合格应符合下列规定：

①主控项目和一般项目的质量经抽样检验合格；

②具有完整的施工操作依据、质量检查记录。

主控项目是指对检验批的基本质量起决定性作用的基本项目。除主控项目以外的检验项目称为一般项目。

2）分项工程质量验收

分项工程质量验收是在检验批验收的基础上进行的。一般情况下，两者具有相同或相近的性质，只是批量的大小不同而已，分项工程可由一个或若干检验批组成。

《建筑工程施工质量验收统一标准》（GB50300—2011）有以下规定。

（1）分项工程应由监理工程师（建设单位项目技术负责人）组织施工单位项目专业质量（技术）负责人进行验收。

（2）分项工程质量验收合格应符合下列规定：

①分项工程所含的检验批均应符合合格质量的规定；

②分项工程所含的检验批质量验收记录应完整。

3）分部工程质量验收

分部工程质量验收在其所含分项工程验收的基础上进行。《建筑工程施工质量验收统一标准》（GB50300—2011）有以下规定。

（1）分部工程应由总监理工程师（建设单位项目负责人）组织施工单位项目负责人和技术、质量负责人等进行验收；地基与基础、主体结构分部工程的勘察、设计单位工程项目负责人和施工单位技术、质量部门负责人也应参加相关分部工程验收。

（2）分部（子分部）工程质量验收合格应符合下列规定：

①所含分项工程的质量验收均应验收合格；

②质量控制资料应完整；

③地基与基础、主体结构和设备安装等分部工程有关安全、使用功能、节能、环境保护的检验和抽样检验结果应符合有关规定；

④观感质量验收应符合要求。

2. 竣工质量验收

施工项目竣工质量验收是施工质量控制的最后一个环节，是对施工过程质量控制成果的最后检验，是从终端进行质量控制。未经验收或验收不合格的工程，不得交付使用。

1）竣工质量验收的要求

（1）检验批的质量按主控项目和一般项目验收；

（2）工程质量的验收都应在施工单位自检的基础上进行；

（3）隐蔽工程在隐蔽前应由施工单位通知监理工程师或建设单位专业技术负责人进行验收，并应形成验收文件，验收合格后方可继续施工；

（4）参加工程施工质量验收的各方人员应具备规定的资格，单位工程的验收人员应具备工程建设相关专业的中级以上技术职称并应具有 5 年以上从事工程建设相关专业的工作经历，参加单位工程验收的签字人员应为各方项目负责人；

（5）涉及结构安全的试块、试件以及有关材料，应按规定进行见证取样检测，对涉及结构安全、使用功能、节能、环境保护等重要分部工程应进行抽样检测；

（6）承担见证取样检测及有关结构安全、使用功能等项目的检测单位应具有相应资质；

（7）工程的观感质量应由验收人员现场检查，并应共同确认。

2）竣工质量验收的标准

单位工程是工程项目竣工质量验收的基本对象。按照《建筑工程施工质量验收统一标准》（GB50300—2011），建设项目单位（子单位）工程质量验收合格应符合下列规定：

（1）单位（子单位）工程所含分部（子分部）工程质量验收均应合格；

（2）质量控制资料应完整；

（3）单位（子单位）工程所含分部工程有关安全和功能的检验资料应完整；

（4）主要功能项目的抽查结果应符合专业质量验收规范的规定；

（5）观感质量验收应符合规定。

3）竣工验收的程序

建设工程项目竣工验收，可分为验收准备、竣工预验收和正式验收三个环节进行。整个验收过程涉及建设单位、设计单位、监理单位及施工总分包各方的工作，必须按照工程项目质量控制系统的职能分工，以监理工程师为核心进行竣工验收的组织协调。

建设单位应组织勘察、设计、施工、监理等单位和其他方面的专家组成竣工验收小组，负责检查验收的具体工作，并制定验收方案。建设单位应在工程竣工验收前 7 个工作日前将验收时间、地点、验收组名单书面通知该工程质量监督机构。建设单位组织竣工验收会议。

4）竣工验收备案

我国实行建设工程竣工验收备案制度。新建、扩建和改建的各类房屋建筑工程和市政基础设施的竣工验收，均应按《建设工程质量管理条例》规定备案。

（1）建设单位应当自建设工程竣工验收合格之日起 15 日内，将建设工程竣工验收报告和规划、公安消防、环保等部门出具的认可文件或准许使用文件，报建设行政部门或其他相关部门备案。

（2）备案部门在收到备案文件资料后的 15 日内，对文件资料进行审查，符合要求的工程，在验收备案表上加盖"竣工验收备案专用章"，并将一份退建设单位存档。如审查中发现建设单位在竣工验收过程中，有违反国家有关建设工程质量规定行为的，责令停止使用，重新组织竣工验收。

（3）建设单位有下列行为之一的，责令改正，处以工程合同价款百分之二以上百分之四以下的罚款；造成损失的依法承担赔偿责任：

①未组织竣工验收，擅自交付使用的；

②验收不合格，擅自交付使用的；

③对不合格的建设工程按照合格工程验收的。

### 3.1.3 实训项目

某市一小区 12 号楼为 6 层普通砖混结构住宅楼，外墙厚为 370 mm，内墙厚为 240 mm，抗震设防烈度为 7 度。为保证施工质量，项目部编制了质量控制计划。二层砌筑施工中，现场质检员进行了检查，检查结果为：灰缝厚度最大为 11.2 mm，最小为 8.5 mm；砂浆饱满度最小为 86%；有两处内外墙交接处的内墙上留了直槎，并沿墙高每 8 皮砖（490 mm）设置了 2φ6 钢筋，钢筋外露长度为 500 mm。

问题：

1. 现场砌砖施工中，灰缝宽度的质量控制是否正常？为什么？

2. 现场砌砖施工中，砂浆饱满度应该如何检测，该项目砂浆饱满度质量控制是否正常？为什么？

3. 现场砌砖施工中，砖墙留槎的质量控制是否正确？为什么？

4. 该项目主体工程中砌砖工程验收，应符合哪些规定？

【解】

1. 正常。因为现行规范规定"砖砌体灰缝宽度宜为 10 mm，但不应小于 8 mm，也不应大于 12 mm。"该工程检测时灰缝宽度符合规范规定。

2. 砂浆的饱满度应该用百格网进行检查。现行规范规定"砖砌体水平砂浆饱满度不得小于 80%"，该项目检查符合规范要求，是正常的。

3. 不正确。因为现场留槎处，拉接钢筋的埋入长度不符合现行规范规定"埋入长度从留槎处算起每边均不应小于 500 mm，对于抗震设防烈度 6 度、7 度的地区，不应该小于 1000 mm"的要求。

4. 砌砖工程验收应根据《建筑工程施工质量验收统一标准》（GB50300—2011）有以下规定。

（1）分项工程应由监理工程师（建设单位项目技术负责人）组织施工单位项目专业质量（技术）负责人进行验收。

（2）分项工程质量验收合格应符合下列规定：

①分项工程所含的检验批均应符合合格质量的规定；

②分项工程所含的检验批质量验收记录应完整。

## 3.2 施工现场技术管理

### 3.2.1 技术管理基础工作

技术管理是企业管理的重要组成部分,是对企业生产中一切技术与其相关的科学研究等进行一系列组织管理工作的总称。

现场技术管理是施工现场中对各项生产的施工技术活动过程和技术工作实施管理,也就是利用管理的计划与决策、组织与指挥、协调与控制、教育与鼓励四个基本职能去组织各种技术要求的实施,促使各种技术工作的开展,鼓励各种技术项目的创新,完善各种技术规章制度的建立,是企业技术管理的重要组成部分。技术管理很大程度上决定企业的生产状况与经营效益,进行建筑施工必须要具备一定的技术条件和施工技术装备,施工的质量好坏取决于企业的技术水平和技术装备的好坏,企业生产的好坏,在很大程度上取决于技术工作的组织管理。

建筑施工的主要特点是建筑物体积大,施工周期长,建筑物的多样性,建筑施工队伍的流动性大,露天作业多,受自然条件影响大,多工种往往立体交叉作业,工序搭接多。目前,我国建筑施工的机械化程度较低,手工操作多,要提高工作效率和企业的经济效率,只有通过强化技术管理和采用新施工技术才能达到。

要做好技术管理工作,必须要明确施工技术管理的任务,做好各项技术基础工作,要建立和完善各种技术管理制度,并以此作为平时过程施工的依据和准则,要加强和完善施工技术管理机构,充分调动和发挥各级技术人员的聪明才智和积极性。

1.现场技术管理的任务

建筑施工企业现场技术管理的基本任务是:贯彻国家的有关技术政策和上级对技术工作的指示与决定,利用技术规律科学地组织施工现场各项技术工作,建立正常的现场施工技术次序,进行文明施工,保证质量和安全生产;认真组织施工现场的技术改造和技术革新,不断提高技术水平;努力提高机械化水平,提高劳动生产率;不断降低成本,提高施工工程的经济效益。同时做好信息情报的收集及技术资料档案的管理,加强技术研究的组织和技术教育的开展;完善技术管理的制度和办法,促进技术管理制度的现代化。

2.现场技术管理的主要内容

现场技术管理的内容取决于现场技术管理的任务,并且应与施工现场的特点相适应。现场技术管理的内容有:现场技术基础工作的管理,包括现场技术责任制、技术管理制度、技术标准和规范的具体执行,原始记录和档案管理;现场施工技术的工作管理,包括施工工艺管理、技术试验、技术核定、技术检查、安全技术管理等;技术措施和技术更新管理。

### 3.2.2 现场技术管理制度

1.现场技术责任制

技术责任制就是在建筑施工企业的加护管理中,在对各级技术人员进行系统分工的基础上,规定各种技术岗位的职责范围,以便整个企业的技术活动能有条不紊的进行。其目的是把企业生产组织中的技术工作纳入同一轨道,保证企业各级组织的各种技术岗位人员能各负其责，切实保证施工技术工作的顺利进行和过程质量的提高。

技术责任制是企业技术管理的核心，我国施工企业根据企业的具体情况，实行三级或四级技术管理，即总公司设总工程师，分公司设主任工程师，项目经理部设技术负责人即单位过程技术负责人责任制，实行技术工作的统一领导和分级管理。各级技术负责人应是同级行政领导成员，对技术管理部门负有业务领导责任，对其职责内的技术问题，如施工方案、技术措施、质量事故处理等重大技术问题有最后决定权。

建立各技术负责制，必须正确划分各级技术管理权限，明确各级技术领导的职责。施工现场中项目技术负责人即单位工程技术负责人主要有以下职责：

1）项目技术负责人的主要职责

（1）直接领导施工员、技术员即有关职能人员的技术工作；

（2）编制并参加审批一般单位工程的施工组织设计；

（3）编制质量、安全和节约技术措施计划并贯彻执行；

（4）负责技术交底工作，指导施工队按图纸规范、规程和施工组织设计进行施工

（5）负责组织技术复核和质量检查工作，参与隐蔽工程验收，质量事故处理，组织人员整理、收集技术档案资料，组织技术人员学习和总结技术经验。

2）单位工程技术负责人的主要职责

（1）在项目经理的领导下全面负责单位工程的施工和技术管理；

（2）参加单位工程图纸会审，进行技术交底；

（3）参加单位工程施工组织设计并认真贯彻；

（4）参与施工预算的编制、审定即工程结算等工作；

（5）负责贯彻执行各项技术标准，严格执行工艺规范、验收规范即质量验收标准。

2. 图纸会审制度

图纸会审是指工程开工前，由建设单位或监理单位组织，有设计单位交底和施工单位参加对图纸进行审查。其目的是领会设计意图，熟悉图纸内容，明确技术要求，及早发现并消除图纸中的错误，以便正确无误地进行施工。

图纸会审的主要内容有：

（1）是否无证设计或越级设计，图纸是否经设计单位正式签署。

（2）地质勘探资料是否齐全。

（3）设计图纸与说明是否齐全，有无分期供图的时间表。

（4）设计地震烈度是否符合当地要求。

（5）几个设计单位共同设计的图纸相互间有无矛盾，专业图纸之间、平立剖面图之间有无矛盾，标注有无遗漏。

（6）总平面与施工图的几何尺寸、平面位置、标高等是否一致。

（7）防火、消防是否满足要求。

（8）建筑结构与各专业图纸本身是否有差错及矛盾，结构图与建筑图的平面尺寸及标高是否一致，建筑图与结构图的表示方法是否清楚，是否符合制图标准，预埋件是否表示清楚，有无钢筋明细表，钢筋的构造要求在图中是否表示清楚。

（9）施工图中所列各种标准图册，施工单位是否具备。

（10）材料来源有无保证，能否代换，图中所要求的条件能否满足，新材料、新技术的应

用有无问题。

（11）研究各单位在图纸会审中提出的其他问题及其解决处理方法。

3. 技术交底制度

技术交底是指工程开工前，由各级技术负责人将有关工程的各项技术要求逐级向下贯彻，直到基层。其目的是使参与施工任务的技术人员和工人明确所担负工程任务的特点、技术要求、施工工艺等，做到心中有数，确保施工的顺利进行。现场技术交底的内容根据不同层次有所不同，主要包括施工图纸、施工组织设计、施工工艺、施工方法、技术安全措施、规范要求、质量标准、实际变更等。对于重点工程、特殊工程、新结构、新材料和新工艺的技术要求，需要做更详细的技术交底。

技术交底工作应分级进行。一般分四级进行技术交底：实际单位向施工单位技术负责人进行技术交底；企业总工程师向项目部负责人进行技术交底；项目经理部技术负责人向专业施工员或工长交底；施工员或工长向班组长进行交底。

在施工现场，工长在接受技术交底后，应组织班组长、工人进行认真讨论，明确任务和配合关系，建立责任制，制定保证质量、安全技术措施，对关键项目和部位、新技术推广项目等要反复细致地向班组长交底。技术交底应视工程技术复杂程度的不同，采取不同的形式。一般采用文字、图表等书面形式或采用示范操作和样板的形式，技术交底必须经过检查与审核，应留底稿，有签发人、审核人、接受人的签字。

4. 技术复核制度

技术复核是指在施工过程中对重要部位的施工，依据有关标准和设计要求进行的复查、核对工作。技术复核的目的是避免在施工中发生重大差错，保证工程质量。技术复核一般在分项工程正式施工前进行。重点检查的项目和内容见表 3 - 2。

表 3 - 2　技术复核项目及内容表

| 项目 | 复核内容 |
|---|---|
| 建（构）筑物定位 | 测量定位的标准轴线桩、水平桩、龙门板、轴线、标高 |
| 基础及设备基础 | 土质、位置、标高、尺寸 |
| 模板 | 尺寸、位置、标高、预埋件、预留孔、牢固程度、模板内部的清理工作、湿润情况 |
| 钢筋混凝土 | 现浇混凝土的配合比、现场材料的质量和水泥品种、标号、混凝土的强度、预埋件的位置、标高、型号、搭接长度、焊缝长度、吊装时构件的长度 |
| 砖砌墙体 | 墙身轴线、皮数杆、砂浆配合比 |
| 大样图 | 钢筋混凝土柱、屋架、吊车梁以及特殊项目大样图的形状、尺寸、预制位置 |
| 其他 | 根据工程需要要求复核的项目 |

5. 试块、试件、材料检测制度

试块、试件、材料检测就是对工程中涉及结构安全的试块、试件按规定进行必要的检测。企业必须建立健全试块、试件、材料检测制度，严把质量关，才能确保工程质量。同时必须实行建筑工程见证取样和送检制度。所谓见证取样和送检，是指在建设单位或监理单位人员的见证下，由施工单位的现场试验人员对工程中涉及结构安全的试块、试件和材料在现场取样，并送至经过省级以上建设行政主管部门对其资质认可和质量建设监督部门对其计量认证的质量检测单位检测。

1）实施见证取样和送检检测的项目

（1）用于结构的混凝土试块（28 天标准养护）；

（2）用于承重墙体的砌筑砂浆试块

（3）用于结构的钢筋和连接接头试件；

（4）用于结构的混凝土中使用的掺加剂；

（5）用于承重墙体的砖和各种砌块；

（6）用于结构的钢材和焊接材料；

（7）用于预应力张拉的材料和锚具；

（8）用于工程的防水材料；

（9）用于搅拌混凝土和砌筑砂浆的水泥；

（10）用于工程结构的砂、石；

（11）用于国家规定必须实行见证取样和送检的其他试块、试件和材料。

2）见证取样的工作程序

（1）工程项目施工开始前，项目监理机构要督促施工单位尽快落实见证取样的送检实验室。

（2）在施工过程中，见证人员应按照见证取样和送检计划，对施工现场的取样和送检进行见证，取样人员应在试样或其包装上做出标识、封志。标识和封志应标明工程名称、取样部位、取样日期、样品名称和样品数量。由见证人员制作见证记录，并将见证记录归入施工技术档案。

（3）见证取样的试块、试件和材料送检时，应由送检单位填写委托单，委托单应有见证人员和送检人员的签字。检测单位应检查委托单及试样上的标识和封志，确认无误后方可进行检测。

6. 工程质量检测和验收制度

在现场施工过程中，为了保证工程的施工质量，必须根据国家规定的《建筑工程施工质量验收统一标准》（GB50300—2011）逐项检查操作质量，还应该根据建筑安装工程特点，分别对隐蔽工程、分部分项工程和交工工程进行检查和验收。

### 3.2.3　施工现场技术革新工作

技术革新是对企业现有技术水平进行改进、更新和提高的工作。企业要提高技术质量，就必须不断地进行技术革新。技术革新的出发点在于攻坚克难，创造出新的技术来代替落后的技术，因此技术革新对有效地推动施工生产的发展具有十分重要的意义。

1. 技术革新的主要内容

（1）改进或改革施工工艺和操作方法。

（2）改进施工机械设备和工具。

（3）改进原料、材料、燃料的领用方法。

（4）改进建筑结构和建筑产品的质量。

（5）改进管理工具和管理方法。

(6)改进质量检验技术和材料试验技术等。

2.技术革新的组织管理

技术革新是一项群众性的技术工作，因此要加强组织管理，充分发挥群众的聪明才智，调动各方面的积极性和创造性。为此，必须加强组织领导和管理，做好以下工作：

(1)制订好技术革新计划。为了使计划作为技术革新的行动纲领，必须密切结合生产和施工的需要，发动群众在认真总结以往技术革新经验的基础上，充分挖掘潜力，明确重点，分期分批攻关，检查经过试验的原则，由点到面，逐步推广。

(2)开展群众性的合理化建议活动。要充分发动群众积极提建议、找关键、挖潜力、鼓励群众积极完成技术革新任务，推广使用革新成果，总结提高，力求完善，并不断扩大。

(3)组织攻关小组解决技术难关。

(4)做好成果的应用推广和鉴定、奖励工作。

### 3.2.4　实训项目

某建筑公司承建了某学校的教学楼工程。该教学楼为6层框架结构，建筑面积4200平方米，工程开工日期为2011年4月1日，竣工日期为2012年8月1日，作为现场技术管理人员，请问：

1.要做哪些施工现场的技术准备工作？

2.作为施工企业，应保存哪些工程技术档案材料？

【解】　1.该工程施工现场的技术准备工作主要有：

(1)施工现场控制网测量；

(2)施工现场的"七通一平"，包括水、电、路、气、通信、排污、排洪、场地平整。

(3)现场临时设施的建设；

(4)现场补充勘探工作；

(5)做好施工机具进场的工作；

(6)做好物资进场的工作；

(7)做好冬、雨季施工的准备工作。

2.施工企业应该保存的技术档案材料有：

(1)施工组织设计及检验材料；

(2)技术革新建议的试验、采用、改进的记录；

(3)重大质量事故、安全事故情况分析及补救措施和办法；

(4)有关技术管理的经验总结及重要技术决定；

(5)施工日志。

## 3.3　施工进度计划控制

### 3.3.1　施工进度计划控制概述

1.施工进度控制的概念

在实际施工过程中，不管进度计划如何周密，总是会有这样那样的干扰因素出现，使人们难以按照原定计划执行。为此，进度控制人员必须掌握施工进度控制的原理，在计划执行过程中，不断检查计划的执行情况，从中对比、分析，采取技术、组织、经济等措施不断调整，以保证工程进度得到有效控制。施工进度控制是指拟建工程在进度计划的实施过程中，经常检查实际进度是否按照计划进度要求进行，对出现的偏差情况进行分析，采取补救措施或调整、修改原计划后再付诸实施，如此循环，直到建设工程竣工验收交付使用。进度控制以实现施工合同约定的竣工日期为最终目标。

2. 影响施工进度的因素

影响建设工程进度的不利因素很多，如人为因素，技术因素，设备、材料、构配件因素，机械、机具因素，资金因素，水文地质因素，其他自然与社会环境等方面的因素。其中常见的影响因素如下：

(1)业主因素。由于业主使用要求改变而进行设计变更，所提供的施工场地不能满足施工正常需要，未能及时按照合同约定向施工方或材料供应商付款，导致工程无法正常进行，延误了工程进度。

(2)勘察设计因素。勘察设计资料不准确，尤其是地质资料错误或遗漏；设计内容不完善或规范应用不当，设计有缺陷或错误；施工图纸供应不及时、不配套或出现重大差错等。

(3)施工技术因素。如施工工艺错误，施工方案不合理，施工安全措施采取不当，未成熟的新方法、新技术的应用等。

(4)自然环境因素。如复杂的工程地质条件，不明的水文气象条件，地下埋藏文物的保护、处理，洪水、地震、台风等不可预见的不可抗力等。

(5)社会环境因素。如其他施工单位临近工程的施工干扰，节假日交通、市容整顿的限制，临时停水、停电、短路，国家政策法规及相关法律制度的变化等。

(6)组织管理因素。如向有关部门提出各种申请批手续的延误；合同签订时有遗漏的条款、有歧义的表述；计划安排不周密，组织协调不力，导致停工待料，相关作业脱节；领导不力，指挥失当，使参加工程建设的各相关单位配合上发生矛盾等。

(7)材料设备因素。如材料、构配件、机具、设备供应环节的差错，品种、规格、质量、数量、供货时间不能满足工程需要；特殊材料和新材料的不合理使用；施工设备不配套，选型失当，安装失误等因素。

(8)资金因素。有关拖欠资金，资金不到位；汇率浮动或通货膨胀等因素。

3. 施工进度控制的程序、任务及措施

1)进度控制程序

项目经理部应按照下列程序进行项目进度控制：

(1)依据施工合同确定的开工日期、总工期、竣工日期确定施工进度目标，明确计划开工日期、计划总工期和计划竣工日期，并确定项目分期分批的开、竣工日期。

(2)编制施工进度计划。施工进度计划应根据工艺关系、组织关系、搭接关系、起止时间、劳动力计划、材料计划、机械计划及其他保证性计划等综合因素确定。分包人负责根据项目进度计划编制分包工程进度计划。

(3)向监理工程师提出开工申请报告，并按照监理工程师所下达开工令的指定日期开工。

(4)实施施工进度计划。当进度计划出现偏差(不必要的前提或延误)时，应及时进行调整，并应不断预测未来进度情况。

（5）全部任务完全后应进行进度控制总结，并编好进度控制报告。

2）进度控制任务

参与工程建设的各方主体，在进度控制过程中具有不同的任务，就施工方而言，进度控制的主要任务是依据施工合同对施工进度的要求控制施工进度，这是施工方履行合同的义务。

在进度计划编制方面，施工方应视项目的特点和施工进度的控制要求，编制深度不同的控制性、指导性和实施性施工进度计划，以及按照不同计划周期（年度、季度、月、旬、周）的施工计划等。

3）进度控制措施

为保证工程进度按照计划实施，确保工程进度控制目标的实现，项目管理人员应在分析建设工程特点的基础上，制定进度控制的具体措施，包括组织措施、技术措施、经济措施、合同措施。

（1）组织措施。

组织是目标能否实现的决定性因素，进度控制的组织措施主要包括：

①建立进度控制目标体系，明确建设工程现场监理组织机构中进度控制人员及其职责分工。

②建立工程进度报告制度及进度信息沟通网络。

③编制项目进度控制工作流程，包括确定项目进度计划系统的组成，各类进度计划编制程序、审批程序和计划调整程序。

④建立进度协调会议制度，包括协调会议举行时间、地点，协调会议的参加人员以及各类会议文件的整理、分发、确认等。

⑤建立图纸审查、工程变更和设计变更管理制度。

（2）技术措施。

进度控制的技术措施主要包括：

①审查分包商提交的进度计划，使分包商能在合理的状态下施工。

②编制进度控制工作细则。

③采用网络计划技术及其他科学适用的计划方法，结合电子计算机的应用，对建设工程实施动态控制。

（3）经济措施。

进度控制的经济措施主要包括：

①及时办理工程预付款及工程进度款支付手续。

②对应急赶工给予优厚的赶工费用。

③对工期提前给予一定的奖励。

（4）合同措施。

进度控制的合同措施主要包括：

①加强合同管理，协调合同工期与进度计划之间的关系，保证合同中进度目标的实现。

②严格控制合同的变更。

③对工期提前给予一定的奖励。

④加强风险管理，在合同中充分考虑风险因素及其对进度的影响，以及相应的处理

方法。

### 3.3.2　施工进度计划的实施与检查

进度计划在实施之前，应由项目经理对该项目进度计划进行审核，进一步确认进度计划的可操作性，尽可能地保证进度计划的严密性，为今后进度计划的顺利实施奠定良好的基础，从而确保工程按照进度计划目标顺利完工。

1. 施工进度计划的实施

实施进度计划，要做好三项工作，即编制年、月、旬、周作业计划和施工任务书，通过班组实施；记录现场实际情况；调整控制进度计划。

（1）编制年、月、旬、周作业计划和施工任务书。

施工组织设计中编制的进度计划，是按照整个项目（或单位工程）编制的，带有一定的控制性，但不满足施工作业的要求，实际作业是按照季、月、旬、周的详细作业计划和施工任务执行，故应认真编制。

作业计划除了依据施工进度计划编制外，还应依据现场实际情况，进度的具体实施程度，月、旬、周计划的具体要求编制，明确当前施工具体任务，以贯彻施工进度计划、满足施工要求为前提。

施工任务书是一份计划文件，也是一份核算文件，又是原始记录。它把作业计划下达到各个施工班组，并将计划执行与技术管理、质量管理、成本核算、原始记录、资源管理等融为一体。施工任务书一般由工长根据计划要求、工程数量、定额标准、技术要求、节约能源、安全措施等为依据进行编制。任务书下达给班组时，由工长进行交底。交底内容为施工任务、操作规程、施工方法、质量、安全、节约措施、材料使用、施工计划、奖罚要求等。做到任务明确，责任到人。施工班组接到任务后，应明确分工、合理安排，执行中要在确保质量、进度、安全的前提下节约材料，提高工效。任务完成后，班组在自检的基础上，向工长报请验收。

（2）记录现场实际情况。

在施工中如实记载每项工作的开始日期、工作进程和完成日期，记录每日完成的数量、施工现场发生的情况及有无干扰因素，如何排除等实际情况，为计划的检查、分析、调整、总结提供原始材料。

（3）调整控制进度计划。

对作业计划中的实际问题，找出原因，采取相应措施解决，对后期进度计划加以调整。

2. 施工进度计划的检查

（1）施工进度计划检查的依据及时间。

对施工进度计划的检查应依据施工进度计划实施记录进行。进度计划的检查应采取日检查或定期进行检查的方式进行，定期检查周期的长短可根据计划工期的长短和管理的需要决定，一般可以按天、周、月、季度等为周期。在计划执行过程中，突遇意外情况时，可进行应急检查，也可在必要时做特别检查。

（2）施工进度计划检查的内容。

根据《建设工程项目管理规范》（GB/T 50326—2006）的规定，施工进度计划检查内容如下：

①检查期内实际完成和累计完成工程量。

②实际参加施工的人力、机械数量及生产效率。

③窝工人数、窝工机械台班数及原因分析。

④进度偏差情况。

⑤进度管理情况。

⑥影响进度的特殊原因及分析。

（3）进度计划检查的方法及数据分析。

施工进度计划的检查和进度计划的执行是融合在一起的。进度计划的检查是对进度计划执行情况的一个总结，是施工进度分析和调整的依据。

施工进度计划检查的方法主要有以下三种：

①建立内部施工进度报表制度。

②定期召开进度工作会议，汇报实际情况。

③进度检查和控制人员要经常到现场实地察看。

对于实际收集、记录的进度数据，要进行整理加工，使之与相应的进度计划具有可比性。因为在实际检查时，记录的往往是实物工程量或施工产值，是一个形象进度，因此需进行整理加工，才可以与计划进度进行比较。

### 3.3.3 施工进度计划的比较与调整

实际施工进度在进行现场检查、记录并对数据进行整理加工后，就要同计划进度进行比较分析，确定进度的偏差，从而在分析偏差产生原因的基础上，采取有效措施解决矛盾、排除障碍，继续执行原进度计划。如果发现原进度计划已不能适应实际情况时，为了确保进度控制目标的实现，就必须对原进度计划进行调整，以形成新的进度计划，作为进度控制的新依据。

1. 施工进度计划的比较

通常实际进度与计划进度比较的方法有横道图比较法、实际进度前锋线法、"香蕉"曲线比较法等。

1）横道图比较法

横道图比较法是指将项目实施过程中检查实际进度收集到的数据，经加工整理后直接用横道图平行绘于原计划的横道线处，进行实际进度与计划进度的比较情况。

【应用案例3-1】 某工程项目基础工程的计划进度和截至第9周末的实际进度如图3-3所示，其中双线条表示工程计划进度，粗实线表示实际进度。从图中实际进度与计划进度的比较可以看出：到第9周末进行实际进度检查时，挖土方和做垫层两项工作已经完成；支模板按计划也应该完成，但实际只完成了75%，任务量拖欠25%；绑扎钢筋按计划应该完成60%，而实际只完成20%，任务量拖欠40%。

根据各项工作的进度偏差，进度控制者可以采取相应的纠偏措施对进度进行调整，以确保该工程按期完成。

横道图比较法比较简单，通俗易懂，形象直观，易于掌握，但由于其以横道图为基础，因而带有不可克服的局限性。在横道计划中，各项工作之间的逻辑关系表示不明确，关键工作和关键线路无法确定。一旦某些工作实际进度出现偏差时，难以预料其对后续工作及工程总

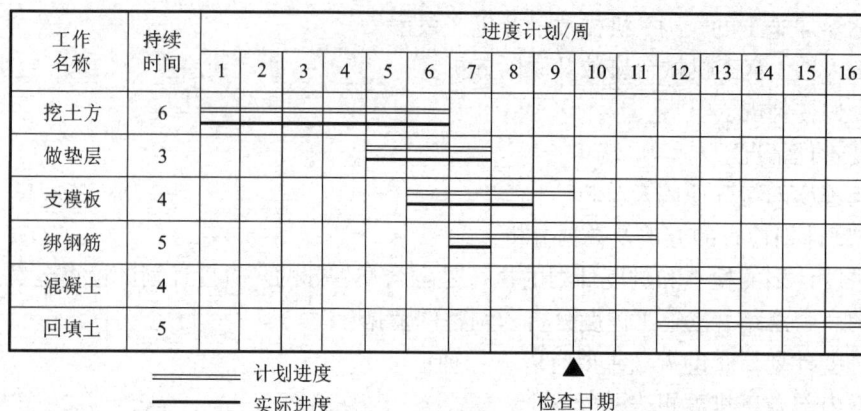

| 工作名称 | 持续时间 | 进度计划/周 | | | | | | | | | | | | | | | |
|---|---|---|---|---|---|---|---|---|---|---|---|---|---|---|---|---|---|
| | | 1 | 2 | 3 | 4 | 5 | 6 | 7 | 8 | 9 | 10 | 11 | 12 | 13 | 14 | 15 | 16 |
| 挖土方 | 6 | | | | | | | | | | | | | | | | |
| 做垫层 | 3 | | | | | | | | | | | | | | | | |
| 支模板 | 4 | | | | | | | | | | | | | | | | |
| 绑钢筋 | 5 | | | | | | | | | | | | | | | | |
| 混凝土 | 4 | | | | | | | | | | | | | | | | |
| 回填土 | 5 | | | | | | | | | | | | | | | | |

计划进度
实际进度
检查日期

图 3-3 某基础工程实际进度与计划进度比较图

工期的影响,从而无法确定相应的进度计划调整方法。因此,横道图比较法主要用于某些局部工作实际进度与计划进度的比较。

2) 实际进度前锋线法

实际进度前锋线法是指在原时标网络计划中,从检查时刻出发,用点画线自上而下一次将各项工作的实际进度前锋点依次连接而构成的一条折线。根据各工作实际进度前锋点的位置,可以判别实际进度与计划进度的偏差。

利用实际进度前锋线比较法进行实际进度与计划进度比较的具体步骤如下:

(1) 绘制时标网络计划图。

绘制方法详见模块三网络计划技术。

(2) 绘制实际进度前锋线。

从时标网络计划图上方的时间坐标的检查日期开始绘制,依次用点画线自相邻工作的实际进展位置点,最后与时标网络计划图下方坐标的检查日期相连接。

(3) 实际进度与计划进度的比较。

实际进度前锋线可以直观地反映出检查时刻各项工作实际进度与计划进度的偏差情况,具体分析有以下三种情况:

① 若实际进度前锋点在计划的左侧,说明实际进度拖延,拖延时间为二者之差。

② 若实际进度前锋点在计划的右侧,说明实际进度比计划提前,提前时间为二者之差。

③ 若实际进度前点与检查时刻的时间坐标相同,说明实际进度与计划进度一致。

(4) 分析预测进度偏差以及对后续工作及总工期的影响

通过实际进度与计划进度比较确定偏差后,只是直观表达出对于某项工作的拖延与提前情况,但是,这些偏差对后续工作及总工期的影响需分析各工作自由时差和总时差之后进行判断,具体分析步骤如下:

① 分析出现进度偏差的工作是否为关键工作。如果出现进度偏差的工作位于关键线路上,则该工作为关键工作,此时,无论偏差是多少,都将对后续工作和总工期产生直接影响,必须采取相应措施加以调整;如果出现进度偏差的工作是非关键工作,则需根据进度偏差值与总时差和自由时差的关系做进一步分析。

②分析进度偏差是否超过总时差。若该工作位于非关键线路上，但偏差大于工作总时差，则此偏差必然影响到该工作的最迟必须结束时间，说明此偏差一定影响后续工作的施工和总工期，应采取措施加以调整；若该工作的偏差小于等于工作总时差，则对工期无影响，对于后续工作是否有影响，应当由分析偏差与自由时差的关系来确定。

③分析进度偏差是否超过自由时差。如果工作的进度偏差大于该工作的自由时差，则此偏差必然影响到紧后工作的最早可能开始时间，此时是否需要采取调整措施，要视后续工作的限制条件而定；如果工作的进度偏差小于等于该工作的自由时差，则说明此偏差对紧后工作无影响，在这种情况下，一般不作调整。

【特别提示】 该方法只是针对各项工作是匀速进展的情况进行的比较，对于非匀速进展，不作论述。

【应用案例3-2】 某工程项目时标网络计划，如图3-4所示，该计划到第6周末检查实际进度时，发现工作A和工作B已经全部完成，工作D、E分别完成计划任务量的20%和50%，工作C尚需3周才能完成，试用前锋线法进行实际进度与计划进度的比较。

【解】 根据第6周末实际进度的检查结果绘制前锋线，如图3-4所示中点划线所示。通过比较可以看出：

(1)工作D实际进度拖后2周，由于D工作有总时差1周，自由时差为0，故将使其后续工作F的最早时间推迟2周，并使总工期延长1周；

(2)工作E实际进度拖后1周，由于该工作有1周的总时差和自由时差，故既不影响总工期也不影响其后续工作的正常进行；

(3)工作C实际进度拖后2周。由于该工作为关键工作，将使其后续工作J、H的最早时间推迟2周，并影响工期2周。

综上所述，如果不采取措施加快进度，该工程项目的总工期将延长2周。

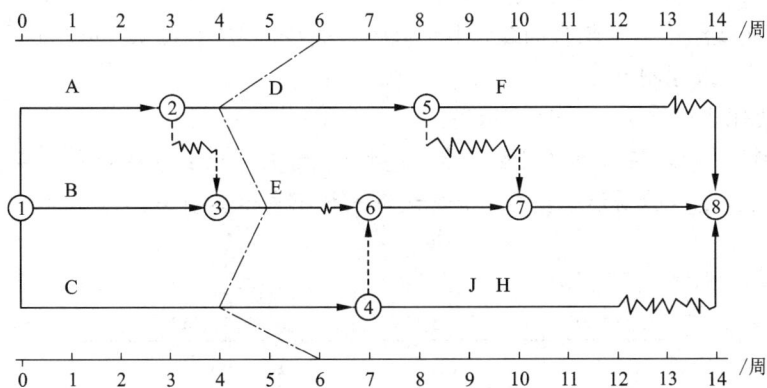

图3-4 某工程前锋线比较图

根据图3-4所示检查情况，可以列出该网络计划的检查结果分析表，见表3-3。

表 3 – 3　网络计划检查结果分析表

| 工作名称 | 检查时刻,尚需作业周数 | 到计划最迟完成时尚有周数 | 原有总时差 | 现有总时差 | 情况判别 |
|---|---|---|---|---|---|
| D | 4 | 3 | 1 | −1 | 拖后1周,影响工期1周 |
| E | 1 | 1 | 1 | 0 | 拖后1周,不影响工期 |
| C | 3 | 1 | 0 | −2 | 拖后2周,影响工期2周 |

注:表中各数据的填写方法:

1."检查时刻,工作尚需作业的周数"="该工作的持续时间"–"该工作实际已施工的周数"。

2."到计划最迟完成时尚有周数"="该工作计划最迟必须结束的时间"–"检查时刻的时间"。

3."原有总时差"="该工作后面各条线路中各工作自由时差累计之和的最小值"+"该工作自己的自由时差"。

4."现有总时差"="到工作计划最迟完成尚有的周数"–"检查时刻,工作尚需作业的周数"。

5."情况判别",如果"现有时差"≥0时,说明该工作正常施工,不影响工期;如果"现有时差"<0时,说明该工作影响工期。

3)"香蕉"曲线比较法

(1)"香蕉"曲线图。

"香蕉"曲线是由两条 S 曲线组合而成的闭合曲线(见"香蕉"曲线图 3 – 5)。S 曲线是以横坐标表示时间,纵坐标表示累计完成任务量百分比的一条曲线,因其形状总体呈"S"形,故称为"S 曲线"。"香蕉"曲线图中上方的一条曲线按照各项工作最早可能开始时间绘制,因此称之为 ES 曲线;下方一条曲线是按照各项工作最迟必须开始时间而绘制,称为 LS 曲线;两条曲线组成一个闭合曲线,由于该闭合曲线形似"香蕉",故称为"香蕉"曲线。

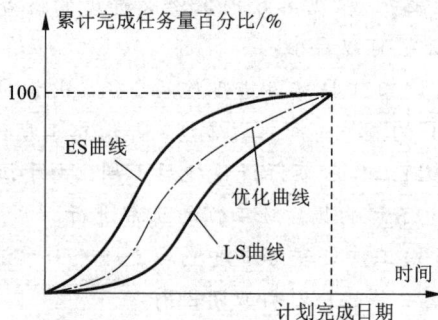

图 3 – 5　"香蕉"曲线图

(2)"香蕉"曲线绘制方法。

以下面例题说明"香蕉"曲线绘制方法。

【应用案例 3 – 3】　某工程项目如图 3 – 6 所示,图中箭线上方括号内数字表示各项工作计划完成的任务量,以劳动消耗量表示,箭线下方数字表示各项工作的持续时间(周)。试绘制香蕉曲线。

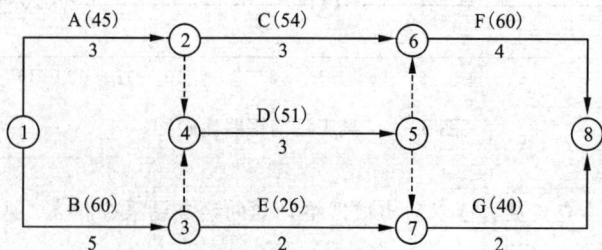

图 3 – 6　某工程项目网络计划

262

**【解】**　假设各项工作均为匀速进展，即各项工作每周的劳动消耗量相等。

(1)确定各项工作每周的劳动消耗量：

工作 A：$45 \div 3 = 15$　　　工作 B：$60 \div 5 = 12$，　　工作 C：$54 \div 3 = 18$

工作 D：$51 \div 3 = 17$　　　工作 E：$26 \div 2 = 13$　　　工作 F：$60 \div 4 = 15$

工作 G：$40 \div 2 = 20$

(2)计算工程项目劳动消耗总量 $Q = 45 + 60 + 54 + 51 + 26 + 60 + 40 = 336$。

(3)计算各项工作的最早开始时间，根据各项工作按最早开始时间安排的进度计划，确定工程项目每周计划劳动消耗量及各周累计消耗量，如图 3−7 所示。

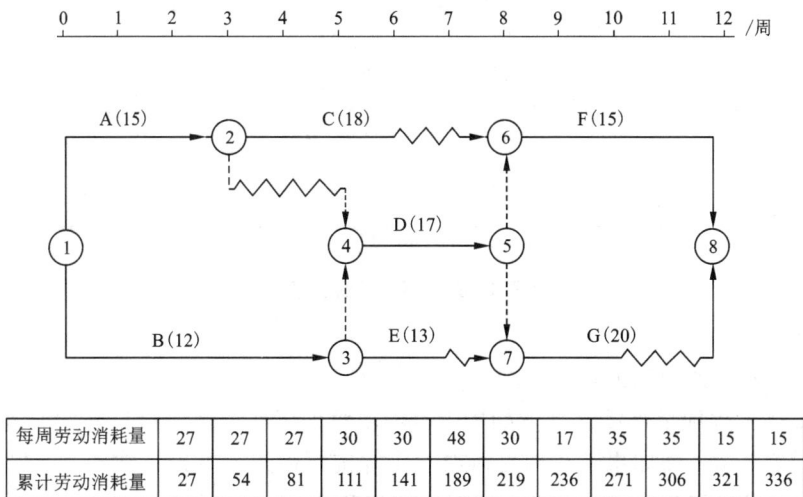

| 每周劳动消耗量 | 27 | 27 | 27 | 30 | 30 | 48 | 30 | 17 | 35 | 35 | 15 | 15 |
|---|---|---|---|---|---|---|---|---|---|---|---|---|
| 累计劳动消耗量 | 27 | 54 | 81 | 111 | 141 | 189 | 219 | 236 | 271 | 306 | 321 | 336 |

**图 3−7　根据各项工作按最早开始时间安排的进度计划及劳动消耗量**

(4)计算各项工作的最迟开始时间，根据各项工作按最迟开始时间安排的进度计划，确定工程项目每周计划劳动消耗量及各周累计消耗量，如图 3−8 所示。

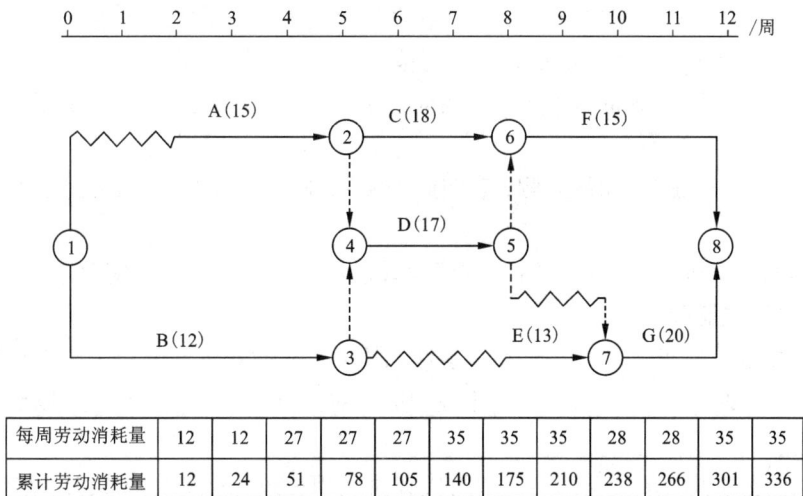

| 每周劳动消耗量 | 12 | 12 | 27 | 27 | 27 | 35 | 35 | 35 | 28 | 28 | 35 | 35 |
|---|---|---|---|---|---|---|---|---|---|---|---|---|
| 累计劳动消耗量 | 12 | 24 | 51 | 78 | 105 | 140 | 175 | 210 | 238 | 266 | 301 | 336 |

**图 3−8　根据各项工作按最迟开始时间安排的进度计划及劳动消耗量**

(5)根据不同的累计劳动消耗量分别绘制 ES、LS 曲线，便得到"香蕉"曲线，如图 3 - 9 所示。

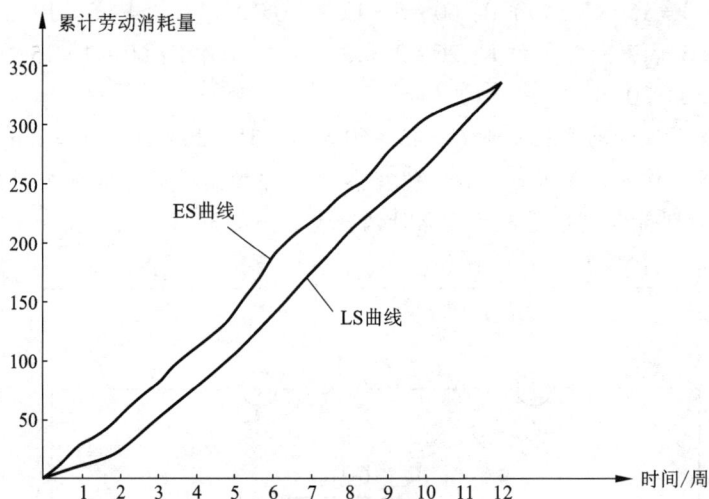

图 3 - 9 "香蕉"曲线图

(3)"香蕉"曲线比较法的作用。

①合理安排工程项目进度计划。如果工程项目每项工作都按照最早开始时间来施工，可能导致项目投资加大；而如果工程项目每项工作都按照最迟开始时间来施工，则一旦受到外界影响因素的干扰，又将直接导致工程延期，使工程进度风险加大。因此，一个合理的进度计划优化曲线应位于"香蕉"曲线包络的范围之内，如图 3 - 5 中虚线所示。

②定期比较工程项目的实际进度和计划进度。在工程项目实施工程过程中，根据实际检查进度的情况，绘制实际进度的 $S$ 曲线，比较工程项目的实际进度和计划进度，有以下三种情况：

Ⅰ.实际进度的 $S$ 曲线在"香蕉"曲线包络的范围之内，说明实际进度比最早时间计划晚一些，比最迟时间计划早一些，属于正常施工范围，不影响总工期。

Ⅱ.实际进度点落在 ES 曲线左侧，表明此刻实际进度比各项工作按照最早时间安排的计划进度提前。

Ⅲ.实际进度点落在 LS 曲线右侧，表明此刻实际进度比各项工作按照最迟时间安排的计划进度拖延。

③预测后期工程进展趋势。利用"香蕉"曲线还可对后期工程进展情况进行预测。

2. 施工进度计划的调整

对进度计划进行检查之后，发现有偏差时，需要进一步分析偏差对后续工作以及总工期的影响(见进度计划的检查)，从而采取相应的措施对原进度计划进行调整，以确保工期目标得以实现。

网络计划调整时间一般应与网络计划的检查时间相一致，或定期调整，或做应急调整，一般以定期调整为主。施工进度计划在实施过程中的调整必须依据施工进度计划检查结果进行。

进度计划的调整应包括下列六项内容：施工内容、工程量、起止时间、持续时间、工作关系、资源供应。

进度计划调整的方法有四种。

1）逻辑关系的调整

一个好的进度计划是建立在严密的逻辑关系基础之上的。因此，在进度计划实施过程中，一般不会随意改变过程之间的逻辑关系。只有当计划实施过程中发生了对后续工作和总工期影响较大的偏差，并且采取其他措施效果不明显时，才考虑通过改变某些过程之间的逻辑关系加以调整。即使采用这种调整方法，也只是调整工作间的组织逻辑关系而非工艺逻辑关系。比如，将依次进行的无工艺上先后顺序要求的工作，改为平行施工或搭接施工，将原来施工段的数目进行调整等。

采用这种方法进行调整，往往效果比较明显，但调整后工作间的逻辑关系比原先要复杂，因而后期计划的控制工作显得更加重要。

2）工作持续时间的调整

这种方法不改变工作间的逻辑关系，只是调整某些工作的持续时间，被调整的工作可能位于关键线路上，也可能位于非关键线路上，取决于偏差所处位置和大小。这种调整方法通常在网络图上直接进行，具体调整方法可以分为以下三种情况：

（1）进度偏差的工作是关键工作。

①当关键线路上的实际进度比计划进度提前时有以下两种情况区别对待：

Ⅰ.不计划缩短工期，则应该选择后续关键工作中资源强度大或直接费用率高的工作适当延长，从而降低资源强度或费用，具体方法同“工期优化”的延长工期。

Ⅱ.计划缩短工期，或根据合同缩短工期有一定的奖励，则不需调整。

②当关键线路的实际进度比计划进度拖延时，有以下三种情况区别对待：

Ⅰ.若不能延长工期，则在未完成部分的关键线路中选择资源强度小或费用率低的关键工作，缩短其持续时间，并把未完成部分作为一个新的计划，按照“工期优化”方法进行调整。

Ⅱ.若能延长时间，则以实际数据替代原计划数据，重新绘制实际进度检查日期之后的进度计划即可。

Ⅲ.若能延长时间，但延长时间有限。若实际进度拖延时间没有超过此限制时，可以不做调整；若实际进度拖延时间超过此限制时，则以限制时间为规定工期，对检查日期之后的进度计划进行“工期优化”。

（2）进度偏差的工作是非关键工作，且偏差大于总时差。

当拖延时间发生在非关键线路上，且拖延时间超过总时差，则此偏差一定影响后续工作的施工和总工期，此时，进度计划的调整又分为三种情况：

①项目总工期不许拖延。由于发生偏差的工作位于非关键线路上，且偏差大于工作总时差，则原计划的关键线路发生了改变，需重新确定关键线路。如果工程项目必须按照原计划完成，则在新的未完部分的关键线路中选择资源强度小或费用率低的关键工作，缩短其持续时间，并把未完成的部分作为一个新的计划，按照“工期优化”的方法进行调整。

②项目总工期可以拖延。如果项目工期可以拖延，则以实际数据代替原计划数据，重新绘制实际进度检查日期之后的进度计划即可。

③项目总工期可以拖延时间有限。调整方法同出现偏差的工作位于关键线路上的调整

方法。

（3）出现偏差的工作位于非关键工作上，且偏差小于等于工作总时差。

出现偏差的工作位于非关键工作上，且偏差小于等于工作总时差，则对工期无影响，对于后续工作是否有影响，应对分析偏差与自由时差的关系来确定。

①进度偏差超过自由时差。如果工作的进度偏差大于该工作的自由时差，则此偏差必然影响到紧后工作的最早可能开始时间，此时是否需要采取调整措施，要视后续工作限制条件而定。

②如果工作的进度偏差小于等于该工作的自由时差，则说明此偏差对紧后工作无影响，在这种情况下，一般不做调整。

**【应用案例 3-4】** 已知某工程网络计划，执行到 40 天下班时检查，实际进度情况如图 3-10 中的进度前锋线所示。试分析目前实际进度对后续工作和总工期的影响，并提出相应的调整措施。

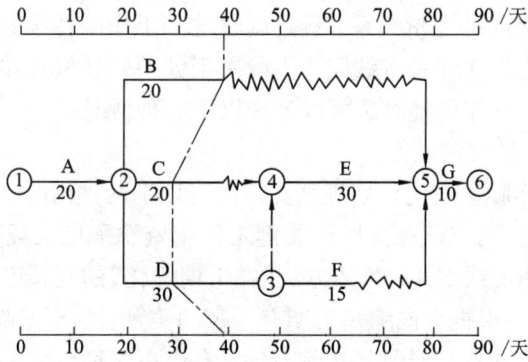

图 3-10　某工程网络计划图

分析：从图中可以看出，

1. 工作 C 是非关键工作，拖后 10 天，但其总时差为 10 天，不影响工期。

2. 工作 B 是非关键工作，实际进度与计划进度一致，既不影响后续工作也不影响工期。

3. 工作 D 是关键工作，拖后 10 天，影响后续工作开工时间，拖延工期 10 天。

综上所述，目前实际进度如不调整，则工期延长 10 天。

调整措施：区分以下三种不同情况加以调整。

（1）如果该工程项目不允许拖延，则在未完部分的关键线路中选择资源强度小或费用率低的关键工作（具体选择压缩工作时，考虑三项因素：第一，缩短持续时间对质量和安全影响不大的工作；第二，有充足的备用资源的工作；第三，缩短持续时间所需增加的费用最少的工作。）缩短其持续时间。假设后续

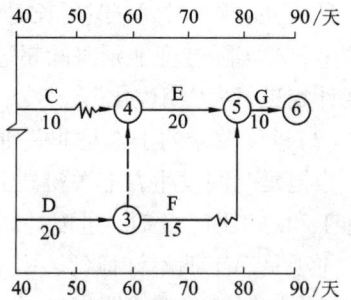

图 3-11　调整后的网络计划

工作 E、F、G 综合比较考虑，将工作 E 的持续时间压缩 10 天增加的费用最少，且对质量安全影响不大，又有充足的备用资源。调整后的网络计划见图 3-11。

（2）如果该工程项目允许拖延，则以实际数据替代原计划数据，重新绘制实际进度检查

日期之后的进度计划即可,调整后的工期为100天。

(3)若能延长时间,但延长的时间有限,如项目工期只可以延长5天,但偏差为10天,因此,必须压缩5天时间,压缩方法与第一种情况相同,只是将工作E的持续时间由压缩10天调整为压缩5天,此时工期为95天。

3)非关键工作时差的调整

为了更充分地利用资源,更有效地降低成本,每次对计划进行调整后,都应重新计算时间参数,绘制资源消耗量曲线,研究调整对计划全局的影响。之后,要对非关键工作在时差范围内进行调整,以便在不影响工期情况下,使计划更完善。调整的内容有:

(1)将工作在其最早开始时间与最迟完成时间范围内移动,来均衡资源的使用。

(2)在自由时差或总时差范围内,适当延长某些工作的持续时间,以降低资源强度或直接费用。

(3)缩短某些工作的持续时间,以消除对后续工作的影响,满足后续工作的限制条件。

4)当网络计划在实施过程中,需增加某些工作项目时,应符合的要求

(1)尽量不打乱原网络计划中的逻辑关系,只对局部逻辑关系进行调整。

(2)重新计算时间参数,分析新增项目对原网络计划的影响,必要时采取措施,以保证计划的工期不变。

当发现某些工作的原计划持续时间有误,或实现条件不充分时,应重新确定其持续时间,并重新计算时间参数;当资源供应发生异常时,应采用资源优化方法对计划进行调整或采取应急措施,使其对工期的影响最小。

最后需要强调的是,网络计划的控制是一种动态控制,是主动控制和被动控制相结合的控制。所谓主动控制,也叫事前控制,是预先分析影响计划目标实现的各种不利因素,提前拟定和采取各项预放行措施,以使计划目标得以实现。被动控制,也叫事后控制,是在网络计划实施工程中,随时检查进度,分析偏差,进行调整,然后按调整后的网络计划指导施工。两种控制,即主动控制和被动控制,对计划管理人员来说,缺一不可,都是使计划按期完工必须采用的控制方式。

### 3.3.4 施工进度控制总结

施工进度计划完成后,项目经理部要及时进行施工进度控制总结。因为总结分析对于今后更好地进行项目施工管理,实现管理循环和信息反馈起着重要的作用。

1.施工进度控制总结的依据

进行施工进度控制总结应依据下列材料:

(1)施工进度计划;

(2)施工进度计划执行的实际记录;

(3)施工进度计划检查结果;

(4)施工进度计划调整资料。

2.施工进度控制总结的内容

施工进度计划完成后,项目经理部应及时进行施工进度控制总结,其内容包括:合同工期目标及计划工期目标完成情况,其他指标完成情况,施工进度控制经验,施工进度控制中存在的问题及分析,科学的施工进度计划方法的应用情况,施工进度控制的改进意见。

(1)合同工期目标及实际工期目标完成情况。

合同工期的节约值 = 合同工期 – 实际工期

计划工期提前率 =（计划工期 – 实际工期）÷计划工期×100%

缩短工期的经济效益 = 缩短一天产生的经济效益×缩短工期天数

分析缩短工期的原因，大致有以下几种情况：计划周密情况、执行情况、控制情况、协调情况、劳动效率。

(2)资源利用情况及成本指标。

①衡量资源消耗的主要指标

单方用工 = 总工日数÷总建筑面积

劳动力不均衡系数 K = 施工期的高峰日用工数÷日平均用工数

节约工日数 = 计划用工工日 – 实际用工工日

主要材料节约量 = 计划材料用量 – 实际材料用量

主要机械台班节约量 = 计划主要机械台班数 – 实际机械台班数

主要大型机械节约率 = $\dfrac{各种大型机械计划费之和 – 实际费之和}{各种大型机械计划费之和}$ ×100%

资源节约大致原因有以下几种情况：计划积极可靠，资源优化效果好，按计划保证供应，认真制定并实施了节约措施，协调及时。

②体现成本的主要指标

降低成本额 = 计划成本 – 实际成本

降低成本率 = 降低成本额÷计划成本×100%

节约成本的主要原因大致有以下几种：计划积极可靠，成本优化效果好，认真制定并实施了节约成本措施，工期缩短，成本核算及成本分析工作效果好。

3.施工进度控制经验

已完施工项目进度控制所取得的经验是指对成绩及所取得的原因进行分析，成为以后进度控制可以借鉴的本质的、规律性的资料。分析施工进度控制经验可以从以下几方面进行：

(1)编制什么样的进度计划才能取得较大的利益。

(2)怎样优化进度计划才更有实际意义，包括优化方法、目标、电子计算机软件应用等。

(3)怎样实施、调整、控制进度计划，包括记录检查、调整、修改、节约、统计等措施。

(4)进度控制工作的创新。

总结出经验后，逐渐形成标准规章制度作为以后工作必须遵守的文件。

4.施工进度控制中存在的问题及分析

施工进度控制目标没有实现或在计划执行中存在缺陷，在进度计划总结中应对存在的问题进行分析，可以定量计算也可以定性分析。对存在问题的原因要从编制和执行计划中去找，不能把已经存在的问题再带到下一个项目中去。

施工进度拖延一般存在工期拖后、资源浪费、成本浪费、计划变化太大等问题。施工进度控制中出现上述问题的原因一般是：计划本身制订得不严密，资源供应和使用中的原因，协调方面的原因，环境方面的原因等。

对施工进度控制中存在的问题进行总结，提出改进的方法或建议，在以后工作中加以应用，之后继续总结应用效果，使进度控制的方法、措施等越来越完善。

## 3.3.5　实训项目

**任务一:** 某基础工程划分为挖土方、砌砖基、回填土三个施工过程,三个施工段组织流水施工,各施工过程流水节拍分别为3天、5天、2天,已制订网络计划如图3-12所示。当施工员第10天去检查时,发现第一、二段上的挖土方已经完成,第一段砖基砌筑已经完成,其余工作还未开始,试分析比较该基础工程的实际进度与计划进度有无差别,是否对工程进度产生影响。如果该工程不能拖延,应该如何调整施工进度?

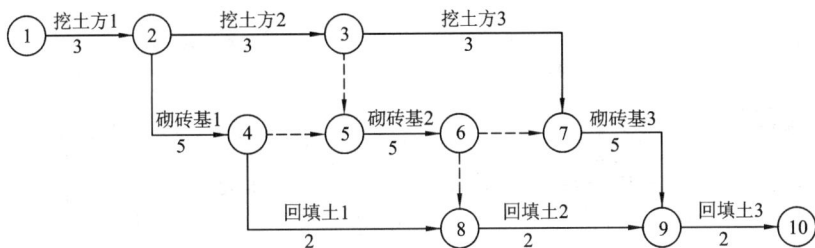

图3-12　某基础工程网络计划

**【解】**　根据题意,可以采用实际进度前锋线比较法。绘制该工程实际进度前锋线如图3-13所示。

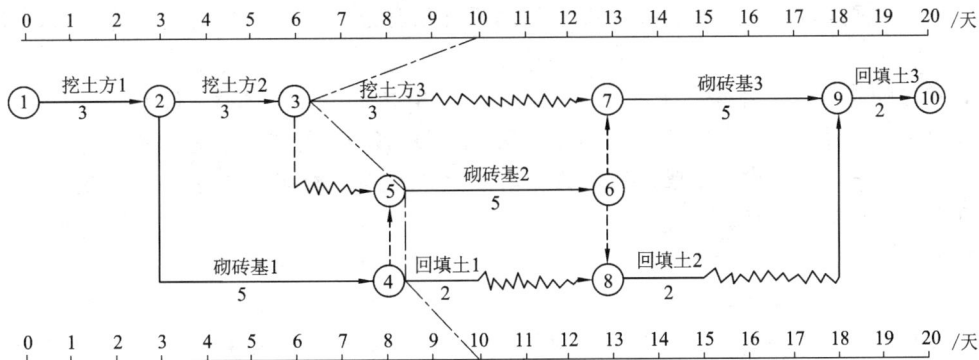

图3-13　某基础工程实际进度前锋线

1.分析该基础工程实际进度是否有偏差
(1)工作挖土方3拖后4天,该工作有总时差3天,不会影响总工期;
(2)工作砌砖基2拖后2天,且为关键工作,故影响工期2天;
(3)回填土1工期拖后2天,该工作有6天总时差,不会影响总工期。
通过分析,该工程实际进度比计划进度拖后2天。

2.如果该工程工期不能拖延,将要进行适当调整。根据前面所学知识,可以把砌砖基2压缩为3天,或者把砌砖基2及砌砖基3各压缩1天,可以保证工程20天完工。

**任务二:** 调查一建筑工地,分析影响其施工进度的因素有哪些,并列举其保证施工进度的手段和措施以及施工进度调整方法。

## 【知识总结】

本模块主要包括建筑工程质量控制、技术管理及进度控制的有关知识，介绍了建筑工程质量控制的基本原理，全面质量管理的基础工作、保证体系、统计分析方法、建筑工程质量检验与验收；工程技术管理的任务、内容、要求、原则以及技术管理基础工作；施工进度控制的作用、原理、程序，进度控制方法的应用与调整等知识点。

通过该模块的学习，使学生具备建筑工程质量管理、建筑工程技术管理的基本技能，并能正确选用施工进度控制方法，及时对施工现场进度进行检查与调整。

## 【练习与作业】

### 一、单项选择

1. 在工程网络计划执行中，若某项工作比原计划拖后，而未超过工作的自由时差，则（  ）

A. 不影响工期，影响后续工作　　　　B. 不影响后续工作，影响总工期

C. 对总工期及后续工作均不影响　　　D. 对总工期及后续工作均有影响

2. 某网络计划执行中发现 $B$ 工作还需作业 5 天，但该工作至计划最迟完成时间尚有 4 天，则该工作（  ）

A. 进度正常　　　　　　　　　　　　B. 影响工期一天

C. 影响工期两天　　　　　　　　　　D. 仍有一天总时差

3. 在工程网络计划执行中，若某项工作比原计划拖后，当拖后时间大于其自由时差时，则（  ）

A. 不影响其后续工作和总工期　　　　B. 不影响后续工作，但影响总工期

C. 影响其后续工作，也可能影响其总工期　　D. 影响后续工作和总工期

4. 在工程施工过程中，监理工程师检查其进度发现某工作的总时差由 5 天变为 -3 天，则说明该工作的实际进度（  ）

A. 拖后 2 天，影响工期 2 天　　　　B. 拖后 5 天，影响工期 2 天

C. 拖后 8 天，影响工期 3 天　　　　D. 拖后 7 天，影响工期 7 天

5. 在工程网络计划中，已知工作 $M$ 的总时差和自由时差分别为 4 天和 2 天，检查其进度时发现，该工作持续时间延长了 5 天，说明此时工作 $M$ 的实际进度（  ）

A. 既不影响总工期，也不影响其紧后工作的正常进行

B. 不影响总工期，但将其紧后工作的开始时间推迟 5 天

C. 将其紧后工作的开始时间推迟 5 天，并使总工期延长 3 天

D. 将其紧后工作的开始时间推迟 3 天，并使总工期延长 1 天

### 二、多项选择题

1. 下列不属于实施见证取样和送检检测的项目是（  ）。

A. 用于承重墙体的砌筑砂浆试块　　　B. 用于结构的钢筋和连接接头试件

C. 用于填充墙的砌块　　　　　　　　D. 用于抹灰砂浆的砂

2. 下面属于影响施工进度的施工技术因素的是（  ）。

A. 施工工艺错误　　　　　　　　　　B. 施工方案不合理

C. 施工安全措施采取不当　　　　　　　D. 地下埋藏文物的保护、处理

3. 下列属于控制施工进度的经济措施的是(　　　　　)。

A. 及时办理工程预付款及工程进度款支付手续　B. 对应急赶工给予优厚的赶工费用

C. 编制进度控制工作细则　　　　　　　D. 对工期提前给予一定的奖励

4. "香蕉"曲线进行实际进度与计划进度比较时,下列说法正确的是(　　　　　)

A. 实际进度点落在 ES 曲线左侧,表明此刻实际进度比各项工作按照最迟时间安排的计划进度提前

B. 实际进度点落在 ES 曲线左侧,表明此刻实际进度比各项工作按照最早时间安排的计划进度提前

C. 实际进度点落在 LS 曲线右侧,表明此刻实际进度比各项工作按照最迟时间安排的计划进度提前

D. 实际进度的 S 曲线在"香蕉"曲线包络的范围之内,说明实际进度比最早时间计划晚一些,比最迟时间计划早一些,属于正常施工范围,不影响总工期

5. 进行施工进度控制总结应依据的材料有(　　　　　)

A. 施工进度计划　　　　　　　　　　　B. 施工进度计划执行的实际记录

C. 施工进度计划检查结果　　　　　　　D. 施工进度计划调整资料

## 三、案例分析题

1. 某市一综合楼,结构形式为现浇框架—剪力墙结构,地上18层,地下2层,于2011年7月1日开工。屋面卷材防水层(卷材及其配套材料符合设计要求)施工后,直接在上面进行刚性保护层施工。经过一段时间后变形缝等部位防水层出现裂缝,并逐渐发展;在女儿墙泛水处出现了渗水现象。问:

(1)简述该建筑工程项目质量控制的过程。

(2)屋面卷材防水工程女儿墙泛水处的施工质量应如何控制?

(3)分析屋面卷材防水层开裂的原因。

2. 已知某工程网络计划,执行到40天下班时检查,实际进度情况如图3-14中的进度前锋线所示。试分析目前实际进度对后续工作和总工期的影响,并提出相应的进度调整措施,并绘出后续工作时标网络计划。

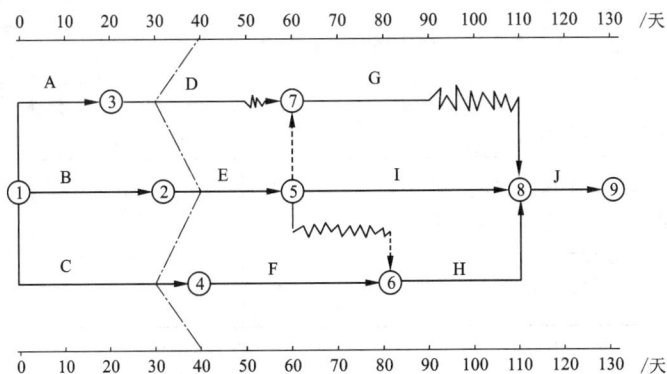

图3-14　某工程项目时标网络图

## 四、技能抽查题

### 一、砌筑工程操作技能考核试题

1. 题目：现场墙体砌筑施工已完成，请检查其施工质量(检测项目和允许偏差按国家规范要求由考生自己列出)。

2. 完成时间：2 小时。

3. 操作人数：1 人(另加辅助人员 1 人)。

4. 工具与材料准备：成品砖墙、靠尺、塞尺、11 米线、5 米钢卷尺、检测尺、百格网、《砌体工程施工质量验收规范》(GB50203—2011)每名考生 1 本、A4 白纸 2 张。

5. 考核内容及评分标准：

抽查项目的评价包括职业素养与操作规范(表 3-5)、作品(表 3-6)两个方面，总分为 100 分。其中，职业素养与操作规范占该项目总分的 50%，作品占该项目总分的 50%。职业素养与操作规范、作品两项考核均需合格，总成绩才能评定为合格。

表 3-4  评分总表

| 职业素养与操作规范得分<br>(权重系数0.5) | 作品得分<br>(权重系数0.5) | 总分 |
|---|---|---|
| | | |

表 3-5  职业素养与操作规范评分表

| 考核内容 | 评分标准 | 标准分 | 得分 | 备注 |
|---|---|---|---|---|
| 职业素养与操作规范 | 施工前清查给定的图纸、资料、记录工具是否齐全，检测工具是否准备到位，做好工作前的准备工作 | 20 | | 出现明显失误造成图纸、工具、安全帽和记录工具严重损坏等，严重违反考场纪律，造成恶劣影响的本大项记 0 分。 |
| | 文字、图表作业应字迹工整、填写规范 | 20 | | |
| | 严格遵守考场纪律。有良好的环境保护意识，文明施工 | 20 | | |
| | 不损坏检测工具及设施 | 20 | | |
| | 任务完成后，整齐摆放图纸、工具书、检测仪器、记录工具、凳子，整理工作台面等 | 20 | | |
| 总　分 | | 100 | | |

表 3-6 作品评分表

| 序号 | 检测项目 | 允许偏差 | 评分标准 | 标准分 | 检测点 | | | | | 得分 |
|---|---|---|---|---|---|---|---|---|---|---|
| | | | | | 1 | 2 | 3 | 4 | 5 | |
| 1 | | | | | | | | | | |
| 2 | | | | | | | | | | |
| 3 | | | | | | | | | | |
| 4 | | | 检测项目齐全、检查方法正确、使用检测工具正确,每个检测项目检查5个点(检测项目分数平均分配) | | | | | | | |
| 5 | | | | | | | | | | |
| 6 | | | | | | | | | | |
| 7 | | | | | | | | | | |
| 8 | | | | | | | | | | |
| 9 | | | | | | | | | | |
| 10 | | | | | | | | | | |
| 11 | | | | | | | | | | |
| 12 | 安全文明施工 | | 不遵守安全操作规程、工完场不清或有事故本项无分。 | 10 | | | | | | |
| 13 | 工效 | 规定时间 | 规定时间内没有完成任务,此项无分 | 10 | | | | | | |
| 总 分 | | | | 100 | | | | | | |

注:作品没有完成总工作量的60%以上,作品评分记0分。

## 二、脚手架工程操作技能考核试题

1. 题目:实训基地有一栋建筑物的钢管扣件式脚手架已按施工需要搭设完毕,安全网也挂设完毕,请检查脚手架及安全网的施工质量是否满足国家规范的要求,并说明理由。

2. 完成时间:2 小时。

3. 操作人数:1 人。

4. 工具与材料准备:线锤、5 米钢卷尺、扭矩扳手,A4 白纸 2 张、《建筑施工安全技术规范》(工程建设标准规范分类汇编)每名考生 1 本。

5. 考核内容及评分标准:

抽查项目的评价包括职业素养与操作规范(表 3-8)、作品(表 3-9)两个方面,总分为100 分。其中,职业素养与操作规范占该项目总分的50%,作品占该项目总分的50%。职业素养与操作规范、作品两项考核均需合格,总成绩才能评定为合格。

表 3-7 评分总表

| 职业素养与操作规范得分<br>(权重系数0.5) | 作品得分<br>(权重系数0.5) | 总 分 |
|---|---|---|
| | | |

### 表 3 - 8 职业素养与操作规范评分表

| 考核内容 | 评分标准 | 标准分 | 得分 | 备注 |
|---|---|---|---|---|
| 职业素养与操作规范 | 施工前清查给定的图纸、资料、记录工具是否齐全，检测工具是否准备到位，做好工作前的准备工作 | 20 | | 出现明显失误造成图纸、工具、安全帽和记录工具严重损坏等，严重违反考场纪律，造成恶劣影响的本大项记0分。 |
| | 文字、图表作业应字迹工整、填写规范 | 20 | | |
| | 严格遵守考场纪律。有良好的环境保护意识，文明施工 | 20 | | |
| | 不损坏检测工具及设施 | 20 | | |
| | 任务完成后，整齐摆放图纸、工具书、检测仪器、记录工具、凳子，整理工作台面等 | 20 | | |
| 总　分 | | 100 | | |

### 表 3 - 9 作品评分表

脚手架及安全网施工质量检查表

| 序号 | 检查项目 | 是否合格 | 理由 | 配分 | 得分 |
|---|---|---|---|---|---|
| 1 | | | | | |
| 2 | | | | | |
| 3 | | | | | |
| 4 | | | | | |
| 5 | | | | | |
| 6 | | | | | |
| 7 | | | | | |
| 8 | | | | | |
| 9 | | | | | |
| 10 | | | | | |
| 11 | | | | | |
| 12 | | | | | |
| 13 | | | | | |
| 14 | | | | | |
| 15 | | | | | |
| 16 | | | | | |
| 17 | 安全文明施工 | | 不遵守安全操作规程、工完场不清或有事故本项无分 | 10 | |
| 18 | 工效 | | 规定时间内没有完成，此项无分 | 10 | |
| 总　分 | | | | | |

注：1.作品没有完成总工作量的60%以上，作品评分记0分。

2.检测项目按国家规范要求由考生自己列出，每个项目分数平均分配。

# 模块四　施工组织设计在 BIM5D 中的应用

**【能力目标】**

能根据给定项目资料完成基于 BIM5D 软件的工程概况数据录入、施工进度计划及资源配置的应用。

**【知识目标】**

了解 BIM5D 软件价值及在施工组织设计中的价值；掌握 BIM5D 软件与施工组织设计的结合应用点。

**【思政目标】**

培养学生诚信守时、爱岗敬业、忠于职守的工作作风；培养学生工作严谨、务实创新、追求卓越的工匠精神；培养学生同心协力、共同奋斗、共创辉煌的卓越精神。

## BIM5D 平台介绍

BIM5D 系统是基于 BIM 模型的集成应用平台，通过三维模型数据接口集成土建、钢构、机电、幕墙等多个专业模型，并以 BIM 集成模型为载体，将施工过程中的进度、合同、成本、工艺、质量、安全、图纸、材料、劳动力等信息集成到同一平台，利用 BIM 模型的形象直观、可计算分析的特性，为施工过程中的进度管理、现场协调、合同成本管理、材料管理等关键过程及时提供准确的构件几何位置、工程量、资源量、计划时间等，帮助管理人员进行有效决策和精细管理，减少施工变更，缩短项目工期、控制项目成本、提升质量。

BIM5D 围绕模型中心、数据中心及应用中心，助于实现项目精细化管理。

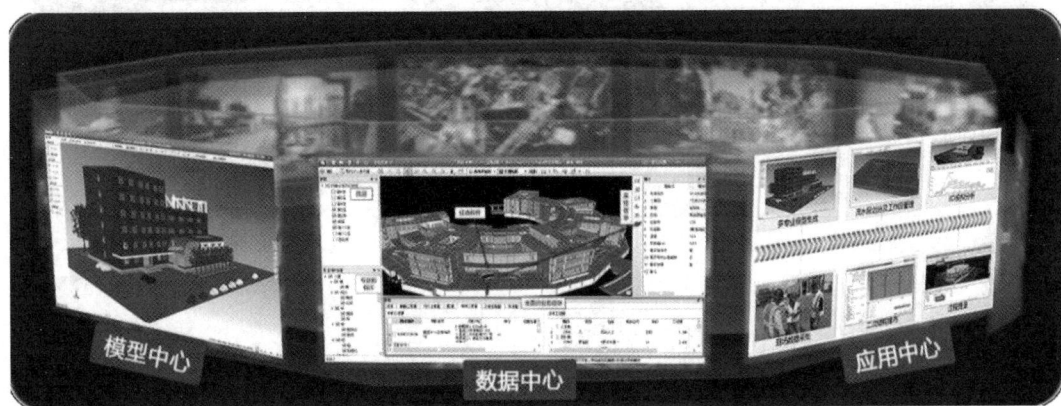

BIM5D 基于模型中心，可支持导入 Revit、Tekla、GGJ、GCL、GQI、GMJ、GSL、ArchiCAD、MagiCAD、igms、3ds、IFC 等格式的多专业模型、场地模型及措施机械模型。

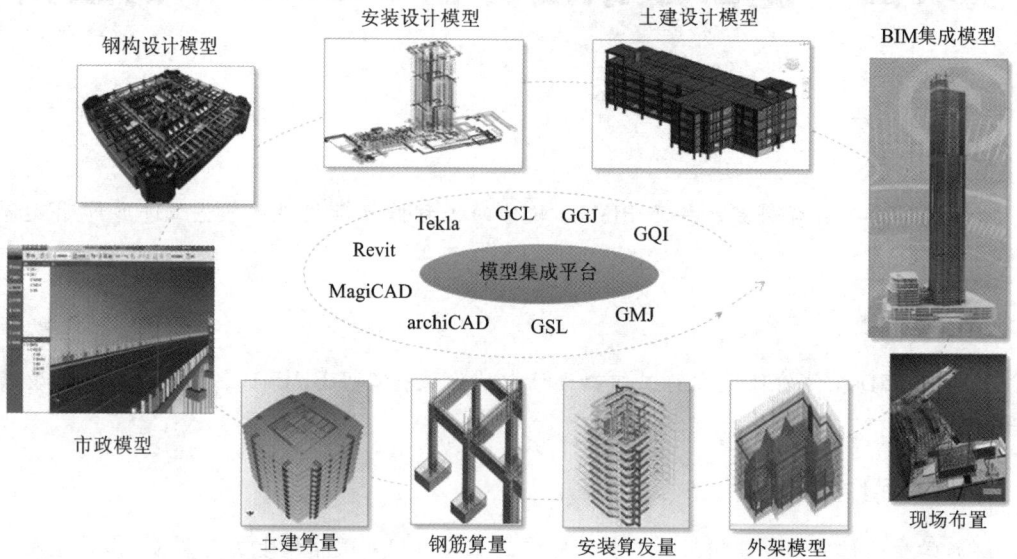

钢构设计模型　　安装设计模型　　土建设计模型　　BIM集成模型

Tekla　GCL　GGJ　GQI
Revit
MagiCAD　模型集成平台
archiCAD　GSL　GMJ

市政模型　　土建算量　　钢筋算量　　安装算发量　　外架模型　　现场布置

BIM5D 基于数据中心，以集成模型为载体，可在平台上导入进度、合同、成本、质量、安全、图纸、物料等信息进行关联。

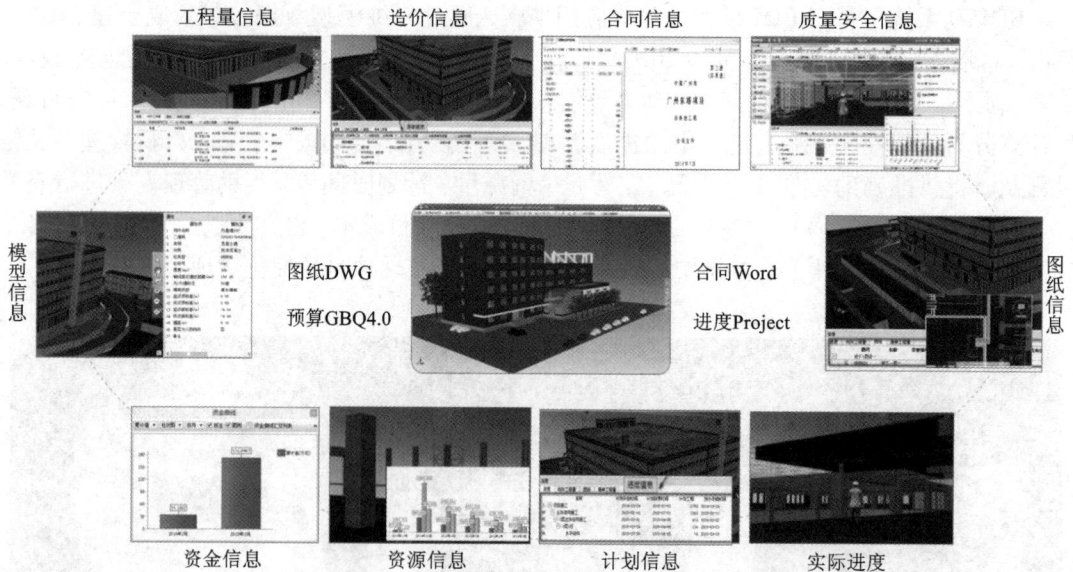

工程量信息　　造价信息　　合同信息　　质量安全信息

模型信息　　图纸DWG　预算GBQ4.0　合同Word　进度Project　图纸信息

资金信息　　资源信息　　计划信息　　实际进度

276

BIM5D基于应用中心，以模型与数据结合为基础，可围绕技术、商务、生产、质安等多部门多岗位实现协同应用。

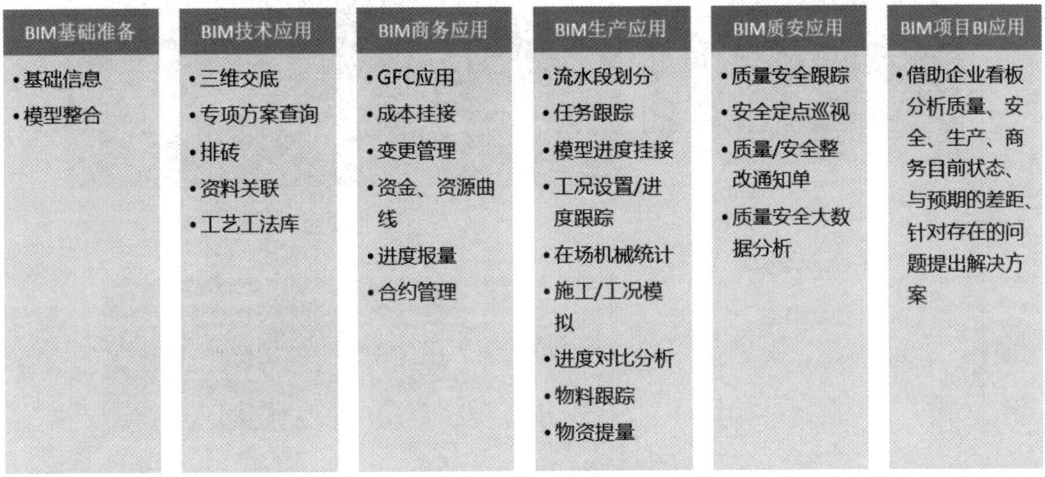

| BIM基础准备 | BIM技术应用 | BIM商务应用 | BIM生产应用 | BIM质安应用 | BIM项目BI应用 |
|---|---|---|---|---|---|
| • 基础信息<br>• 模型整合 | • 三维交底<br>• 专项方案查询<br>• 排砖<br>• 资料关联<br>• 工艺工法库 | • GFC应用<br>• 成本挂接<br>• 变更管理<br>• 资金、资源曲线<br>• 进度报量<br>• 合约管理 | • 流水段划分<br>• 任务跟踪<br>• 模型进度挂接<br>• 工况设置/进度跟踪<br>• 在场机械统计<br>• 施工/工况模拟<br>• 进度对比分析<br>• 物料跟踪<br>• 物资提量 | • 质量安全跟踪<br>• 安全定点巡视<br>• 质量/安全整改通知单<br>• 质量安全大数据分析 | • 借助企业看板分析质量、安全、生产、商务目前状态、与预期的差距、针对存在的问题提出解决方案 |

## 4.1　BIM平台数据集成

### 任务说明

基于专业宿舍楼工程案例文件掌握模型与预算、进度集成的能力为后期BIM数据使用提供支撑。

### 任务分析

结合前期已完善的模型、预算、进度文件等，掌握基于BIM系统导入集成建筑多专业的模型、预算、进度计划文件的能力，同时能够将导入预算文件与模型、进度进行数据关联。

### 任务实施

根据提供的专业宿舍楼建筑及结构专业BIM模型进行多专业模型的集成，将预算文件导入BIM平台软件通过清单编码、名称等匹配规则将模型与预算进行集成，导入进度文件结合流水段将模型、预算、进度进行集成。

#### 4.1.1　模型集成

1.新建工程

Step 01　打开软件，在软件新建界面点击【新建项目】功能新建一个工程，如图4－1所示。

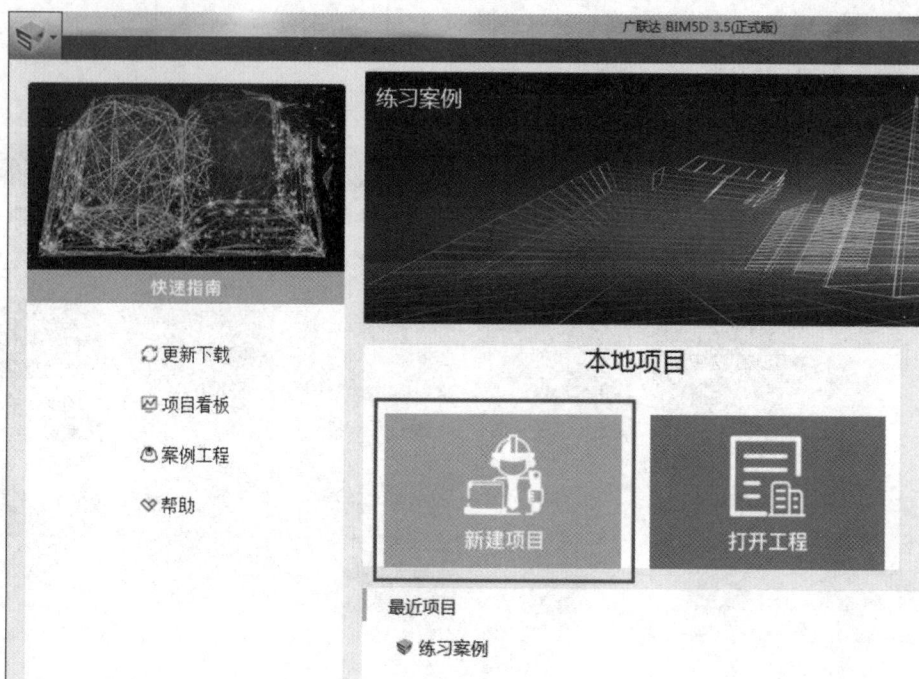

图 4 - 1

Step 02　新建项目中输入工程名称"专用宿舍楼"，保存路径设置为桌面点击完成，如图4 - 2所示。

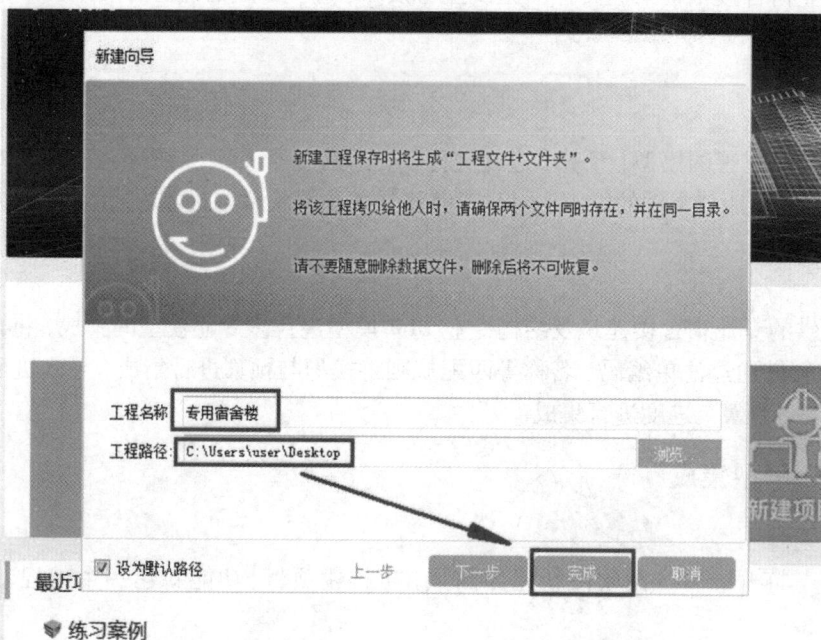

图 4 - 2

## 2. 模型导入

Step 01　切换至【数据导入】模块,点击【模型模型】选择【实体模型】后点击右上角【添加模型】功能按键,如图4-3所示。

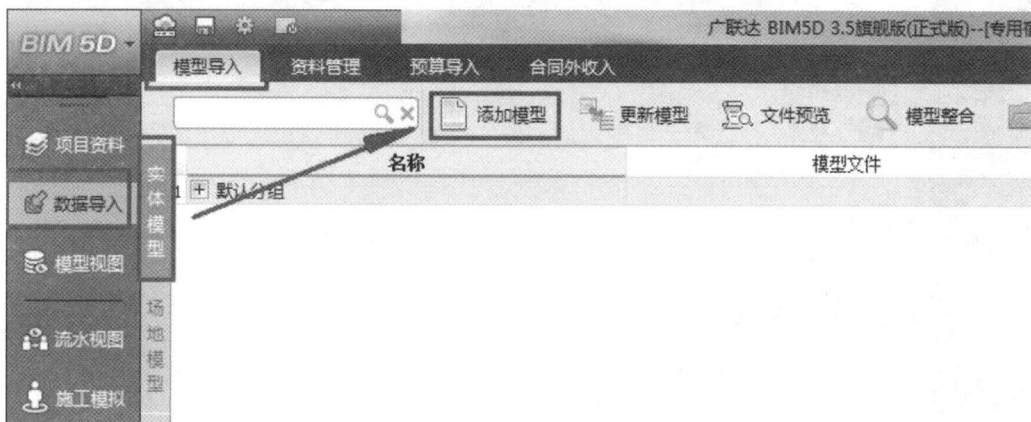

图 4-3

Step 02　找到下方的专用宿舍楼工程案例资料包文件夹,打开后选择模型文件文件夹中的专用宿舍楼钢筋、土建模型点击打开,确定标高体系、单体、单体匹配等信息点击导入,如图4-4所示。

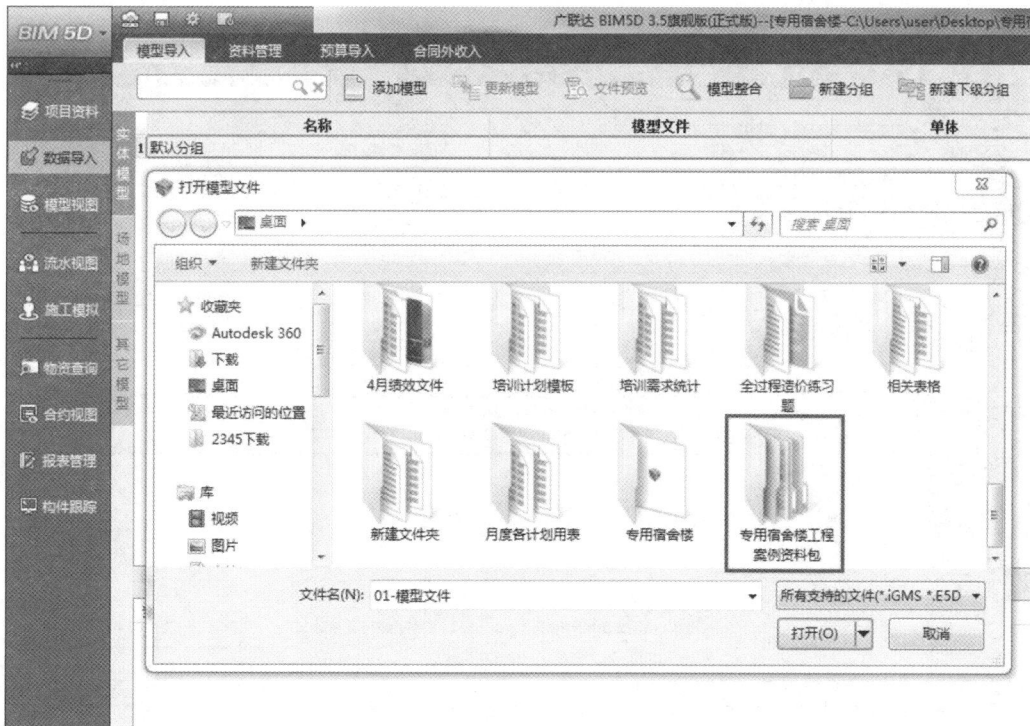

图 4-4

图 4 − 5

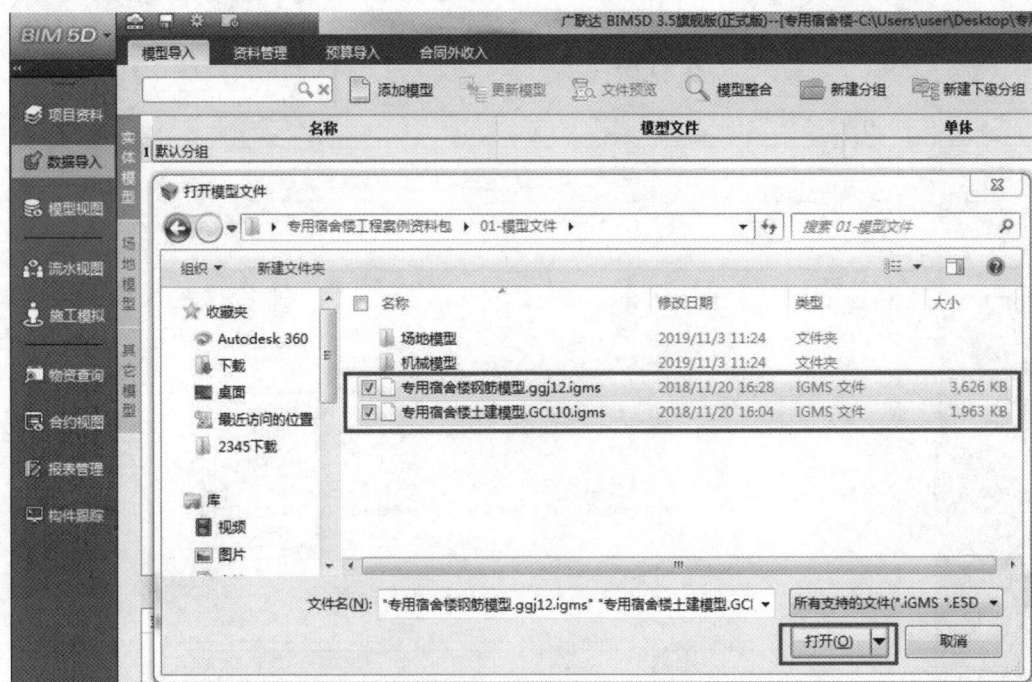

图 4 − 6

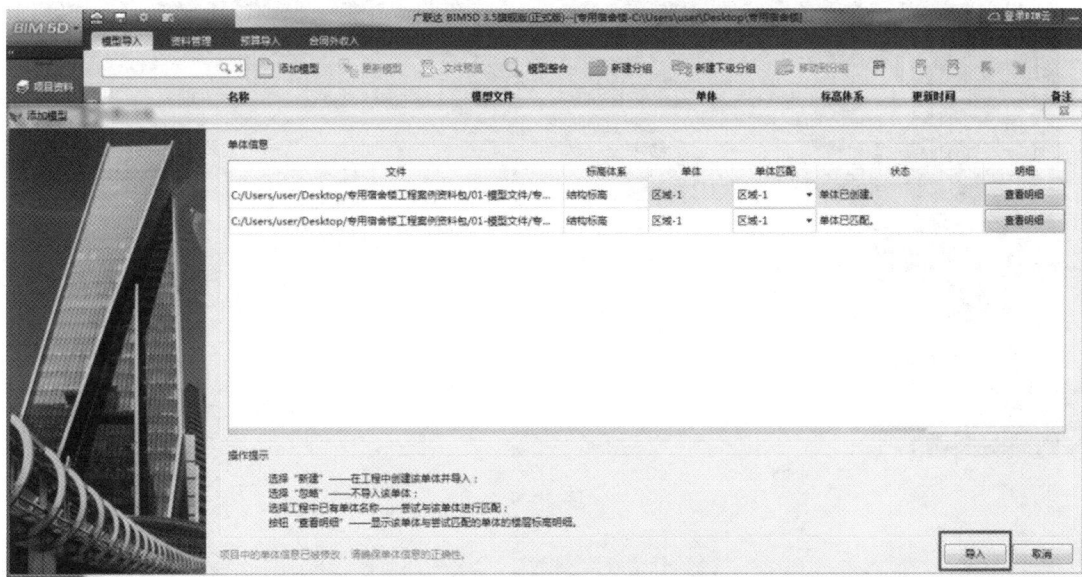

图 4 - 7

图 4 - 8

## 4.1.2　成本数据集成

1. 添加预算书

Step 01　合同预算导入,选择【数据导入】模块,点击上方【预算导入】,选择【合同文件】如图 4 - 9 所示。

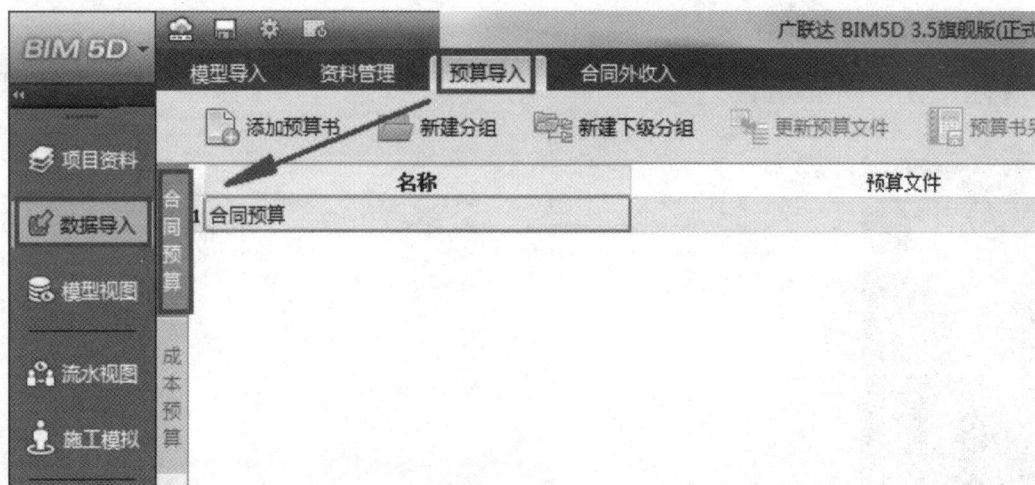

图 4 – 9

Step 02    点击【添加预算书】选择 GBQ 预算文件点击确定，如图 4 – 10 所示。

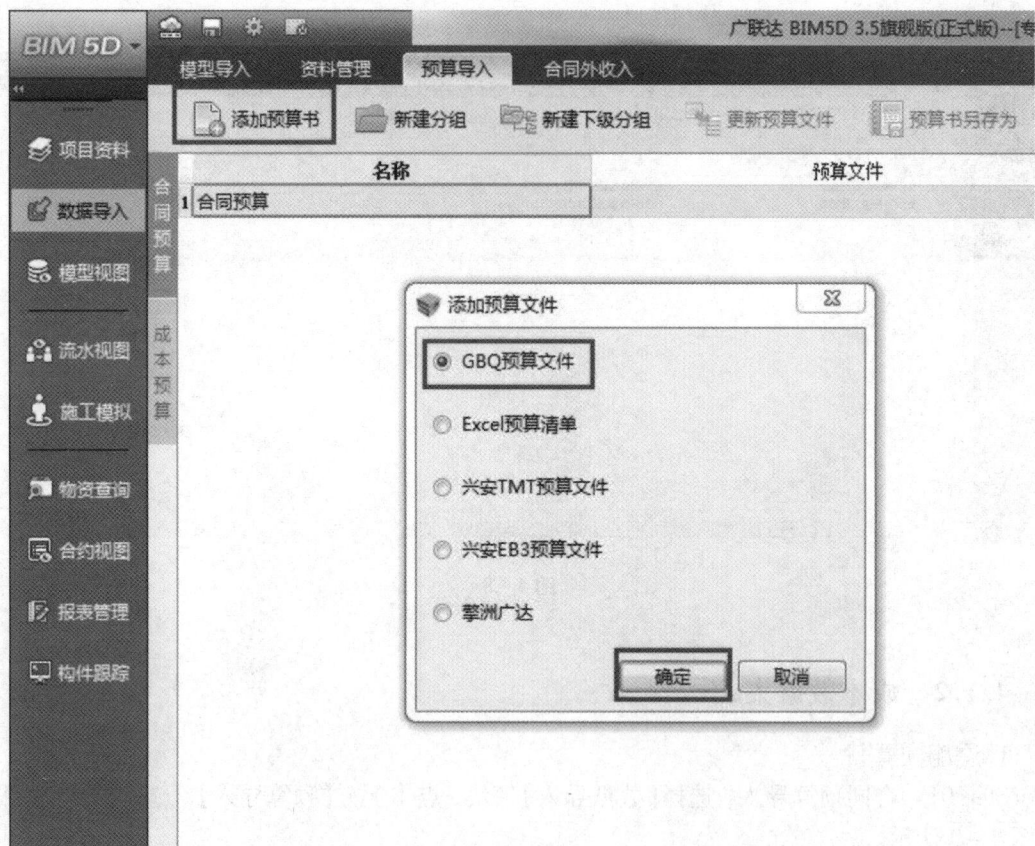

图 4 – 10

Step 03 打开专用宿舍楼工程案例资料包文件夹，选择预算文件中专用宿舍楼合同预算点击打开，导入合同预算文件，如下图所示。

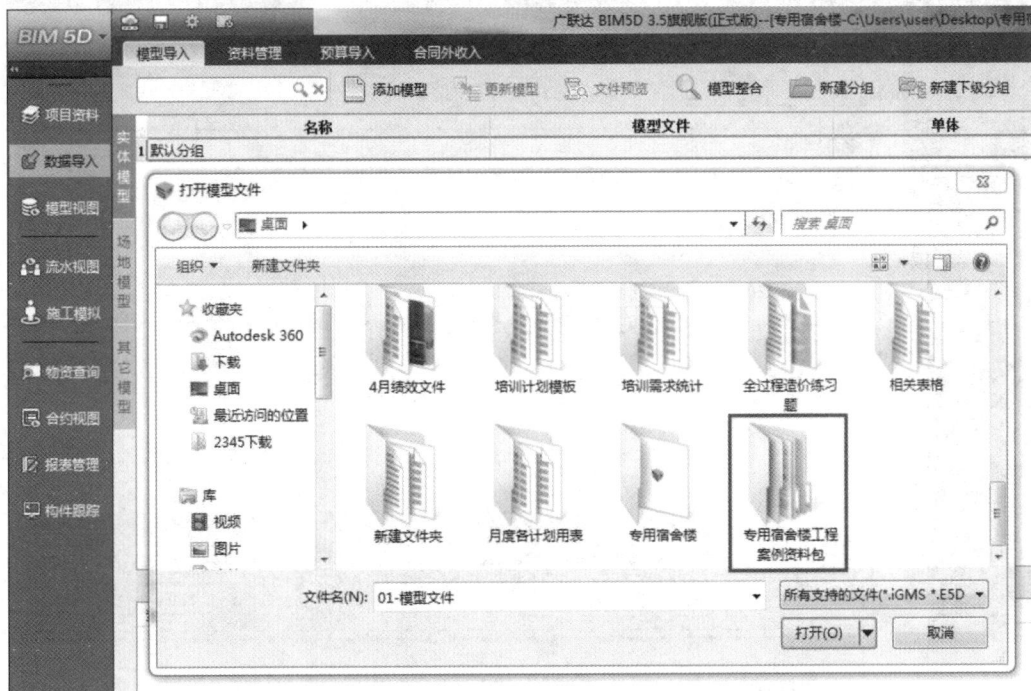

图 4 – 11

图 4 – 12

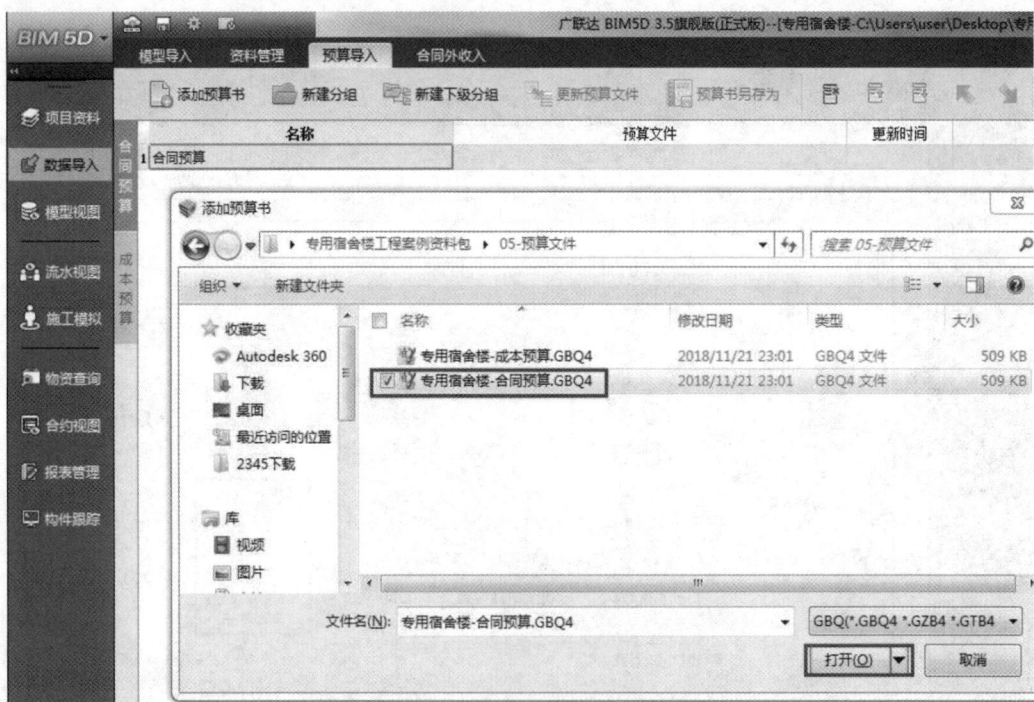

图 4 – 13

图 4 – 14

Step 04  成本预算导入,切换至预算导入成本预算,其余操作同合同预算导入,不再赘述,如图 4 – 15 所示。

图 4 – 15

## 4.1.3　进度数据集成

1. 进度导入

Step 01　进度计划导入，点击施工模拟导航栏，点击导入进度计划，打开专用宿舍楼工程案例资料包文件夹，进入进度计划文件夹，选择专用宿舍楼进度计划点击打开后点击确定，如图 4 – 16 所示。

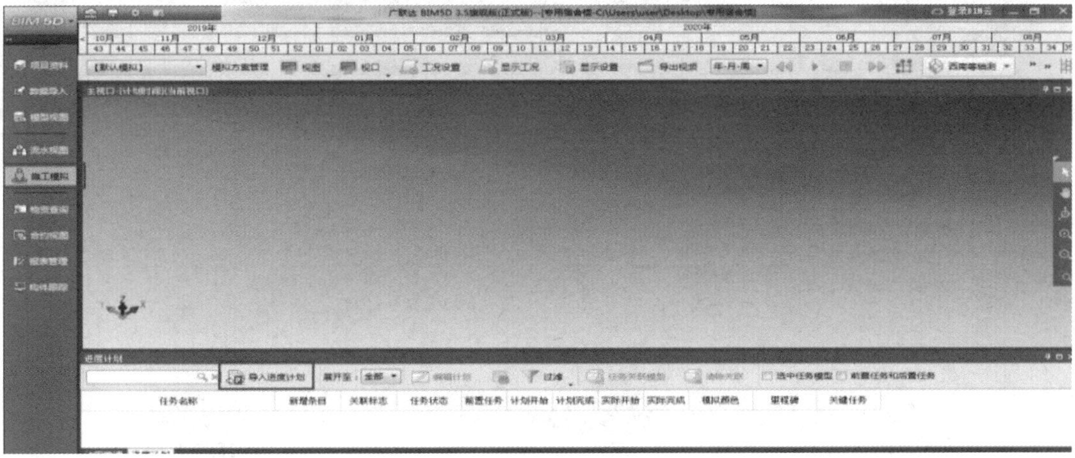

图 4 – 16

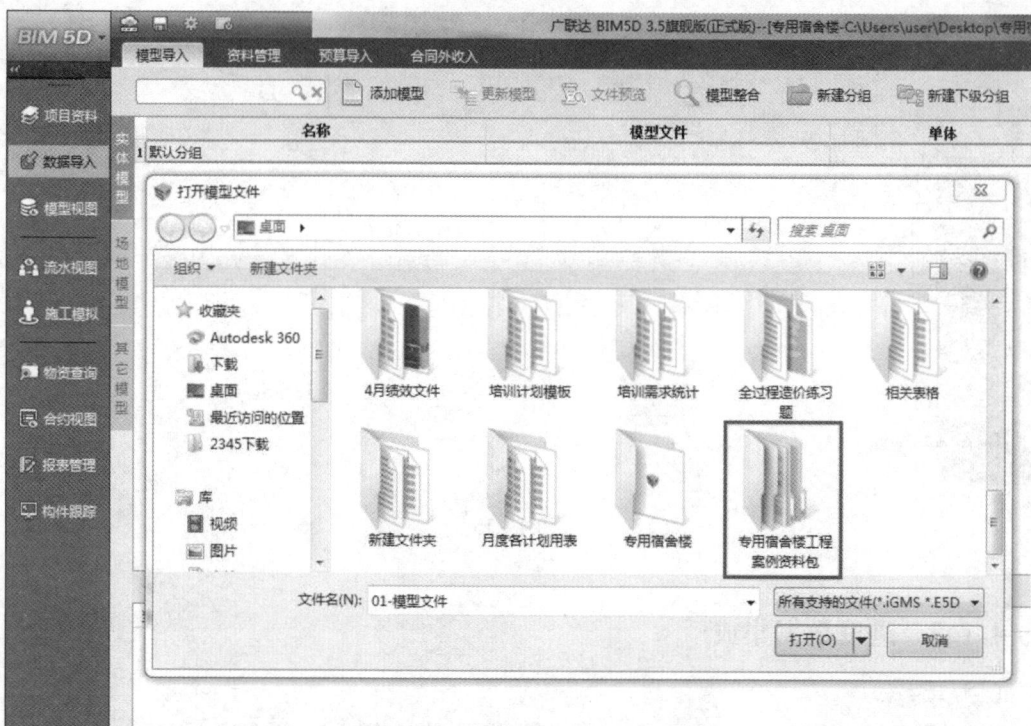

图 4 – 17

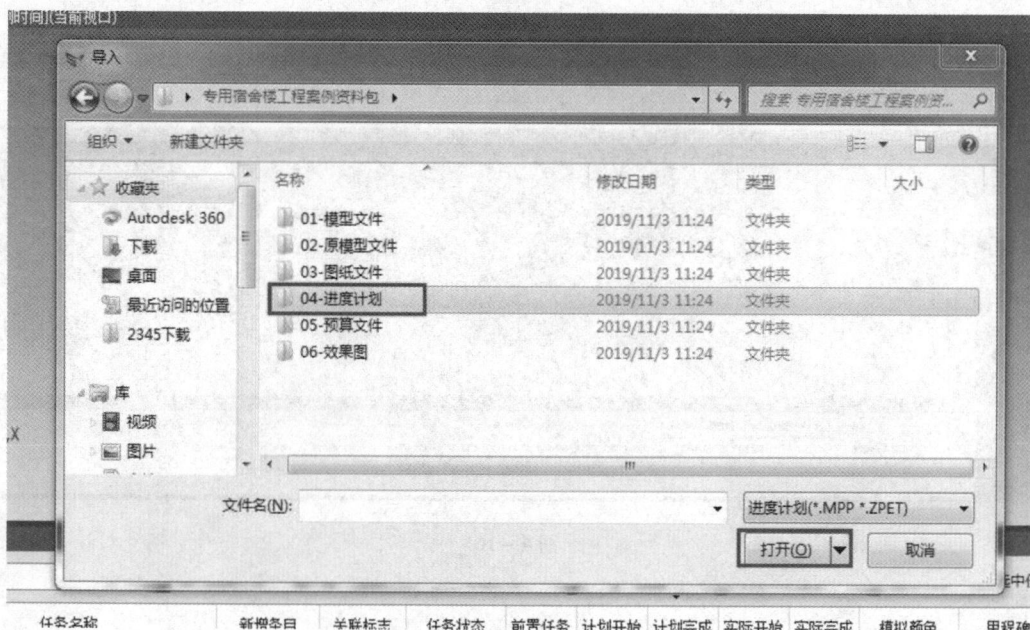

图 4 – 18

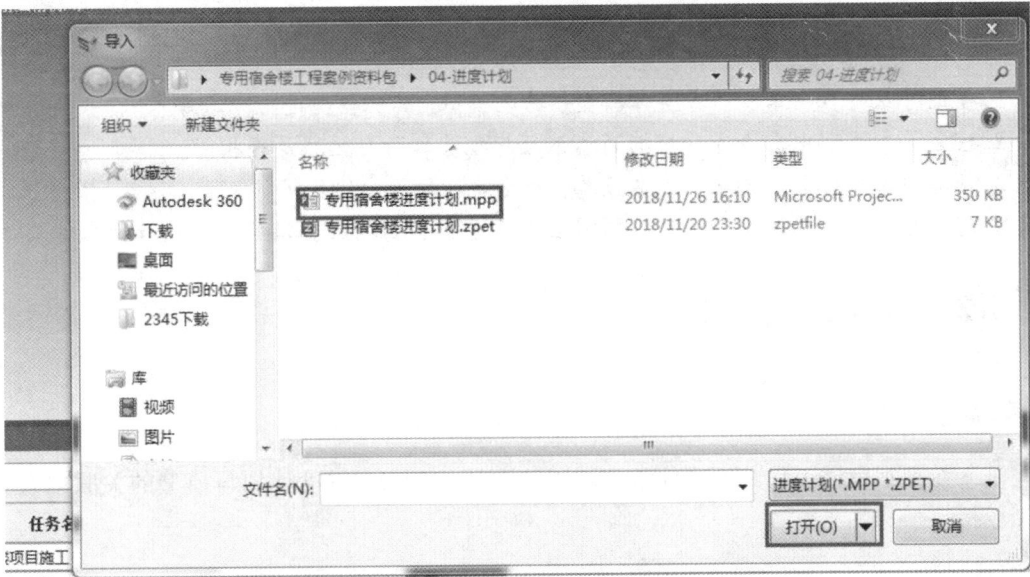

图 4 – 19

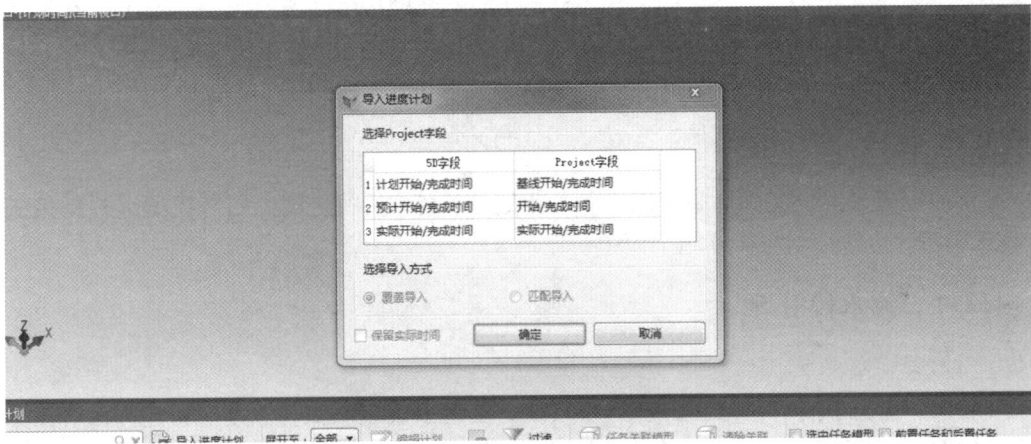

图 4 – 20

| 任务名称 | 新增条目 | 关联标志 | 任务状态 | 前置任务 | 计划开始 | 计划完成 | 实际开始 | 实际完成 | 模拟颜色 | 里程碑 | 关 |
|---|---|---|---|---|---|---|---|---|---|---|---|
| 1 专用宿舍楼项目施工 | | | 未开始 | | 2018-06-19 | 2018-09-15 | | | | | |
| 2 基础层结构施工 | | | 未开始 | | 2018-06-19 | 2018-07-06 | | | | | |
| 3 土方开挖 | | | 未开始 | | 2018-06-19 | 2018-06-23 | | | | | |
| 4 基础垫层施工 | | | 未开始 | 3 | 2018-06-23 | 2018-06-26 | | | | | |
| 5 独立基础结构施工 | | | 未开始 | 4 | 2018-06-26 | 2018-06-30 | | | | | |
| 6 柱结构施工 | | | 未开始 | 5 | 2018-06-30 | 2018-07-03 | | | | | |
| 7 地梁及地圈梁结构施工 | | | 未开始 | 6 | 2018-07-03 | 2018-07-06 | | | | | |
| 8 首层主体结构施工 | | | 未开始 | | 2018-07-06 | 2018-07-20 | | | | | |
| 9 首层A区主体结构施工 | | | 未开始 | | 2018-07-06 | 2018-07-17 | | | | | |

图 4 – 21

287

**【总结拓展】**

1.模型导入过程中需要区分实体模型、场地模型、其他模型进行分类导入。

2.模型导入过程中需检查对应标高体系及模型导入所在区域是否相同。

3.预算导入注意区分合同与成本预算，避免导入位置出错。

4.进度导入时如无法导入进度计划需检查是否安装 project 以及斑马进度计划文件。

## 4.2 BIM 进度管理

### 任务说明

基于专业宿舍楼工程案例文件掌握施工流水段的划分、进度计划与模型的关联以及 4D 施工模拟。

### 任务分析

结合前期已导入模型、预算、进度的专用宿舍楼案例，分析施工流水段的划分方式以及进度与模型之间相互对应关系进行关联，同时需要根据项目计划与实际进度进行施工 4D 模拟，掌握根据实际进度调整模型的方法。

### 任务实施

结合前期成果案例文件对施工流水段进行划分，划分后将进度计划与模型进行挂接进行 4D 施工模拟，达到计划与实际施工模拟对比。

#### 4.2.1 流水段管理

1.流水段定义

Step 01 打开软件，在【流水视图】模块中，在流水段定义页签，点击新建同级，在类型中选择【单体】选择区域一后点击确认，如图 4－22 所示。

图 4－22

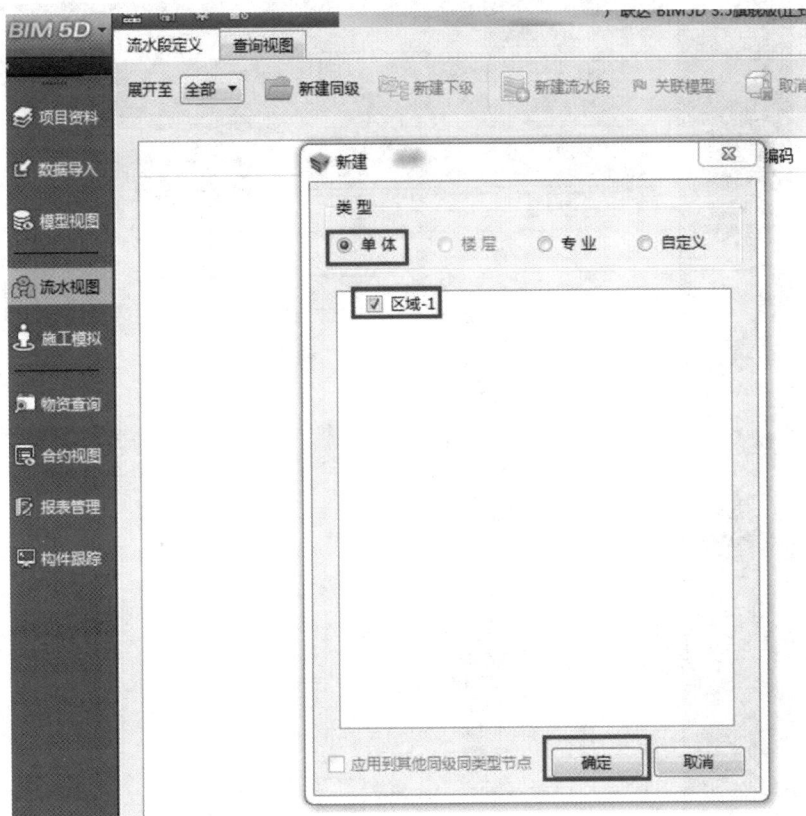

图 4－23

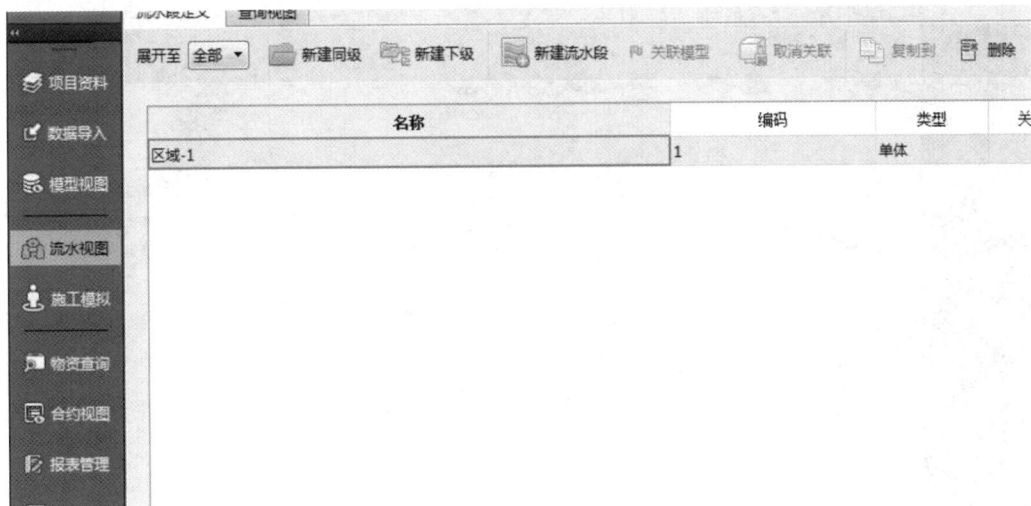

图 4－24

Step 02　点击【新建下级】选择【专业】勾选专业列表中钢筋、土建专业点击确定，如图 4－25所示。

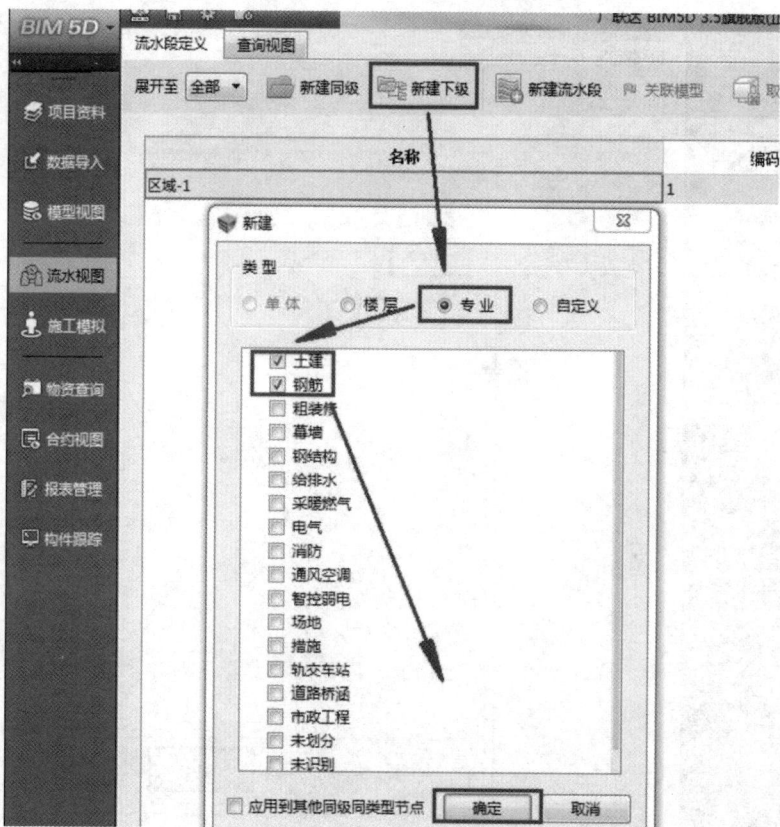

图 4 – 25

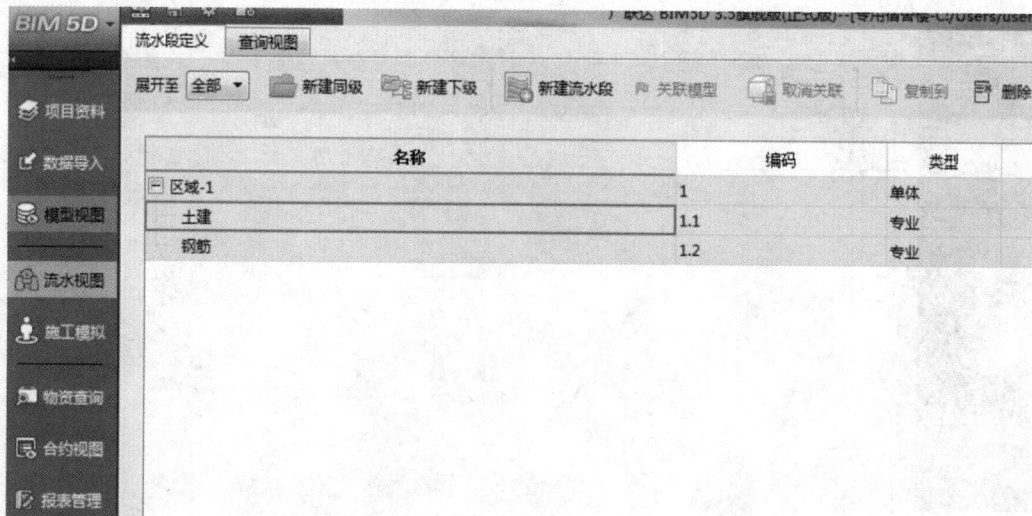

图 4 – 26

Step 03　点选土建专业,点击【新建下级】选择【楼层】列表,将所有楼层选中同时勾选【应用到其他同级同类型节点】点击确定。

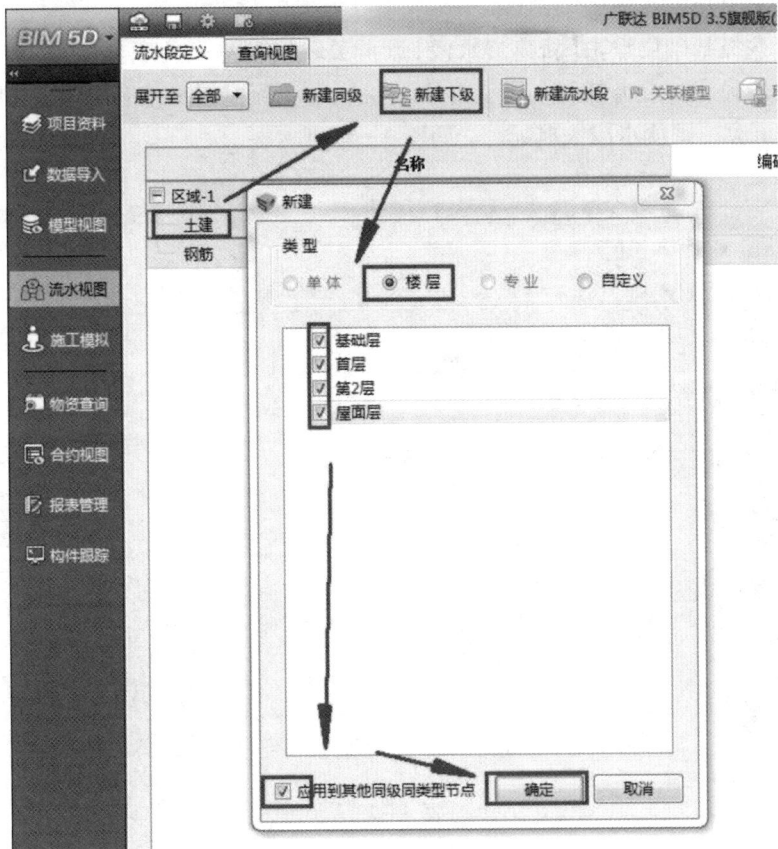

图 4 – 27

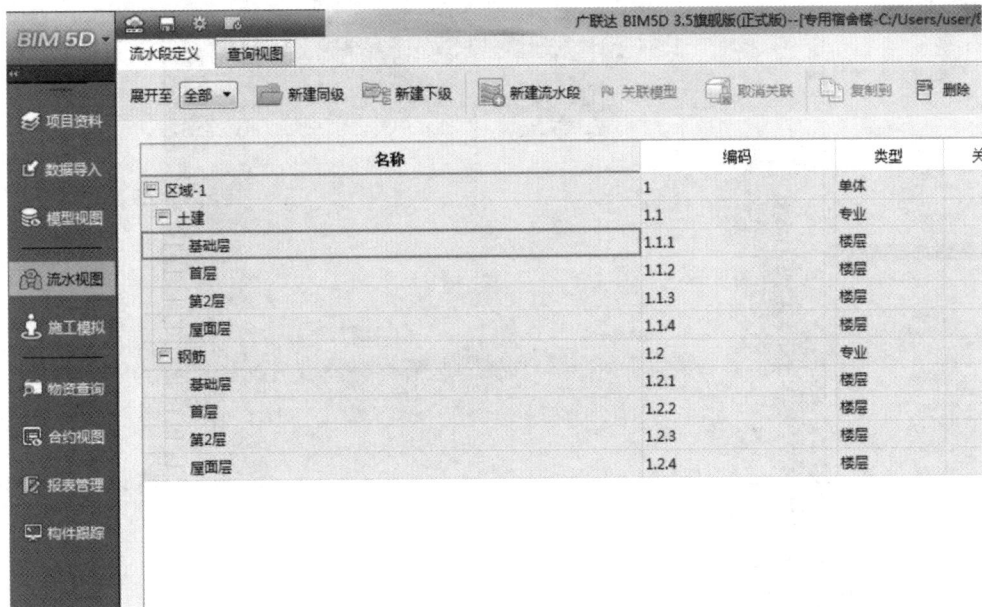

图 4 – 28

2. 新建流水段及关联模型

Step 01　选择基础层点击【新建流水段】点击关联模型进入关联界面点击右上方轴网选择对应楼层点击确定。点击画流水段线框手动绘制对应流水段后点击左侧【关联构建类型】小锁，最后点击应用则流水段关联完成，如图4-29所示。

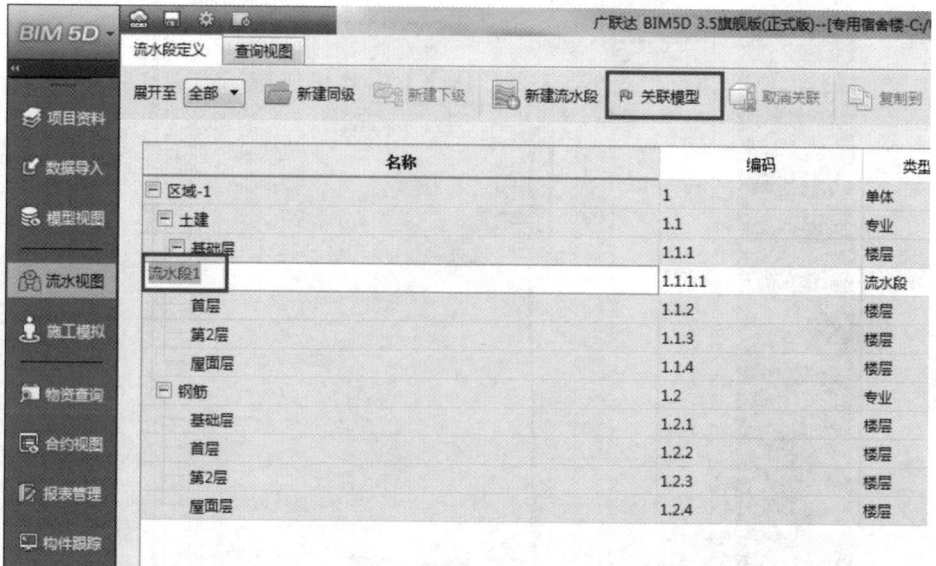

图4-29

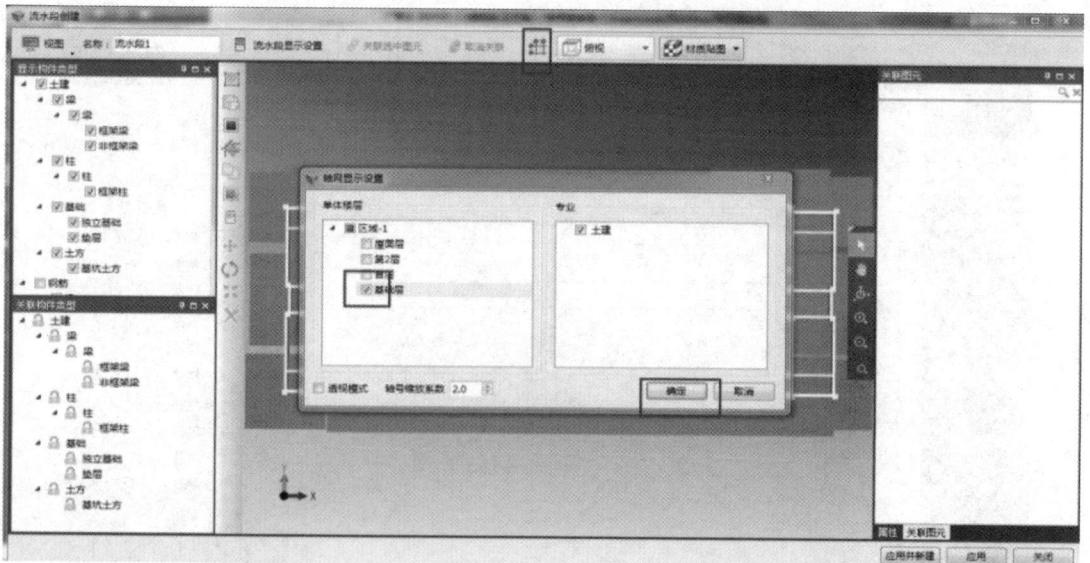

图4-30

Step 02　点击画流水段线框手动绘制对应流水段后点击左侧【关联构建类型】绿色小锁变成粉红色上锁状态，最后点击应用则流水段关联完成，如图4-31所示。

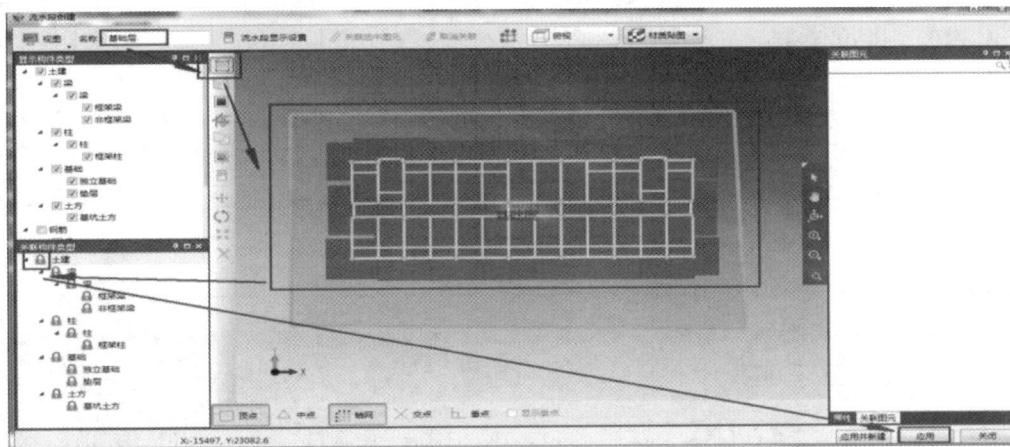

图 4 – 31

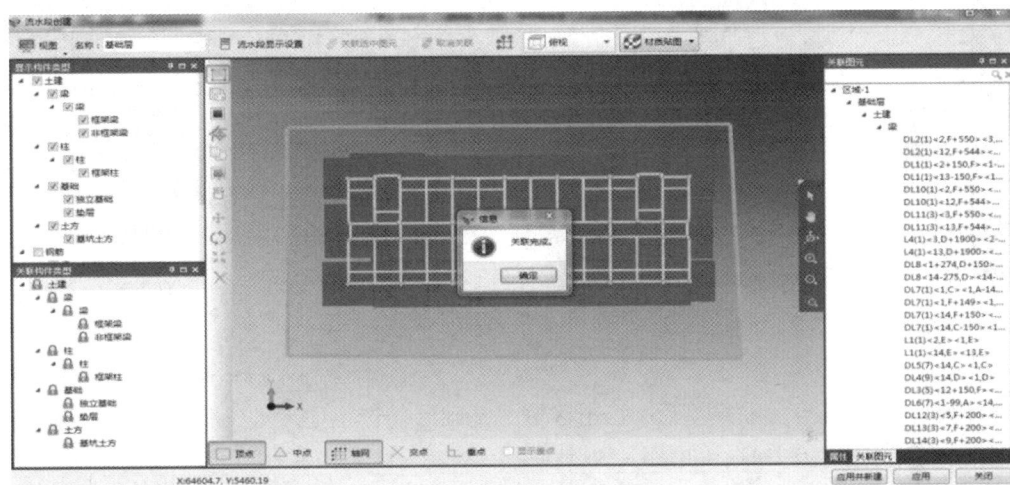

图 4 – 32

图 4 – 33

### 4.2.2 进度关联

**1.导入进度计划挂接模型**

Step 01  切换至【施工模拟】模块，在视图菜单下勾选进度计划，点击已导入进度计划的工作项，点击任务关联模型，如图4-34所示。

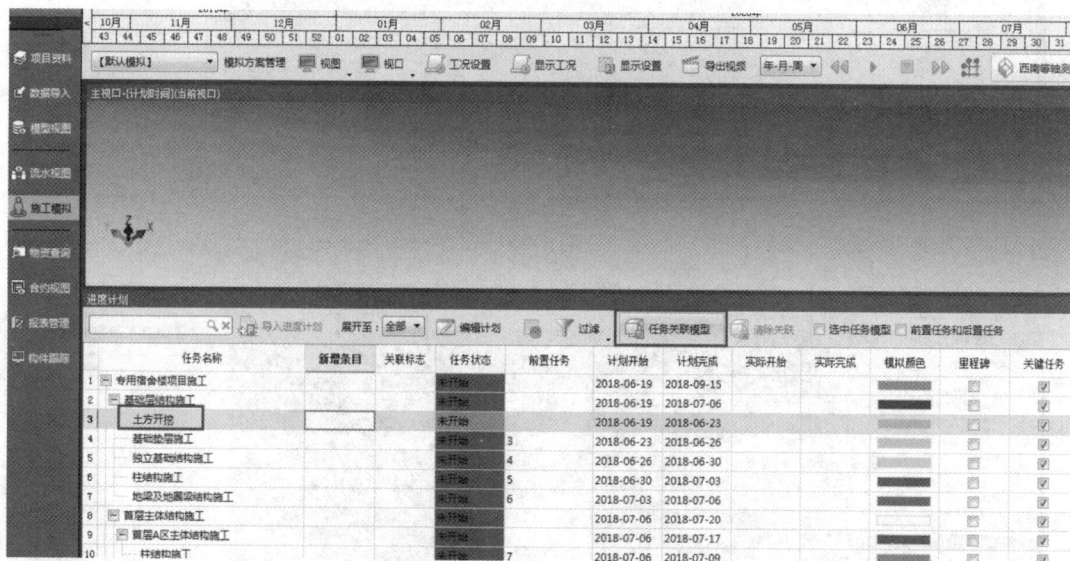

**图 4-34**

Step 02  点击任务关联模型后，点击区域一基础层勾选土建专业，然后选择基础层流水段勾选土方点击左上方关联，如图4-35所示。

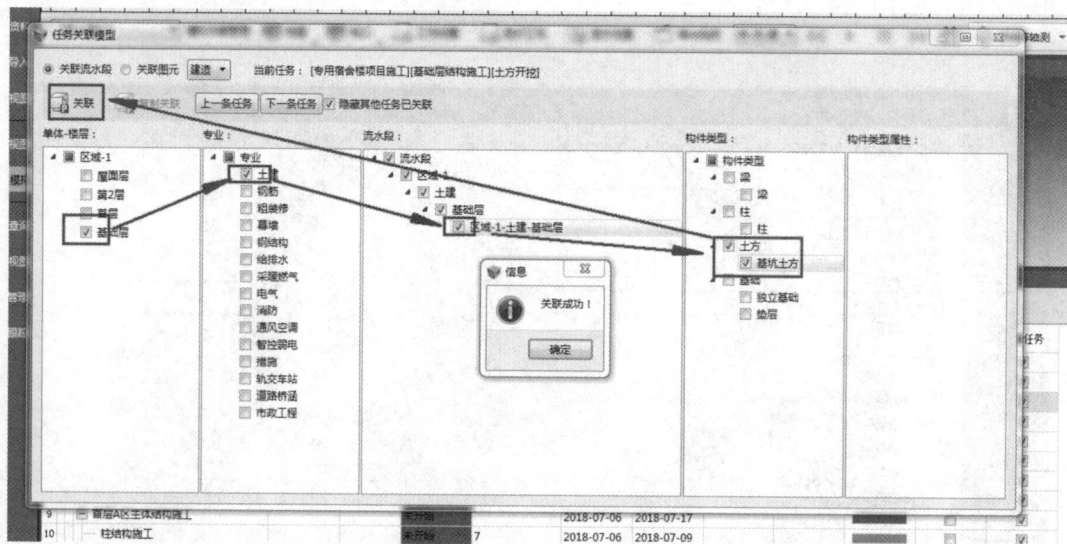

**图 4-35**

图 4 – 36

### 4.2.3 4D 施工模拟

1.设置施工模拟条件

Step 01 在视口空白区域右键点击【视口属性】,在【显示范围】处勾选区域 – 1 点击确定,选择上方部分对进度计划时间,点击右上角播放即可,如图 4 –37 所示。

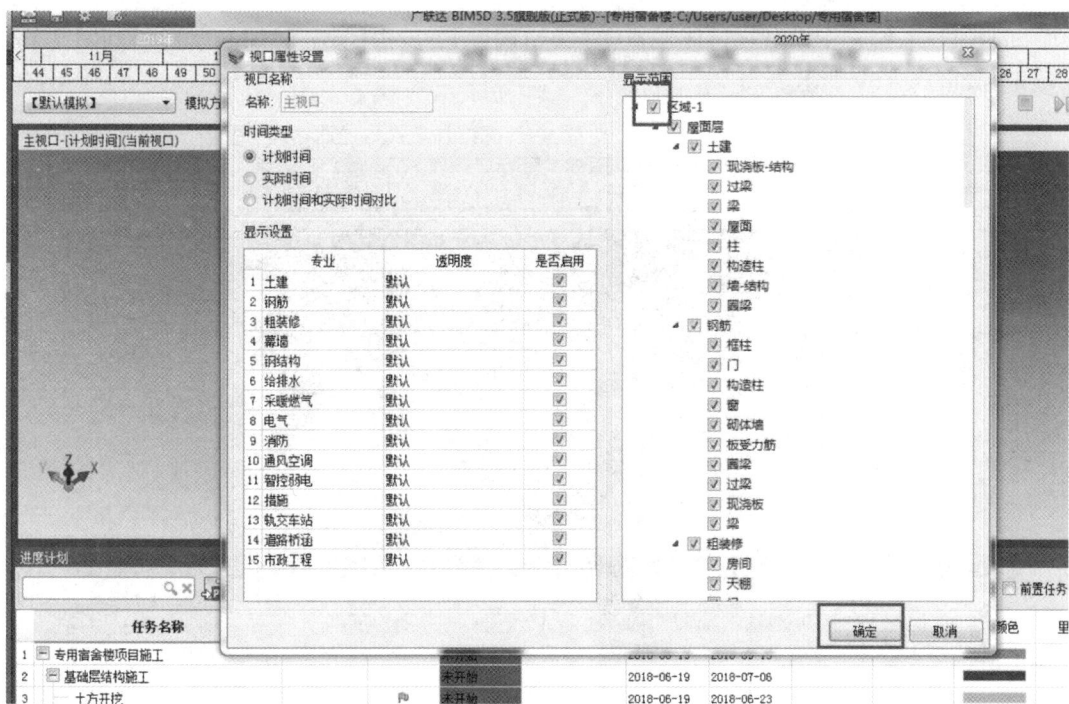

图 4 –37

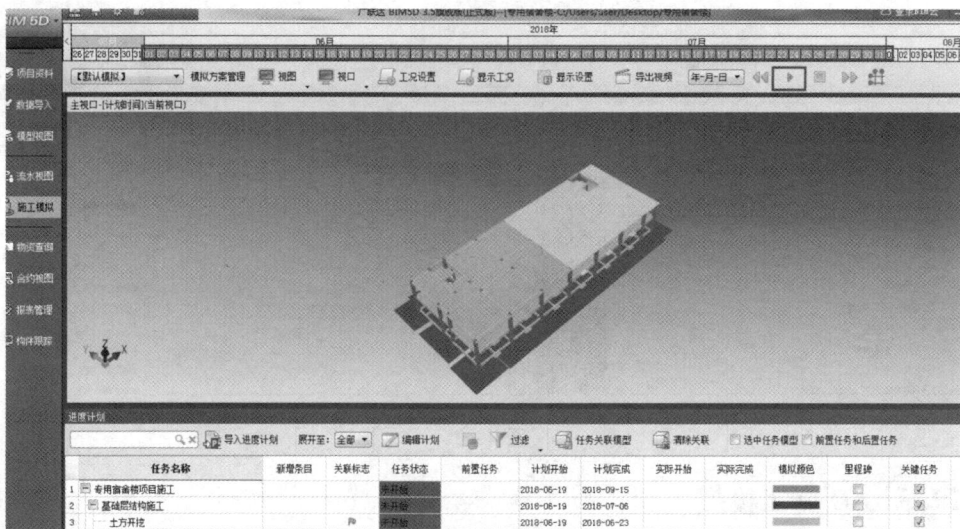

图 4 - 38

### 4.2.4 计划与实际进度对比

1. 切换计划与实际对比窗口

Step 01 右键显示模型视口区域点击【视口属性】，点击【计划时间和实际时间对比】点击确定，如图 4 - 39 所示。

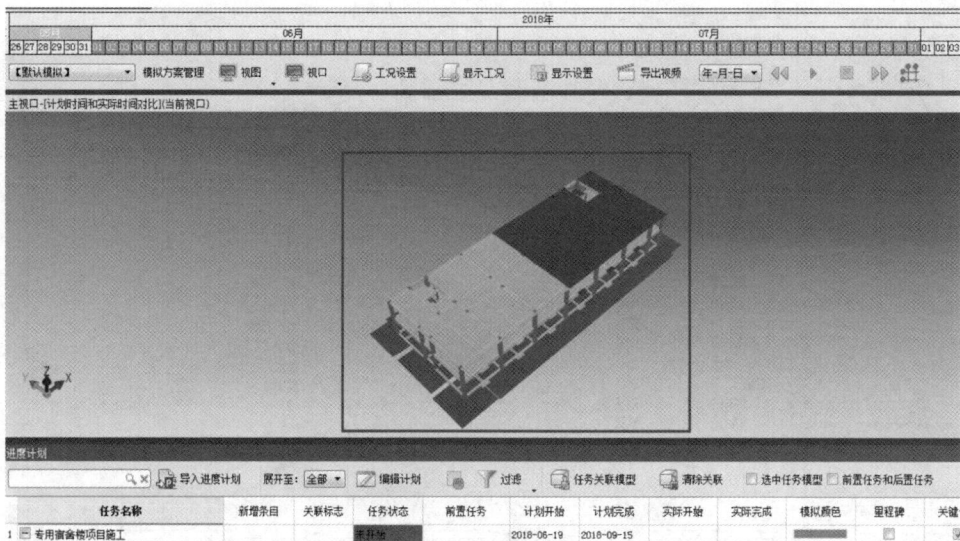

图 4 - 39

【总结拓展】

1. 流水段划分时注意需要以单体→专业→楼层的顺序新建层级。

2. 流水段划分时需要注意流水段线的点位绘制避免重叠。

3. 进度关联过程中准确根据工作任务选择关联构建避免漏关联和多关联。

## 4.3　BIM 成本管理

**任务说明**

基于专用宿舍楼案例,熟练掌握土建模型与预算清单匹配、钢筋模型与预算清单关联,提取 2018 年 7 月 1 日至 7 月 31 日的资金资源曲线、物资、造价及 7 月 5 日到 8 月 5 日工程量数据。

**任务分析**

(1)将导入好的合同预算与成本预算与土建模型进行清单匹配挂接,与钢筋模型进行清单关联挂接;

(2)根据任务要求提取资金曲线及资源曲线,导出表格用于数据分析;

(3)根据任务要求完成统计规定时间内的计划报量数据;

(4)根据任务要求完成规定时间内工程量、造价等数据的提取,导出表格用于数据分析。

**任务实施**

基于专用宿舍楼案例,结合已完成的工程文件,将土建模型与预算进行清单匹配,将钢筋模型与预算进行关联,之后导出资金资源曲线、工程量、物资量、造价等数据。

### 4.3.1　清单匹配与清单关联

1.清单匹配

Step 01　打开已完成的 BIM5D 工程文件,在【数据导入】模块中,点击【预算导入】页签,在左侧选择合同预算模块,选择【合同预算】,如图 4-40 所示;

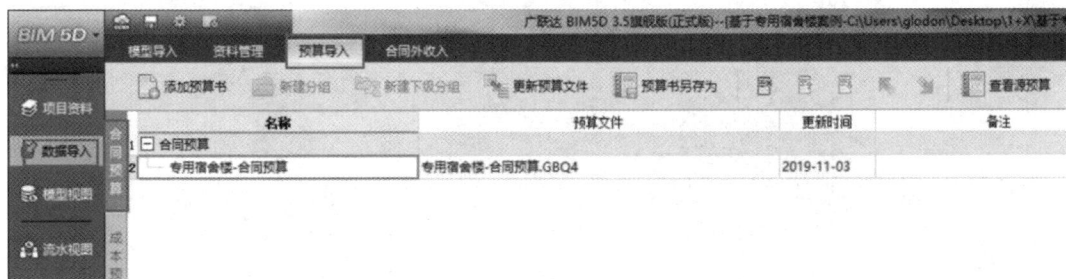

图 4-40

Step 02　选择导入的专用宿舍楼-合同预算,点击【清单匹配】,进入清单匹配界面。合同预算匹配和成本预算匹配相同,在这里以合同预算为例进行演示。在清单匹配界面,可以设置汇总方式为全部汇总或按单体汇总。按单体汇总要选择进行匹配的预算文件;全部汇总时所有模型清单和所有预算文件中的清单进行匹配,匹配时不需要选择预算文件,注意切换汇总方式时,会清空之前匹配好的清单。如图 4-41 所示;

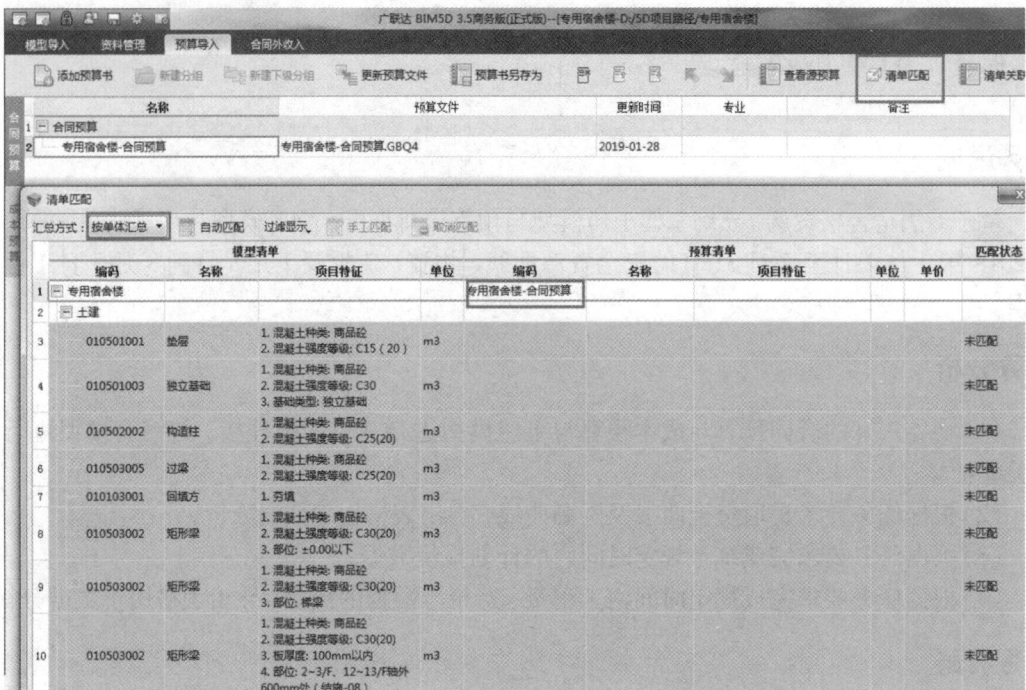

图 4 –41

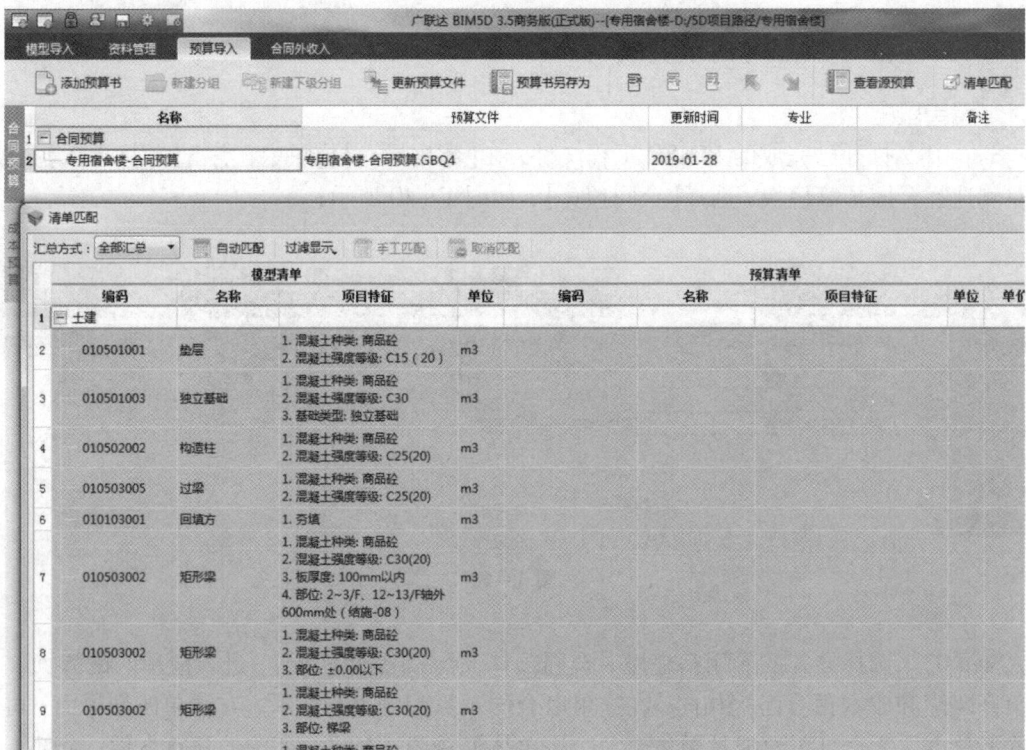

图 4 –42

Step 03　进行自动匹配。自动匹配可以选择清单类型、匹配规则、匹配范围。注意事项如下：

● 按国标清单匹配：模型清单和预算文件通过编码前9位＋名称＋项目特征＋单位四个字段做全匹配。

● 按非国标清单匹配：模型清单和预算文件通过编码＋名称＋项目特征＋单位四个字段做全匹配。

● 匹配范围可以选择匹配全部和匹配未匹配清单，根据实际情况选择。

● 不管是按国标清单、非国标清单、均默认按编码＋名称＋项目特征＋单位四个字段匹配，项目小组可以根据时间情况进行设置。

● 当匹配自动既有国标清单，又有非国标清单时，可以先进行国标清单＋匹配全部匹配后，再进行非国标清单＋匹配未匹配清单进行匹配。

点击【自动匹配】，汇总方式为按单体汇总，选择预算清单文件为专用宿舍楼－合同预算，按国标清单四字段进行全匹配，选择匹配全部。如图4－43所示：

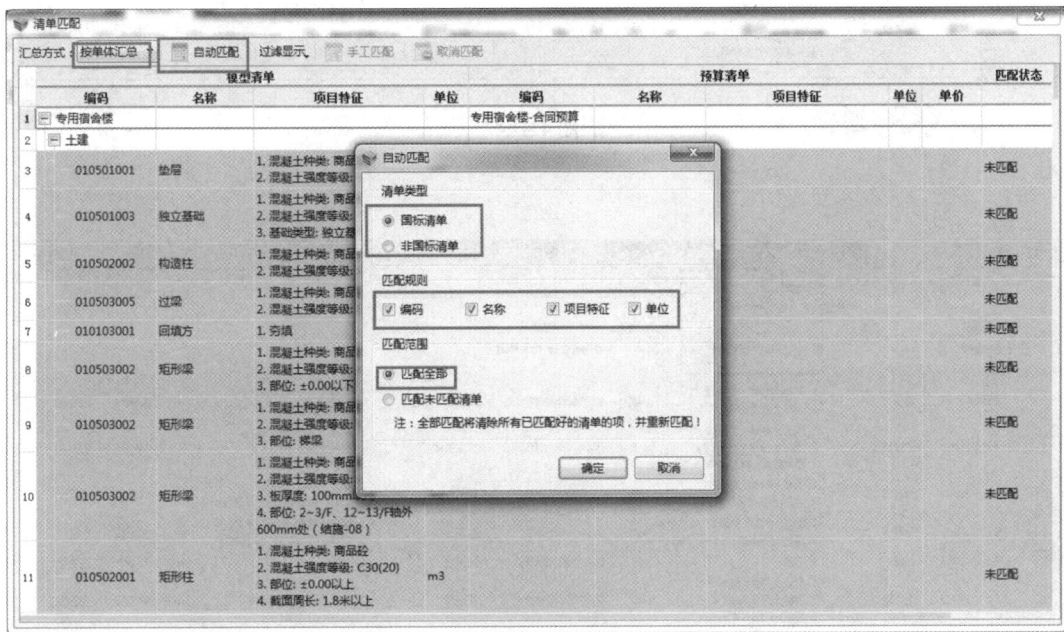

图 4 -43

Step 04　进行手工匹配。点击过滤显示，可以设置显示所有清单、已匹配清单和未匹配清单。如果存在未匹配的项目，选择显示未匹配的清单，可以利用手工匹配功能进行匹配。点击手工匹配后，利用条件查询（输入关键字描述或编码）、预算书查询，选择预算清单，点击需要匹配的清单项，点击匹配按钮即可。若匹配错误，选中错误匹配项，点击取消匹配即可，然后按照以上操作重新匹配。如图4－44所示：

## 图 4-44

清单匹配

汇总方式: 按单体汇总 ▼ | 自动匹配 | 过滤显示 | 手工匹配 | 取消匹配

| | 模型清单 | | | | 预算清单 | | | | | 匹配状态 |
|---|---|---|---|---|---|---|---|---|---|---|
| | 编码 | 名称 | 项目特征 | 单位 | 编码 | 名称 | 项目特征 | 单位 | 单价 | |
| 1 | 专用宿舍楼 | | | | | | 专用宿舍楼-合同预算 | | | |
| 2 | 土建 | | | | | | | | | |
| 3 | 010501001 | 垫层 | 1. 混凝土种类: 商品砼<br>2. 混凝土强度等级: C15（20） | m3 | 010501001001 | 垫层 | 1. 混凝土种类: 商品砼<br>2. 混凝土强度等级: C15（20） | m3 | 436.14 | 已匹配 |
| 4 | 010501003 | 独立基础 | 1. 混凝土种类: 商品砼<br>2. 混凝土强度等级: C30<br>3. 基础类型: 独立基础 | m3 | 010501003001 | 独立基础 | 1. 混凝土种类: 商品砼<br>2. 混凝土强度等级: C30<br>3. 基础类型: 独立基础 | m3 | 406.08 | 已匹配 |
| 5 | 010502002 | 构造柱 | 1. 混凝土种类: 商品砼<br>2. 混凝土强度等级: C25(2 | m3 | | | 1. 混凝土种类: 商品砼<br>2. 混凝土强度等级: C25(20) | m3 | 588.73 | 已匹配 |
| 6 | 010503005 | 过梁 | 1. 混凝土种类: 商品砼<br>2. 混凝土强度等级: C25(2 | | | | 1. 混凝土种类: 商品砼<br>2. 混凝土强度等级: C25(20) | m3 | 525.32 | 已匹配 |
| 7 | 010103001 | 回填方 | 1. 夯填 | | | | 夯填 | m3 | 18.36 | 已匹配 |
| 8 | 010503002 | 矩形梁 | 1. 混凝土种类: 商品砼<br>2. 混凝土强度等级: C30(20)<br>3. 部位: ±0.00以下 | | | | 1. 混凝土种类: 商品砼<br>2. 混凝土强度等级: C30(20)<br>3. 部位: ±0.00以下 | m3 | 437.62 | 已匹配 |
| 9 | 010503002 | 矩形梁 | 1. 混凝土种类: 商品砼<br>2. 混凝土强度等级: C30(20)<br>3. 部位: 楼梯 | m3 | 010503002002 | 矩形梁 | 1. 混凝土种类: 商品砼<br>2. 混凝土强度等级: C30(20)<br>3. 部位: 楼梯 | m3 | 437.59 | 已匹配 |
| 10 | 010503002 | 矩形梁 | 1. 混凝土种类: 商品砼<br>2. 混凝土强度等级: C30(20)<br>3. 板厚度: 100mm以内<br>4. 部位: 2~3/F、12~13/F轴外600mm处（结施-08） | m3 | 010503002001 | 矩形梁 | 1. 混凝土种类: 商品砼<br>2. 混凝土强度等级: C30(20)<br>3. 板厚度: 100mm以内<br>4. 部位: 2~3/F、12~13/F轴外600mm处（结施-08） | m3 | 437.54 | 已匹配 |
| 11 | 010502001 | 矩形柱 | 1. 混凝土种类: 商品砼<br>2. 混凝土强度等级: C30(20)<br>3. 部位: ±0.00以上<br>4. 截面周长: 1.8米以上 | m3 | 010502001001 | 矩形柱 | 1. 混凝土种类: 商品砼<br>2. 混凝土强度等级: C30(20)<br>3. 部位: ±0.00以上<br>4. 截面周长: 1.8米以上 | m3 | 518.53 | 已匹配 |

提示：当前匹配60条清单，未成功匹配0条清单　　确定

图 4-44

## 图 4-45

清单匹配

汇总方式: 按单体汇总 ▼ | 自动匹配 | 过滤显示 | 手工匹配 | 取消匹配

（过滤显示下拉）
✓ 显示所有清单
显示已匹配清单
显示未匹配清单

| | 模型清单 | | | | 预算清单 | | | | | 匹配状态 |
|---|---|---|---|---|---|---|---|---|---|---|
| | 编码 | 名称 | | 单位 | 编码 | 名称 | 项目特征 | 单位 | 单价 | |
| 1 | 专用宿舍楼 | | | | | | 专用宿舍楼-合同预算 | | | |
| 2 | 土建 | | | | | | | | | |
| 3 | 010501001 | 垫层 | 1. 混凝土种类: 商品砼<br>2. 混凝土强度等级: C15（20） | m3 | 010501001001 | 垫层 | 1. 混凝土种类: 商品砼<br>2. 混凝土强度等级: C15（20） | m3 | 436.14 | 已匹配 |
| 4 | 010501003 | 独立基础 | 1. 混凝土种类: 商品砼<br>2. 混凝土强度等级: C30<br>3. 基础类型: 独立基础 | m3 | 010501003001 | 独立基础 | 1. 混凝土种类: 商品砼<br>2. 混凝土强度等级: C30<br>3. 基础类型: 独立基础 | m3 | 406.08 | 已匹配 |
| 5 | 010502002 | 构造柱 | 1. 混凝土种类: 商品砼<br>2. 混凝土强度等级: C25(20) | m3 | 010502002001 | 构造柱 | 1. 混凝土种类: 商品砼<br>2. 混凝土强度等级: C25(20) | m3 | 588.73 | 已匹配 |
| 6 | 010503005 | 过梁 | 1. 混凝土种类: 商品砼<br>2. 混凝土强度等级: C25(20) | m3 | 010503005001 | 过梁 | 1. 混凝土种类: 商品砼<br>2. 混凝土强度等级: C25(20) | m3 | 525.32 | 已匹配 |
| 7 | 010103001 | 回填方 | 1. 夯填 | m3 | 010103001001 | 回填方 | 1. 夯填 | m3 | 18.36 | 已匹配 |
| 8 | 010503002 | 矩形梁 | 1. 混凝土种类: 商品砼<br>2. 混凝土强度等级: C30(20)<br>3. 部位: ±0.00以下 | m3 | 010503002003 | 矩形梁 | 1. 混凝土种类: 商品砼<br>2. 混凝土强度等级: C30(20)<br>3. 部位: ±0.00以下 | m3 | 437.62 | 已匹配 |
| 9 | 010503002 | 矩形梁 | 1. 混凝土种类: 商品砼<br>2. 混凝土强度等级: C30(20)<br>3. 部位: 楼梯 | m3 | 010503002002 | 矩形梁 | 1. 混凝土种类: 商品砼<br>2. 混凝土强度等级: C30(20)<br>3. 部位: 楼梯 | m3 | 437.59 | 已匹配 |
| 10 | 010503002 | 矩形梁 | 1. 混凝土种类: 商品砼<br>2. 混凝土强度等级: C30(20)<br>3. 板厚度: 100mm以内<br>4. 部位: 2~3/F、12~13/F轴外600mm处（结施-08） | m3 | 010503002001 | 矩形梁 | 1. 混凝土种类: 商品砼<br>2. 混凝土强度等级: C30(20)<br>3. 板厚度: 100mm以内<br>4. 部位: 2~3/F、12~13/F轴外600mm处（结施-08） | m3 | 437.54 | 已匹配 |
| 11 | 010502001 | 矩形柱 | 1. 混凝土种类: 商品砼<br>2. 混凝土强度等级: C30(20)<br>3. 部位: ±0.00以上<br>4. 截面周长: 1.8米以上 | m3 | 010502001001 | 矩形柱 | 1. 混凝土种类: 商品砼<br>2. 混凝土强度等级: C30(20)<br>3. 部位: ±0.00以上<br>4. 截面周长: 1.8米以上 | m3 | 518.53 | 已匹配 |

图 4-45

图 4-46

图 4-47

当预算书有变更时，可以进行更新预算文件。更新的预算文件中的编码、名称、项目特征、单位不变，仅单价变化，则无须重新进行清单匹配，已做的清单匹配记录自动保留。如图 4-48 所示：

成本预算相关操作同合同预算，自行通过自动匹配、手工匹配完成土建模型与成本预算、合同预算的清单匹配。

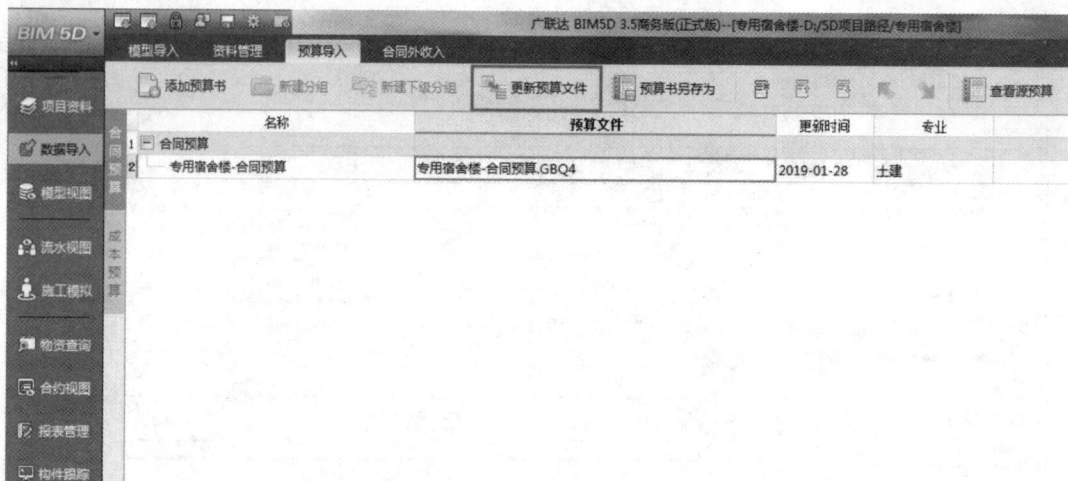

图 4 – 48

2. 清单关联

Step 01    在【数据导入】模块中，点击【预算导入】页签，在左侧选择合同预算模块，选择【合同预算】，点击【清单关联】，进入清单关联界面，如图 4 – 49 所示；

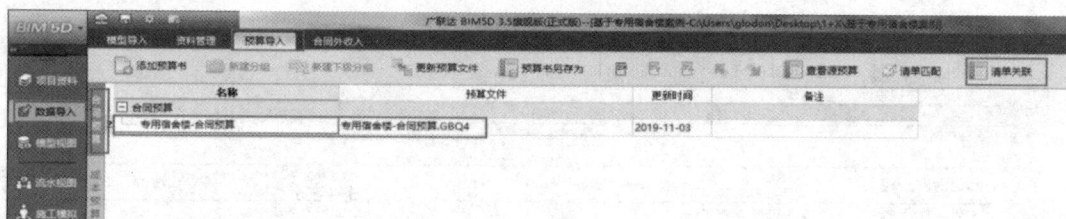

图 4 – 49

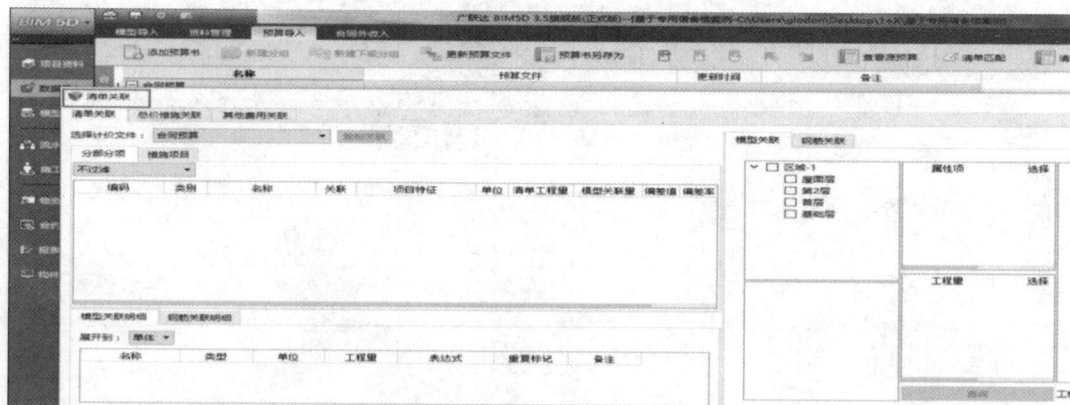

图 4 – 50

Step 02    进行钢筋图元信息查询。选择计价文件为合同预算，选择分部分项。在右侧选择关联模块为钢筋关联，由于钢筋清单按照级别及直径进行编制，勾选楼层及构件类型时全选即可。然后设置属性项全部可见，关联时更加清晰。关联的工程量可以选择重量和搭接数量，根据钢筋清单项选择即可。以关联钢筋重量为例，选择完成后，点击查询按钮。如图 4 - 51 所示：

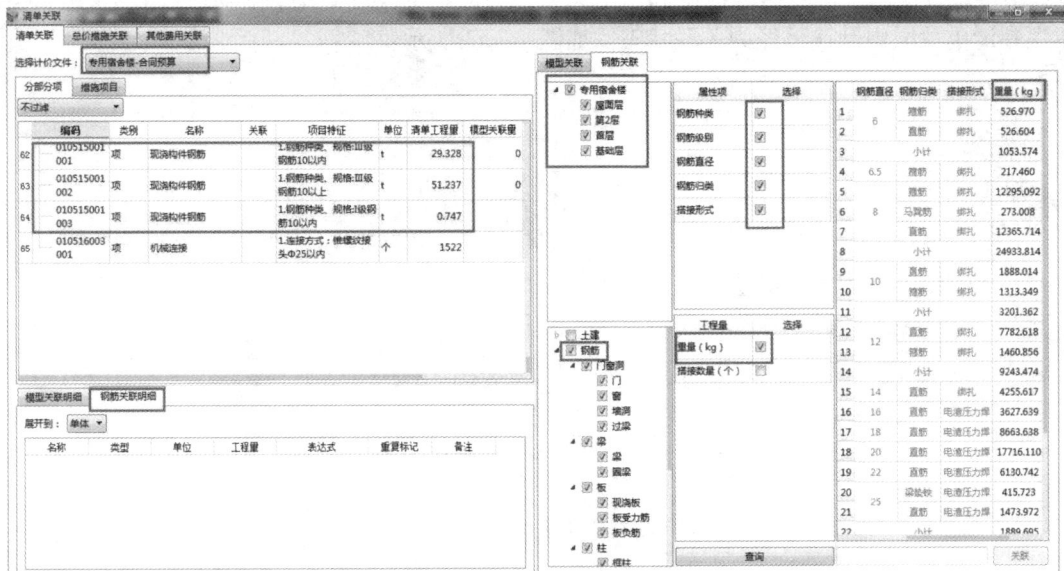

图 4 - 51

Step 03 进行钢筋清单关联。根据查询内容及清单项目特征描述，选择和匹配清单相关的重量点击关联即可，如有多项重量需要和一条清单进行关联时，可继续重复多选进行累加。以 HPB300 钢筋关联为例，如图 4 - 52 所示：

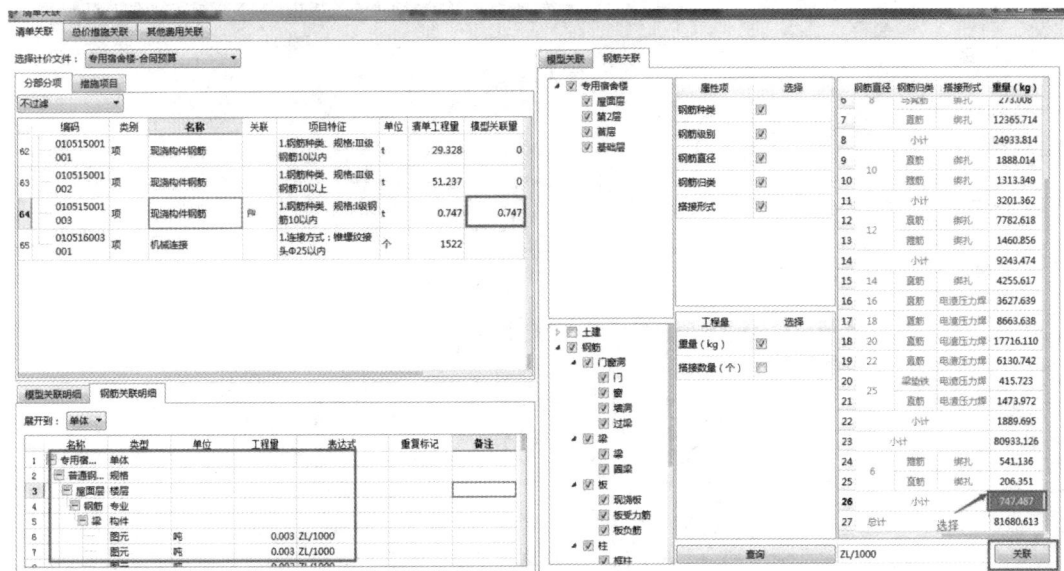

图 4 - 52

Step 04 如果关联有误，可在已关联的明细中，右键点击选择取消关联，然后重复上述操作重新关联即可。土建专业也可以利用清单关联的功能完成成本信息挂接，操作方法同钢筋，不再进行演示。注意清单匹配和清单关联最终的目的是一致的，前期通过清单匹配的清单项在清单关联中默认已经为关联状态。如图4-53所示：

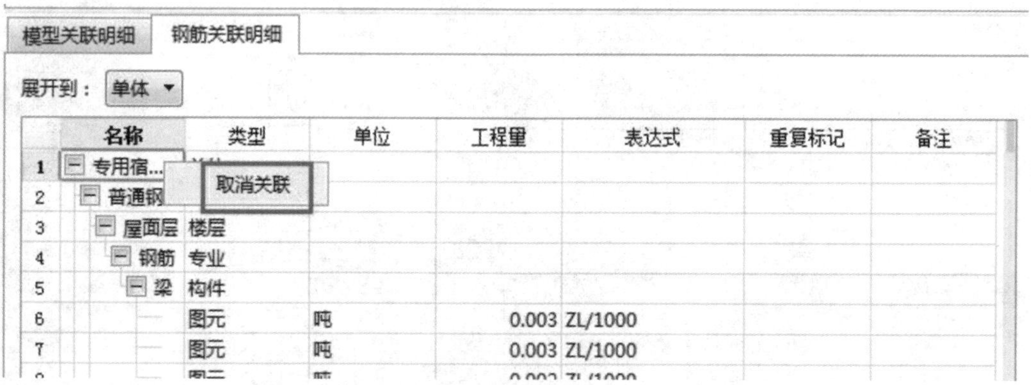

图4-53

Step 05 进行总价措施关联。进入总价措施关联，计算措施费用。在此界面显示预算文件中的总价措施，选中一条措施项，选中该措施项对应的清单项，点击关联。关联完成后，选择表达式。当措施项和清单关联选择对应的计算式，且清单和模型关联，即可计算出该措施项的费用。关联后，在后续施工模拟时间轴上，选择对应的施工时间，在资金曲线中可查看金额。如图4-54所示：

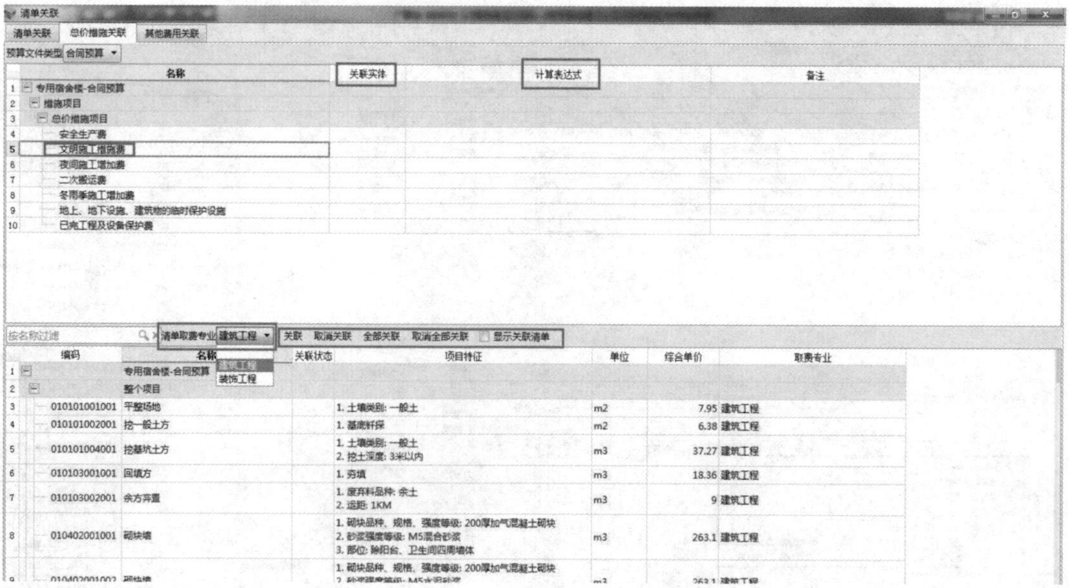

图4-54

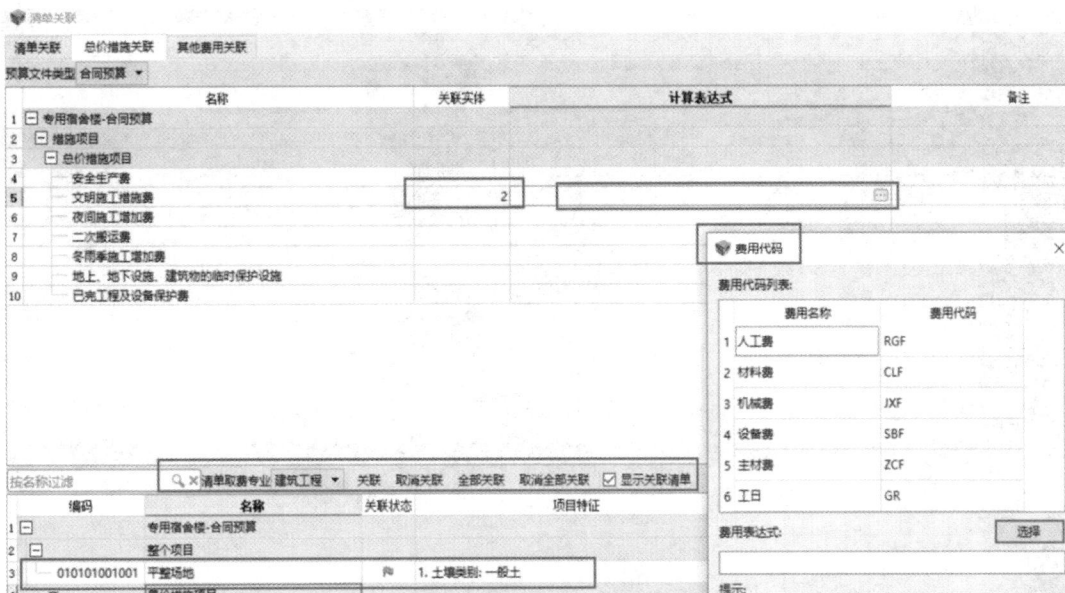

图 4 – 55

Step 06　进行其他费用关联。增加录入其他费用，为后期商务部分做准备。录入后，同样可在资金曲线中查看金额。如图 4 – 56 所示：

图 4 – 56

根据上述操作自行完成合同预算及成本预算的清单关联工作。完成之后关闭清单关联界面即可。

### 4.3.2　导出资金资源曲线

1. 导出资金曲线

Step 01　打开已完有的 BIM5D 成果文件，在【施工模拟】模块中，选择时间轴范围为 2018 年 7 月 1 日至 7 月 31 日，点击【视图】菜单下，选择资金曲线。如图 4 – 57 所示：

Step 02　根据项目需求设置图类型，可选择曲线图和柱状图。曲线类型可以查看计划曲线、实际曲线和实际 – 计划曲线。统计可按累计值、当前值分别查看。时间范围可用月、周、日进行分析。如图 4 – 57、4 – 58 所示：

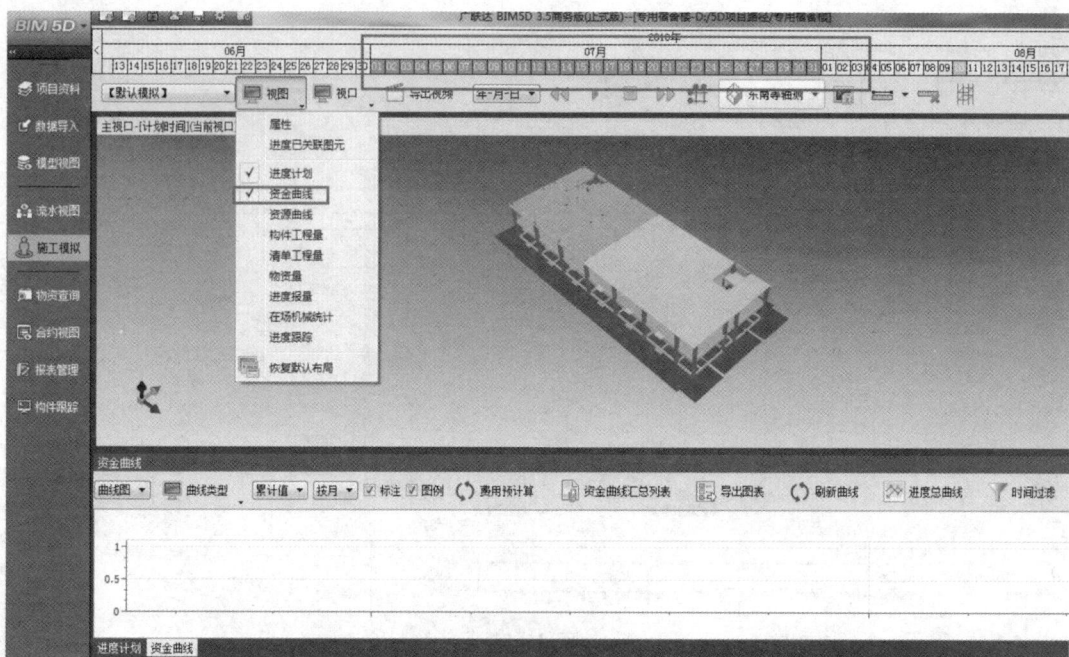

图 4 – 57

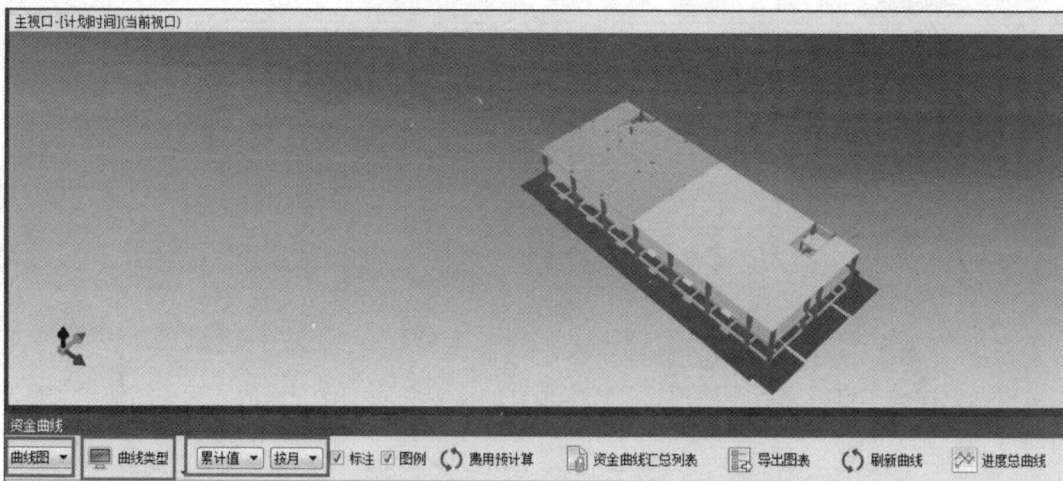

图 4 – 58

Step 03  设置完成后，点击费用预计算按钮，然后点击刷新曲线。曲线会自动完成计算并显示，如图 4 – 59 所示：

Step 04  点击资金曲线汇总列表和导出图标，可将曲线导出为表格或图片的形式。如图 4 – 59、图 4 – 60、图 4 – 61 所示：

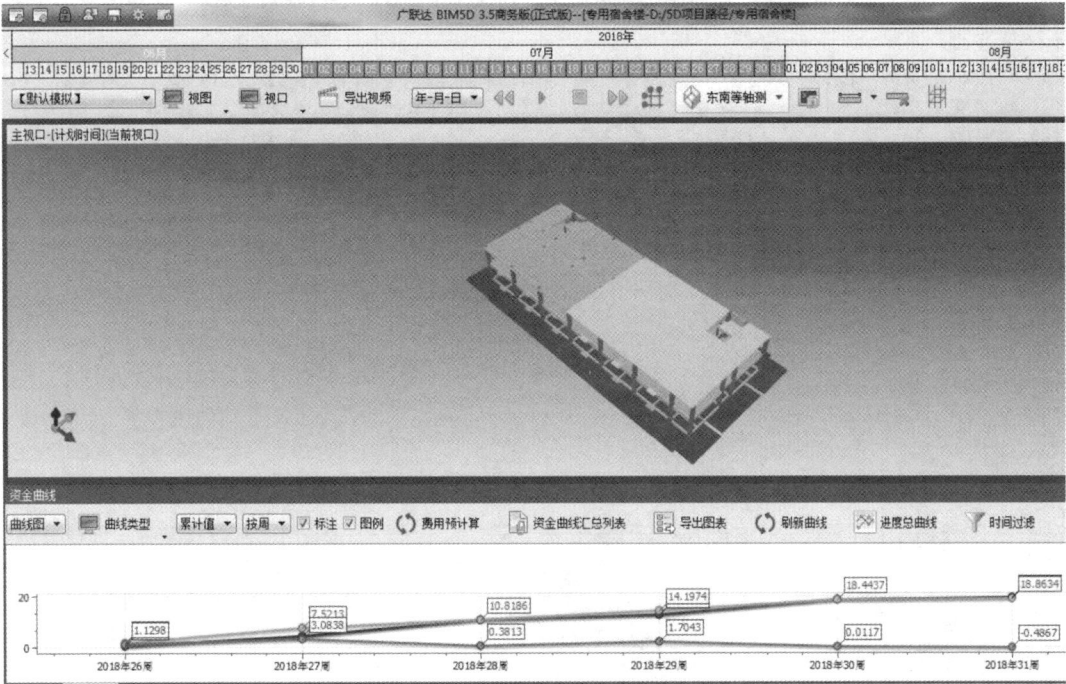

图 4 – 59

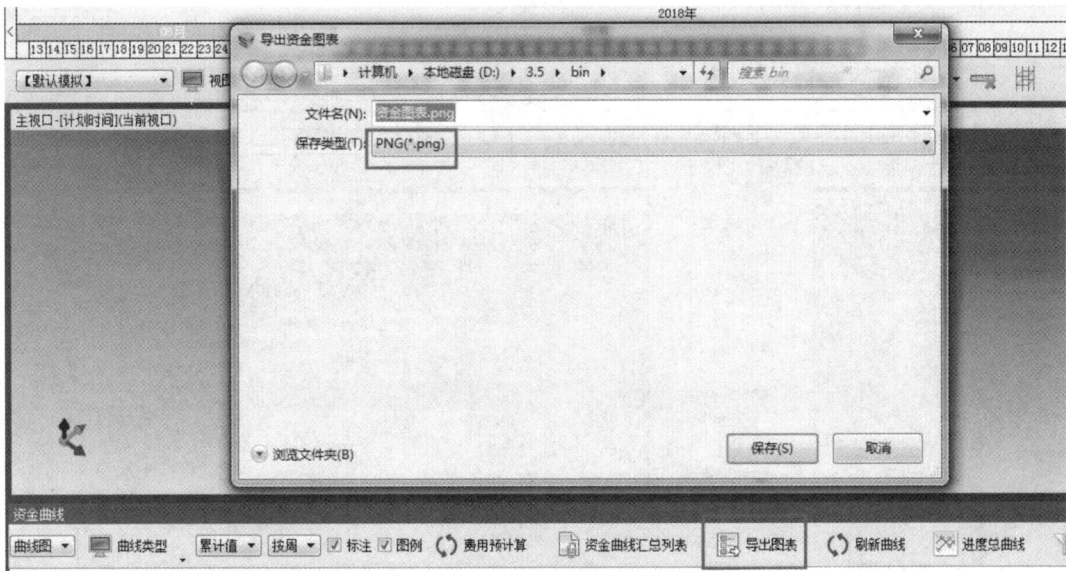

图 4 – 60

图 4 - 61

2. 导出资源曲线

资源曲线分为两种，包括模型资源量和预算资源量两种曲线。前者为钢筋及混凝土资源统计，后者为预算书中人料机资源的统计

Step 01　在【施工模拟】模块中，选择时间轴范围为 2018 年 7 月 1 日至 7 月 31 日，点击【视图】菜单下，选择资源曲线。如图 4 - 62 所示：

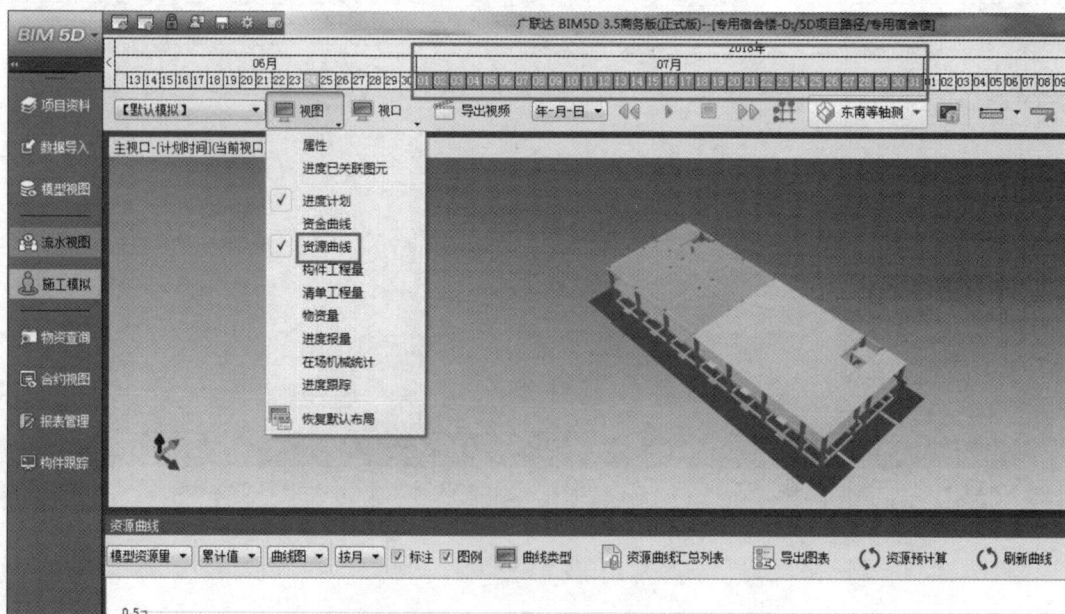

图 4 - 62

Step 02　根据项目需求设置图类型，可选择曲线图和柱状图。曲线类型可以查看计划曲线、实际曲线和实际 – 计划曲线。统计可按累计值、当前值分别查看。时间范围可按月、周、日进行分析。曲线统计可选择模型资源量和预算资源量两类。这里先以模型资源量为例，如图 4 – 63、4 – 64 所示：

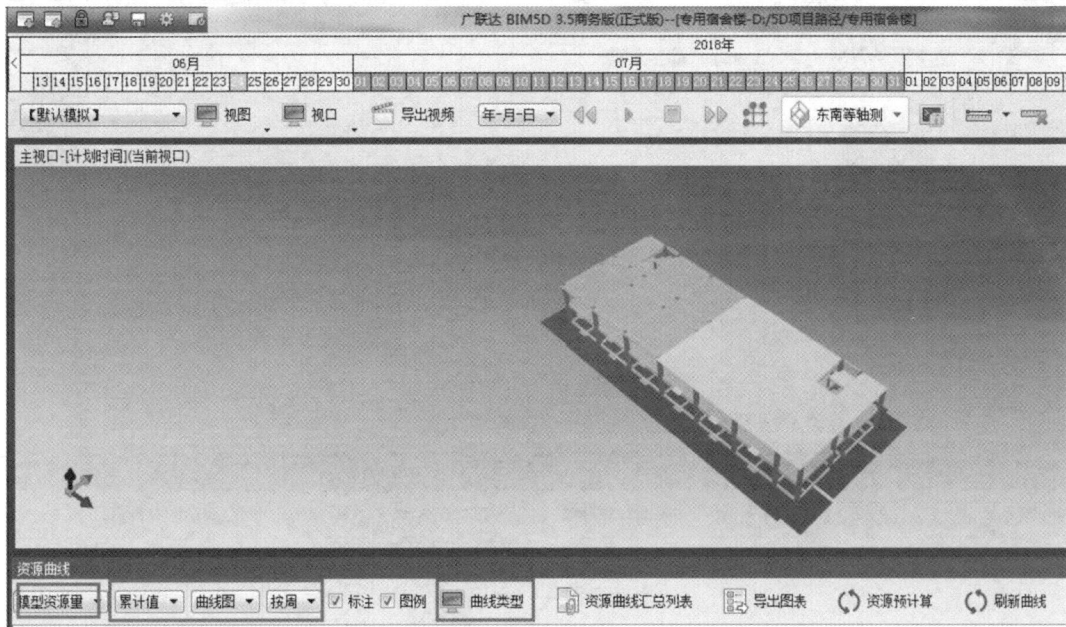

图 4 – 63

Step 03　设置完成后，点击资源预计算按钮，然后点击刷新曲线。曲线会自动完成计算并显示，如下图所示：

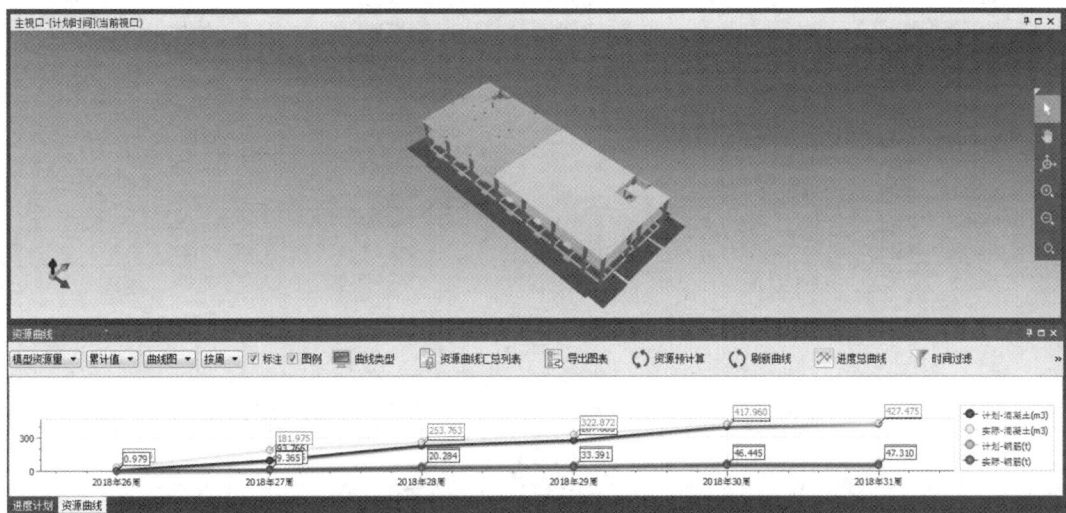

图 4 – 64

Step 04 点击资源曲线汇总列表和导出图标，可将曲线导出为表格或图片的形式。如图 4 - 65、图 4 - 66 所示：

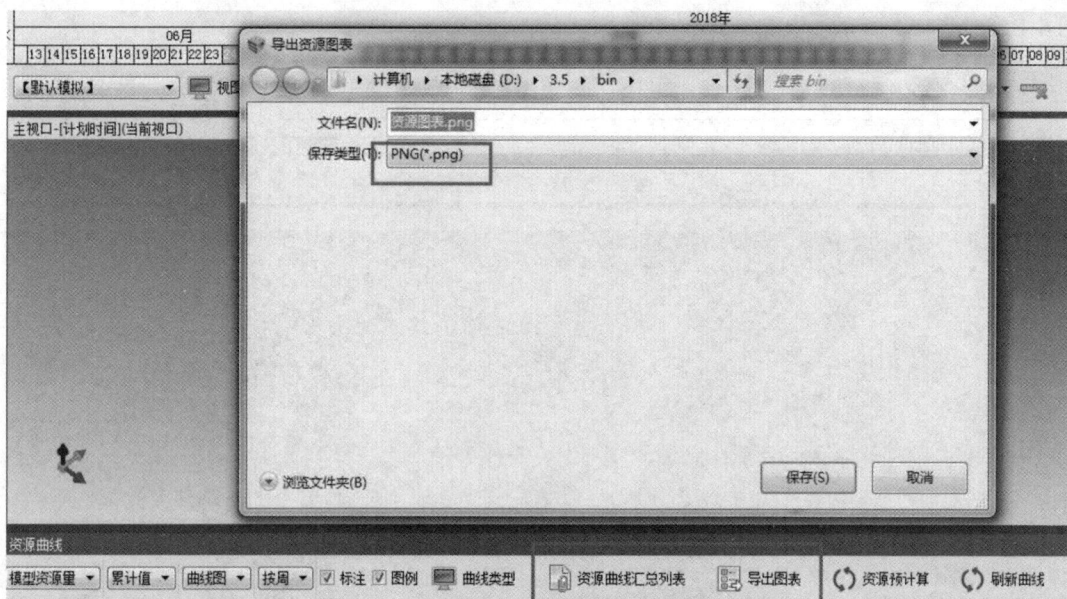

图 4 - 65

图 4 - 66

Step 05 切换到预算资源量曲线。点击曲线设置，选择定额工日曲线，进行添加到曲线。同前操作点击资源预计算和刷新曲线，然后通过点击资源汇总列表和导出图标功能，可将人工工日曲线进行导出。如图 4-67、图 4-68、图 4-69 所示：

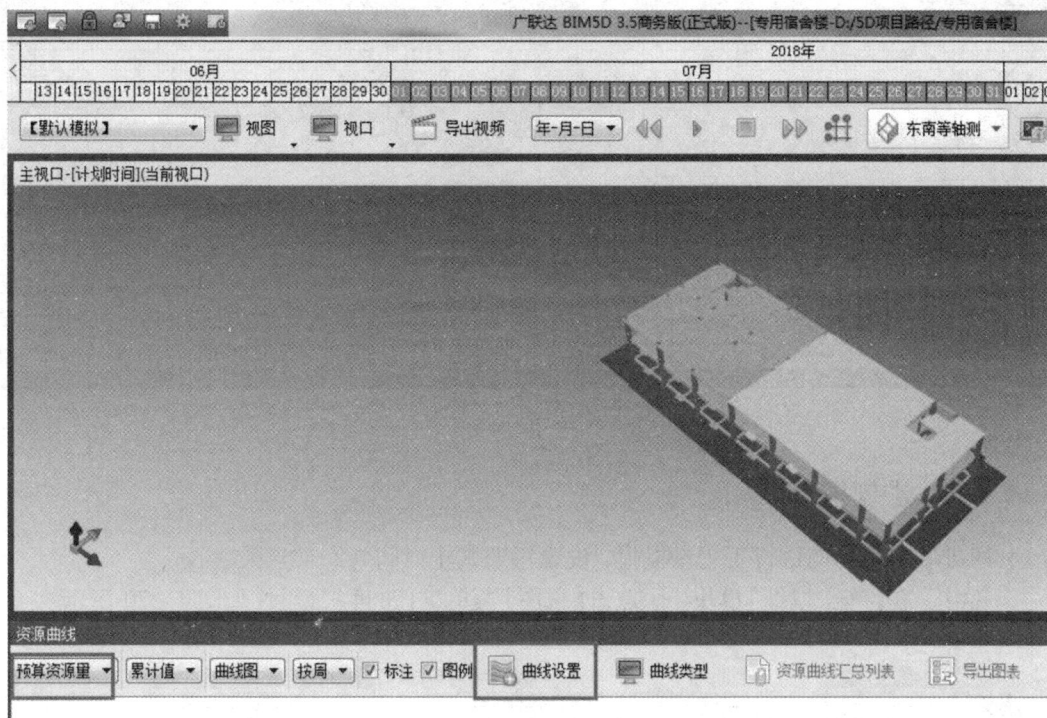

图 4-67

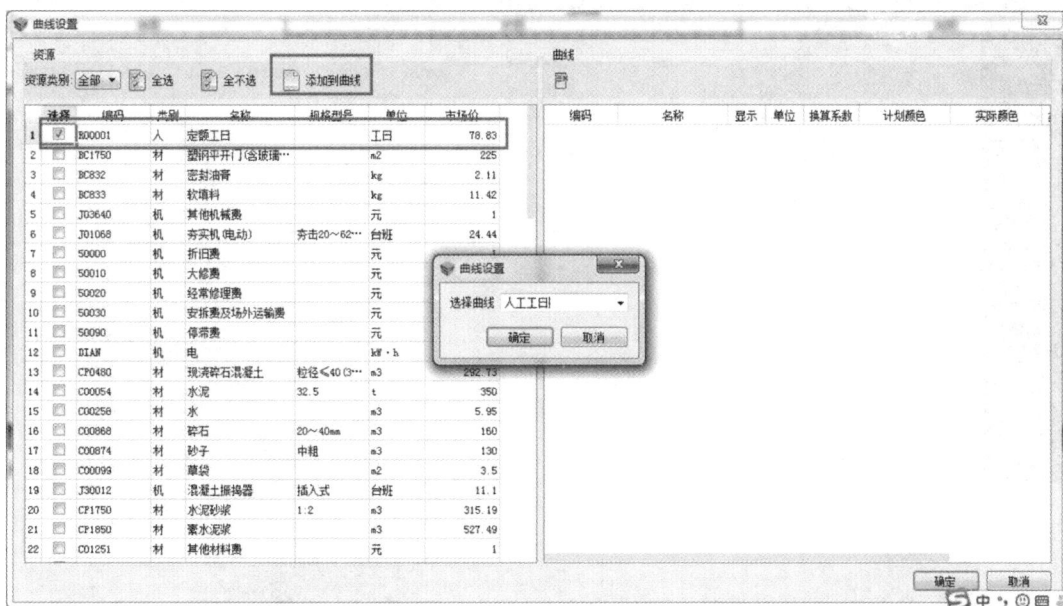

图 4-68

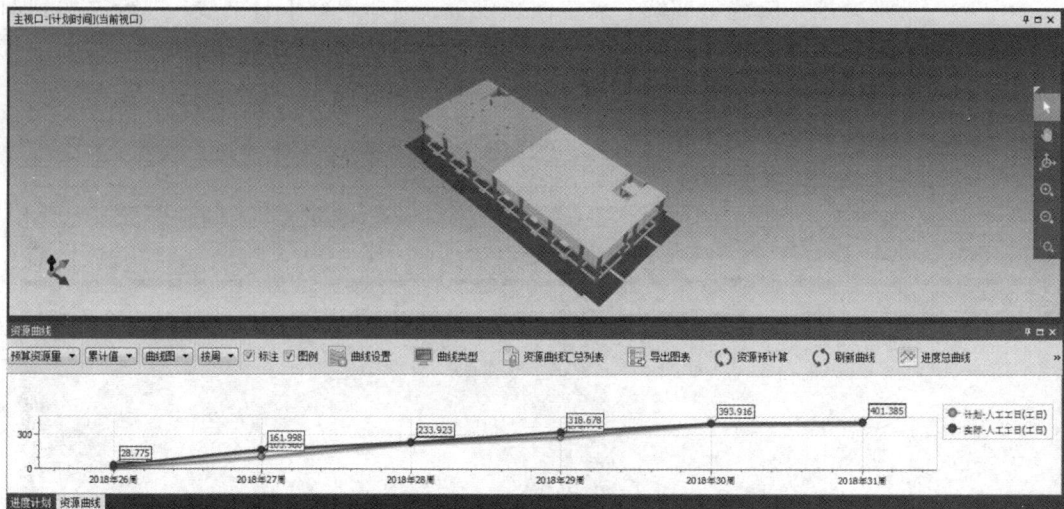

图 4 – 69

## 4.3.3 进度报量

利用进度报量功能进行工程量提报,设置每期截止时间为 5 日当天。

Step 01 在【施工模拟】模块中,点击【视图】菜单下【进度报量】。如图 4 – 70 所示:

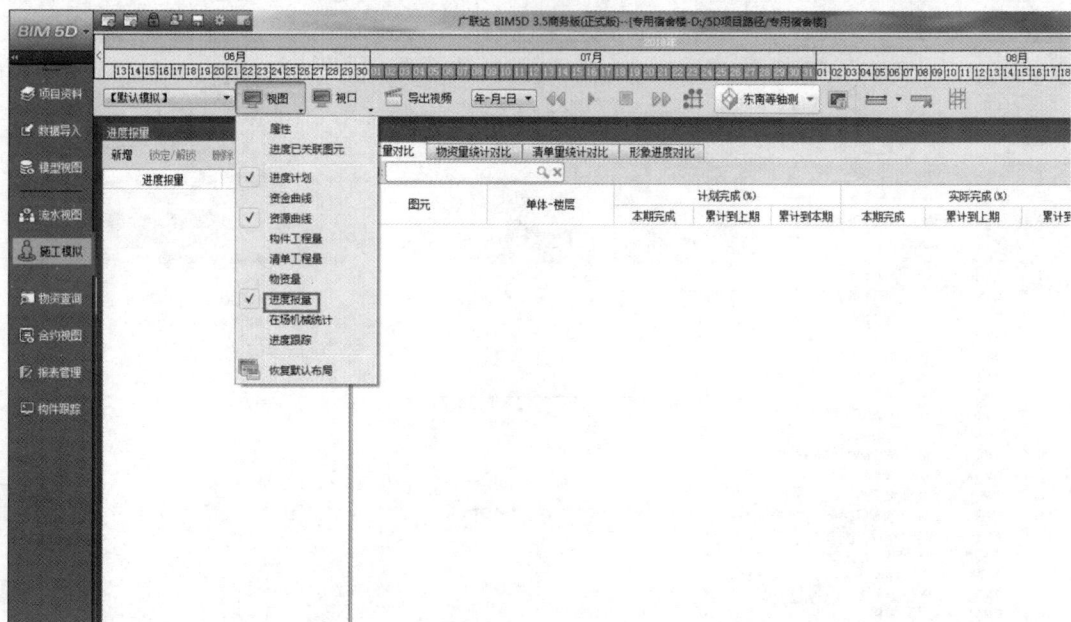

图 4 – 70

Step 02 点击新增,设置统计方式、统计周期和截止日期。以第一期报量为例,设置 7 月份,5 日为截止时间,如图 4 – 71 所示:

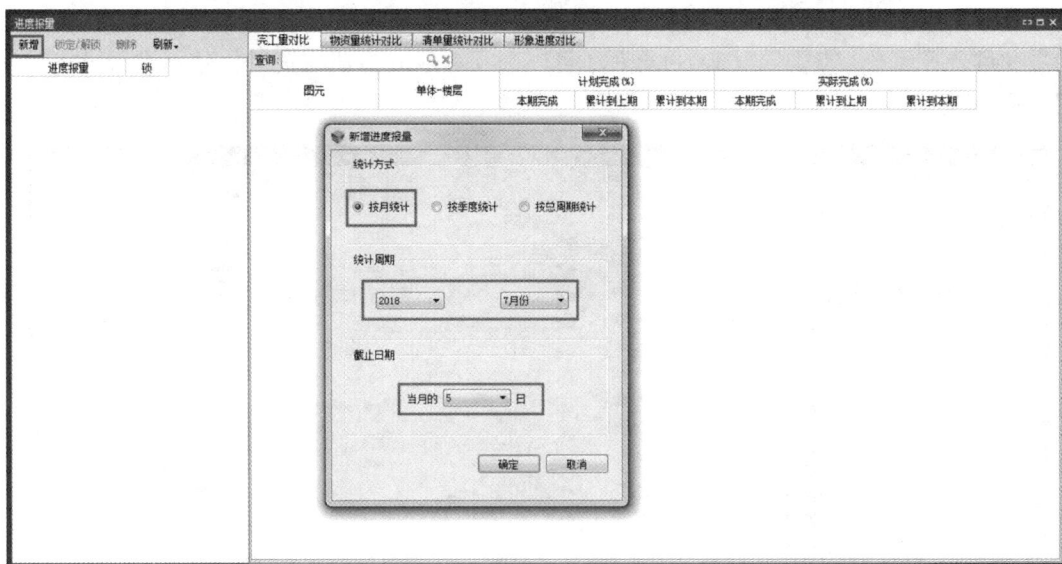

图 4 - 71

Step 03 查看完工量对比。可以看到本期计划完成和实际完成的百分比。在界面上方刷新或点击鼠标右键,可对进度报量进行刷新,从进度计划刷新计划完工量及实际完工量。根据所选择的时间段,通过施工模拟进度关联任务的完成率,对构件的完成量进行对比。其中实际完成中的本期完成可以手动修改,并且对后续任务可产生影响。设置完成后,可以点击锁定按钮,把此条进度报量进行锁定,同时也可以再点击解锁进行解除。如图 4 - 72 所示:

图 4 - 72

Step 04　查看物资量统计对比。可以输入材料、规格型号、工程量类型等查询条件进行筛选过滤，会显示查询出的每一项物资的规格型号、工程量类型、单位、计划完工量、实际完工量和量差等信息。点击导出 Excel 数据，可以选择本期或多期物资对比数据进行导出。如图 4－73 所示：

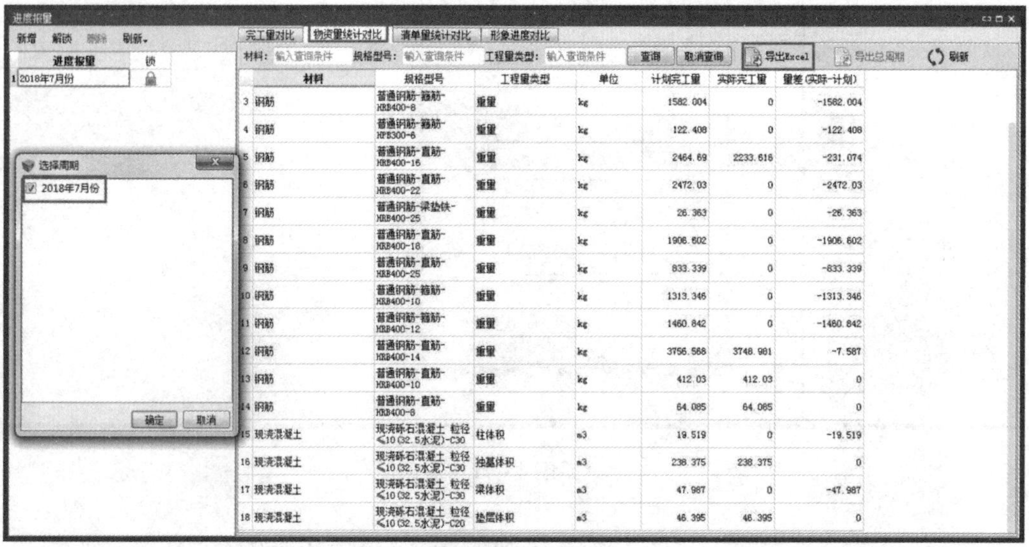


| | 材料 | 规格型号 | 工程量类型 | 单位 | 计划完工量 | 实际完工量 | 量差（实际-计划） |
|---|---|---|---|---|---|---|---|
| 3 | 钢筋 | 普通钢筋-箍筋-HRB400-8 | 重量 | kg | 1582.004 | 0 | -1582.004 |
| 4 | 钢筋 | 普通钢筋-箍筋-HPB300-6 | 重量 | kg | 122.408 | 0 | -122.408 |
| 5 | 钢筋 | 普通钢筋-直筋-HRB400-16 | 重量 | kg | 2464.69 | 2233.616 | -231.074 |
| 6 | 钢筋 | 普通钢筋-直筋-HRB400-22 | 重量 | kg | 2472.03 | 0 | -2472.03 |
| 7 | 钢筋 | 普通钢筋-梁垫铁-HRB400-25 | 重量 | kg | 26.363 | 0 | -26.363 |
| 8 | 钢筋 | 普通钢筋-直筋-HRB400-18 | 重量 | kg | 1906.602 | 0 | -1906.602 |
| 9 | 钢筋 | 普通钢筋-直筋-HRB400-25 | 重量 | kg | 833.339 | 0 | -833.339 |
| 10 | 钢筋 | 普通钢筋-箍筋-HRB400-10 | 重量 | kg | 1313.346 | 0 | -1313.346 |
| 11 | 钢筋 | 普通钢筋-箍筋-HRB400-12 | 重量 | kg | 1460.842 | 0 | -1460.842 |
| 12 | 钢筋 | 普通钢筋-直筋-HRB400-14 | 重量 | kg | 3756.568 | 3748.981 | -7.587 |
| 13 | 钢筋 | 普通钢筋-直筋-HRB400-10 | 重量 | kg | 412.03 | 412.03 | 0 |
| 14 | 钢筋 | 普通钢筋-直筋-HRB400-8 | 重量 | kg | 64.085 | 64.085 | 0 |
| 15 | 现浇混凝土 | 现浇砾石混凝土 粒径≤10(32.5水泥)-C30 | 柱体积 | m3 | 19.519 | 0 | -19.519 |
| 16 | 现浇混凝土 | 现浇砾石混凝土 粒径≤10(32.5水泥)-C30 | 独基体积 | m3 | 238.375 | 238.375 | 0 |
| 17 | 现浇混凝土 | 现浇砾石混凝土 粒径≤10(32.5水泥)-C30 | 梁体积 | m3 | 47.987 | 0 | -47.987 |
| 18 | 现浇混凝土 | 现浇砾石混凝土 粒径≤10(32.5水泥)-C20 | 垫层体积 | m3 | 46.395 | 46.395 | 0 |

**图 4－73**

Step 05　查看清单量统计对比。可以输入材料、规格型号、工程量类型等查询条件进行筛选过滤，会显示查询出的每一项清单对应的的合同预算及成本预算综合单价、计划完工量、实际完工量和量差。点击导出 Excel 数据，可以选择本期或多期清单量对比数据进行导出。如图 4－74 所示：

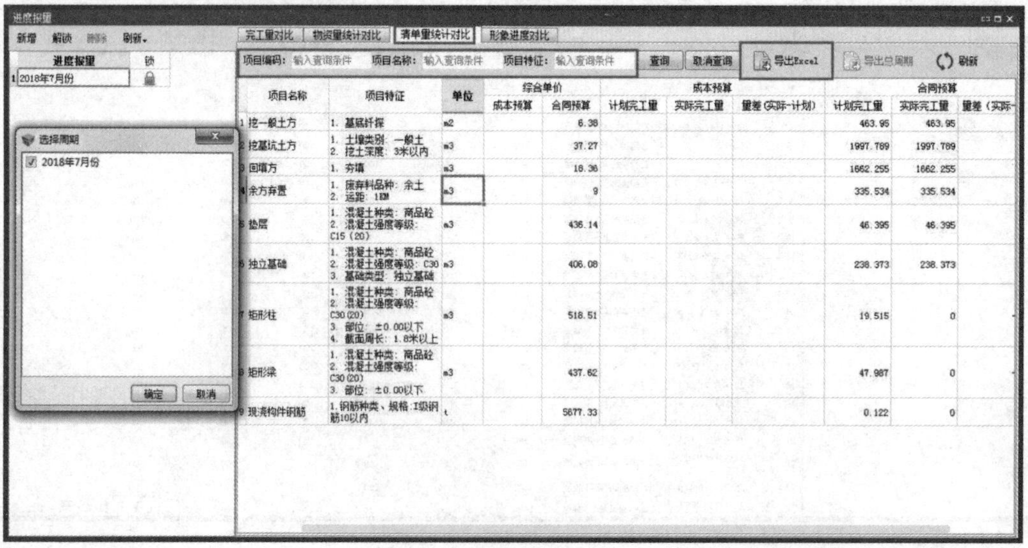


| | 项目名称 | 项目特征 | 单位 | 综合单价：成本预算 | 综合单价：合同预算 | 成本预算：计划完工量 | 成本预算：实际完工量 | 成本预算：量差（实际-计划） | 合同预算：计划完工量 | 合同预算：实际完工量 | 合同预算：量差（实际- |
|---|---|---|---|---|---|---|---|---|---|---|---|
| 1 | 挖一般土方 | 1. 基底钎探 | m2 | | 6.38 | | | | 463.95 | 463.95 | |
| 2 | 挖基坑土方 | 1. 土壤类别：一般土 2. 挖土深度：3米以内 | m3 | | 37.27 | | | | 1997.789 | 1997.789 | |
| 3 | 回填方 | 1. 夯填 | m3 | | 18.36 | | | | 1662.255 | 1662.255 | |
| 4 | 余方弃置 | 1. 废弃料品种：余土 2. 运距：1KM | m3 | | 9 | | | | 335.534 | 335.534 | |
| 5 | 垫层 | 1. 混凝土种类：商品砼 2. 混凝土强度等级：C15 (20) | m3 | | 436.14 | | | | 46.395 | 46.395 | |
| 6 | 独立基础 | 1. 混凝土种类：商品砼 2. 混凝土强度等级：C30 3. 基础类型：独立基础 | m3 | | 406.08 | | | | 238.373 | 238.373 | |
| 7 | 矩形柱 | 1. 混凝土种类：商品砼 2. 混凝土强度等级：C30 (20) 3. 部位：±0.00以下 4. 截面周长：1.8米以上 | m3 | | 518.51 | | | | 19.515 | 0 | |
| 8 | 矩形梁 | 1. 混凝土种类：商品砼 2. 混凝土强度等级：C30 (20) 3. 部位：±0.00以下 | m3 | | 437.62 | | | | 47.987 | 0 | |
| 9 | 现浇构件钢筋 | 1. 钢筋种类、规格：I级钢筋10以内 | t | | 5677.33 | | | | 0.122 | 0 | |

**图 4－74**

**Step 06**　查看形象进度对比。可以点击显示设置，进行不同状态模型显示颜色的修改等。共分为四种状态显示模型：上一期已经完成、提前、正常、延迟。

上一期已经完成：截止到上期已经实际完成的进度计划模型

提前：下期的提前至本期的进度计划模型

正常：本期正常完成的进度计划模型

延后：本期延后至下期的进度计划模型

如图 4 - 75 所示；

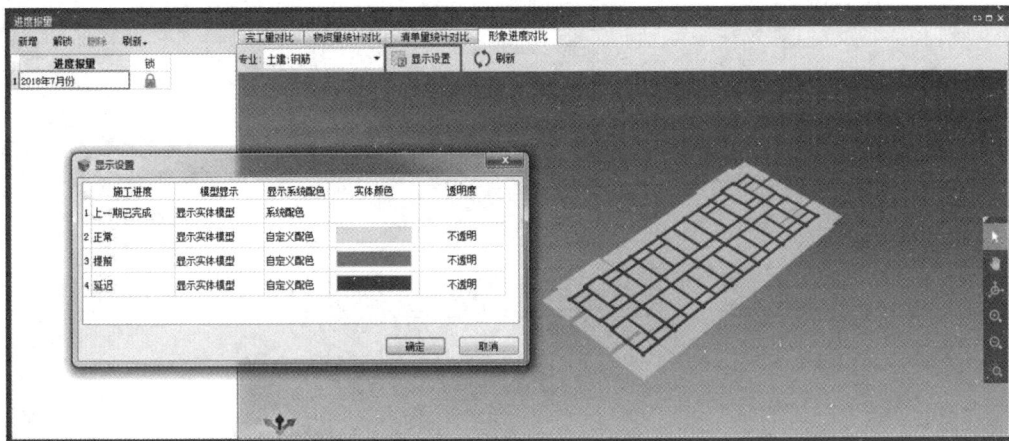

图 4 - 75

### 4.3.4　工程量数据导出

**Step 01**　在【模型视图】模块中，点击右上角的【高级工程量查询】按钮，进入查询界面。如图 4 - 76 所示：

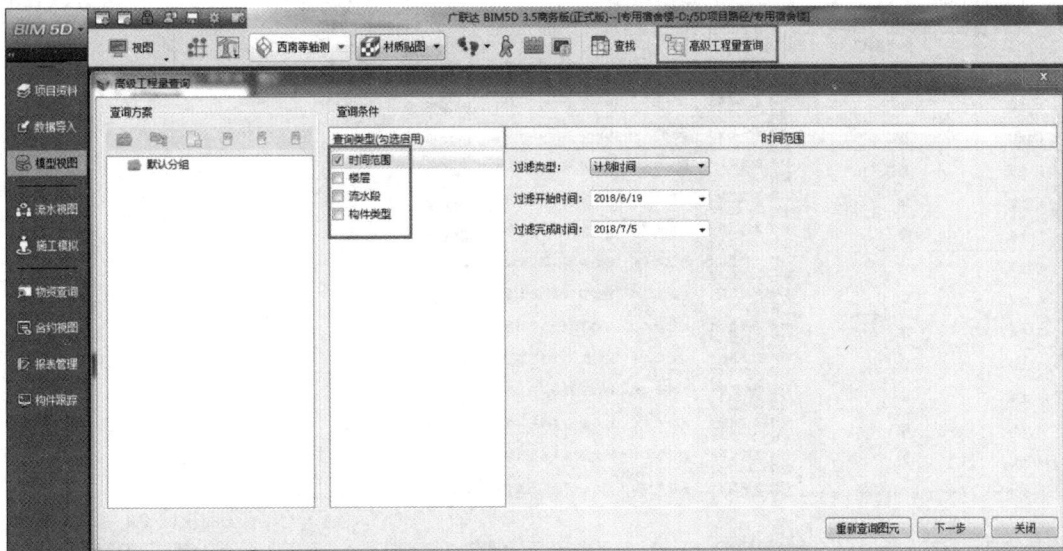

图 4 - 76

Step 02　选择查询的方式,进行工程量的查询。下面利用时间范围为例进行查询,其他查询条件同物资查询条件设定,不再单独进行阐述,各项目团队可根据需求自行选择。在选择了查询类型之后,选择对应的计划时间或实际时间范围。以 7 月 5 日到 8 月 5 日的报量周期为例,如图 4 - 77 所示:

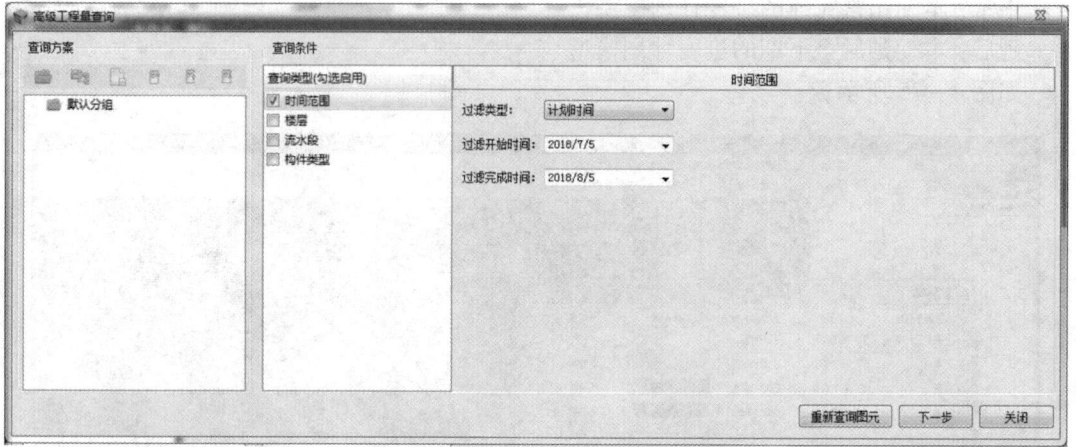

**图 4 - 77**

Step 03　点击下一步,然后点击汇总工程量,可以看到所选时间范围内的构件工程量及清单工程量。清单量及构件量均可设置汇总方式,清单工程量还可以选择是按合同预算或成本预算查看,点击当前清单资源量或全部资源量还可以查看清单项的人料机资源信息。如图 4 - 78、图 4 - 79 所示:

**图 4 - 78**

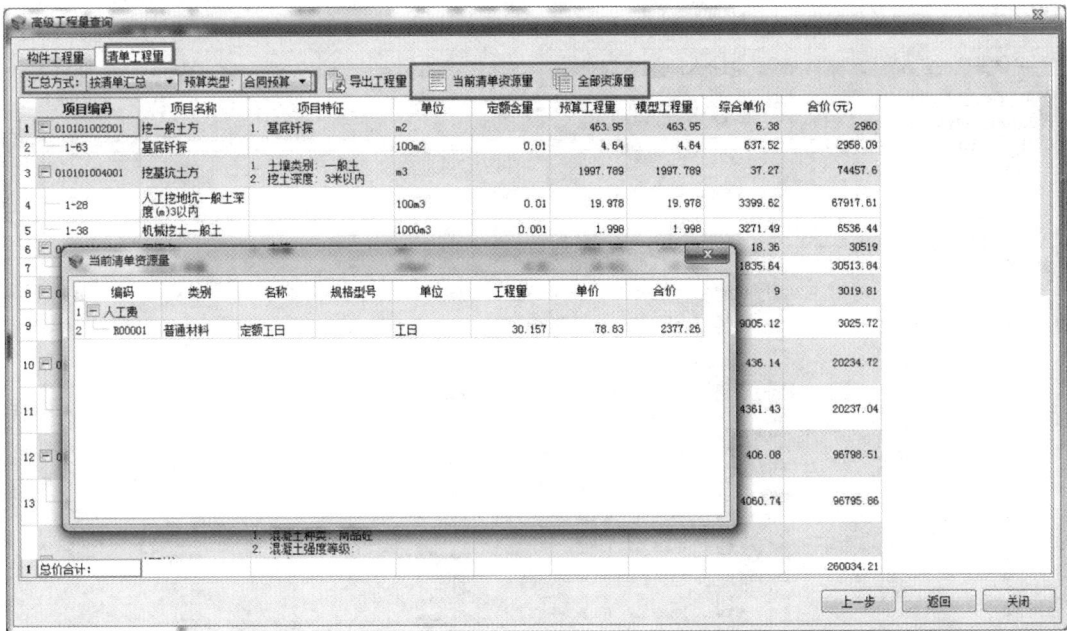

图 4 – 79

Step 04 点击导出工程量，可以将构件工程量及清单工程量导出 Excel 表格信息。如图 4 – 80、图 4 – 81 所示：

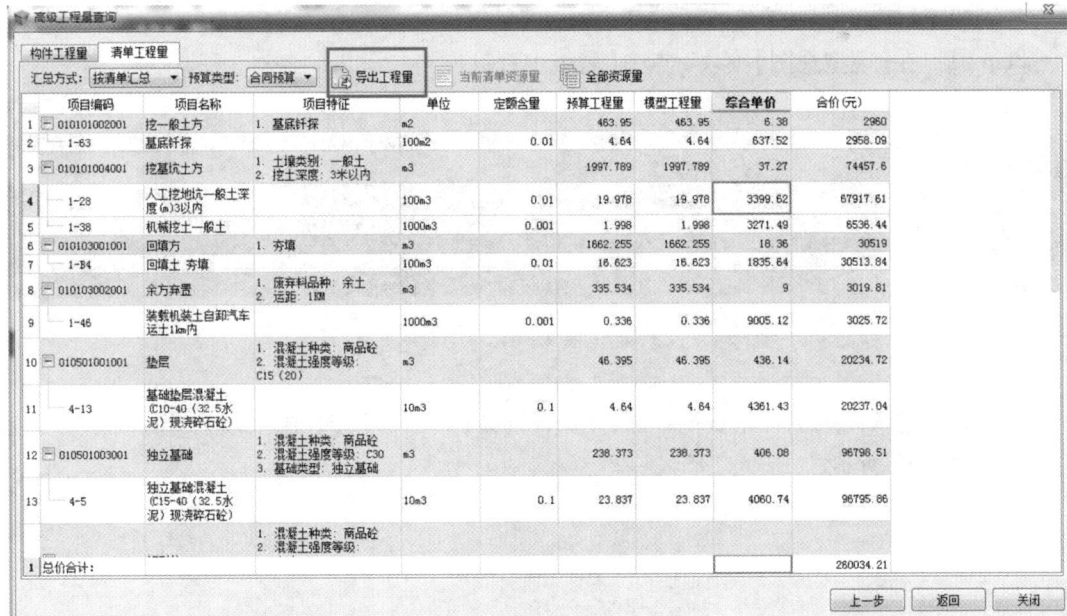

图 4 – 80

图 4-81

### 4.3.5 造价数据导出

1. 高级工程量查询 – 按流水段维度

Step 01 在【模型视图】模块, 点击【高级工程量查询】, 如图 4-81 所示;

图 4-81

Step 02 进入高级工程量查询界面, 在"查询条件"下面勾选"流水段", 勾选右侧"基础层", 如图 4-82 所示;

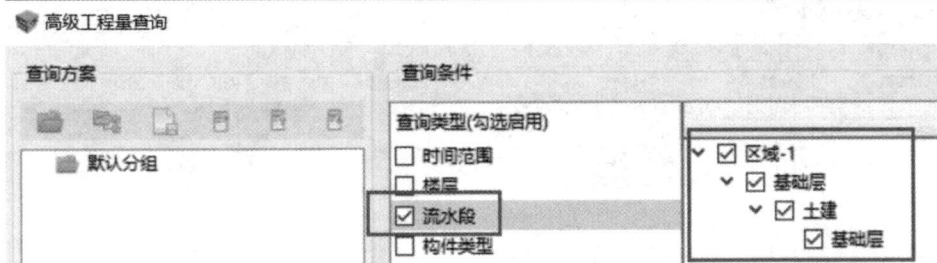

图 4 - 82

Step 03　点击右下角【查询图元】，进入查询界面，查询区域所有构件的造价信息，然后点击右下角【汇总工程量】，如图 4 - 83 所示；

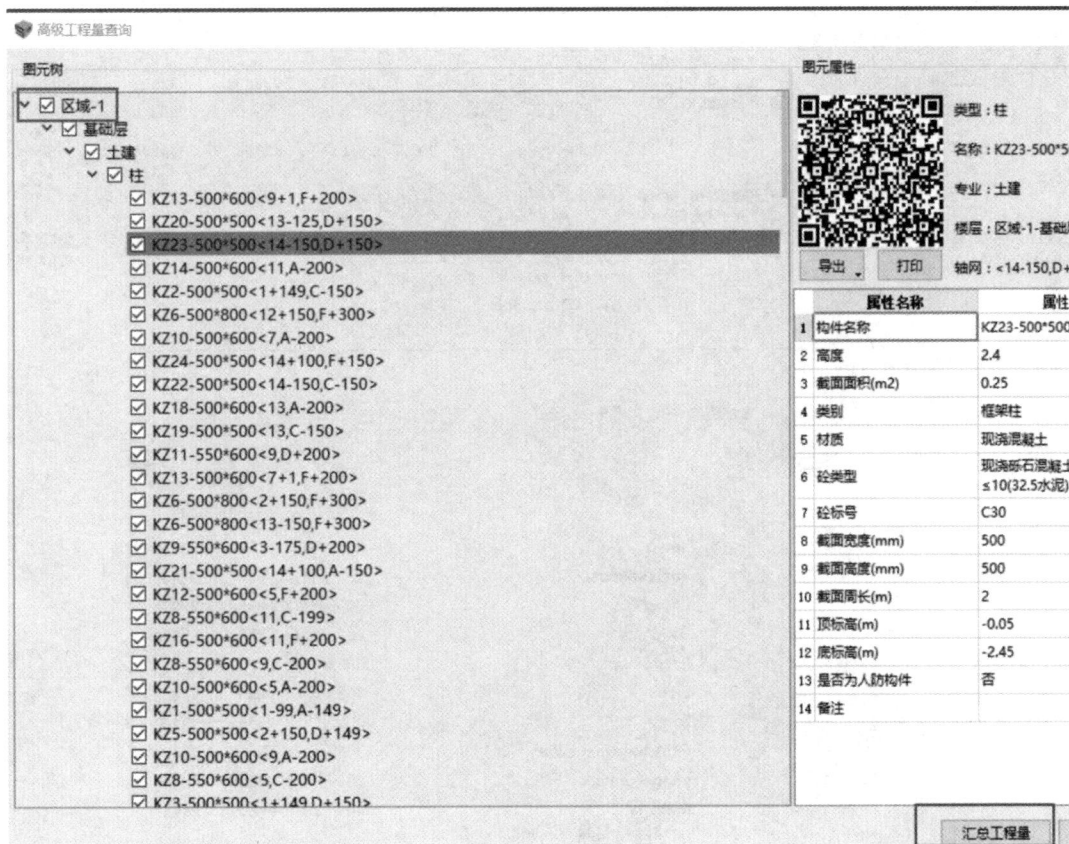

图 4 - 83

Step 04　进入汇总界面，选择"清单工程量"，汇总方式为"按清单汇总"，预算类型合同预算，点击【导出工程量】，导出造价数据分析，如图 4 - 84、图 4 - 85 所示；

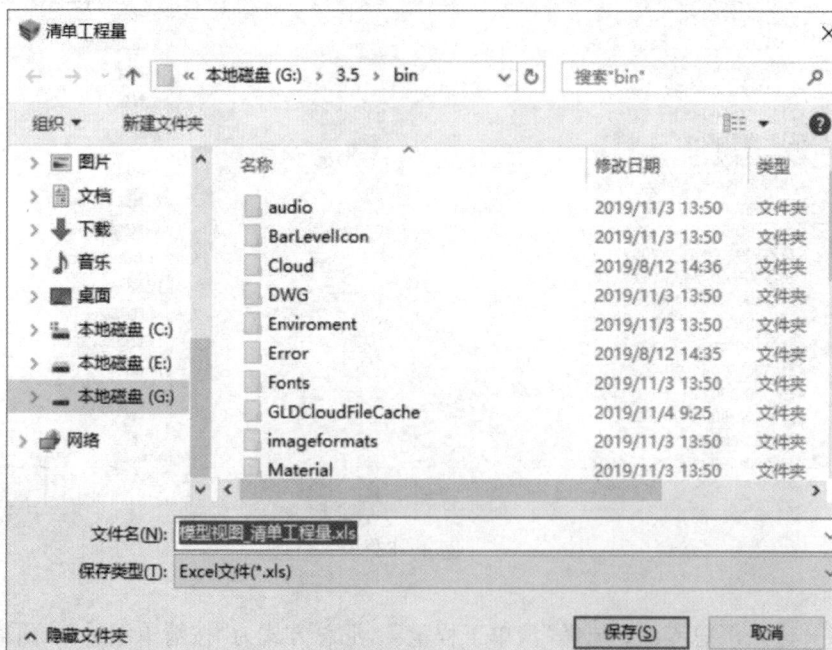

| | 项目编码 | 项目名称 | 项目特征 | 单位 | 定额含量 | 预算工程量 | 模型工程量 | 综合单价 | 合价(元) |
|---|---|---|---|---|---|---|---|---|---|
| 1 | 010101002001 | 挖一般土方 | 1. 基底钎探 | m2 | | 463.95 | 463.95 | 6.38 | 2960 |
| 2 | 1-63 | 基底钎探 | | 100m2 | 0.01 | 4.64 | 4.64 | 637.52 | 2958.09 |
| 3 | 010101004001 | 挖基坑土方 | 1. 土壤类别: 一般土<br>2. 挖土深度: 3米以内 | m3 | | 1997.789 | 1997.789 | 37.27 | 74457.6 |
| 4 | 1-28 | 人工挖地坑一般土深度(m)3以内 | | 100m3 | 0.01 | 19.978 | 19.978 | 3399.62 | 67917.61 |
| 5 | 1-38 | 机械挖土一般土 | | 1000m3 | 0.001 | 1.998 | 1.998 | 3271.49 | 6536.44 |
| 6 | 010103001001 | 回填方 | 1. 夯填 | m3 | | 1662.255 | 1662.255 | 18.36 | 30519 |
| 7 | 1-84 | 回填土 夯填 | | 100m3 | 0.01 | 16.623 | 16.623 | 1835.64 | 30513.84 |
| 8 | 010103002001 | 余方弃置 | 1. 废弃料品种: 余土<br>2. 运距: 1KM | m3 | | 335.534 | 335.534 | 9 | 3019.81 |
| 9 | 1-46 | 装载机装土自卸汽车运土1km内 | | 1000m3 | 0.001 | 0.336 | 0.336 | 9005.12 | 3025.72 |
| 10 | 010501001001 | 垫层 | 1. 混凝土种类: 商品砼<br>2. 混凝土强度等级: C15 ( 20 ) | m3 | | 46.395 | 46.395 | 436.14 | 20234.72 |
| 11 | 4-13 | 基础垫层混凝土 (C10-40 ( 32.5水泥 ) 现浇碎石砼) | | 10m3 | 0.1 | 4.64 | 4.64 | 4361.43 | 20237.04 |
| 12 | 010501003001 | 独立基础 | 1. 混凝土种类: 商品砼<br>2. 混凝土强度等级: C30<br>3. 基础类型: 独立基础 | m3 | | 238.373 | 238.373 | 406.08 | 96798.51 |
| 13 | 4-5 | 独立基础混凝土 (C15-40 ( 32.5水泥 ) 现浇碎石砼) | | 10m3 | 0.1 | 23.837 | 23.837 | 4060.74 | 96795.86 |
| 14 | 010502001003 | 矩形柱 | 1. 混凝土种类: 商品砼<br>2. 混凝土强度等级: C30(20) | m3 | | 19.515 | 19.515 | 518.51 | 10118.72 |
| 1 | 总价合计 : | | | | | | | | 266108.16 |

图 4 – 84

图 4 – 85

## 2. 高级工程量查询 – 按时间维度

Step 01 在【模型视图】模块，点击【高级工程量查询】，如图 4 – 86 所示；

图 4 – 86

Step 02 进入高级工程量查询界面，在"查询条件"下面勾选"时间范围"，右侧过滤类型选择"计划时间"，过滤开始时间为 2018/6/19，过滤完成时间为 2018/7/6，设置好之后点击右下角【查询图元】，如图 4 – 87 所示；

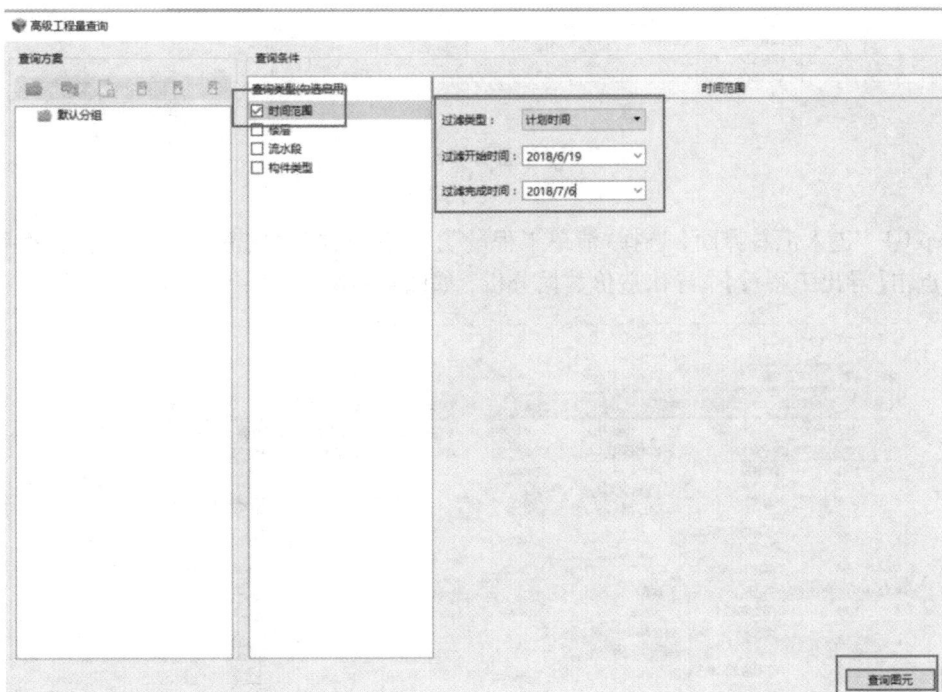

图 4 – 87

Step 03 进入查询界面，查询区域所有构件的造价信息，然后点击右下角【汇总工程量】，如图 4 – 88 所示；

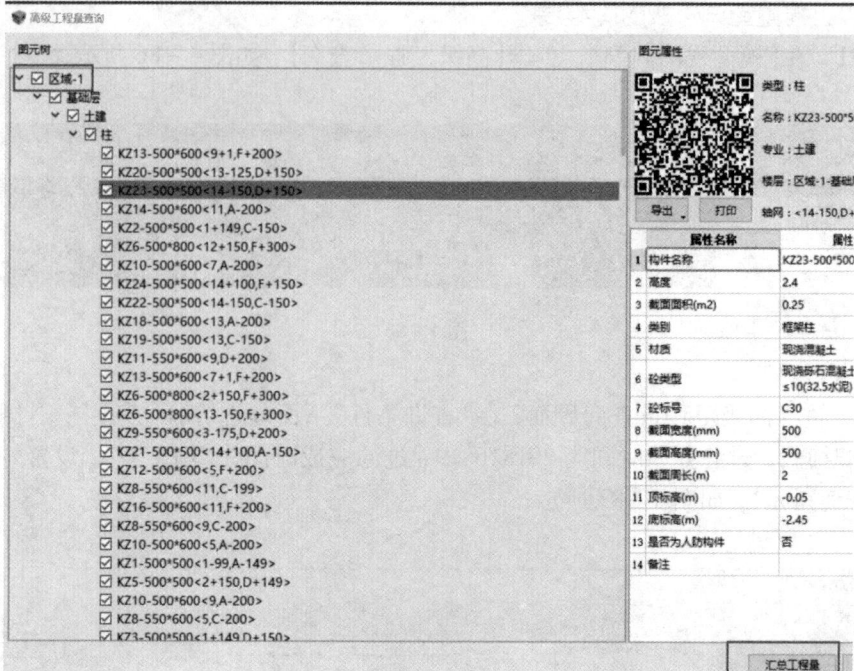

图 4 – 88

Step 04　进入汇总界面，选择"清单工程量"，汇总方式为"按清单汇总"，预算类型合同预算，点击【导出工程量】，导出造价数据分析，如图 4 – 89、图 4 – 90 所示；

| | 项目编码 | 项目名称 | 项目特征 | 单位 | 定额含量 | 预算工程量 | 模型工程量 | 综合单价 | 合价(元) |
|---|---|---|---|---|---|---|---|---|---|
| 1 | ⊟ 010101002001 | 拾一般土方 | 1. 基底轩探 | m2 | | 463.95 | 463.95 | 6.38 | 2960 |
| 2 | 1-63 | 基底轩探 | | 100m2 | 0.01 | 4.64 | 4.64 | 637.52 | 2958.09 |
| 3 | ⊟ 010101004001 | 挖基坑土方 | 1. 土壤类别: 一般土 2. 挖土深度: 3米以内 | m3 | | 1997.789 | 1997.789 | 37.27 | 74457.6 |
| 4 | 1-28 | 人工挖地坑一般土深度(m)3以内 | | 100m3 | 0.01 | 19.978 | 19.978 | 3399.62 | 67917.61 |
| 5 | 1-38 | 机械挖一般土 | | 1000m3 | 0.001 | 1.998 | 1.998 | 3271.49 | 6536.44 |
| 6 | ⊟ 010103001001 | 回填方 | 1. 夯填 | m3 | | 1662.255 | 1662.255 | 18.36 | 30519 |
| 7 | 1-84 | 回填土 夯填 | | 100m3 | 0.01 | 16.623 | 16.623 | 1835.64 | 30513.84 |
| 8 | ⊟ 010103002001 | 余方弃置 | 1. 废弃料品种: 余土 2. 运距: 1KM | m3 | | 335.534 | 335.534 | 9 | 3019.81 |
| 9 | 1-46 | 装载机装土自卸汽车运土1km内 | | 1000m3 | 0.001 | 0.336 | 0.336 | 9005.12 | 3025.72 |
| 10 | ⊟ 010501001001 | 垫层 | 1. 混凝土种类: 商品砼 2. 混凝土强度等级: C15 ( 20 ) | m3 | | 46.395 | 46.395 | 436.14 | 20234.72 |
| 11 | 4-13 | 基础垫层混凝土(C10-40 ( 32.5水泥 ) 现浇碎石砼) | | 10m3 | 0.1 | 4.64 | 4.64 | 4361.43 | 20237.04 |
| 12 | ⊟ 010501003001 | 独立基础 | 1. 混凝土种类: 商品砼 2. 混凝土强度等级: C30 3. 基础类型: 独立基础 | m3 | | 238.373 | 238.373 | 406.08 | 96798.51 |
| 13 | 4-5 | 独立基础混凝土(C15-40 ( 32.5水泥 ) 现浇碎石砼) | | 10m3 | 0.1 | 23.837 | 23.837 | 4060.74 | 96795.86 |
| 14 | ⊟ 010502001001 | 矩形柱 | 1. 混凝土种类: 商品砼 2. 混凝土强度等级: C30(20) | m3 | | 88.673 | 4.977 | 518.53 | 2580.73 |
| 1 | 总价合计: | | | | | | | | 268728.25 |

图 4 – 89

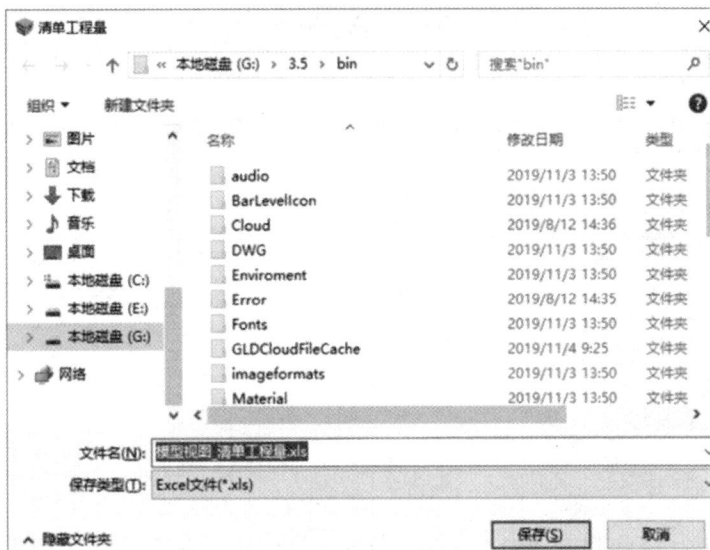

图 4 - 90

## 4.4 BIM 合同管理

**任务说明**：

基于专用宿舍楼案例熟练掌握利用 BIM5D 平台进行合约管理，分包合同维护，变更管理。

**任务分析**：

(1)基于已有结果工程项目，在【合约视图】模块中完成合约管理，分包合同维护
(2)基于已有结果工程项目，结合设计变更单，完成变更管理。

**任务实施**：

基于专用宿舍楼案例，在【合约视图】模块中完成合约管理及分包合同维护，结合设计变更单完成该变更内容管理。

### 4.4.1 合约管理、分包合同维护

1.合约管理

Step 01 在【合约视图】模块中，点击新建或从模板新建，完成合约建立。选择新建方式时，自行录入信息。从模板导入时，可以从设置好的 Excel 导入或从清单规范按照专业名称、分部及分项名称三个层级进行建立。如图 4 - 91 所示：

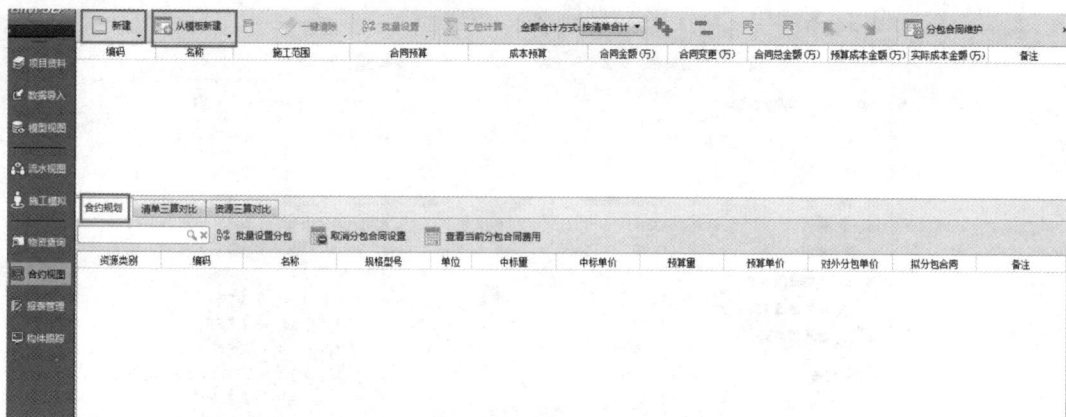

图 4 – 91

Step 02　新建一条土建专业合约，施工范围选择土建专业全楼范围；同时新建一条钢筋专业合约，施工范围选择钢筋专业全楼范围，设置合同预算与成本预算文件。点击汇总计算，汇总计算后，可以看到合约合同金额、合同变更、合同总金额、预算成本金额、实际成本金额。其中合同金额来自合同预算文件，预算成本金额来自成本预算文件，实际成本金额默认等于成本预算，实际成本的单价及工程量可自行修改。合同变更金额根据涉及到合同外的收入自行录入，合同总金额等于合同金额加合同变更。金额合计方式可以选择按清单合计和按资源合计两种。如图 4 – 92 所示：

图 4 – 92

324

Step 03 建立分包单位。项目经理对分包单位进行招标,通过访问 BIM 云,进入 WEB 端。点击系统设置 – 组织架构 – 单位成员,新建劳务分包单位、物资采购单位、专业分包单位。如图 4 – 93 所示:

图 4 – 93

Step 04 建立分包合同维护。新增合同,选择合同类型,录入编号、名称,然后选择暂定分包单位,如图 4 – 94 所示:

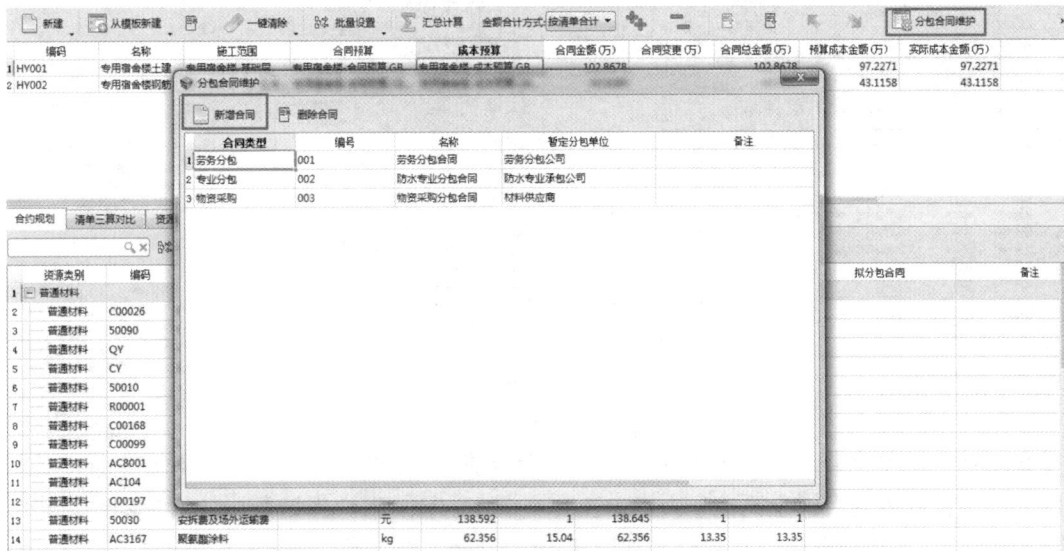

图 4 – 94

Step 05 设置拟分包合同。将人工工日资源设置为劳务分包,将钢筋、砌块资源设置为物资采购分包,将高聚物改性沥青卷材设置为防水专业分包。如图 4 – 95 所示:

| | 编码 | 名称 | 施工范围 | 合同预算 | 成本预算 | 合同金额(万) | 合同变更(万) | 合同总金额(万) | 预算成本金额(万) | 实际成本金额(万) |
|---|---|---|---|---|---|---|---|---|---|---|
| 1 | HY001 | 专用宿舍楼土建 | 专用宿舍楼-基础层... | 专用宿舍楼-合同预算.GB... | 专用宿舍楼-成本预算.GB... | 102.8678 | | 102.8678 | 97.2271 | 97.2271 |
| 2 | HY002 | 专用宿舍楼钢筋 | 专用宿舍楼-第2层... | 专用宿舍楼-合同预算.GB... | 专用宿舍楼-成本预算.GB... | 43.9285 | | 43.9285 | 43.1158 | 43.1158 |

合约规划　清单三算对比　资源三算对比

🔍✕　批量设置分包　　取消分包合同设置　　查看当前分包合同费用

| | 资源类别 | 编码 | 名称 | 规格型号 | 单位 | 中标量 | 中标单价 | 预算量 | 预算单价 | 对外分包单价 | 拟分包合同 | 备注 |
|---|---|---|---|---|---|---|---|---|---|---|---|---|
| 1 | 普通材料 | | | | | | | | | | | |
| 2 | 普通材料 | 50090 | 停滞费 | | 元 | 484.551 | 0 | 485.452 | 0 | 0 | | |
| 3 | 普通材料 | 50030 | 安拆费及场外运输费 | | 元 | 255.41 | 1 | 255.886 | 1 | 1 | | |
| 4 | 普通材料 | 50000 | 折旧费 | | 元 | 484.551 | 1 | 485.452 | 1 | 1 | | |
| 5 | 普通材料 | C01267 | 钢筋 | III级10以外 | t | 52.731 | 4209 | 53.03 | 4156 | 4156 | 物资采购分包合同 | |
| 6 | 普通材料 | JXGR | 定额工日 | | 工日 | 20.784 | 78.83 | 20.823 | 78.83 | 78.83 | 劳务分包合同 | |
| 7 | 普通材料 | R00001 | 定额工日 | | 工日 | 552.488 | 78.83 | 553.513 | 78.83 | 78.83 | 劳务分包合同 | |
| 8 | 普通材料 | C01267 | 钢筋 | III级10以内 | t | 30.152 | 4560 | 30.009 | 4330 | 4330 | 物资采购分包合同 | |
| 9 | 普通材料 | 50020 | 经常修理费 | | 元 | 304.816 | 1 | 305.383 | 1 | 1 | | |
| 10 | 普通材料 | AC441 | 电焊条 | (综合) | kg | 321.878 | 4 | 322.481 | 4 | 4 | | |
| 11 | 普通材料 | DIAN | 电 | | kW·h | 3232.026 | 0.72 | 3238.063 | 0.88 | 0.88 | | |
| 12 | 普通材料 | 50010 | 大修费 | | 元 | 75.539 | 1 | 75.679 | 1 | 1 | | |
| 13 | 普通材料 | C00026 | 镀锌铁丝 | 22# | kg | 221.104 | 4.5 | 221.511 | 6.3 | 6.3 | | |
| 14 | 普通材料 | C00003 | 钢筋 | Φ10以内 I级 | t | 0.769 | 4310 | 0.77 | 4210 | 4210 | 物资采购分包合同 | |
| 15 | 普通材料 | C01251 | 其他材料费 | | 元 | 88.526 | 1 | 88.691 | 1 | 1 | | |

图 4 - 95

Step 06　商务经理通过市场询价，设置对外分包单价，并查看各项资源行费用。其中中标量和中标单价来源于合同预算，预算量和预算单价来源于成本预算，对外分包单价可自行设定。如图 4 - 96 所示：

合约规划　清单三算对比　资源三算对比

🔍✕　批量设置分包　　取消分包合同设置　　查看当前分包合同费用

| | 资源类别 | 编码 | 名称 | 规格型号 | 单位 | 中标量 | 中标单价 | 预算量 | 预算单价 | 对外分包单价 | 拟分包合同 | 备注 |
|---|---|---|---|---|---|---|---|---|---|---|---|---|
| 26 | 普通材料 | C00970 | 粘土 | | m3 | 26.77 | 30 | 26.951 | 25.75 | 25.75 | | |
| 27 | 普通材料 | C00869 | 碎石 | 10~20mm | m3 | 218.631 | 160 | 218.732 | 130 | 130 | | |
| 28 | 普通材料 | 50020 | 经常修理费 | | 元 | 1595.15 | 1 | 1595.292 | 1 | 1 | | |
| 29 | 普通材料 | AC878 | PVC卷材基层处理剂 | | kg | 280.141 | 7.8 | 281.481 | 5.18 | 5.18 | | |
| 30 | 普通材料 | AC3091 | 蒸养灰砂砖 | 240×115×53 | 千块 | 11.653 | 450 | 11.653 | 450 | 400 | 物资采购分包合同 | |
| 31 | 普通材料 | 50060 | 其他费用 | | 元 | 216.154 | 1 | 216.154 | 1 | 1 | | |
| 32 | 普通材料 | AC876 | 高聚物改性沥青卷材 | 3mm | m2 | 2082.36 | 38.5 | 2092.345 | 29.5 | 30 | 防水专业分包合同 | |
| 33 | 普通材料 | C00229 | 木柴 | | kg | 251.304 | 0.56 | 253.758 | 0.56 | 0.56 | | |
| 34 | 普通材料 | C01251 | 其他材料费 | | 元 | 404.261 | 1 | 406.001 | 1 | 1 | | |
| 35 | 普通材料 | 50000 | 折旧费 | | 元 | 2267.176 | 1 | 2267.3 | 1 | 1 | | |
| 36 | 普通材料 | AC877 | 高聚物改性沥青卷材 | 2mm | m2 | 205.437 | 34.5 | 206.42 | 25 | 20 | 防水专业分包合同 | |
| 37 | 普通材料 | JIGR | 定额工日 | | 工日 | 20.651 | 78.83 | 20.651 | 78.83 | 80 | 劳务分包合同 | |
| 38 | 普通材料 | AC879 | 改性沥青粘结剂 | | kg | 1041.19 | 11.12 | 1046.198 | 11.12 | 11.12 | | |
| 39 | 普通材料 | C00054 | 水泥 | 32.5 | t | 438.967 | 350 | 439.001 | 320 | 320 | | |
| 40 | 普通材料 | C00175 | 防水粉 | | kg | 15.779 | 4.5 | 15.779 | 4.5 | 4.5 | | |
| 41 | 普通材料 | AC1T26 | 聚苯乙烯泡沫塑料板 | 30mm | m2 | 872.42 | 15.67 | 872.42 | 15.67 | 15.67 | | |
| 42 | 普通材料 | C01174 | 模板料 | | m3 | 0.104 | 2200 | 0.105 | 2200 | 2200 | | |

图 4 - 96

Step 07　查看各项分包合同费用。点击查看当前分包合同费用，可以查看分包合同的目标成本、合同收入与合同金额信息。点击查看来源，会显示出产生该费用的清单项。点击导出 Excel，可以将当前分包信息导出。如图 4 - 97、图 4 - 98、图 4 - 99 所示：

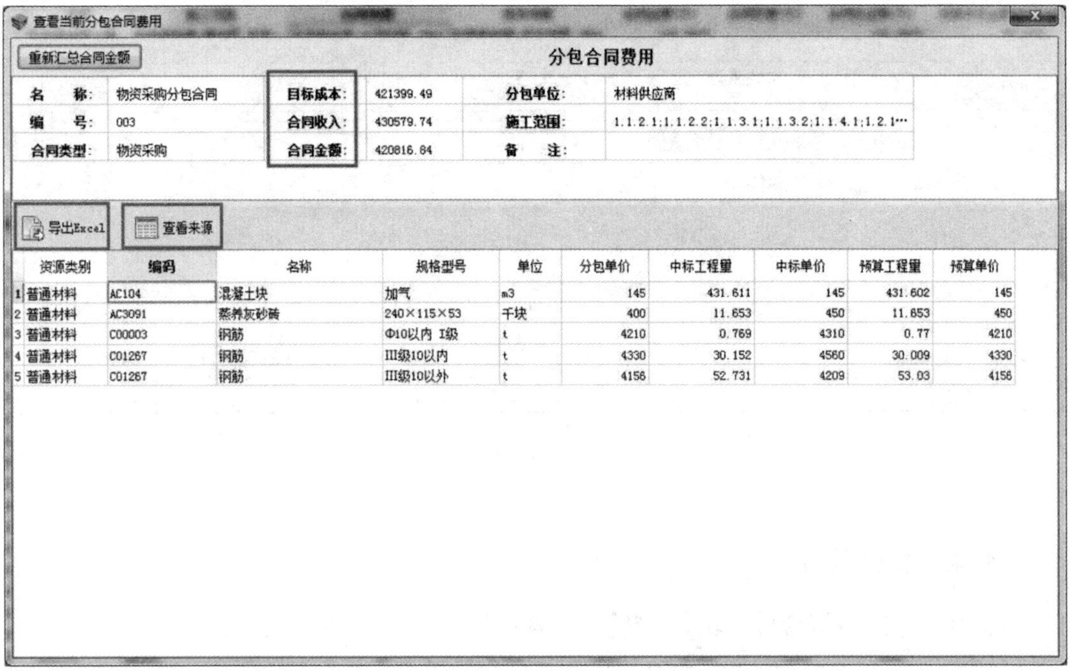
查看当前分包合同费用
重新汇总合同金额
分包合同费用
名　称: 物资采购分包合同
编　号: 003
合同类型: 物资采购
目标成本: 421399.49
合同收入: 430579.74
合同金额: 420816.84
分包单位: 材料供应商
施工范围: 1.1.2.1;1.1.2.2;1.1.3.1;1.1.3.2;1.1.4.1;1.2.1…
备　注:
导出Excel
查看来源
资源类别 编码 名称 规格型号 单位 分包单价 中标工程量 中标单价 预算工程量 预算单价
1 普通材料 AC104 混凝土块 加气 m3 145 431.611 145 431.602 145
2 普通材料 AC3091 蒸养灰砂砖 240×115×53 千块 400 11.653 450 11.653 450
3 普通材料 C00003 钢筋 Φ10以内 I级 t 4210 0.769 4310 0.77 4210
4 普通材料 C01267 钢筋 III级10以内 t 4330 30.152 4560 30.009 4330
5 普通材料 C01267 钢筋 III级10以外 t 4156 52.731 4209 53.03 4156

图 4－97

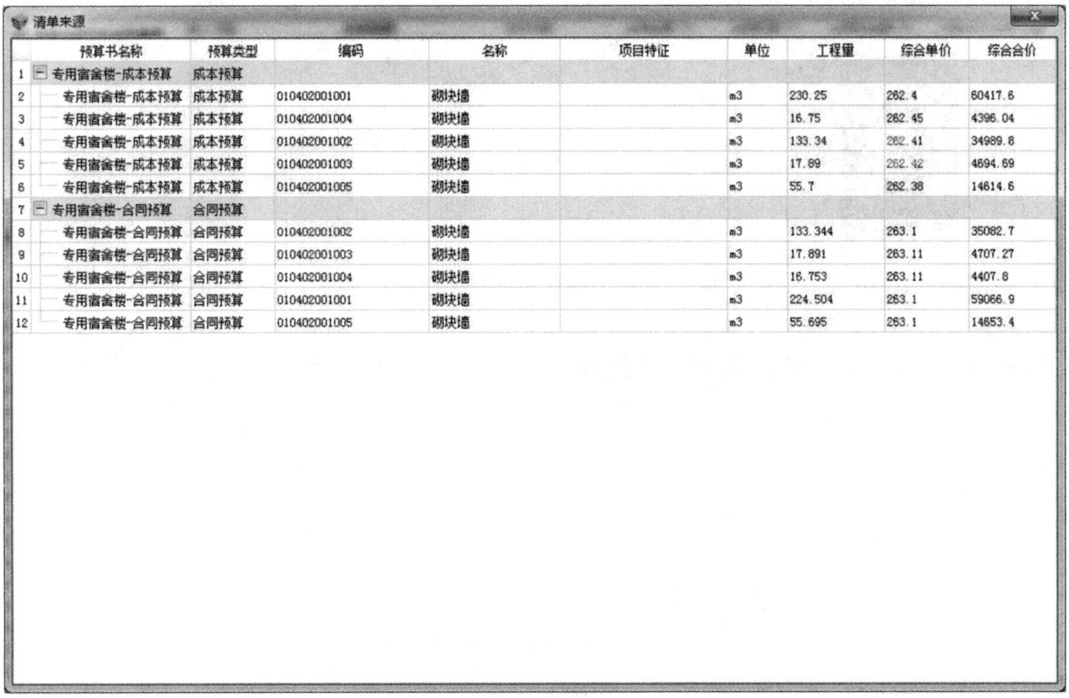
清单来源
预算书名称 预算类型 编码 名称 项目特征 单位 工程量 综合单价 综合合价
1 专用宿舍楼-成本预算 成本预算
2 专用宿舍楼-成本预算 成本预算 010402001001 砌块墙 m3 230.25 262.4 60417.6
3 专用宿舍楼-成本预算 成本预算 010402001004 砌块墙 m3 16.75 262.45 4396.04
4 专用宿舍楼-成本预算 成本预算 010402001002 砌块墙 m3 133.34 262.41 34989.8
5 专用宿舍楼-成本预算 成本预算 010402001003 砌块墙 m3 17.89 262.42 4694.69
6 专用宿舍楼-成本预算 成本预算 010402001005 砌块墙 m3 55.7 262.38 14614.6
7 专用宿舍楼-合同预算 合同预算
8 专用宿舍楼-合同预算 合同预算 010402001002 砌块墙 m3 133.344 263.1 35082.7
9 专用宿舍楼-合同预算 合同预算 010402001003 砌块墙 m3 17.891 263.11 4707.27
10 专用宿舍楼-合同预算 合同预算 010402001004 砌块墙 m3 16.753 263.11 4407.8
11 专用宿舍楼-合同预算 合同预算 010402001001 砌块墙 m3 224.504 263.1 59066.9
12 专用宿舍楼-合同预算 合同预算 010402001005 砌块墙 m3 55.695 263.1 14653.4

图 4－98

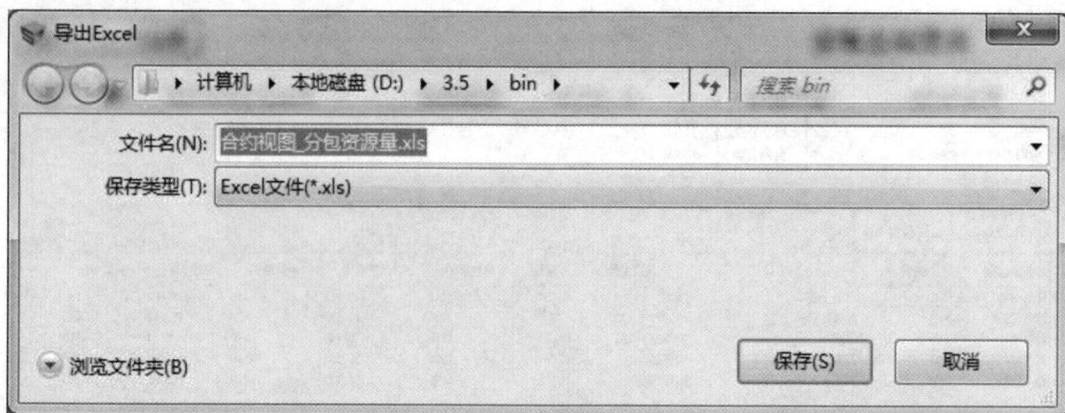

**图 4 – 99**

## 4.4.2 变更管理

Step 01 在【项目资料】模块，选择【变更登记】，如图 4 – 100 所示；

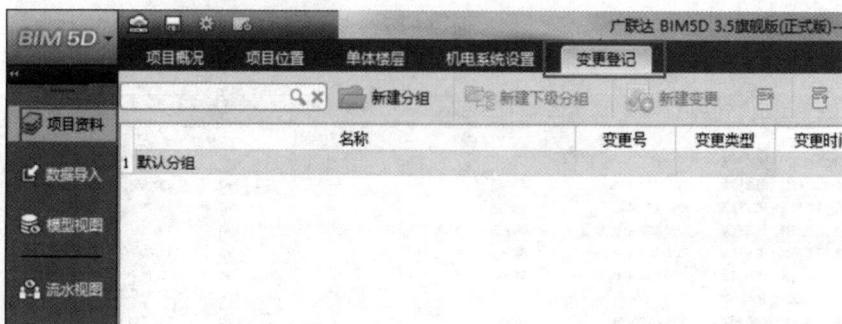

**图 4 – 100**

Step 02 根据以下变更设计单进行新建分组，如图 4 – 101、图 4 – 102；

设计变更单

编号 001.

| 工程名称： | 专用宿舍楼 |
|---|---|
| 部　　位： | 一层框架柱 |

事由：（变更依据）

甲方要求将一层框架柱混凝土强度 C30 变更为 C35

**图 4 – 101**

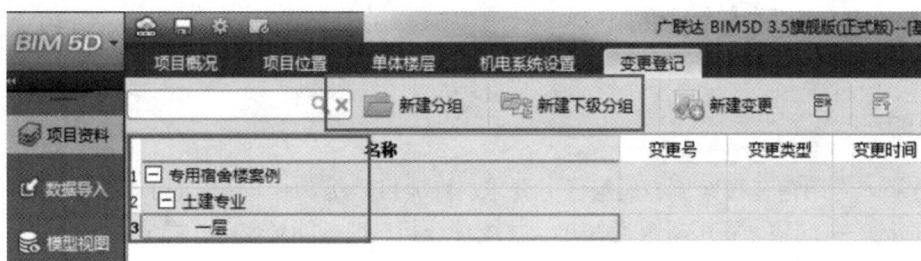

图 4 – 102

Step 03 选择"一层"分组,点击【新建变更】,添加如下内容;

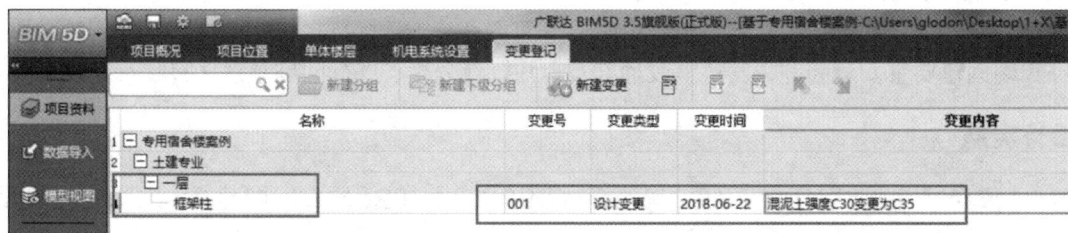

图 4 – 103

Step 04 将一层变更的框架柱的图纸导入 BIM5D 平台进行变更资料管理,选择框架柱,点击【新建】,找到"专用宿舍楼工程案例资料包",打开"03 – 图纸文件",选择"专用宿舍楼 – 结构",点击【打开】即可,如图 4 – 104 所示;

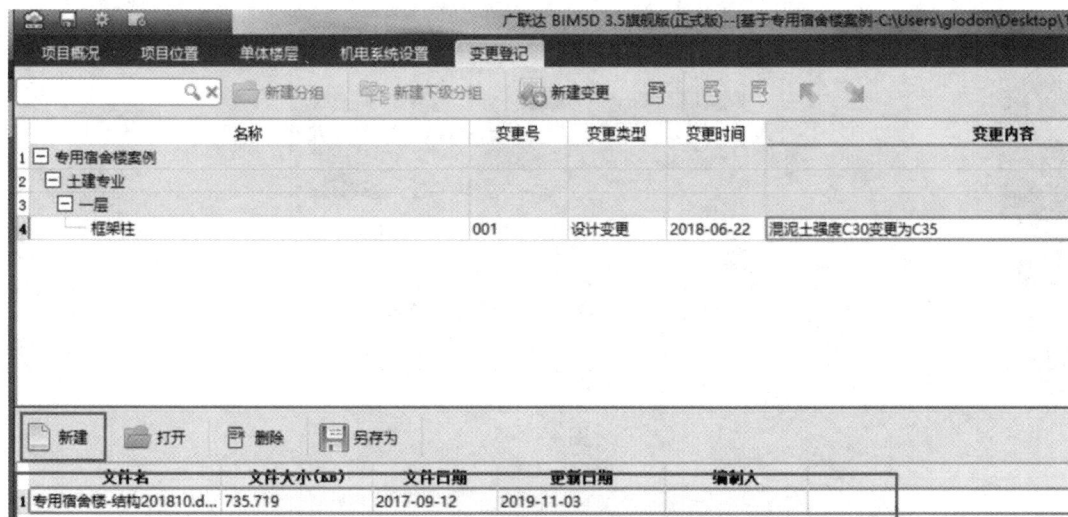

图 4 – 104

## 4.5 BIM 质安管理

### 任务说明

（1）基于专用宿舍楼案例，根据任务要求，将项目升级为协同版，同时利用 BIM5D WEB 端创建质量安全问题，发送整改通知单，并统计分析，进行问题整改、验收及复核；

（2）基于专用宿舍楼案例，结合指定的施工重点部位及安全因素考虑，设置项目安全定点巡检，并导出巡检记录做数据分析。

### 任务分析

结合前期完成的案例成果，通过分析给定的质安数据资料，质安经理发现施工现场首层 1/A 轴相交处柱存在漏筋现象，同时发现脚手架存在立杆间距过大的情况，利用 BIM5D 的 WEB 端创建质量安全问题，发送整改通知单，并统计分析，进行问题整改、验收及复核。

### 任务实施

主要介绍通过 BIM5D WEB 端进行质量管理的应用，包括质安问题建立、质安问题统计及分析、安全巡检的任务流程。

#### 4.5.1 质安问题建立

1.项目升级到协同版

Step 01　点击软件左上角【升级到协同版】按钮，注册并登陆广联云账号，绑定 BIM 云空间，选择激活码绑定，如图 4 - 105、图 4 - 106 所示：

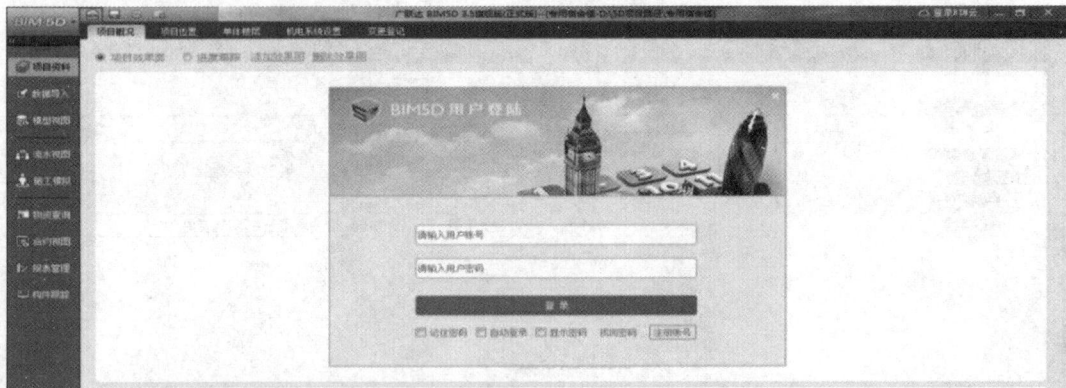

图 4 - 105

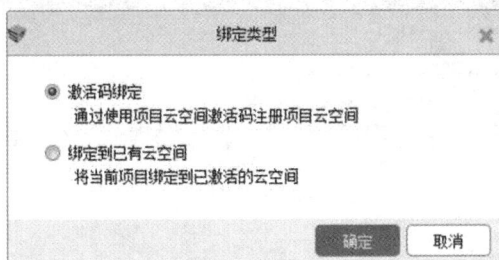

图 4－106

Step 02　输入激活码绑定成功后，退回到软件初始界面，登录账号信息，在最近项目列表中会显示升级后的协同项目，点击打开，如图 4－107 所示：

图 4－107

Step 03　点击右上角登陆信息下拉菜单，选择【访问 BIM 云】，进入 BIM 项目列表，打开专用宿舍楼项目，如图 4－108、图 4－109 所示：

图 4－108

图 4－109

2. 成员管理

Step 01　进入 WEB 端界面，点击【系统设置】，选择【成员管理】，点击【添加人员】按钮，输入姓名为质安总监，并填写学员注册的手机号或邮箱，如图 4－110、图 4－111、图 4－112 所示：

图 4 – 110

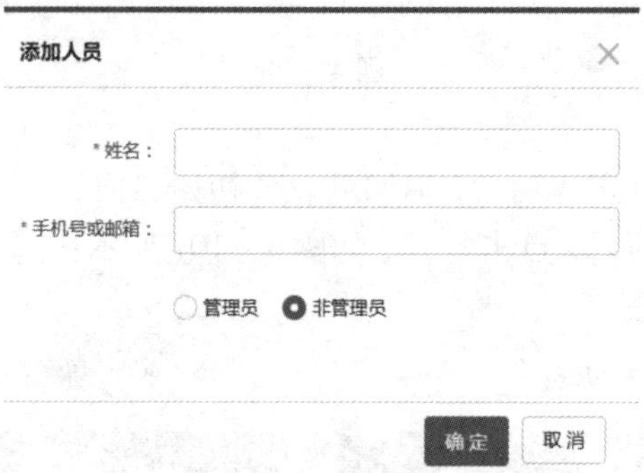

图 4 – 111

图 4 – 112

Step 02  按照上述操作,添加以下信息,如图 4 – 113 所示:

图 4 – 113

3. 单位成员组建

Step 01  点击【组织架构】–【单位成员】按钮,选择总承包,点击【新建】按钮,如图 4 – 114 所示:

图 4 – 114

Step 02　输入名称为"××建设集团一公司",点击确定,如图 4 – 115 所示:

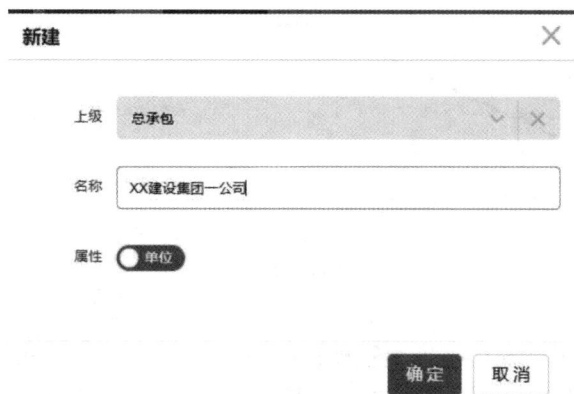

图 4 – 115

Step 03　点击【添加成员】,选择"质安总监"、"施工员甲"进行添加,如图 4 – 116、图 4 – 117所示:

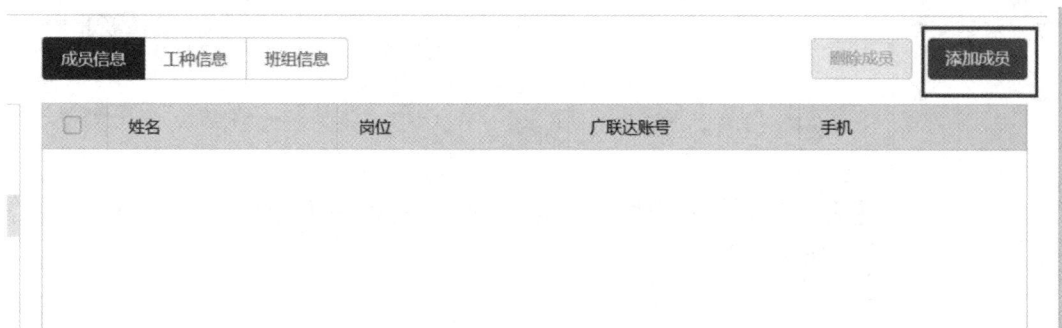

图 4 – 116

图 4 - 117

## 4. 质安问题分类建立

Step 01　点击【系统设置】-【质量管理】-【分类】按钮，然后进行【新建】，名称输入"混凝土漏筋"，点击【确定】，如图 4 - 118 所示：

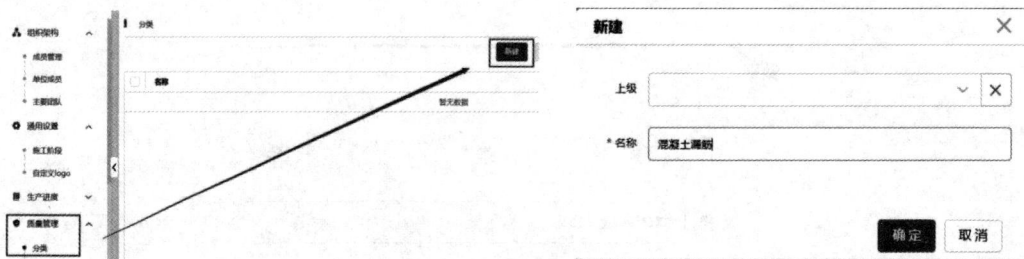

图 4 - 118

Step 02　点击【系统设置】-【安全管理】-【分类】按钮，然后进行【新建】，名称输入"脚手架立杆间距过大"，点击【确定】，如图 4 - 119 所示：

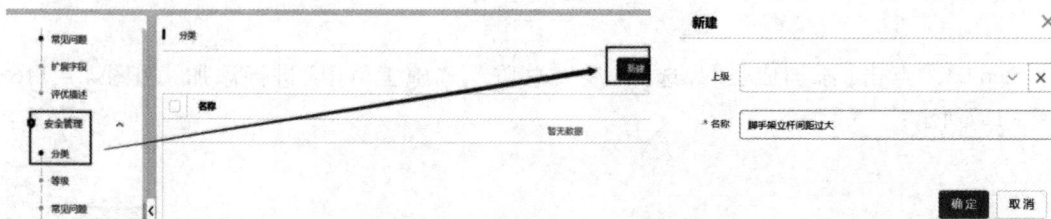

图 4 - 119

## 5. 质安问题创建

Step 01　点击【质量管理】-【创建问题】类别，然后点击右侧【创建】按钮，直接点击【下一步】，如图 4 - 120、图 4 - 121 所示：

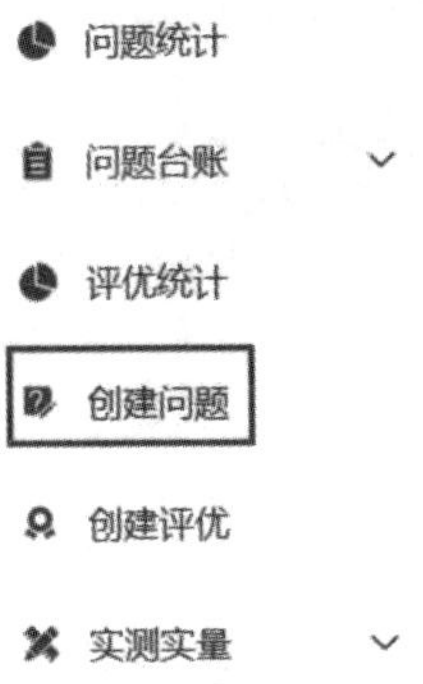

- 问题统计
- 问题台账 ⌄
- 评优统计
- 创建问题
- 创建评优
- 实测实量 ⌄

图 4 – 120

图 4 – 121

Step 02 录入【问题描述】为"柱混凝土漏筋",设置发现日期为 2019 年 11 月 1 日 9∶00,整改期限要求设置为 2019 年 11 月 5 日,处理状态为【待整改】,【责任人】设置为"施工员甲",【责任单位】设置为"××建设集团一公司",勾选【发整改单】,设置为【较大隐患】,设置【验收人】为"质安总监",设置【问题分类】为"混凝土漏筋",通过【点击上传】将给定的"质量问题"图片上传至平台,其他选项按照默认即可,最后点击确定,如图 4 – 122、图 4 – 123 所示:

新建 ✕

* 问题描述: 柱混凝土漏筋

发整改单: ☑ ■ 较大隐患 ▾ 常见问题

* 发现日期: 2019-11-01 08:00:00 ⏱ 整改期限: 2019-11-05 📅 处理状态: 待整改

* 责任人: 施工员甲 ⌄

* 责任单位: XX建设集团一公司 ⌄

责任班组: ⌄

参与人: ⌄

* 验收人: 质安总监 ⌄

确 定 取消

图 4 – 122

图 4 – 123

Step 03　点击【安全管理】–【创建问题】类别，然后点击右侧【创建】按钮，直接点击【下一步】，如图 4 – 124、图 4 – 125 所示：

图 4 – 124

图 4 – 125

Step 04　录入【问题描述】为"脚手架立杆间距不合规"，设置发现日期为 2019 年 11 月 3 日 10:00，整改期限要求设置为 2019 年 11 月 7 日，处理状态为【待整改】，【责任人】设置为"施工员甲"，【责任单位】设置为"××建设集团一公司"，勾选【发整改单】，设置为【一般隐患】，设置【验收人】为"质安总监"，设置【问题分类】为"脚手架立杆间距过大"，通过【点击上传】将给定的"质量问题"图片上传至平台，其他选项按照默认即可，最后点击确定，如图 4 – 126、图 4 – 127 所示：

336

图 4 - 126

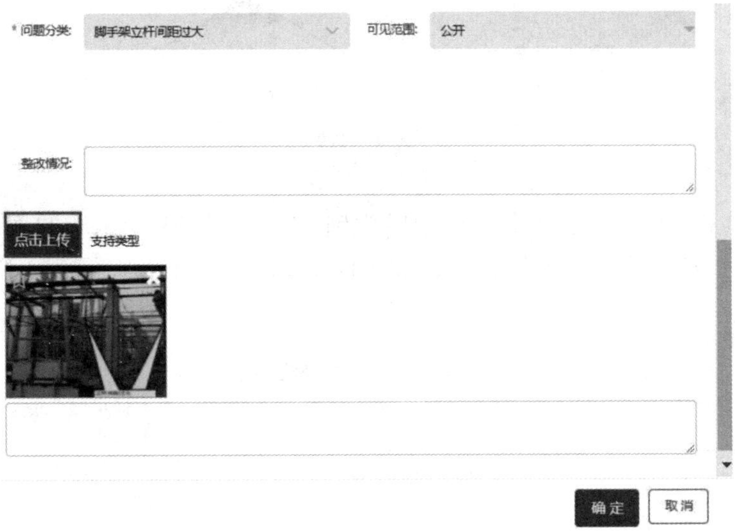

图 4 - 127

### 4.5.2　质安问题统计及分析

1. 质安问题分布趋势图

Step 01　点击【质量管理】-【问题统计】类别，然后在【问题分布趋势图】位置处点击导出图片，命名为"质量问题分布趋势图"，如图 4 - 128、图 4 - 129 所示：

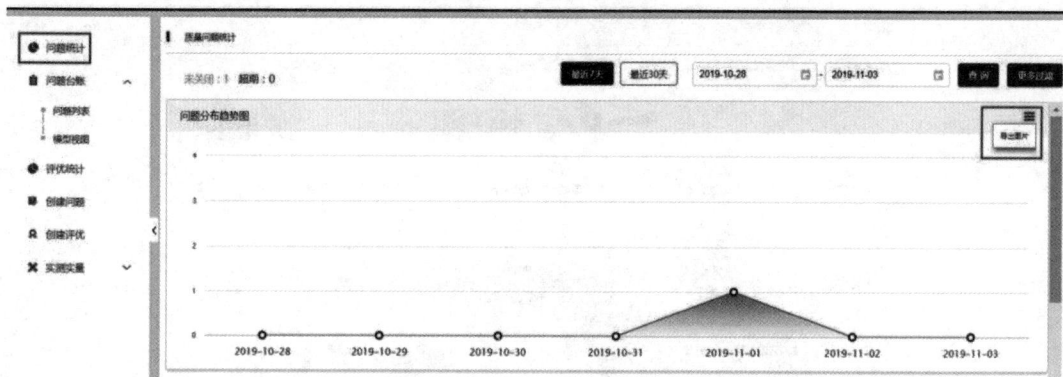

图 4 – 128

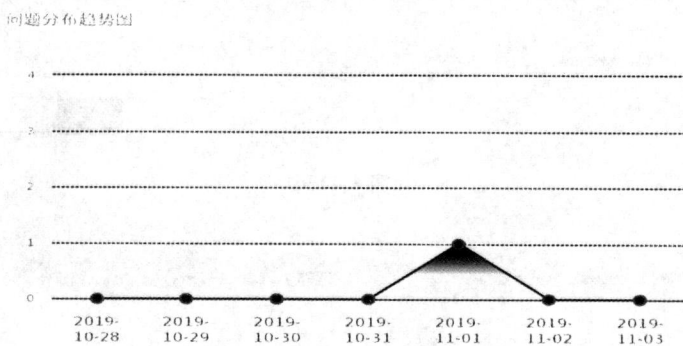

图 4 – 129

Step 02 点击【安全管理】–【问题统计】类别，然后在【问题分布趋势图】位置处点击导出图片，命名为"安全问题分布趋势图"，如图 4 – 130、图 4 – 131 所示：

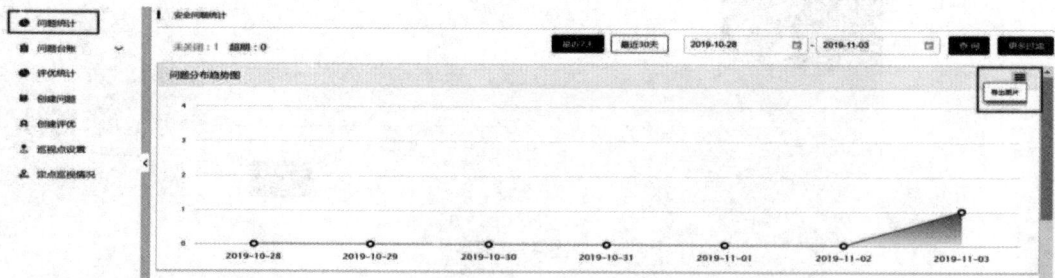

图 4 – 130

问题分布趋势图

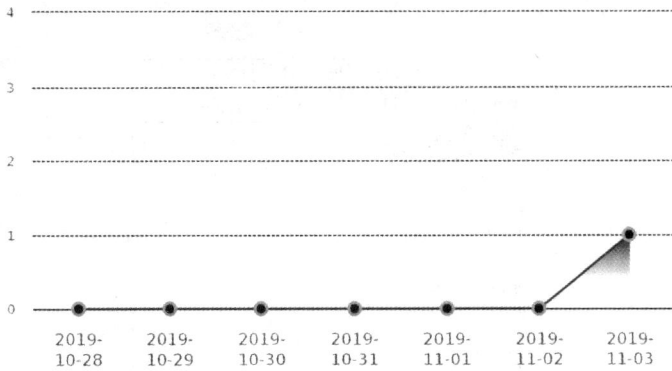

图 4－131

## 2. 质安问题台账及整改单导出

Step 01   点击【质量管理】—【问题台账】—【问题列表】类别, 然后选择【柱混凝土漏筋】问题, 点击【导出 Excel】, 命名为"质量问题台账"; 同时点击【生成整改单】, 报表模板按默认质量报表即可, 如图 4－132、图 4－133、图 4－134 所示:

图 4－132

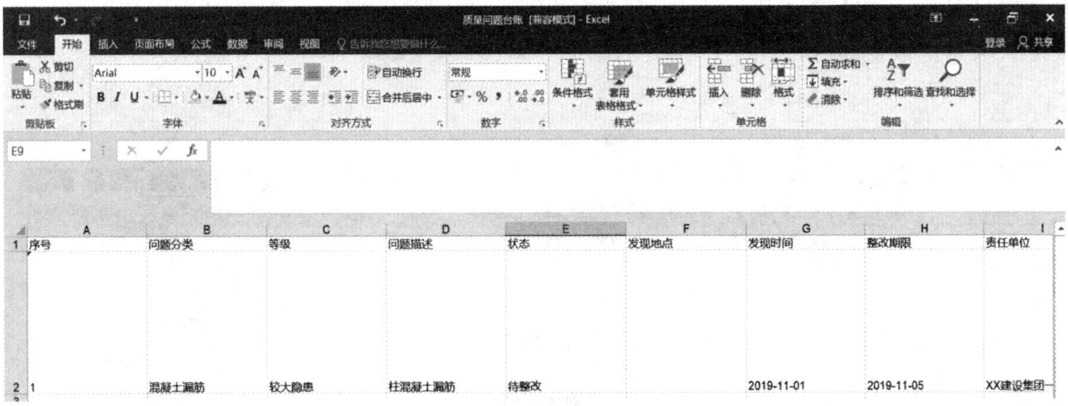

图 4－133

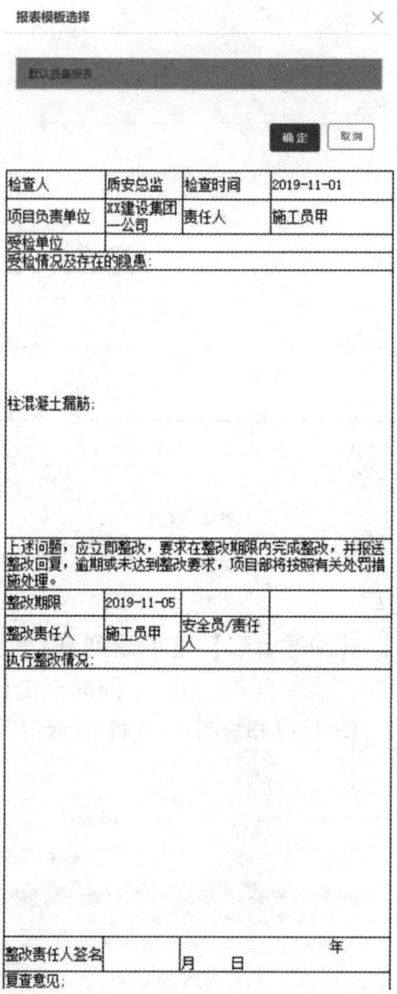

图 4－134

Step 02　点击【安全管理】-【问题台账】-【问题列表】类别，然后选择【脚手架立杆间距不合规】问题，点击【导出 Excel】，命名为"安全问题台账"；同时点击【生成整改单】，报表模板按默认安全报表即可，如图 4－135、图 4－136、图 4－137、图 4－138 所示：

图 4－135

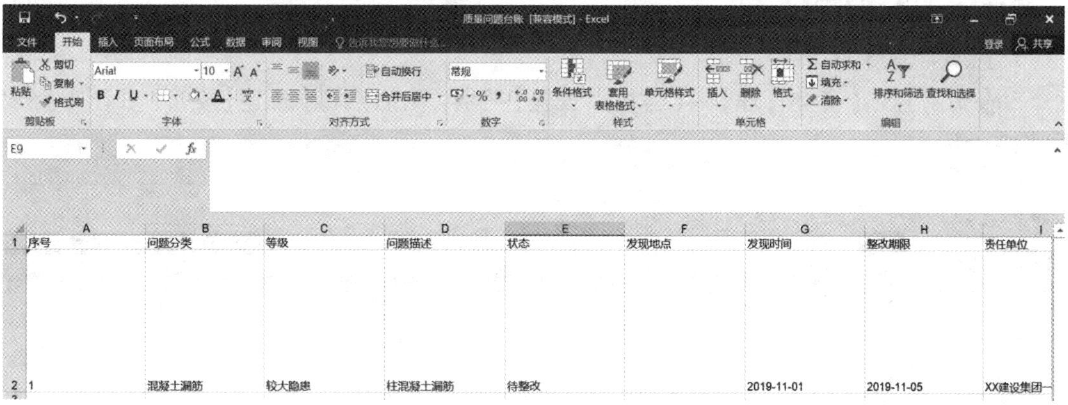

图 4 – 136

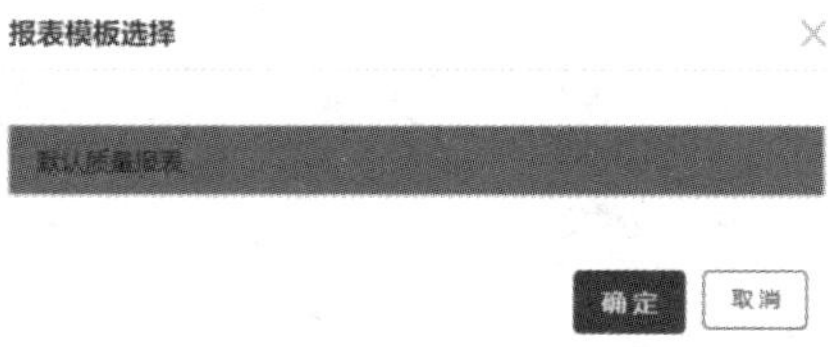

图 4 – 137

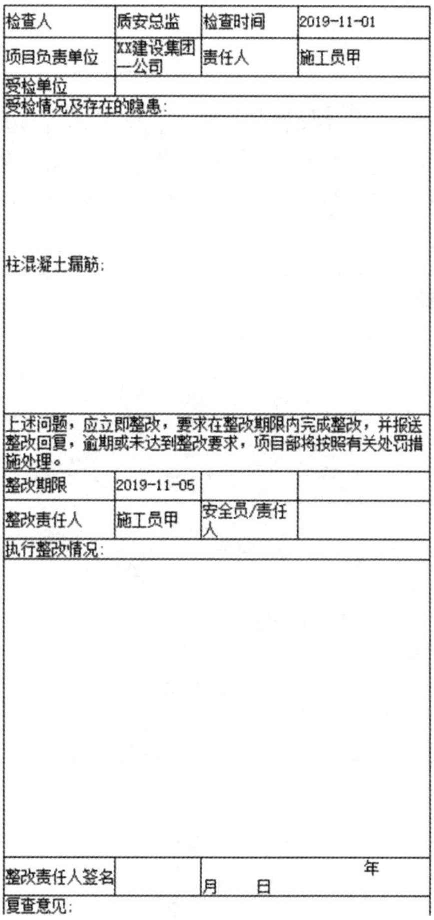

| 检查人 | 质安总监 | 检查时间 | 2019-11-01 |
|---|---|---|---|
| 项目负责单位 | XX建设集团一公司 | 责任人 | 施工员甲 |
| 受检单位 | | | |
| 受检情况及存在的隐患： | | | |

柱混凝土漏筋：

上述问题，应立即整改，要求在整改期限内完成整改，并报送整改回复，逾期或未达到整改要求，项目部将按照有关处罚措施处理。

| 整改期限 | 2019-11-05 | | |
|---|---|---|---|
| 整改责任人 | 施工员甲 | 安全员/责任人 | |
| 执行整改情况： | | | |

| 整改责任人签名 | | 年 月 日 |
|---|---|---|
| 复查意见： | | |

图 4 – 138

### 4.5.3 安全巡检

1. 巡视点设置

Step 01 点击【安全管理】-【巡视点设置】类别，然后点击【新建】按钮，如图 4 - 139 所示：

图 4 - 139

Step 02 设置【巡视点】为"二层临边防护风险源"，设置【巡视频次】为 1 次/1 天，【巡视人】为"施工员甲"，【未完成巡视通知人】为【质安总监】，勾选【开始巡视】为"是"，输入【检查内容】为"是否存在风险源未设置安全防护措施"，如图 4 - 140 所示：

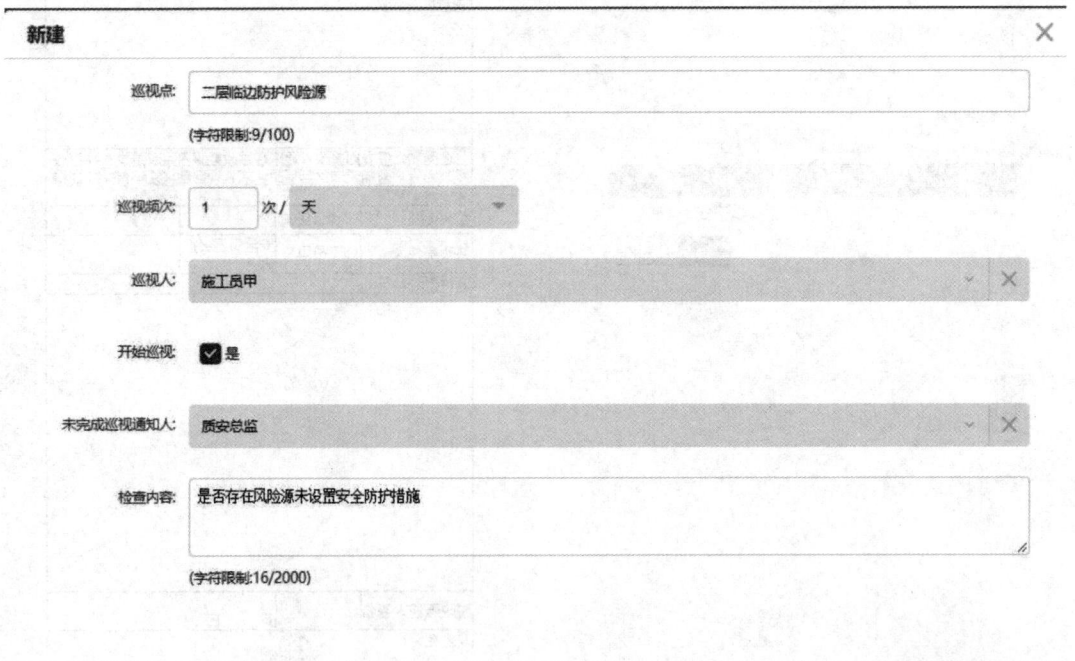

图 4 - 140

Step 03　选择该巡视点，点击【批量导出二维码】、【导出 Excel】，分别命名为"巡视点二维码"、"巡视点报表"，如图 4-141、图 4-142、图 4-143 所示：

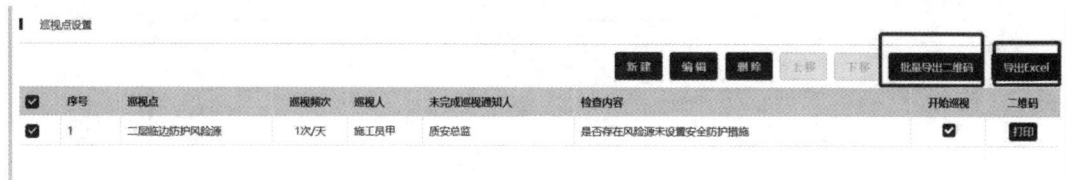

图 4-141

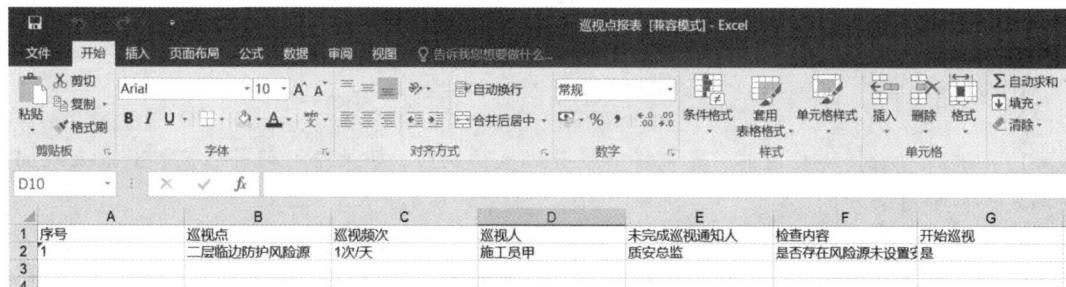

图 4-142

图 4-143

2. 定点巡视情况

Step 01　点击【安全管理】-【定点巡视情况】类别，选择上述巡视点，点击【导出 Excel】，命名为"定点巡视情况"，如图 4-144、图 4-145 所示：

图 4-144

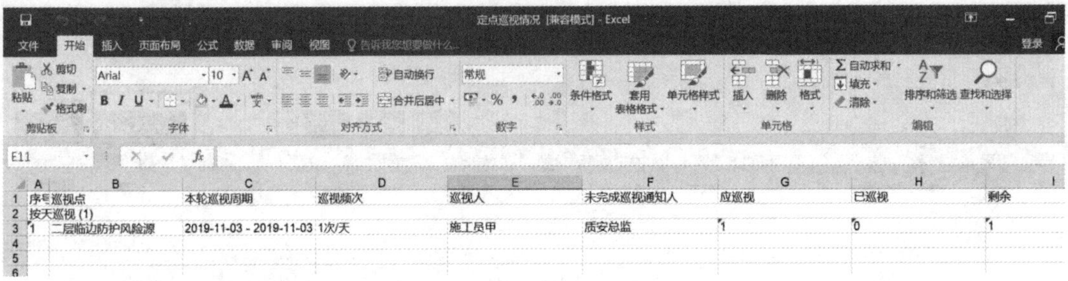

图 4 - 145

**【总结拓展】**

1. 在进行质安模块应用前，要先将项目升级至协同版，登录个人账号信息，激活云空间，或加入已有项目云空间。

2. 在 WEB 端要先进行项目成员、单位等信息的添加，并设置质量、安全问题的类别。

3. 完成上述前置操作后，结合给定的质安文件资料，方可进行质安问题创建、质安问题统计分析、及安全巡视设置，注意内容输出的格式及命名要求等。

# 模块五　单位工程施工组织设计综合训练

## 【教学目标】

通过完成某单位工程施工组织设计文件的编制的仿真训练，让学生进一步熟悉编制单位工程施工组织设计的综合知识，使学生具备编制单位工程施工组织设计的能力，为学生从事建筑工程相关工作奠定基础。

## 仿真实训（建议课堂辅导）

某小区 2#商住楼工程施工组织设计。

1. 工程概况

工程概况见表 5 – 1、表 5 – 2、表 5 – 3、表 5 – 4。

表 5 – 1　工程概况

| 工程名称 | 某小区 2#商住楼工程 | 备注 |
|---|---|---|
| 建设单位 | ××××房地产有限公司 | |
| 设计单位 | ×××设计研究院 | |
| 监理单位 | ×××建设监理有限公司 | |
| 质量监督单位 | ××质量监督站×办公室 | |
| 施工承包单位 | ××建筑安装公司 | |
| 合同范围 | 基础、主体、安装 | |
| 承包方式 | 包工包料 | |
| 总造价（万元） | 254.56 | |
| 合同工期目标 | 160 日历天 | |
| 合同质量目标 | 优良 | |

## 表 5-2 建筑设计概况

| | | | |
|---|---|---|---|
| 建筑面积 | 4 856.32 m² | 占地面积 | 721.08 m² |
| 建筑用途 | 商住 | 标准层建筑面积 | 732.06 m² |
| 层数 | 6 | 建筑总高度 | 22.9 m |
| 平面尺寸 | 长 61.86 m × 宽 26.49 m | | |
| 屋面防水做法 | SBS 复合防水 | 门窗材料 | 塑钢、木 |
| 层高 | 一层 4.5 m，其他层 2.8 m | 基本轴线距离 | 3 600 mm |
| ±0.000 相当于绝对标高 | 99.9 m | 室内外高差 | 700 mm |
| | 外装饰做法 | | 内装饰做法 |
| 98ZJ001 地面 | 98 ZJ 001 地49、地55 | 楼面 | 98 ZJ 0011 楼1、楼27 |
| 墙面 | 98 ZJ 001 墙4、19 | 油漆 | 98 ZJ 001 涂1、涂2、涂13 |
| 顶棚 | 98 ZJ 001 顶1、4 | 门窗 | 85 系列白色塑钢窗 |

## 表 5-3 结构设计概况

| | 位置 | 分类 | 承载力 | 地下水性质 | 潜水 |
|---|---|---|---|---|---|
| 地基土 | 第一层 | 填土 | — | 地下水位 | 7.05～8.09 m |
| | 第二层 | 粉土 | 135 kPa | 地下水质 | 对混凝土弱腐蚀 |
| | 第三层 | 粉土 | 110 kPa | 渗透系数 | — |

| | | | |
|---|---|---|---|
| 地基类别 | 天然地基 | 楼梯结构形式 | 现浇板式 |
| 基础形式 | 整板 | 底板厚度 | 400 mm |
| 地下混凝土类别 | 普通 | 抗震设防烈度 | 7 度 |
| 基础混凝土强度等级 | C20 | 正负 0.000 以下墙体 | 烧结普通砖 |
| 基底标高 | -2.50 m | 最大基坑深度 | 1.90 m |
| 地上结构形式 | 砌体结构 | 楼盖结构形式 | 预制、部分现浇 |
| 承重墙体材料 | 承重空心砖 | 非承重墙体材料 | GSJ 夹芯板 |
| 梁柱钢筋类别 | HPB23、HRB335 级 | 板钢筋类别 | 冷轧带肋钢筋 |
| | | 钢筋接头类型 | 绑扎 |

| 混凝土强度等级 | 现浇梁 | C20 | 现浇板 | C20 | 柱 | C30 |
|---|---|---|---|---|---|---|
| | 现浇梁 | C20 | 预制板 | C20 | | |

| | | | |
|---|---|---|---|
| 外墙厚度 | 240 mm | 内墙厚度 | 240 mm |

| 结构参数 | 典型断面 | 最大断面 | 最小断面 |
|---|---|---|---|
| 梁 | 240 mm × 240 mm | 240 mm × 450 mm | 240 mm × 200 mm |
| 柱 | 240 mm × 240 mm | 240 mm × 360 mm | |
| 最大跨度 | 4 200 mm | 最大预制构件重量 | 504 kg |

表 5 – 4　专业设计概况

| | 名称 | 设计要求 | 管线类别 |
|---|---|---|---|
| 上下水 | 上水 | 暗埋 | 铝塑管 |
| | 下水 | 暗埋 | 塑料管 |
| | 雨水 | — | 塑料管 |
| | 热水 | — | — |
| 电气 | 照明 | — | 铜芯塑料线 |
| | 避雷 | 三类防雷 | $\phi 12$ 镀锌圆钢 |

**2. 施工图纸(附后)**

**3. 仿真训练任务书**

1) 目的

单位工程施工组织设计仿真实训是建筑类专业一个主要的必修实践环节,通过本实训,了解单位工程施工组织研究的对象和基本任务,掌握单位工程施工组织设计的基本原理和方法,培养编制单位工程施工组织设计文件的能力,培养严谨、求实、细致的工作作风,培养学生编制单位工程施工组织设计文件的能力和运用单位工程施工组织设计文件组织建筑工程项目施工的能力和方法。

2) 任务

以某小区 2#商住楼工程为对象,编制单位工程施工组织设计,其具体内容包括:

(1) 工程概况及其施工特点分析

编写工程概况应对拟建工程的工程特点、地点特征和施工条件等做一个简要的、突出重点的文字介绍。

(2) 施工方案设计

施工方案是单位工程施工组织设计的核心。其内容应包括:确定施工起点流向和施工顺序,选择主要分部分项工程的施工方法和施工机械,制定保证质量、安全及文明施工的技术、组织措施。

(3) 编制单位工程施工进度计划

编制单位工程施工进度计划,应在既定施工方案的基础上,根据规定的工期和资源供应条件,用横道图或网络图,对该单位工程从工程开工到全部竣工的所有施工过程,在时间上和空间上做出科学合理的安排。

(4) 施工平面图设计

施工平面图设计应根据工程规模、特点和施工条件,正确地确定在主体工程施工阶段所需各种临时设施与拟建工程之间的合理位置关系。

(5) 建筑工程施工组织技术组织措施(质量措施、安全措施、进度措施、降低成本措施、季节性施工措施和文明施工措施等)及技术经济分析

3) 设计方法及要求

(1) 工程概况及施工特点分析

工程概况，是对拟建工程的工程特点、现场情况和施工条件等所做的一个简要的、突出重点的文字介绍。其内容主要包括：

①工程建设概况

主要说明：拟建工程的建设单位，工程名称、性质、用途和建设目的，开、竣工日期，设计单位、施工单位、监理单位情况，组织施工的指导思想等。

②工程特点分析

应根据施工图纸，结合调查资料，简练地概括工程全貌，综合分析工程特点，突出关键重点问题。对新结构、新材料、新技术、新工艺及施工的难点尤应重点说明。具体内容为：

Ⅰ.建筑设计特点

主要说明：拟建工程的建筑面积、层数、层高、总高度，平面形状和平面组合情况，室内外装修的情况，屋面的构造做法等。为弥补文字叙述的不足，应附上拟建工程的平面、立面和剖面简图，图中要注明轴线尺寸、总长、总宽、总高及层高等主要建筑尺寸。

Ⅱ.结构设计特点

主要说明：基础类型、埋置深度、桩基的根数及桩长，主体结构的类型，柱、梁、板、墙的材料及截面尺寸，预制构件的类型及安装位置，楼梯的构造及型式等。

Ⅲ.建设地点特征

主要说明：拟建工程的位置、地形、工程地质与水文条件、气温、冬雨期施工起止时间、冻层厚度、主导风向、风力和地震设防烈度等。

Ⅳ.施工条件

主要说明：水、电、气、道路、通信及场地平整的情况，施工现场及周围环境情况，当地的交通运输条件，预制构件生产及供应情况，施工企业机械、设备、劳动力的落实情况，劳动组织形式及施工管理水平，现场临时设施、供水、供电问题的解决等。

③施工特点分析

通过上述分析，应指出单位工程的施工特点和施工中的关键问题。不同类型的建筑物、不同条件下的工程施工，均有其不同的施工特点。例如砖混结构施工特点是砌砖、抹灰工程量大，水平垂直运输量大等；现浇钢筋混凝土框架结构的施工特点是钢材加工量大，焊接件多，混凝土浇筑难度大等；高层建筑的施工特点是结构和施工机具设备的稳定性要求高，要有高效率的垂直运输设备，脚手架搭设必须进行设计计算，安全问题突出等。

④主要实物量一览表 5-5

表 5-5  主要实物量一览表

| 序号 | 分部分项工程名称 | 单位 | 工程量 | 定额工日 |
|---|---|---|---|---|
| 1 | 场地平整 | m² | 1 210.60 | 75.65 |
| 2 | 土方开挖 | m³ | 2 569.00 | 180.86 |
| 3 | 土方运输 | m³ | 160.36 | 412.2 |
| 4 | 土方回填 | m³ | 160.36 | 333.77 |
| 5 | 基础垫层 | m³ | 90.84 | 136.8 |
| 6 | 钢筋混凝土基础 | m³ | 331.50 | 568.15 |

续表 5-5

| 序号 | 分部分项工程名称 | 单位 | 工程量 | 定额工日 |
|---|---|---|---|---|
| 7 | ±0.000 以下基础砌筑 | m³ | 277.40 | 337.86 |
| 8 | ±0.000 以上基础砌筑 | m³ | 1 354.74 | 2 100.86 |
| 9 | 钢筋混凝土构造柱 | m³ | 152.00 | 972.74 |
| 10 | 钢筋混凝土现浇梁 | m³ | 15.11 | 75.46 |
| 11 | 钢筋混凝土基础圈梁 | m³ | 25.08 | 121.81 |
| 12 | 钢筋混凝土圈梁 | m³ | 130.53 | 634.08 |
| 13 | 钢筋混凝土过梁 | m³ | 1.60 | 13.63 |
| 14 | 钢筋混凝土现浇板 | m³ | 572.28 | 1 357.69 |
| 15 | 钢筋混凝土现浇阳台、扶手 | m³ | 796.71 | 499.57 |
| 16 | 钢筋混凝土现浇楼梯 | m³ | 311.06 | 487.11 |
| 17 | 预制钢筋混凝土构件 | m³ | 217.60 | 605.26 |
| 18 | 预制钢筋混凝土构件安装 | m³ | 217.60 | 519.08 |
| 19 | 木门窗制作安装 | m² | 408.20 | 384.63 |
| 20 | 地面绘图砂素混凝土垫层 | m² | 84.71 | 91.76 |
| 21 | 水泥砂浆找平层 | m² | 684.10 | 48.57 |
| 22 | 细石混凝土找平层 | m² | 964.10 | 78.25 |
| 23 | 水泥砂浆粉楼地面 | m² | 2 873.10 | 352.78 |
| 24 | 粉刷楼梯 | m² | 349.30 | 248.57 |
| 25 | 水泥砂浆毛地面 | m² | 363.60 | 221.81 |
| 26 | 屋面保温 | m² | 45.37 | 24.47 |
| 27 | 屋面防水 | m² | 1 274.80 | 56.19 |
| 28 | 粉顶棚 | m² | 4 237.20 | 744.30 |
| 29 | 粉墙面 | m² | 15 442.00 | 2 572.55 |
| 30 | 木门窗油漆 | m² | 314.00 | 91.14 |
| 31 | 墙面涂料 | m² | 4 565.40 | 209.42 |
| 32 | 外墙装饰 | m² | 742.00 | 567.53 |
| 33 | 脚手架 | m² | 9 108.30 | 697.89 |
| 34 | 承插塑料排水管 | m | 850.90 | 168.36 |
| 35 | 铝塑复合给水管 | m | 1 369.11 | 141.10 |
| 36 | 卫生器具安装 | — | — | 52.58 |
| 37 | 管道除锈防腐 | — | — | 3.66 |
| 38 | 配电盘、配电箱 | 台 | 53.00 | 73.53 |
| 39 | 暗配管 | m | 3 974.00 | 273.22 |
| 40 | 管内穿线 | m | 11 124.00 | 92.94 |
| 41 | 开关插座安装 | 个 | 2 054.00 | 156.30 |
| 42 | 灯具安装 | 套 | 470.00 | 249.56 |
| 43 | 避雷、接地 | m | 630.00 | 133.17 |
| 44 | 电气系统调试 | — | — | 32.74 |

（2）施工方案选择

①确定施工起点流向及施工顺序

Ⅰ.确定施工起点流向，划分施工段

分别拟定基础工程、主体工程、屋面工程及装饰工程的施工起点流向，然后按划分施工段的原则划分各分部工程的施工段。

Ⅱ.分解施工过程，确定各分部分项工程的施工顺序。

土方开挖→素混凝土垫层→钢筋混凝土整板式基础→±0.00以下墙体砌筑→室内外土方回填→±0.00以上主体结构砌筑→屋面保温、防水→装饰装修及水、电、暖安装同时进行→门窗制作安装→油漆涂料→零星工程。

②施工管理目标

Ⅰ.质量目标：本工程验收必须保证单位工程质量符合设计要求

Ⅱ.工期目标：本工程计划工期为160日历天，计划开工日期2013年12月8日，交工日期2014年5月18日。确保按期完工，力争提前完成。

Ⅲ.安全目标：杜绝重大伤亡事故的发生，控制一般事故发生率低于2‰。

Ⅳ.文明施工目标：创"市级文明施工样板"工地。

③施工方法及施工机械的选择

Ⅰ.测量放线

a.说明测量工作的总要求。如测量工作是一项重要、谨慎的工作，操作人员必须按照操作程序、操作规程进行操作，经常进行仪器、观测点和测量设备的检查验证，配合好各工序的穿插和检查验收工作。

b.工程轴线的控制。说明实测前的准备工作、建筑物平面位置的测定方法，首层及各层轴线的定位、放线方法及轴线控制要求。

c.垂直度控制。说明建筑物垂直度控制的方法，包括外围垂直度和内部每层垂直度的控制方法，并说明确保控制质量的措施。如某框架剪力墙结构，建筑物垂直度的控制方法为：外围垂直度的控制采用经纬仪进行控制，在浇筑混凝土前后分别进行施测，以确保将垂直度的偏差控制在规范允许的范围内；内部每层垂直度采用线锤进行控制，并用激光铅直仪进行复核，加强控制力度。

Ⅱ.土方工程

a.确定土方开挖方式(人工开挖、机械开挖)，选择土方施工机械。当采用人工开挖时，应按工期要求确定劳动力数量，并确定如何分区分段施工；当采用机械开挖时，应确定土方开挖及运输机械型号、数量和行走路线(挖掘机、运输机械、配套计算)。

b.根据土壤类别及开挖深度，确定边坡放坡坡度或土壁支护形式及其施工方法。

c.土方开挖方法：根据基坑深度分层开挖或一次挖至坑底(坑底留300~500mm人工开挖)，确定开挖机械的行走路线。

d.土方回填方法：回填土料的要求，填土的方法，机械选择，压实方法，质量要求。

Ⅲ.基础工程

Ⅰ)浅基础

条形或独立基础的垫层、钢筋混凝土基础及毛石基础的施工方法和技术要点。

Ⅱ)桩基础

a.预制钢筋混凝土桩：沉桩机具的选择，确定沉桩顺序及沉桩方法，沉桩质量控制方法，桩承台垫层、钢筋混凝土桩承台的施工方法和技术要点。

b.成孔灌注桩：桩基础施工机具设备的选择，灌注桩的施工工艺及质量要求，桩承台垫层、钢筋混凝土桩承台的施工方法和技术要点。

c.混凝土静压管桩：确定静压管桩的施工程序，压桩机械的选择，沉桩线路的选定，静压管桩的施工要点，管桩与承台的连接方式。

Ⅳ.混凝土及钢筋混凝土工程

Ⅰ)模板工程

a.选择模板类型，确定墙、柱、梁板及楼梯的支模的安装程序及技术要点。

b.模板拆除的要求及原则。

c.模板的质量要求及安全措施。

Ⅱ)钢筋工程

a.钢筋的加工：钢筋除锈、调直、切断、弯曲成型方法。

b.钢筋的连接：焊接、绑扎连接、机械连接的技术要点及质量要求。

c.钢筋的安装和检测：安装和检测方法及质量要求。

Ⅲ)混凝土工程

a.混凝土搅拌机械选择：搅拌机型号选择，搅拌机、搅拌运输车数量计算。

b.混凝土制备：混凝土配料要求，搅拌制度。

c.混凝土的运输：塔吊运输、混凝土泵运输，泵送混凝土的施工要求。

d.混凝土的浇筑：浇筑顺序，浇筑要求，振捣机械选型及振捣方法，施工缝留设及处理方法。

e.混凝土的养护：养护方法、养护时间、养护要求。

Ⅴ.砌筑工程

a.砂浆搅拌机的型号及数量的选择。

b.砖墙、砌块墙、组合墙的组砌方法及质量要求。

c.弹线及皮数杆的控制要求。

Ⅵ.屋面工程

a.屋面各个构造层次的施工操作要求。

b.选择屋面材料的运输方式。

Ⅶ.装饰工程

a.确定室内外主要装饰工程的操作要求及施工方法。

b.确定工艺流程和劳动组织，组织流水施工。

Ⅷ.现场垂直、水平运输

a.计算垂直运输量，选择垂直运输方式。

b.合理布置垂直运输设施的位置，综合安排各种垂直运输设施的任务和服务范围。

c.选择水平运输方式及设备(如混凝土、灰浆运输车、料车、砖车、砖笼等)的型号、数量，确定地面和楼层水平运输的行走路线。

d.选择脚手架的类型及搭设方式，确定脚手架搭设尺寸(排距、柱距、步距、连墙件的间距)、搭设方法及安全网的挂设要求。

③格式与字体

工程概况和施工方案应采用统一的计算书用纸手写或用 A4 白纸打印，要求内容详实，重点突出、字迹端正、图表清晰。

（3）编制施工进度计划

①划分施工过程

Ⅰ.施工进度计划表中的施工过程只列出直接在建筑物上进行施工的砌筑安装类施工过程，不占用工作面且不影响工期的加工制备类、运输类施工过程不列出。

Ⅱ.单位工程施工进度计划的施工过程要划分到分项工程。

Ⅲ.施工项目的划分要突出重点：劳动量大的施工项目要单独列出，有些劳动量不大的工程可合并到主要分部分项工程中去；同一时期，由同一工种施工的项目可合并；次要零星的项目可合并为其它工程一项。

Ⅳ.施工过程的划分要结合所选定的施工方案。

Ⅴ.所有施工过程应大致按施工顺序先后排列。

②计算工程量（本案例实物工程量参考表 5 - 5）。

Ⅰ.应结合工程项目的内容，按施工定额的工程量计算规则计算工程量；

Ⅱ.要结合选定的施工方法和安全技术要求计算工程量。

Ⅲ.要结合施工组织要求，分层分段计算工程量。

③确定劳动量和机械台班数量

计算公式： $$P = QH$$

式中：$P$——各施工过程所需劳动量或机械台班数量；

$Q$——各施工过程的工程量；

$H$——采用的时间定额。

④确定各施工过程的作业天数

计算公式： $$T = \frac{P}{nb}$$

式中：$T$——各施工过程的作业天数；

$b$——每天工作班次（一般为一班制，特殊的可采用两班制）

$n$——安排在该施工过程的每班工人数或机械台数；工人班组人数确定时应考虑施工单位可能安排的人数。

⑤编制施工进度计划初步方案

Ⅰ.要考虑各分部分项工程的合理施工顺序；

Ⅱ.力求同一施工过程连续进行，特别是主导施工过程应安排连续施工，其他非主导施工过程应尽可能与主导施工过程配合穿插、搭接或平行作业。

⑥施工进度计划的检查与调整

Ⅰ.检查各施工过程的施工顺序，平行搭接和技术间歇是否合理；

Ⅱ.施工工期是否满足要求；

Ⅲ.检查主要工种的工人是否连续、均衡施工；

Ⅳ.画出劳动力动态曲线检查资源需要量是否连续均衡。

Ⅴ.求出劳动力均衡系数；

$$k = \frac{n_{\max}}{\bar{n}} \leq 1.8$$

式中：$n_{\max}$——高峰期最多的劳动力人数；

$\bar{n}$——平均每天劳动力人数。

⑦绘制施工进度表

采用统一表格、铅笔绘制，字型采用仿宋体，图表下方要绘制劳动力动态曲线。

(4)设计施工平面图

①设计原则：在满足施工安全，保证现场施工顺利进行的条件下，要尽量布置紧凑、少占地，要做到短运输、少搬运，避免二次搬运，要尽量减少临时设施的搭设，应符合劳动保护、安全生产、消防、环保、市容要求。

②设计步骤：

Ⅰ.起重运输机械的布置

常用的起重运输机械是塔吊，塔吊一般应在场地较宽的一面布置，以充分发挥其效率。

布置塔吊应注意的问题：

a.布置时要考虑其混凝土基础距建筑物应保持一定的距离。

b.当塔吊与其他垂直运输机械配合使用时，各自的服务范围应明确，避免相互干扰。

c.塔吊的起重参数应满足：

$$R \geq B + D$$

式中：$R$——塔吊的回转半径；

$B$——建筑物的最大宽度；

$D$——塔吊中心线至外墙边缘的距离。取决于凸出墙面的悬臂构件尺寸，脚手架尺寸，轨道及塔吊基础的宽度，场地的大小等因素。一般取 4.5 ~ 6 m。

d.绘出塔式起重机服务范围，塔吊布置的最佳状况是使建筑物平面均处于塔吊的服务范围之内，应避免"死角"或尽量减小"死角"。

e.在确定塔吊服务范围时还应考虑要有较宽的施工用地，以便安排构件堆放；搅拌设备的出料斗能直接挂钩后起吊；主要施工道路也宜安排在塔吊服务范围内。

Ⅱ.搅拌站、加工棚、材料构件堆场的布置

Ⅰ)搅拌站

a.搅拌站应有后台上料场地，混凝土搅拌机一般每台25 m²，砂浆搅拌机每台15 m²。

b.搅拌站布置应与砂、石堆场及水泥库的布置一起考虑，搅拌机应有后台上料的场地，砂、石堆场及水泥库等都应布置在搅拌机后台附近。

c.搅拌站还应设置泥浆沉淀池，将泥浆水沉淀后，才能排入城市排水设施。

d.搅拌站应使塔吊的吊斗能从其出料口直接卸料并挂钩起吊。

Ⅱ)加工棚

a.加工棚可距建筑物稍远些处，且与相应材料堆场及成品堆场靠近。

b.木材加工棚应靠近木材及模板堆场，其附近应布置消防设施。木材加工棚2 m²/人；电锯房：40 ~ 80 m²。

c.钢筋加工棚靠近钢筋及其成品堆场。卷扬机棚：6 ~ 12 m²/台；冷拉调直场地：30 ~ 50 (m) ×3 ~ 4(m)。

d.淋灰池应布置在砂浆搅拌机附近。

Ⅲ.仓库及堆场布置

a.仓库、堆场的面积应经计算确定;

b.水泥库选择地势高、排水方便、靠近搅拌机的位置;

c.易燃品仓库应符合防火要求,其附近应布置消防设施并远离火源;

d.木材、钢筋、水电器材仓库应与加工棚结合布置;

e.预制构件堆场应在塔吊服务范围内,避免二次搬运;

f.砖堆应布置在塔吊服务范围之内;

g.砂石堆场应靠近搅拌站,石子堆场应更靠近搅拌机;

h.模板、脚手架应选择装卸、取用、整理方便且靠近道路的地方布置;

i.工具库布置在工人作业区附近。

Ⅳ.运输道路的布置

a.运输道路应满足材料、构件的运输要求,使其通到各个仓库和堆场;

b.道路的最小宽度为3.5 m(满足消防要求);

汽车单行道≥3.0 m,汽车双行道≥6.0 m

平板拖车单行道≥4.0 m,平板拖车双行道≥8.0 m

c.运输道路最好围绕建筑物布置成环形,或在道路端部设有12 m×12 m的回车场,以利畅通。

Ⅴ.临时设施的布置

a.门卫、收发室布置在现场出入口处,办公室可布置在门卫里侧;

b.工人休息室、宿舍、办公室应布置在安全的上风侧,与作业区分开设置并保持安全距离;

c.食堂、水房、厕所靠近工人宿舍。

Ⅵ.临时供水供电线路的布置

a.供电线路沿道路一侧布置,至建筑物距离应大于10 m;

b.架空供电线路应在塔吊的服务范围之外;

c.电源应通往所有的用电机械、加工棚及生活区;

d.在保证供水的前提下,供水管线越短越好;

e.供水线路应通往所有的用水点,如搅拌站、砖堆、生活区等。

Ⅶ.施工平面图的绘制

a.绘制施工平面图除了反映现场的布置内容外,还要反映周围环境和面貌(已有建筑物、场外道路、围墙等);

b.绘图时应将拟建工程放在中心位置,并应留出一定的空白图面绘制指北针、图例、说明等;

c.严格地按制图标准绘图,图例要规范,线条粗细分明,字迹端正,图面整洁美观;

d.图幅为1号或2号图,比例1:200。

(5)施工技术及组织措施(参考教材2.5.1节内容)

①保证质量的技术措施

②保证安全措施

354

③保证进度措施

④降低成本措施

⑤季节性施工措施

⑥文明施工措施

⑦格式与字体

施工技术及组织措施与技术经济指标分析应采用统一的计算书用纸手写或用 A4 白纸打印，要求内容详实、重点突出、字迹端正、图表清晰。

（6）技术经济指标分析（参考教材 2.5.2 节内容）

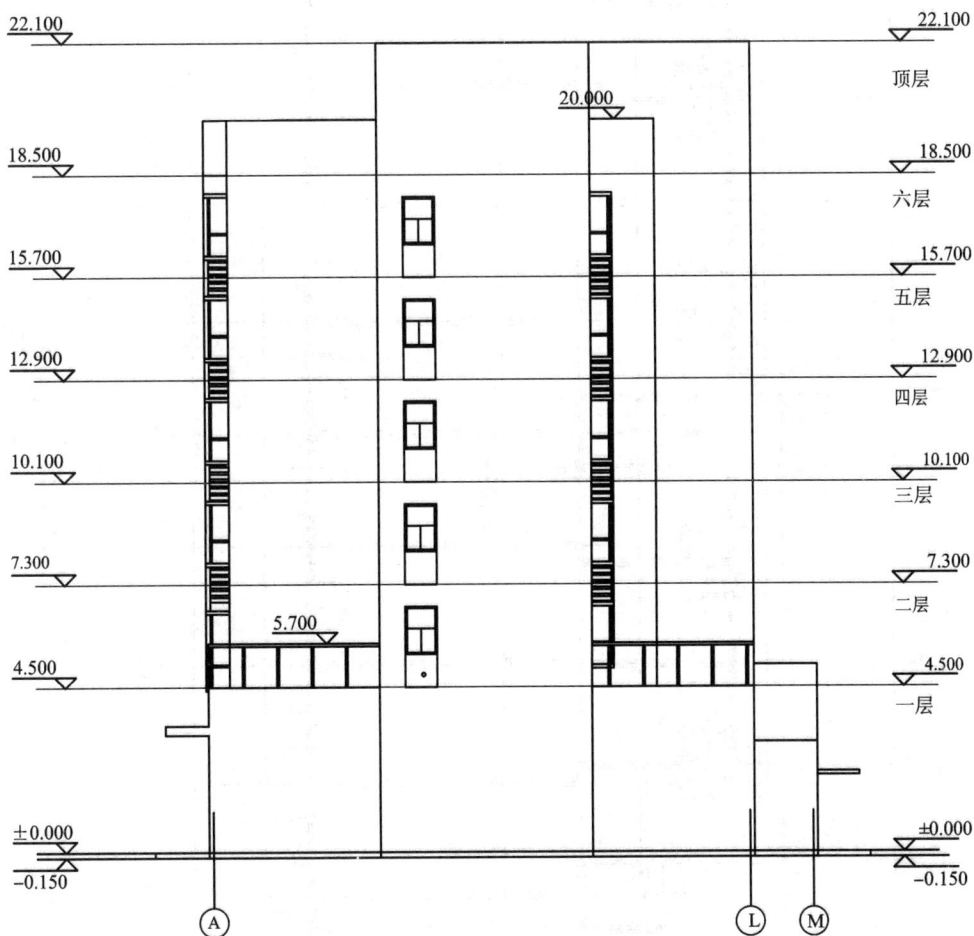

A—M 立面图 1:100

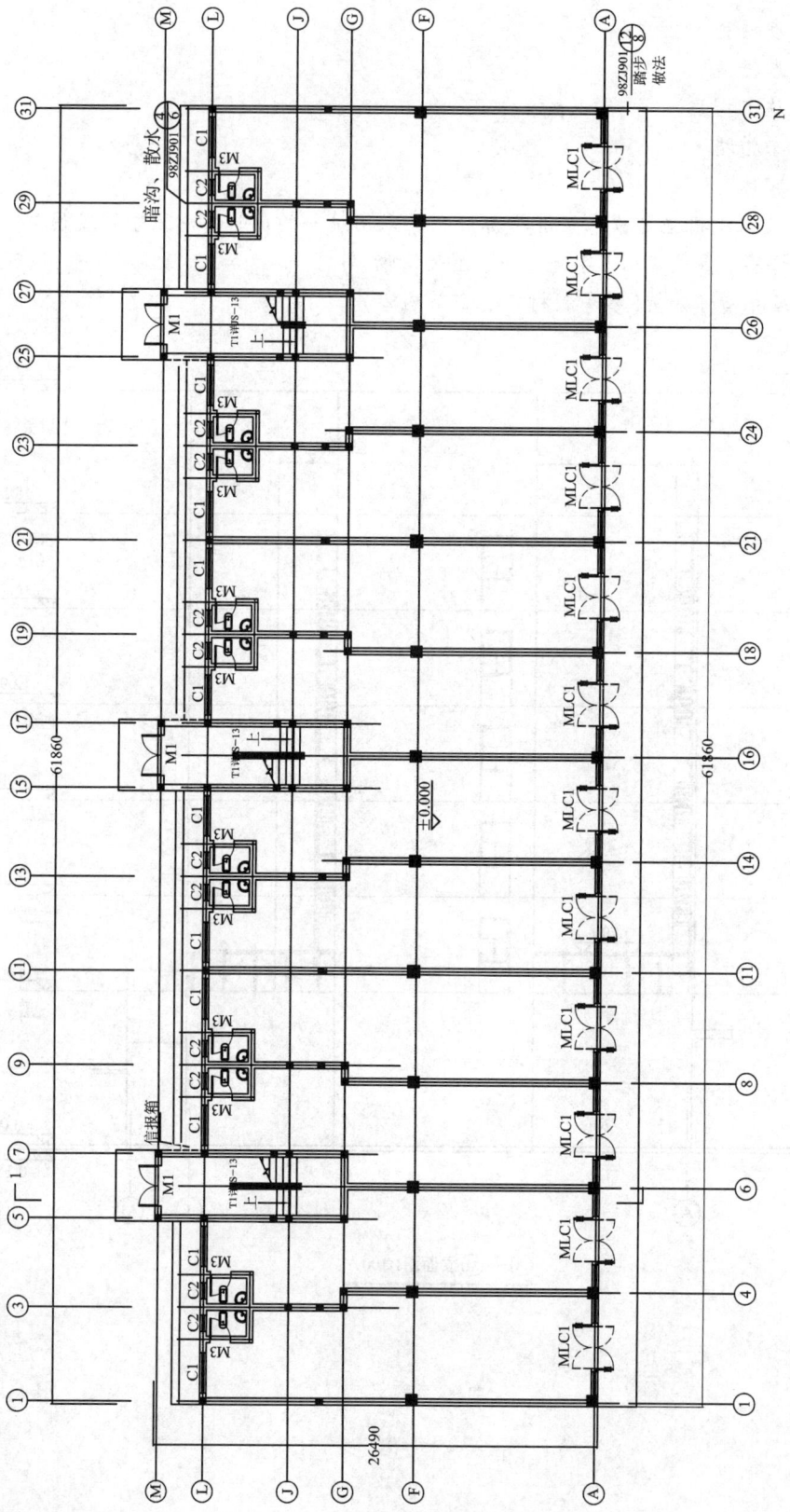

底层平面图 1:100

# 附录一 施工平面图图例

| 序号 | 名　称 | 图　例 | 序号 | 名　称 | 图　例 |
|---|---|---|---|---|---|
| | 一、地形及控制点 | | 15 | 施工用临时道路 | |
| 1 | 水准点 | ⊗ 点号／高程 | | 四、材料、构件堆场 | |
| 2 | 房角坐标 | x=1 530 y=2 156 | 16 | 临时露天堆场 | |
| 3 | 室内地面水平标高 | 105.10 | 17 | 施工期间利用的永久堆场 | |
| | 二、建筑、构筑物 | | 18 | 土堆 | |
| 4 | 原有房屋 | | 19 | 砂堆 | |
| 5 | 拟建正式房屋 | | 20 | 砾石、碎石堆 | |
| 6 | 施工期间利用的拟建正式房屋 | | 21 | 块石堆 | |
| 7 | 将来拟建正式房屋 | | 22 | 砖堆 | |
| 8 | 临时房屋：密闭式 敞棚式 | | 23 | 钢筋堆场 | |
| 9 | 拟建的各种材料围墙 | | 24 | 型钢堆场 | LID |
| 10 | 临时围墙 | | 25 | 铁管堆场 | |
| 11 | 建筑工地界线 | | 26 | 钢筋成品场 | |
| 12 | 烟囱 | | 27 | 钢结构场 | |
| 13 | 水塔 | | 28 | 屋面板存放场 | |
| | 三、交通运输 | | 29 | 一般构件存放场 | |
| 14 | 现有永久道路 | | | | |

续表

| 序号 | 名　称 | 图　例 | 序号 | 名　称 | 图　例 |
|------|--------|--------|------|--------|--------|
| 30 | 矿渣、灰渣堆 | | 45 | 发电站 | |
| 31 | 废料堆场 | | 46 | 变电站 | |
| 32 | 脚手架、模板堆场 | | 47 | 变压器 | |
| 33 | 钢材堆场 | | 48 | 投光灯 | |
| | 五、动力设施 | | 49 | 电杆 | |
| 34 | 原有的上水管线 | | 50 | 现有高压 6 kV 线路 | — WW6 —— WW6 — |
| 35 | 临时给水管线 | | 51 | 施工期间利用的永久高压 6 kV 线路 | — LWW6 — LWW6 — |
| 36 | 给水阀门（水嘴） | | | 六、施工机具 | |
| 37 | 支管接管位置 | | 52 | 塔轨 | |
| 38 | 消防栓（原有） | | 53 | 塔式起重机 | |
| 39 | 消防栓（临时） | | 54 | 井架 | |
| 40 | 原有化粪池 | | 55 | 门架 | |
| 41 | 拟建化粪池 | | 56 | 卷扬机 | |
| 42 | 水　源 | | 57 | 履带式起重机 | |
| 43 | 电　源 | | 58 | 汽车式起重机 | |
| 44 | 总降压变电站 | | 59 | 缆式起重机 | |

**续表**

| 序号 | 名　称 | 图　例 | 序号 | 名　称 | 图　例 |
|---|---|---|---|---|---|
| 60 | 铁路式起重机 | | 67 | 打桩机 | |
| 61 | 多斗挖土机 | | 七、其他 | | |
| 62 | 推土机 | | 68 | 脚手架 | |
| 63 | 铲运机 | | 69 | 淋灰池 | 灰 |
| 64 | 混凝土搅拌机 | | 70 | 沥青锅 | |
| 65 | 灰浆搅拌机 | | 71 | 避雷针 | |
| 66 | 洗石机 | | | | |

# 附录二 施工组织总设计编制

此部分内容为选修内容，可以通过扫以下二维码拓展阅读进行。

施工组织总设计编制

# 参考文献

[1] 郭庆阳. 建筑施工组织[M].北京：中国电力出版社，2011

[2] 杨红玉.建筑施工组织项目式教程[M].北京：北京大学出版社，2012

[3] 李源清.建筑工程施工组织设计[M]. 北京：北京大学出版社，2011

[4] 郭阳明，侯春奇. 建筑施工组织设计实训[M].北京：北京理工大学出版社，2012

[5] 李红立. 建筑工程施工组织编制与实施[M].天津：天津大学出版社，2010

[6] 危道军.建筑施工组织与造价管理实训[M].北京：中国建筑工业出版社，2007

[7] 全国二级建造师执业资格考试用书编写委员会.建筑工程管理实务[M].北京：中国建材工业出版社，2011

[8] 本书编委会. 全国监理工程师执业资格考试案例分析100题[M]. 北京：中国建材工业出版社，2009

[9] 《建筑施工手册》编写组.建筑施工手册(第4册)[M].北京：中国建筑工业出版社，2003

[10] 成虎，陈群.工程项目管理(第4版)[M].北京：中国建筑工业出版社，2015

[11] 李思康，李宁，李洪涛.建筑施工组织实例教程[M].北京：化学工业出版社，2015

[12] 王春梅.建筑施工组织与管理[M].北京：清华大学出版社，2014

[13] 朱溢镕，李宁，陈家志.BIM5D协同项目管理[M].北京：化学工业出版社，2019

[14] 李思康，李宁，冯亚娟.BIM施工组织设计[M].北京：化学工业出版社，2018

[15] 陈兵.浅谈建筑施工组织设计[J].企业研究.2011(20)：183

[16] 李海涛.工程投标中的施工组织设计编制[J].技术市场，2011(6)：295

**图书在版编目(CIP)数据**

建筑施工组织／林孟洁，刘孟良主编. —3 版.
—长沙：中南大学出版社，2021.1
高职高专土建类"十三五"规划"互联网＋"系列教
材
ISBN 978 – 7 – 5487 – 4321 – 7

Ⅰ.①建⋯　Ⅱ.①林⋯　②刘⋯　Ⅲ.①建筑工程—
施工组织—高等职业教育—教材　Ⅳ.①TU721

中国版本图书馆 CIP 数据核字(2021)第 012959 号

## 建筑施工组织
### 第 3 版

主编　林孟洁　刘孟良

| | | |
|---|---|---|
| □责任编辑 | 周兴武 | |
| □责任印制 | 周　颖 | |
| □出版发行 | 中南大学出版社 | |
| | 社址：长沙市麓山南路 | 邮编：410083 |
| | 发行科电话：0731 – 88876770 | 传真：0731 – 88710482 |
| □印　　装 | 湖南省众鑫印务有限公司 | |

| | | | | |
|---|---|---|---|---|
| □开　　本 | 787 mm × 1092 mm 1/16 | □印张 23.25 | □字数 595 千字 |
| □版　　次 | 2021 年 1 月第 3 版 | □2021 年 1 月第 1 次印刷 | |
| □书　　号 | ISBN 978 – 7 – 5487 – 4321 – 7 | | |
| □定　　价 | 58.00 元 | | |